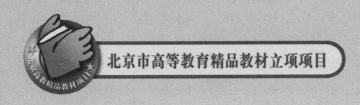

北京市高等教育精品教材立项项目

高级遥感数字图像处理数学物理教程

晏　磊　赵红颖　刘绥华　王明志　编著

U0246394

北京大学出版社
PEKING UNIVERSITY PRESS

图书在版编目(CIP)数据

高级遥感数字图像处理数学物理教程/晏磊等编著.—北京： 北京大学出版社，
2016.12

 ISBN 978-7-301-26650-2

 Ⅰ.①高… Ⅱ.①晏… Ⅲ.①遥感图象—数字图象处理—数学物理方法—教材
Ⅳ.①TP751.1

 中国版本图书馆 CIP 数据核字（2015）第 309586 号

书　　　　名	高级遥感数字图像处理数学物理教程	
	GAOJI YAOGAN SHUZI TUXIANG CHULI SHUXUE WULI JIAOCHENG	
著作责任者	晏　磊　赵红颖　刘绥华　王明志　编著	
责 任 编 辑	王剑飞	
标 准 书 号	ISBN 978-7-301-26650-2	
出 版 发 行	北京大学出版社	
地　　　址	北京市海淀区成府路 205 号　100871	
网　　　址	http://www.pup.cn　新浪微博：@北京大学出版社	
电 子 信 箱	zpup@ pup.cn	
电　　　话	邮购部 62752015　发行部 62750672　编辑部 62765014	
印 　刷 　者	北京大学印刷厂	
经 　销 　者	新华书店	
	730 毫米×980 毫米　16 开本　26 印张　480 千字	
	2016 年 12 月第 1 版　2016 年 12 月第 1 次印刷	
定　　　价	88.00 元	

内 容 简 介

  本书是北京大学研究生必修课"高级遥感数字图像处理"教学和研究生专题研讨相结合历经十八年的结晶,力图为遥感数字图像处理领域提供一部尽可能详细的数学物理手册.

  全书包括三部分.第一部分系统与整体处理基础,是遥感数字图像处理的出发点,由第一至四章构成,包括遥感数字图像处理的系统概述、系统支撑条件,以及遥感数字图像整体处理分析的数学基础和物理学基础.第二部分像元处理理论与方法,是遥感数字图像处理的核心和细节所在,由第五至十章构成,包括遥感数字图像像元处理理论Ⅰ——时空域卷积线性系统、理论Ⅱ——时频域卷-乘傅里叶变换、理论Ⅲ——频域滤波、理论Ⅳ——时域采样,以及遥感数字图像变换基础Ⅰ——时空等效正交基、变换基础Ⅱ——时频组合正交基.第三部分技术与应用,是遥感数字图像处理的目的和落脚点,由第十一至十六章构成,包括遥感数字图像处理技术Ⅰ——复原降噪声、技术Ⅱ——压缩减容量、技术Ⅲ——模式识别(图像分割)、技术Ⅲ——模式识别(特征提取及分类)、技术Ⅳ——彩色变换与三维重建以及应用举例.

  本书可用于空间信息、遥感等地球观测领域研究人员学习、教学,是理解其他遥感图像处理书籍中数学物理本质和相互关系的重要参考书.

序

遥感是一门以电磁波为媒介、以非接触方式对人们所感兴趣的对象进行观测,进而定量分析其存在和变化、把握其特性的科学技术.遥感也是一个复杂的信息转化过程,先将通过遥感器或传感器获得的信号转换成数据,再从数据到信息,从信息到知识,从而丰富了人们对事物的认知.在大多数情况下,遥感主要是通过地物的图像或影像来展现丰富多彩的世界,经信息处理——主要是图像处理技术来提取、表达和展现地物的形态和状态,挖掘和分析其特征,研究其变化规律,因此遥感图像处理就成为人们通过遥感获取知识的必由之路,并成为人们认识世界的一个重要途径,也是遥感科技工作者的必修课程.自遥感问世以来,图像处理技术就一直伴随其发展而发展.目前,遥感图像处理的各项技术及软件已充斥于市,其中包括各种商用软件系统以及因不同需要而自行开发的技术系统,各项技术十分成熟,在遥感市场上也占了一定的份额.各类遥感图像处理的书籍也随处可见,且技术人员已经开发出种类繁多的遥感图像处理功能软件,但是这些书籍或软件多偏重于让人们学习技术方法和掌握程序本身,大多处于"知其然,不知其所以然"的状态,而针对遥感图像处理数学和物理本质方面的解析和探讨却较少,系统化理论与方法论方面的论著就更是凤毛麟角了.这就导致目前遥感数字图像处理过于技术化、程序化,难以揭示遥感信息的本质及其成像物理特征和数学表达的因果逻辑关系,其结果是基于应用的遥感数字图像处理技术缺乏系统的理论支撑,进而影响了此项技术的深化和提高.

本书的第一作者晏磊是一位富于钻研精神又十分较真的教授,凡事总愿究其因果.自 1998 年他在北京大学开设"高级遥感数字图像处理"研究生课程以来,始终本着对教学工作的责任心,结合遥感应用的实际,系统地、持续地研究遥感数字图像处理的技术方法,并不断提高和完善所讲授的课程.正是在授课的实践中,他深感目前遥感数字图像处理领域存在的数学物理基础性、理论性和系统性偏弱的问题,从而精益求精、锲而不舍地积极探索遥感数字图像处理的数理基本理论方法,把授课的重点放在将逐个图像处理技术理论化和系统化问题上,且在授课方法上力求与研究生共同探究与归纳,对一些重要问题开展专题研究.这种互动式的教学方法对于提炼重要的理论和技术问题,使得师生达到高度共识,更使得学生明白其中道理,以提升教学质量,大有补益.因此可以说,《高级遥感数字图像处理数学物理教程》一书实际上是在不断总结教学经验和与历届研究生展开专题研究的基础上,经 18 年刻苦努力所形成的北京市研究生精品教材.该书饱含了作者和一批又一批研究生的辛勤工作和心血,是教授潜心教学、师生共同探索的成果,由长期经验积累、知识积淀和心血凝聚而成.因此,本书获得北京市高等教育精品教材立项项目的资助也就顺理成章了.

　　本书系统化地提炼了遥感数字图像处理的基本技术方法,并通过数学的语言来诠释遥感数字图像处理的物理本质,是遥感图像处理技术的理论提升.与此同时,本书又以丰富的应用实例对遥感数字图像处理理论方法进行验证,具有应用实践的支持.本书涉猎面广,内容深入全面,力求通俗易懂,是对遥感数字图像处理方法技术从数学基础和物理本质来进行深入分析的一个创新尝试.本书主要阐述在遥感中占主导地位的光学图像处理,而对微波遥感(包括主动的合成孔径雷达、激光三维成像和被动的微波辐射影像处理)涉及较少.这虽是本书有待完善的地方,但能如此全面、深入地论述光学遥感图像处理的数理基础问题也实属难能可贵.

　　该书可以作为从事遥感数字图像处理的科研、教学人员全面了解和提升该技术和相关方法的参考书,也可以作为遥感空间信息技术和应用领域教师、学生、科研人员、工程技术人员、生产企业工程师和遥感应用专家在遥感数字图像处理领域的一本案头手册.

　　我很高兴看到本书的出版,更希望它能对我国遥感数字图像处理及遥感应用水平的提高、人才的培养和成长起到良好的促进作用.

　　是为序.

中国科学院院士

北京大学遥感与地理信息系统研究所所长

2015 年 9 月于燕园

前　　言

　　本书聚焦于空间信息领域的遥感数字图像处理,并力图为遥感数字图像处理领域提供一部尽可能详细的数学物理教程.全书包括三部分:第一部分系统与整体处理基础是遥感数字图像处理的基础,由第一至四章构成;第二部分像元处理理论与方法是遥感数学图像处理的核心和细节所在,由第五至十章构成;第三部分技术与应用是遥感数字图像处理的手段和目的,由第十一至十六章构成.

　　第一部分　系统与整体处理基础　这部分主要介绍对遥感图像的整幅处理,在提高遥感图像整体水平的同时,不改变遥感图像内部的相互关系,是第二部分逐点处理的基础,具体内容如下:第一章是遥感数字图像处理的系统概述,主要包括遥感数字图像处理的整体构架、细节内涵及应用外延,以建立遥感数字图像处理系统的全局概念.第二章是遥感数字图像处理分析的系统支撑条件,阐述遥感数字图像处理整体分析的第一步,即系统支撑条件对图像性能的影响,包括图像的输入获取、输出显示和处理软件设计等.第三章是遥感数字图像整体处理分析的数学基础,利用基于直方图和卷积理论的图像整体性能分析和改善方法(即图像预处理),以尽可能消除图像整体不合理表象特征(即"治标"),而无论它们根源如何.第四章是遥感数字图像整体处理分析的物理学基础.影响遥感影像整体质量的主要因素来自成像过程,它们无法在预处理中人为改变,必须通过物理成像过程的"治本"分析而改变.这样就实现了遥感图像整体处理的"标本兼治",为本书第二部分的图像像元处理奠定系统和整体处理的基础.

　　第二部分　像元处理理论与方法　数字图像的最大特点是可以对其各个离散像元进行处理分析.在第一部分介绍图像预处理的基础上,第二部分将给出对每个像元进行分析、处理和加工的方法,是遥感数字图像处理分析的核心,体现了遥感数字图像像元处理的本质内容,具体内容如下.第五章是遥感数字图像像元处理理论Ⅰ——时空域卷积线性系统,阐明遥感数字图像的线性系统惯性延迟导致的卷积效应是客观存在的,并建立卷积理论.第六章是遥感数字图像像元处理理论Ⅱ——时频域卷-乘傅里叶变换,介绍时间域与其倒数频率域的互为对偶、互为卷积-简单乘积变换关系,实现时频转换的傅里叶变换理论.第七章是遥感数字图像像元处理理论Ⅲ——频域滤波,建立频域滤波理论,以实现所需要不同频率尺度信息的提取保留方法.第八章是遥感数字图像像元处理理论Ⅳ——

时域采样,将自然世界中连续的空间信息通过采样转化为计算机处理所需的离散信息,建立香农采样定理及相关理论.第九章是遥感数字图像像元变换基础Ⅰ——时空等效正交基,建立基函数、基向量、基图像的线性表征理论,说明傅里叶变换等所有遥感数字图像处理的传输、存储和压缩变换的数学本质.第十章是遥感数字图像像元变换基础Ⅱ——时频组合正交基,通过同一图像局部窗口压缩和展开来提取图像的时频特性,即小波变换,本质是实现了时频域信息的统一.

第三部分　技术与应用　这部分按照遥感数字图像处理的技术流程,介绍了主要步骤的原理、方法及实现过程之数学物理本质,具体内容如下.第十一章是遥感数字图像处理技术Ⅰ——复原降噪声,其数学物理本质是去除数字图像处理或输入的卷积效应、等效噪声.第十二章是遥感数字图像处理技术Ⅱ——压缩减容量,即在保证图像复原的前提下,去除冗余数据并突出有用信息.一般需要对图像进行压缩处理,有两类图像压缩:一是基于信息熵去冗余极限理论的无损压缩;二是基于率失真函数理论的有损压缩,即在工程误差允许的前提下用最小量存储数据保留尽可能多的有用信息.第十三章是遥感数字图像处理技术Ⅲ——模式识别(图像分割),图像信息识别是遥感数字图像处理的最重要目的.为了提取图像中的有用信息,需要对图像进行模式识别处理,模式识别一般分为三大步骤:特征"寻找""提取"和"归类",即图像分割(遥感应用的手段,本章阐述)、特征提取与判断分类(遥感应用的目的,第十四章阐述).第十四章是遥感数字图像处理技术Ⅲ——模式识别(特征提取及分类),由此实现遥感应用的根本目标,即目标对象的识别.第十五章是遥感数字图像处理技术Ⅳ——彩色变换与三维重建.在对遥感图像进行恰当的处理并提取出有用信息之后,如何对信息进行合适的表达以使图像更适合于人眼的观看,或使图像更接近于真实世界呢?这就需要对图像处理结果进行恰当的色彩变换与三维重建.第十六章是遥感数字图像处理的应用举例,介绍遥感数字图像处理的四个典型应用,以加强和深化对遥感数字图像处理本质方法的理解,并以此证明本书给出的图像总体处理方法、图像像元处理理论和重要技术手段的有效性.

目　　录

第一部分　系统与整体处理基础

第二部分　像元处理理论与方法

第三部分　技术与应用

第一部分 系统与整体处理基础

这部分是遥感数字图像处理的出发点,由第一至四章构成,具体如下:

第一章主要包括遥感数字图像处理的整体构架、细节内涵及应用外延,以建立遥感数字图像处理系统的全局概念.

第二章着重阐述了遥感数字图像处理整体分析的第一步,即系统支撑条件对图像性能的影响,包括图像输入的获取、输出显示和处理软件设计等.

第三章利用合理的数学方法可以对图像进行分析,并使其整体性能得到改善,即图像预处理.图像预处理可以尽可能地消除图像整体的不合理表象特征,即"治标",而不论它们根源如何.

第四章介绍影响遥感影像整体质量的主要因素来自成像过程,它们无法在图像预处理中被人为改变,必须通过物理成像过程的"治本"分析而改变,从而实现遥感图像整体处理的"标本兼治",为本书第二部分图像像元处理奠定系统和整体处理的基础.

第一章 遥感数字图像处理系统概述

章前导引 本章是对遥感数字图像处理(remote sensing digital image processing)系统的总体描述,包括遥感数字图像处理的整体构架、细节内涵及应用外延.本章不仅为读者建立了遥感数字图像处理系统的全局概念,并为本书其他章节的论述和展开奠定了基础.

对地遥感作为采集地球数据及其变化信息的重要手段,在世界范围内得到了广泛的应用,但是遥感学科的酝酿和积累却经历了几百年的历史.作为技术学科,它是在现代物理学、空间科学、计算机技术、数学方法和地球理论科学的基础上逐步发展起来的一门新兴的综合性、交叉性学科.[1]

目前,遥感平台、传感器、遥感信息的处理、遥感应用都得到长足的发展,特别是遥感信息处理的全数字化、可视化、智能化和网络化方面都有了很大的提升和创新.但是,这仍不能满足广大用户需求,日益丰富的遥感信息还没有被充分地挖掘处理.遥感信息的处理,特别是遥感数字图像的处理,已成为遥感技术研究的核心问题之一.

本章内容具体如下:遥感系统(第1.1节),主要包括遥感信息采集系统(remote sensing data acquisition system)和遥感数字图像处理系统,说明了遥感数字图像在遥感系统中形成的根源和不可或缺的作用;遥感数字图像(第1.2节),主要包括遥感数字图像的概念、特点、分辨率和格式等内容;遥感数字图像处理(第1.3节),主要介绍遥感数字图像处理方法和遥感图像的反演;本书框架(第1.4节),主要介绍整本教程的结构和内容及框架.

1.1 遥 感 系 统

遥感系统是遥感数字图像产生的前提和基础,本节主要包括两大部分:遥感信息采集系统和遥感数字图像处理系统.本节系统性地介绍了遥感数据从获取到处理的整个过程,说明了遥感数字图像在遥感系统中形成的根源和重要地位,介绍了遥感的原理、类型、遥感信息的特点及数字化处理过程.

1.1.1 遥感信息采集系统

遥感信息采集系统是通过各种遥感技术进行数据采集的系统.

1. 遥感原理及遥感的电磁谱段类型

（1）遥感原理.

遥感是根据不同物体对波谱产生不同响应的原理,利用遥感器从空中来探测地表物体(简称地物)对电磁波的反射,从而提取这些物体的信息,完成远距离识别物体.

（2）地物的波谱特征.

遥感影像被划分为最小的单位称做图像元素,简称为像素或像元(pixel).遥感影像中每个像元的亮度值代表该像元中地物的平均辐射值,它随着地物的成分、纹理、状态、表面特征及所使用的电磁波段的不同而变化,这种随着上述因素变化而变化的特征称为地物的波谱特征.[2]应当指出的是,图像的亮度是经过了量化的辐射值,是一种相对的量度,不同地物在同一波段间的亮度差异及同一地物在不同波段间的亮度差异则构成了地物的波谱信息,因而不同的电磁波段也可以反映地物间的差异和不同特征.[3]

（3）遥感的电磁谱段类型.

目前,应用在遥感中的电磁波段主要有以下几种.[4,5]

① 可见光遥感.

这是应用比较广泛的一种遥感方式.对波长为 $0.4\sim0.7~\mu m$ 的可见光的遥感一般采用感光胶片(图像遥感)或光电探测器作为感测元件.可见光摄影遥感具有较高的地面分辨率,但只能在晴朗的白昼使用.

② 红外遥感.

此又分为三种:一是近红外或摄影红外遥感,波长为 $0.7\sim1.5~\mu m$,用感光胶片直接感测;二是中红外遥感,波长为 $1.5\sim5.5~\mu m$;三是远红外遥感,波长为 $5.5\sim1000~\mu m$.中、远红外遥感通常用于遥感物体的辐射,具有昼夜工作的能力.常用的红外遥感器是光学机械扫描仪.

③ 多-高谱段遥感.

利用几个或多个不同的谱段同时对同一地物(或地区)进行遥感,从而获得与各谱段相对应的各种信息.将不同谱段的遥感信息加以组合,可以获取更多的有关物体的信息,有利于判读和识别.常用的多-高谱段遥感器有多-高谱段相机和多-高光谱扫描仪.多光谱主要指谱段宽度在几十～几百纳米,高光谱主要是指谱段宽度在几～十几纳米,超高(或叫高高)光谱主要是指谱段宽度在 1nm 或更高精细尺度.

④ 紫外遥感.

对波长 $0.3\sim0.4~\mu m$ 的紫外光的主要遥感方法是紫外摄影.

⑤ 微波遥感.

这是指对波长 $1\sim1000~\mu m$ 的微波的遥感.微波遥感具有昼夜工作能力,但空间分辨率低.雷达是典型的主动微波系统,常采用合成孔径雷达作为微波遥感器.

现代遥感技术的发展趋势是:由紫外谱段逐渐向 X 射线和 γ 射线扩展,从单一的电磁波扩展到声波、引力波、地震波等多种波的综合.可见光及近红外影像、热红外影像和雷达影像在成像原理及影像特征方面的特点与差异总结如表 1.1 所示.

表 1.1 可见光及近红外影像、热红外影像、雷达影像的特点总结

成像方式	可见光及近红外线影像	热红外线影像	雷达影像
波段	$0.4\sim0.5~\mu m$	$8\sim10~\mu m$	$1\sim1000~mm$
获取条件	白天	白天、夜晚	白天、夜晚
获取方式	被动式	被动式	主动式
穿透云雾能力	无	有	有
传感器类型	摄影类型、扫描类型	扫描类型	雷达、非图像类型
投影方式	中心投影	中心投影	斜距投影
物理意义	地物反射的太阳辐射	地物发射辐射	地物后向回波强度
图像的空间分辨率	瞬时视场宽度 $S=\dfrac{H}{f}D$	瞬时视场宽度 $S=\dfrac{H}{f}D$	距离向:$R_r=\dfrac{\tau C}{2}\sec\beta$ 方位向:$R_a=\dfrac{d}{2}$
图像的辐射分辨率	信号大于 $2\sim6$ 倍 $P_{EN}=\dfrac{P}{S/N}=\dfrac{N}{R}$	地面温度大于 $2\sim6$ 倍 $\Delta T_{EN}=\sqrt[4]{\dfrac{P_{EN}}{\varepsilon\sigma}}$	信号大于 $2\sim6$ 倍 $P_{EN}=\dfrac{P}{S/N}=\dfrac{N}{R}$
图像的光谱分辨率	成像光谱仪的波段数达 386 个,每个波段的间隔小到 5 nm		单波段,无光谱分辨率
图像的时间分辨率	时间分辨率是指对同一地区重复获取图像所需的时间间隔		

2. 遥感信息特点

遥感信息不仅具有地物和不同电磁波段的波谱信息,而且还具有成像瞬时地物的空间信息和形态特征,即时空信息.因此不同时相遥感图像具有光谱信息与空间信息的差异.

空间信息的差异主要体现在空间频率信息、边缘和线性信息、结构或纹理以及几何信息等信息上.空间信息是通过图像亮度值在空间上的变化反映出来的.图像中有实际意义的点、线、面或区域的空间位置、长度、面积、距离等量度都属于空间信息.纹理是遥感图像中重要的空间信息之一,用它可以辅助图像的识别与地物属性的提取.此外空间结构信息也是遥感中非常有用的信息.遥感数字图像处理中,增强和提取空间结构信息是图像信息增强处理的重要内容.[3]

但遥感图像信息的记录是成像瞬时的地物现状的记录,许多地物是具有时相变化的,一是自然变化过程的发生、发展和演化过程;二是节律,即事物的发展在时间序列上表现出某种周期性重复的规律,亦即地物的波谱信息和空间信息

随时间的变化而变化.所以,在遥感影像数字图像处理中,不能以一个瞬时信息来包罗它的整个发展过程.遥感影像的时间信息与遥感器的时间分辨率有关,还与整个成像季节有关.

3. 遥感信息采集和遥感卫星

(1) 遥感信息采集.

遥感信息采集是指通过各种遥感技术所进行的数据采集.一般是使用飞机或人造资源卫星上的仪器,从远距离探察、测量或侦察地球(包括大气层)上的各种事物及其变化情况,对所探测的地理实体及其属性进行识别、分离和收集,以获得可进行处理的源数据.

(2) 遥感信息采集平台.

遥感信息采集平台有:航空遥感平台和卫星遥感平台.

航空遥感平台一般是指高度在 20 km 以下的遥感平台,主要包括飞机和气球两种.航空遥感平台的飞行高度较低,机动灵活,而且不受地面条件限制,调查周期短,资料回收方便,因此其应用十分广泛.我国的遥感数据主要来自航空遥感平台.

卫星遥感平台是用卫星作为平台的遥感技术.通常,遥感卫星可在轨道上运行数年.卫星轨道可根据需要来确定.遥感卫星能在规定的时间内覆盖整个地球或指定的任何区域,当沿地球同步轨道运行时,它能连续地对地球表面某指定地域进行遥感.

中国约有 2/3 的遥感数据来自航空平台,1/3 来自卫星平台,而这与我国的地域范围、地理环境是紧密相关的.其一,中国大陆东西方向跨度较大,且很多重要山川河流也为东西走向,然而卫星平台中较多是极轨卫星,沿南北向采集图像,故对于这种状况卫星遥感平台并不是最好的采集方式;其二,我国 2/3 面积的国土地形地貌是山地丘陵,起伏落差大,上方的大气环境复杂,相比卫星平台,航空遥感平台更加有效.

(3) 遥感卫星.

遥感卫星是用作外层空间遥感平台的人造卫星.目前,国内外常用的遥感卫星主要参数列于表 1.2.

表 1.2 国内外主要卫星参数一览表

卫星名称 (国家/地区)	重量 /kg	寿命 /a	高度 /km	倾角 /(°)	重访/覆盖 周期/d	有效载荷性能		
						相机	幅宽/km	分辨率/m
SPOT-4,5(法)	2755	5	822	98.7	26	CCD	60	2.5,5,10
GEOEYE-1(美)								0.5
EROS 1A(以)	250		480		4	CCD	12	1.8
EROS 2B(以)	350	2	600	97.3	4	CCD	16	0.8

续表

| 卫星名称 | 重量 | 寿命 | 高度 | 倾角 | 重访/覆盖 | 有效载荷性能 | | |
（国家/地区）	/kg	/a	/km	/(°)	周期/d	相机	幅宽/km	分辨率/m
IRS-P 5(印)	1560	3	618	97.87	5	CCD	30	2.5
QUICKBIRD(美)	825	7	450	98	2.4	CCD	16.5	0.61,2.44
ORBVIEW-3(美)	356	5	470	98.3	2.5	CCD	8	1.4
IKONOS-1(美)	817	5	674	98.2	3	CCD	11	1.4
ROCSAT(台)	620	5	891	98.99		CCD	60	2.15
ALOS(日)	4000	5	691	98.16	46	CCD	35,70,350	2.5,10,7~100
NEMO(美)	574	5	605	97.81	7	高光谱	30	5,30
RESOURCE-DK(俄)						CCD		1,3
WORLDVIEW-1/2(美)	2500	7	770	98.0	1.7,1.1	CCD	17.6,16.4	0.45~0.51
PLEIADES(法)	1000	5	694	98.64	26	CCD	20	0.7
RADARSAT-2(加)	1650	7	798	98.6	24	SAR	500	3
TERRASSR-X(德)	1230	5	514	97.44	11	SAR	10,30,100	1,3,16
COMOS-SKYMED(意)	600	5	619	97.86	16	SAR	10,30,100	1~100

（4）遥感卫星的轨道

如果我们把被卫星包围的地球看成一个均质的球体，它的引力场即为中心力场，其质心为引力中心，那么，要使人造地球卫星（简称卫星）在这个中心力场中做圆周运动，运行轨道必须是一条与开普勒椭圆轨道相差很小的复杂曲线．常用开普勒椭圆轨道来描述卫星的大致运动．就人造地球卫星来说，其轨道按高度分为低轨道和高轨道，按地球自转方向分顺行轨道和逆行轨道．这中间有一些特殊意义的轨道，如赤道轨道、地球同步轨道、对地静止轨道、极地轨道和太阳同步轨道等．

卫星轨道的形状和大小是由长轴和短轴决定的，而交点角、近地点幅角和轨道倾角则决定轨道在空间的方位．这五个参数称为卫星轨道要素（根数）．有时还加上过近地点时刻，合称为六要素．有了这六要素，就可知道任何时刻卫星在空间的位置．图 1.1 是近极地太阳同步轨道的示意图．

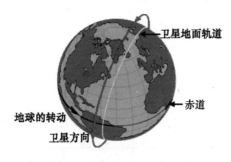

图 1.1　近极地太阳同步轨道

1.1.2　遥感数字图像处理系统

遥感数字图像处理是指系统通过计算机对遥感数字图像进行分析、加工和处理,使其满足视觉、心理以及其他要求的技术系统.图像处理是信号处理在图像域上的一种应用,是信号处理的子类,与计算机科学、人工智能等领域有密切的关系.[6]

遥感数字图像处理系统的三个基本部件是:图像数字化仪、处理图像所用的计算机和图像显示设备.在其自然的形式下,地物并不直接能由计算机进行处理.因为计算机只能处理数字,而不是图片,所以一幅影像在用计算机处理前必须是数字形式的.图 1.2 是一幅用数字矩阵来表示的遥感影像.地物信息转化为数字化值的过程就称为数字化.在每个像素位置,图像的亮度被采样和量化,从而得到图像中对应点上表示其亮暗程度的一个值,所有的像素都完成上述转化后,图像就被表示为一个数字矩阵.每个像素都具有两个属性:位置和灰度.这个矩阵就是计算机要处理的对象.在遥感数字图像的处理过程中,图像中的像素可以根据要求来修改.处理后的结果由一个与数字化相逆的过程显示出来,即用每个像素的灰度值来决定对应点在显示屏上的亮度.这样的结果便又转化成了人们可以直观解释的图像了.

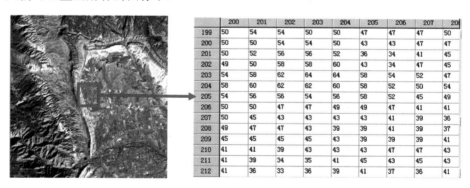

	200	201	202	203	204	205	206	207	208
199	50	54	54	50	50	47	47	47	50
200	50	50	54	54	50	43	43	47	47
201	50	52	54	56	52	36	34	41	45
202	49	50	58	58	60	43	34	47	45
203	54	58	62	64	64	58	54	52	47
204	58	60	62	62	60	58	52	50	54
205	54	56	56	54	56	58	52	45	49
206	50	50	47	47	49	47	41	41	41
207	50	45	43	43	43	43	41	39	36
208	49	47	47	43	39	39	41	39	37
209	45	45	45	45	43	39	39	39	41
210	41	39	39	43	43	47	47	43	43
211	41	39	34	35	41	45	43	45	43
212	41	36	33	36	39	41	37	36	41

图 1.2　遥感影像及其对应区域的亮度值

1.2　遥感数字图像

本节将介绍遥感数字图像本质,主要说明遥感数字图像的概念、特点、分辨率及格式.随着遥感图像获取手段日益成熟,遥感图像已逐渐成为空间地理信息的重要数据源之一.特别是传输型遥感卫星的广泛使用,为快速、周期性地获取对地观测数据提供了可靠保障.

1.2.1　遥感数字图像概念

遥感数字图像是以数字形式表示的遥感图像,是各种传感器所获信息的产物,是遥感探测目标的信息载体.就像我们生活中拍摄的照片一样,遥感图像同样可以"提取"出大量有用的信息.数字记录方式主要指扫描磁带、磁盘、光盘等的电子记录方式.它是以光电二极管等作为探测元件,探测地物的反射或发射能量,经光电转换过程把光的辐射能量差转换为模拟的电压差(模拟电信号),再经过模/数(A/D)变换,将模拟量变换为数值(亮度值),存储于数字磁带、磁盘、光盘等介质中.遥感图像反映连续变化的物理场,图像的获取模仿了视觉原理,所记录图像的显示和分析都需考虑视觉系统的特性.[2,6]

遥感数字图像是指由小块区域组成的二维矩阵.对于单色即灰度图像而言,每个像素的亮度用一个数值来表示,通常数值范围在 $0\sim255$ 之间,即可用一个字节来表示,其中 0 表示黑,255 表示白,而其他表示灰度.遥感数字图像是先对二维连续光函数进行等距离矩形网格采样,再对幅度进行等间隔量化得到的二维数据矩阵.采样是测量每个像素值,而量化是将该值数字化的过程.图 1.2 是专题制图仪(thematic mapper,TM)采取的数字影像,右图为左图中对应方框的亮度值.

遥感数字图像在本质上是二维信号,因此信号处理中的基本技术可以用在遥感数字图像处理中.但是,由于遥感数字图像是一种非常特殊的二维信号,反映场景的视觉属性,只是二维连续信号的非常稀疏的采样,即从单个或少量采样中获得有意义的描述或特征,因此无法照搬一维信号处理的方法,需要专门的技术.实际上,遥感数字图像处理更多地依赖于具体应用问题,是一系列的特殊技术的汇集,缺乏贯穿始终的严格理论体系.

1.2.2　遥感数字图像特点

遥感技术的应用是十分广阔的,有近 30 个领域、行业都能用到遥感技术,如陆地水资源调查、土地资源调查、海洋资源调查、测绘、考古调查、环境监测和规划管理等.众多的应用领域取决于其一系列独特的优点.

(1) 覆盖范围大、数据量大且有效信息多,有一定的周期性.

遥感为宏观观测,遥感图像覆盖范围大,如 LANDSAT 图像的幅宽为 185 km×185 km,SPOT 的为 60 km×60 km.遥感卫星有固定的重访周期,具有周期性,可以组成时间序列,这有助于后续的分析处理、提取信息等.遥感数字图像不但覆盖范围大,还有着不同于普通彩色图像的多个波段,因此一幅图像的数据量非常大.针对这一特点,遥感数字图像的处理需尽量考虑提升算法效率.

（2）再现性好，抽象性强.

数字图像是用二进制存储在计算机内，它不会因图像的存储、传输或复制等一系列变换操作而导致图像质量的退化及丢失.只要图像在数字化时准确地表现了原图像，则数字图像处理过程始终能保持图像的再现.[7,8]

（3）处理精度高.

按目前的技术，如果图像数字化设备的能力足够强，几乎可将一幅模拟图像数字化为任意大小的二维数组.现代扫描仪可以把每个像素的灰度等级量化为16位甚至更高，这意味着图像的数字化精度可以满足任一应用需求.

（4）适用面宽.

来自不同信息源的图像被变换为数字编码形式后，均是由二维数组表示的灰度图像组合而成，因而均可用计算机来处理，即只要针对不同的图像信息源，采取相应的图像信息采集措施，图像的数字处理方法适用于任何一种图像.[9]

（5）灵活性高.

数字图像处理不仅能完成线性运算，而且能实现非线性处理.理论上讲，凡是可以用数学公式或逻辑关系来表达的一切运算均可用数字图像处理实现.

1.2.3　遥感数字图像的分辨率特征

遥感数字图像是各种传感器所获信息的产物，是遥感探测目标的信息载体.通过遥感数字图像可以获取三方面的重要信息：目标地物的大小、形状及空间分布特点；目标地物的属性特点；目标地物的动态变化特点；其依次对应于遥感图像的三方面特征：几何特征、物理特征和时间特征.这三方面特征的表现参数即为下文所描述的空间分辨率、光谱分辨率、辐射分辨率和时间分辨率.随着遥感技术的不断发展，遥感可用波段从原先的可见光及近红外波段、热红外波段扩展至微波雷达波段，可探测目标和应用领域也得到了大幅度的扩展，但是二者所用传感器和工作原理却有着显著的不同，这就必然导致了这两类遥感影像在特征上表现出不一致.

可见光及近红外遥感和热红外遥感可以利用扫描类型的传感器来探测辐射能量.可见光及近红外遥感探测的是地物反射的太阳辐射，反映地物的反射率，根据不同的反射波谱特性曲线可以判别不同地物；热红外遥感探测的是地物自身发射辐射能量，因此热红外影像反映地物自身的辐射发射能力.换而言之，可见光及近红外遥感和热红外遥感的探测目标均是地物辐射能.

雷达，原意为"无线电探测和测距"，它的意图在于利用无线电的方法发现目标并测定它们的空间位置.其原理是雷达设备的发射机先通过天线把电磁波能量射向空间某一方向，处在此方向上的物体反射接收到的电磁波；雷达天线再接收此反射波，送至接收设备进行处理，提取目标至电磁波发射点的距离、距离变化率(径向速度)、方位、高度等信息.

由于可见光及近红外影像和热红外影像在传感器获取阶段具有很多相似之处,而雷达影像的传感器与工作原理与前者大有不同,发射信号和接收信号方面也与前两者差异较大,因此在后续讨论中将分别介绍可见光及近红外影像、热红外影像的影像及雷达影像的影像特征和差异性.

1. 空间分辨率

遥感影像的空间分辨率指像素所代表的地面范围的大小,即扫描仪的瞬时视场,或地面物体能分辨的最小单元,通俗地讲是通过仪器可以识别物体的临界几何尺寸,反映为遥感制图的比例尺.例如 LANDSAT 的 TM 的 1~5 和 7 波段,一个像素代表地面 28.5 m×28.5 m,或概括地说空间分辨率为 30 m.

(1) 可见光及近红外影像的空间分辨率.

对于摄影类型传感器获取的可见光及近红外影像,其成像系统的分辨率可以用瑞利判据

$$\theta = 1.22\lambda/D \tag{1.1}$$

来评价,式中 D 为摄影机的孔径,λ 为波长,θ 为观察角.由上式可知,孔径越大,成像系统的分辨本领就越大,获得的影像分辨率也就越高.

对于扫描类型传感器获取的可见光及近红外影像,由红外扫描仪的瞬时视场(图 1.3)可知,其空间分辨率定义为

$$S = \frac{H}{f}D, \tag{1.2}$$

式中 H 是卫星离地面的高度,D 为探测器的尺度,f 为光学系统的焦距.对于扫描类型的传感器来说,瞬时视场内所有地物的辐射能量均被成像于一个像元,因此扫描类型传感器的空间分辨率即为传感器瞬时视场内所观察到的地面场元的宽度.

虽然热红外影像和可见光及近红外影像一样,都可以使用扫描类型的传感器,但是实际上热红外影像的几何分辨率远不如可见光及近红外影像.由于辐射能量与波长成反比,因此在一定的视场范围内红外波段的辐射强度远小于可

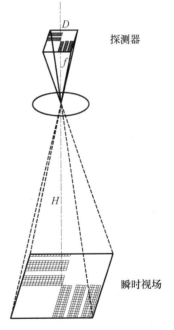

图 1.3 红外扫描仪的瞬时视场

见光及近红外波段,且随着波长的增加,辐射能量降低.而热红外成像与可见光波段相同,像元亮度为视场范围内辐射能量的积分值,若要获得较高的辐射亮度

就必须牺牲几何分辨率. 例如 TM 传感器, 在可见光及近红外波段分辨率可达 30 m, 而热红外波段只能达到 60 m.

(2) 成像雷达的空间分辨率.

对于雷达成像类型传感器而言, 由于它在方位向和距离向对信号的处理方法不同, 因此在方位向和距离向影像的分辨率不同.

雷达在距离向能够分辨的两个地面目标的最小距离称为距离分辨率. 一般雷达的距离分辨率可以表示为

$$R_{\mathrm{r}} = \frac{\tau C}{2} \sec \beta, \tag{1.3}$$

式中 τ 为脉冲宽度, C 为电磁波传播速度, β 为俯角. 在距离向, 不同目标地物需要反射脉冲的不同部分才能在图像上分辨出来, 如图 1.4 所示, 脉冲的 U 部分首先被地物点 X 反射, 然后 V 部分被地物点 Y 反射, 若要能够在图像上区分两地物点, 该地物点反射的脉冲的两个部分必须在不同时间到达天线. 由此可推知, 如果两个目标靠得太近, 或是脉冲比较长, 那么两目标反射的脉冲部分就可能重叠, 并同时到达天线, 从而在图像上难以区分.

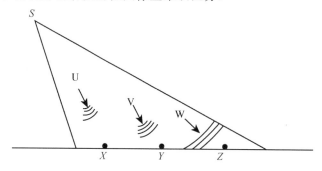

图 1.4　脉冲反射示意图

由上述分析可知, 雷达距离分辨率与高度无关, 而与脉冲带宽和俯角有关. 脉冲带宽越宽, 距离分辨率越低; 俯角越大, 距离分辨率越高. 因此与光学成像不同, 雷达成像通常采用侧视成像. 实际应用中通常采用脉冲压缩技术来提高距离分辨率.

雷达的方位向空间分辨率是指在航向上能够区分的两目标地物的最小距离. 要在航向上区分两目标地物, 这两个目标地物就必须处在不同的波束内. 方位向空间分辨率可以表示为

$$R_{\mathrm{a}} = \omega R, \tag{1.4}$$

式中 ω 为波瓣角, R 为斜距. 由于波瓣角与波长 λ 成正比, 与天线孔径 d 成反比. 若合成孔径雷达的合成孔径为 L_{p}, 并等于 R_{a}, 那么上式又可表示为

$$R_{\mathrm{a}} = \frac{\lambda}{d}R = \frac{\lambda}{\left(\frac{\lambda}{d}\right)R}R = d. \tag{1.5}$$

由于合成孔径天线双程相移,所以其方位向空间分辨率提高一倍,即 $d/2$.

2. 辐射分辨率

即使空间分辨率足够高,地物是否能够分辨出来还取决于传感器的辐射分辨率.所谓辐射分辨率是指传感器能区分两种辐射强度最小差别的能力.在遥感图像上表现为每一个像元的辐射量化值.反映为图像的灰度阶数,如 64 灰阶、128 灰阶、256 灰阶等.在可见光及近红外波段用噪声等效反射率表示(雷达影像通常不考虑辐射分辨率),在热红外波段用噪声等效温差、最小可探测温差和最小可分辨温差表示.辐射分辨率算法通用的是

$$R_{\mathrm{L}} = (R_{\max} - R_{\min})/D, \tag{1.6}$$

式中,$R_{\max}$ 为最大辐射量值,$R_{\min}$ 为最小辐射量值,D 为量化级.R_{L} 越小,表明传感器越灵敏.

传感器的输出包括信号和噪声两大部分.如果信号小于噪声,则输出的是噪声.如果两个信号之差小于噪声,则在输出的记录上无法分辨这两个信号.噪声是一种随机的电起伏,其算术平均值为零,应用平方和之根计算噪声电压 N,求出等效噪声功率

$$P_{\mathrm{EN}} = \frac{P}{S/N} = \frac{N}{R}, \tag{1.7}$$

式中 P 为输入功率,S 为输出电压,R 为探测率.只有当信号功率大于等效噪声功率时,才能显示出信号来(参见图 1.5).实际输入信号功率要大于或等于 2~6 倍等效噪声功率时,才能分辨出信号来.

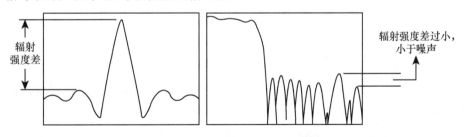

图 1.5　辐射分辨率示意图

对于热红外图像,等效噪声功率应换算成等效噪声温差 ΔT_{EN},

$$\Delta T_{\mathrm{EN}} = \sqrt[4]{\frac{P_{\mathrm{EN}}}{\varepsilon\sigma}}, \tag{1.8}$$

同样,当地面温差大于或等于 2~6 倍 ΔT_{EN} 时,热红外图像上才能够分辨出信号来.

3. 光谱分辨率

与几何分辨率比较,光谱分辨率似乎为探测光谱辐射能量的最小波长间隔,而确切地讲,应为光谱探测能力.它包括传感器总的探测波段的宽度、波段数、各波段的波长范围和间隔.目前成像光谱仪的波段数可达 386 个,每个波段的间隔小到 5nm,光谱分辨率最高的传感器已经达到纳米级.

图 1.6 可以很好地说明光谱分辨率的定义.若用彩色光谱来表示整个电磁波段,那么图 1.6(a)可以理解为光谱分辨率为无穷精细.不过,这只是理想状态,当获取影像时,所有谱段信息混叠一起,即"全色图像";为了获得不同谱段的信息,必须分谱段,才能得到不同谱段的信息.图 1.6(b)表示,随着波段间隔增加,光谱谱段增多;图 1.6(c)表示随着各波段范围变窄,波段数增加,光谱分辨率提高.显然,波段数越多,光谱分辨率越高.

图 1.6　两种形式的光谱分辨率的提高

不同光谱分辨率的传感器对同一地物探测效果有很大区别.多光谱成像技术具有 $10\sim20$ 个光谱通道,光谱分辨率为 $\lambda/\Delta\lambda\approx10$($\lambda$ 表示波长,下同).高光谱成像技术,有 $100\sim400$ 个光谱通道的探测能力,一般光谱分辨率可达 $\lambda/\Delta\lambda\approx100$.超高光谱成像,光谱通道数在 1000 左右,光谱分辨率一般在 $\lambda/\Delta\lambda\geqslant1000$.后两者具有很高的光谱分辨率,从几乎连续的光谱曲线上,可以分辨出物体光谱特征的微小差异,有利于识别更多的目标,在矿物成分的识别上发挥了重大的作用.以 EOS-AM1 系列卫星上搭载的探测仪 MODIS 为例,它属于波段不连续(光谱范围为 $0.4\sim14.5~\mu m$)、数量少(波段 36 个)、地面分辨率较低的一类高光谱传感器.MODIS 可探测的光谱范围覆盖了可见光到热红外波段范围,在可见光及近红外波段有 19 个通道,波段间隔达几十纳米.在热红外波段有 10 个通道,波段间隔达几十纳米.

由于成像雷达的天线在同一时间只发射或接收单一波段的信号,因此对于雷达影像而言没有光谱分辨率的概念.成像雷达只工作在一个波段,例如Terra SAR-X 卫星上搭载的 SAR 传感器工作在 X 波段,而 Envisat 上搭载的 ASAR

则工作在 C 波段,不同波段名称对应的波长范围如表 1.3 所示.

表 1.3　微波波段的波长对照表

波段名称	P	L	S	C	X	Ku	K	Ka
波长/cm	136~77	30~15	15~7.5	7.5~3.5	3.75~2.4	2.4~1.67	1.67~1.18	1.118~0.75

4. 时间分辨率

时间分辨率是指对同一地区重复获取图像所需的时间间隔,即采样的时间频率.对航空影像来说,就是两幅相邻影像的时间间隔,极端情况是"凝视",目前达到秒的量级;对卫星影像也称重返周期、覆盖周期.遥感图像的时间分辨率受制于空间分辨率.大多在轨道间不进行立体观察的卫星,时间分辨率等于其重复周期.进行轨道间立体观测的卫星时间分辨率比重复周期短.如 SPOT 卫星,在赤道处一条轨道与另一条轨道间交向取一个立体图像时,时间分辨率为 2d.时间分辨率与所需探测目标的动态变化有直接的关系.

遥感的时间分辨率范围较大.时间分辨率对动态监测十分重要,不同的遥感目的,采用不同的时间分辨率.以卫星影像为例,按研究对象的自然历史演变和社会生产过程的周期划分为五种类型:(1) 超短期,如台风、寒潮、海况、鱼情、城市热岛等,需以小时计;(2) 短期,如洪水、冰凌、旱涝、森林火灾或虫害、作物长势、绿被指数等,要求以日数计;(3) 中期,如土地利用、作物估产、生物量统计等,一般需要以月或季度计;(4) 长期,如水土保持、自然保护、冰川进退、湖泊消长、海岸变迁、沙化与绿化等,则以年计;(5) 超长期,如新构造运动、火山喷发等地质现象,可长达数十年以上.

对典型的遥感传感器,时间分辨率有不同的表达形式,具体如下.

(1) 可见光机及近红外影像.

对于可见光及近红外影像和热红外影像来说,时间分辨率越高意味着对观测目标的动态监测越准确,这在许多方面都非常有利,比如农作物的动态监测、海洋表面和潮汐的监测、水资源的动态监测,等等.[10]

(2) 成像雷达.

对于雷达影像而言,雷达影像一个重要的应用是干涉合成孔径雷达(interferometric synthetic aperture radar,InSAR),其原理是利用 SAR 在平行轨道上对同一地区获取两幅或两幅以上的单视复数影像来形成干涉,进而得到该地区的三维地表信息.在应用 InSAR 获得地形信息时,要求雷达影像之间有良好的相干性.而影响干涉相干性的因素有系统热噪声、配准误差、空间基线、时间基线和多普勒频率中心偏差等.其中,系统热噪声是 SAR 固有的,多视处理可以部分抑制其影响.SAR 影像配准误差可达到亚像元级,提高配准精度即可抑制其影响.而空间基线是指干涉影像对在获取时卫星的位置之间的差异.时间基线是指干涉影像对在获取时间上的差异. 时间基线越长, 干涉影像对之间的相干性越差, 干涉噪声越大, 越难获得相关的地形信息. 图 1.7 为 InSAR 分析时所用的时空基线分布图, 从中能够清楚地知道其图像的时间和空间分布. 时间分辨率对于 InSAR 具有重要意义, 若能够获得高时间分辨率的影像, 那么不仅可以获得高精度 InSAR 结果, 而且对于数据量需求巨大的极化-干涉 (polarization-intereference, P-In)SAR 技术而言也是十分有帮助的.

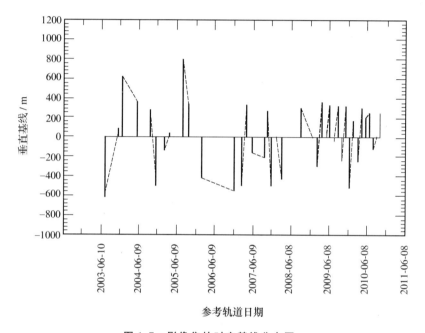

图 1.7　影像集的时空基线分布图

1.2.4　遥感数字图像的格式

在遥感图像的数字处理中, 除了用到影像数据, 还要用到与遥感图像成像条件有关的其他数据, 如遥感成像的光照条件、成像时间等. 在遥感数据中除了影像信息, 还包含了其他各种附加信息. 计算机兼容磁带 (computer compatible tape, CCT) 和只读光盘 (CD-ROM) 主要是以下几种格式存储和提供数据的.

(1) 波段顺序 (band sequential, BSQ) 格式.

BSQ 格式是按波段顺序记录遥感影像数据的格式, 每个波段的图像数据文件单独形成一个影像文件, 数据文件按其扫描时的顺序一行一个记录存放, 先存放第一个波段, 再存放第二个波段, 直到所有波段存放完为止, BSQ 格式的 CCT 包括四种文件类型: 磁带目录文件、图像属性文件、影响数据文件和尾部文件,

BSQ 格式是记录图像最常用的方式,单独提取波段也十分容易.

（2）波段按行交叉（band interleaved by line，BIL）格式.

BIL 格式是按照波段顺序交叉排列的遥感数据格式.BIL 格式与 BSQ 格式相似,也是由四种类型的文件组成,但每一种类型都只有一个文件.

（3）波段按像元交叉（band interleaved by pixel，BIP）格式.

BIP 格式是逐个像元按波段次序记录的遥感数据格式.它是将每个像元的 n 个波段的亮度值按顺序排列在数据集中,在数据集的结束处放置一个文件结尾（end-of-file，EOF）标记.

（4）层次数据（hierarchical data format，HDF）格式.

HDF 是用于存储和分发科学数据的一种自我描述、多对象文件格式.HDF 可以表示出科学数据存储和分布的许多必要条件.HDF 有自述性、通用性、灵活性、扩展性和跨平台性等特点.HDF 提供六种基本数据类型:光栅图像（raster image）、调色板（palette）、科学数据集（scientific data set）、注解（annotation）、虚拟数据（virtual data）和虚拟组（virtual group）.

1.3　遥感数字图像处理

遥感已突破了数据获取的瓶颈,已经或正在走向全面应用的新阶段,同时随着遥感图像分辨率（包括空间分辨率、光谱分辨率、辐射分辨率和时间分辨率）的提高,遥感应用已经从单纯的定性应用阶段发展到了定性应用和定量应用相结合的新阶段;与之相适应的是,遥感图像处理手段也是从光学处理、目视判读和手工制图阶段过渡到了数字处理阶段.[11—16] 在这个过程中,国际上相继推出了一批高水平的遥感影像处理系统,并逐渐得到了广大用户的认可.这些系统的推广和使用,在很大程度上加快了遥感图像应用的步伐,促进了遥感图像从粗放应用向精细应用的过渡.遥感数字图像处理的本质就是将遥感图像以数字形式输入到计算机中,利用一定的数学方法,按照数字图像的规律进行变换,将一幅图像变为另一幅经过修改（改进）的图像,是由图像到图像的过程.

1.3.1　遥感数字图像处理方法

为了进行图像数据的处理,需要对涉及图像作数学上的描述.

目前对于数字图像的处理采用两种方法:一是采用离散方法,二是采用连续方法.

离散方法将图像看成是离散采样点的集合,每个点有其属性,对图像的处理运算就是对这些离散单元的操作.而一幅图像的存储和表示均为数字形式,数字是离散的,因此,使用离散方法来处理数字图像是合理的.该方法相关的概念是空间域. 空间域图像处理以图像平面本身为参考, 直接对图像中的像素进行处理.

连续方法认为图像通常是对物理世界的实际反映, 因而图像服从可用连续数学描述的规律, 对图像的处理就是连续函数的运算, 所以应该使用连续的数学方法进行图像处理. 该方法相关的主要概念是频率域 (频率域及空间域的相关概念我们会在后续章节中详细阐述). 频率域的图像是在图像处理时利用傅里叶变换所得的反应频率信息的图像. 完成频率域图像处理后, 往往要变换至空间域进行图像的显示和对比.

许多处理运算背后的理论实际上是基于连续函数的分析, 这种办法能很好地解决问题. 而另一些处理过程则更适合于用对各个像素进行逻辑运算来进行构思, 这时离散的方法就更好些. 通常两种方法都能描述一个过程, 但运用时必选其一. 在许多情况下, 我们会发现, 分别采用连续分析和离散技术的方案, 会导致相同的答案. 但沿着不同的思路会对问题的理解大不相同. 如果片面地强调连续或是离散就可能得到显著不同的结果, 即出现了采样效应. 在进行图像数字化处理时, 要能够刻画对原本连续形式的图像施行数字化后的影响程度, 寻求由模拟到数字再由数字到模拟的转换过程中, 保证感兴趣的内容不丢失或至少不明显损失的处理方法, 要能够识别出采样效应的发生, 并采取有效的方法消除它或使它降低到可以接受的程度.

1.3.2　遥感数字图像反演

以光学遥感成像为例, 其过程是一个能量传输与转化过程, 如图 1.8 所示. 光学遥感以太阳为辐射源, 太阳辐射的能量以电磁波的形式传播到地表. 太阳和地表之间有一层厚度大约为 50 km 的大气层, 太阳辐射在穿透大气层的过程中受到大气和气溶胶等粒子的散射和吸收作用. 不同地物对太阳辐射具有不同的吸收和反射作用, 被地物反射的太阳辐射穿过大气之后被航空或者航天遥感平台上的光学遥感成像系统接收. 不同化学成分和空间几何形态的地物对太阳辐射的吸收和反射强度不同, 因此地物反射的太阳辐射已经携带了地物的几何、物理和化学等信息, 这也是遥感地物参量反演的依据.

地表反射的太阳辐射到达光学遥感成像系统后, 成像系统的光学部件完成光学遥感辐射定标模型的系统参量分解与成像控制像变换, 并进行像差补偿将太阳辐射汇聚到光学成像系统的承影面上. 这一辐射传输路径虽短, 但它是保证光学遥感成像系统成像质量的关键环节, 也是光学成像系统设计的核心环节. 光学成像系统承影介质电荷耦合器件 (charge coupled device, CCD) 和互补金属-氧化物-半导体 (complementary metal-oxide-semiconductor, CMOS) 等半导体芯片能够直接俘获入射的光子, 产生受激的电子, 后端的信号处理电路将激发出的光电流进行处理并输出一幅数字遥感影像.

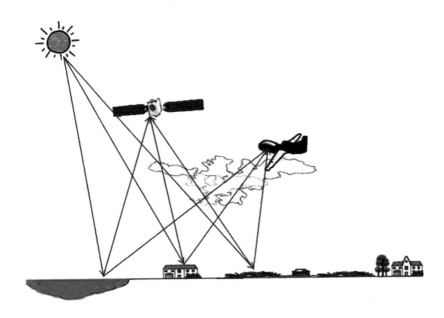

图 1.8　光学遥感示意图

　　在光学遥感发展的初期人们对遥感影像的处理以目视判读为主,遥感工作者通过对比地物的反射强弱和几何形状获取地物的信息.随着遥感技术的发展,人们已经不满足仅仅通过目视判读和计算机辅助图像处理的方法来获取地物的信息,在很多遥感应用场合还需要根据遥感影像定量地计算地物的理化参数.[17—19]通过遥感影像定量地计算地表的反射率等参数的过程称为遥感定量反演,该过程如图 1.9 所示.

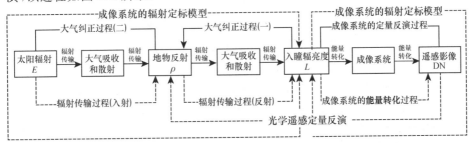

图 1.9　光学遥感的定量反演过程原理图

　　光学遥感的定量反演过程是光学成像过程的逆过程,它至少包括四个步骤:首先是成像系统的定量反演过程,它根据成像系统的辐射定标模型,建立成像系统输出的 DN 值与入瞳辐亮度 L 之间的数学关系,在已知 DN 值的情况下计算出入瞳辐亮度 L;其次,对入瞳辐亮度 L 进行大气纠正,获得地物反射的辐射出射度;再次对太阳辐射进行大气纠正获得入射到地物的辐照度;最后,使用地物反射的辐射出射度除以地物接收的辐照度即可得到地物在成像方向上的反射率ρ,反射率是计算其他地物理化参数的基础.使用者再根据具体的遥感应用计算所需的地物参数.

1.4　本书框架

本书由三部分组成:

第一部分(第一至四章)系统与整体处理基础作为本书的系统与基础知识,主要介绍遥感数字图像的总体性处理内容,解决的是图像整体性问题,决定整幅影像的特性,常常视为预处理.第一章系统概述,是对整体概念构架的建立.第二章系统支撑条件,具体为图像数字化、显示和处理软件,是计算机处理遥感影像的前提.第三章数字图像整体处理的数学基础,例如灰度直方图、点运算、代数运算和几何运算,是对图像总体性状的理解和掌握.第四章数字图像整体处理的物理学基础,是对成像过程物理特性的分析,以保障成像过程正确和成像质量良好.

第二部分(第五至十章)像元处理理论与方法是高级遥感数字图像的理论方法部分,也是本书的主体部分,主要介绍遥感图像的内部及像素间的数学处理,解决的是图像每个像元处理的理论方法问题,决定每个图像像元的特性,是遥感数字图像处理分析的依据,常常视为图像的深加工.第五章是时空域卷积线性系统,它是遥感数字图像处理的基本理论.图像变换系统是惯性系统,具有线性系统特性.第六章是时频域卷-乘变换,是指时间域(量纲为 T)与其倒数即频率域(量纲为 T^{-1})的对偶变换,该理论为数字图像处理的简化运算提供了可能.第七章是频域滤波,根据不同的生产需求,在频率域保留不同频率的信息.第八章是时域采样,自然世界连续的空间信息必须通过采样转化为计算机处理所需要的离散信息,即时间序列信息.因而采样处理成为遥感地物信息用计算机表达分析的前提保障.第九章是时空等效正交基,任何图像的表达、存储、计算,都可以用基函数-基向量-基图像的二维矩阵矢量表征的方法表示.第十章是时域组合正交基,图像处理也可以通过时频基图像方法表征,即通过小波变换对图像进行压缩、增强和图像融合等.

第三部分(第十一至十六章)为技术与应用部分.基于理论与方法部分中的理论知识,产生了丰富的数字图像处理技术与应用,如复原与降噪声(第十一章)、压缩减容量(第十二章)、模式识别之图像分割(第十三章)、模式识别之特征提取及分类(第十四章)、彩色变换与三维重建(第十五章)等,这些图像处理方法可以借助计算机编写相关算法实现.第十六章是应用举例,主要介绍遥感数字图像应用的处理方法以及遥感数字图像处理的典型案例,解决的是图像应用问题,是遥感数字图像处理的目的,实例分析了遥感数字图像几个本质特征的精选案例.

本书总体呈现出递进的功能关系,并在第十六章利用几个典型案例来反馈到上述三部分以验证其内容有效性,从而形成整本书结构流程的闭环,具体内容框架如图 1.10 所示.

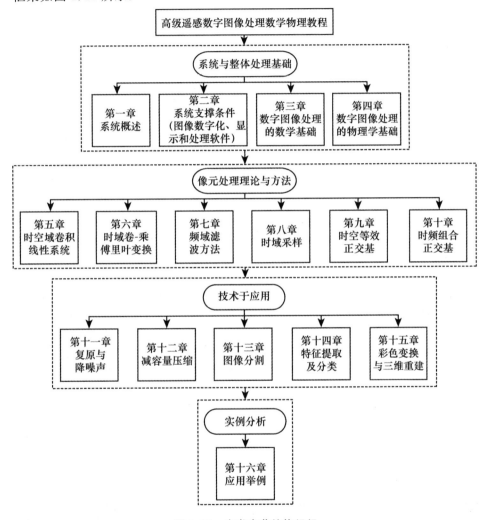

图 1.10　本书章节结构组织

参考文献

[1] 马蔼乃. 遥感概论[M]. 北京:科学出版社,1984.

[2] 梅安新,彭望琭,秦其明,等. 遥感导论[M]. 北京:高等教育出版社,2001.

[3] 赵英时. 遥感应用分析原理与方法[M]. 北京:科学出版社,2003.

[4] 陈述彭. 遥感大辞典[M]. 北京：科学出版社，1990.

[5] 徐希孺. 遥感物理[M]. 北京：北京大学出版社，2005.

[6] 汤国安，张友顺，刘咏梅，等. 遥感数字图像处理[M]. 北京：科学出版社，2004.

[7] Gonzalez R C, Woods R E. Digital image processing[M]. Nueva Jersey，2008.

[8] Szeliski R. Computer vision：algorithms and applications[M]. Springer Science & Business Media，2010.

[9] Sonka M，Hlavac V，Boyle R. Image processing，analysis，and machine vision[M]. Cengage Learning，2014.

[10] 周坚华. 遥感图像分析与空间数据挖掘[M]. 上海：上海科技教育出版社，2010.

[11] 刘坡，匡纲要. 遥感图像的图像镶嵌方法[J]. 电脑知识与技术（学术交流），2007(01).

[12] 杨志远. 谈小波变换在遥感图像处理中的应用[J]. 科技传播，2011(14).

[13] 丁宇虹. 遥感图像辐射矫正与增强的研究与进展[J]. 科学之友（B版），2009(10).

[14] 汤竞煌，聂智龙. 遥感图像的几何校正[J]. 测绘与空间地理信息，2007(02).

[15] 田冉，彭立芹，冯文钊. 基于遗传算法的遥感数字图像镶嵌研究[J]. 农机化研究，2004(06).

[16] 柳强，张根耀. 遥感图像的获取方法研究[J]. 哈尔滨工业大学学报，2003(12).

[17] 李先华，师彪，刘学锋，等. 大气程辐射遥感图像技术[J]. 上海大学学报：自然科学版，2007(02).

[18] 范楠楠，李增元，范文义，等. PHI-3 高光谱数据预处理[J]. 水土保持研究，2007(02).

[19] 李先华，徐丽华，曾齐红，等. 大气程辐射遥感图像与城市大气污染监测研究[J]. 遥感学报，2008(05).

第二章　遥感数字图像处理分析的系统支撑条件

章前导引　在第一章对遥感数字图像处理系统框架了解的基础上,本章细化图像处理系统的重要组成部分,即系统支撑条件,包括输入、输出和支撑软件三大模块.因为进行遥感数字图像处理前,必须知道图像处理系统的输入模块和输出模块的接口状态是否已经达到技术上最优.如果反复处理完的图像不满足使用所需,则需要判断是否是输入、输出参数或取用处理软件不合理所导致,因此必须对这些基础支撑条件有全面的认识.本章的核心是输入 γ 校正曲线、输出显示的点扩散与调制函数,由此成为遥感数字图像整体处理分析的第一步——系统支撑条件的设计,为下章开始的图像整体处理工作奠定接口支撑基础.

由于计算机只能处理数字图像,而自然界提供的图像却是其他形式的,所以图像处理的先决条件就是图像数字化,这就需要对图像进行数字化输入.同样,作为数字图像处理的数字化输出,需要通过图像显示环节把数字图像转化为可使用的形式,并且在图像处理过程中的图像效果监视和交互控制分析也有类似需求.因此图像处理分析软件的合适与否,成为高效遥感图像处理系统设计和应用的前提.

本章将对两种最典型的数字图像传感器进行介绍及对比,并介绍图像数字化输入的物理概念和基础以及数字图像输出时的响应特性与其他重要概念.最后,本章将讲解在处理遥感影像时常用到的软件,以及遥感图像处理软件的设计,并以无人机航空遥感数字图像处理软件为例进行具体分析.本章逻辑框架如图 2.1 所示.

本章内容具体包括:数字图像传感器(第 2.1 节),介绍 CCD,CMOS 作为主流成像传感器对图像性能的影响和作用;图像数字化输入(第 2.2 节),以 γ 校正方法把输入图像的非线性影响降至最低;数字图像显示(第 2.3 节),用平衡高-低频点扩散效应方法,将图像输出的模糊影响降低到合适可控的水平;遥感图像的处理软件及设计(第 2.4 节),选择合理软件或按"由顶至下"原则设计软件.

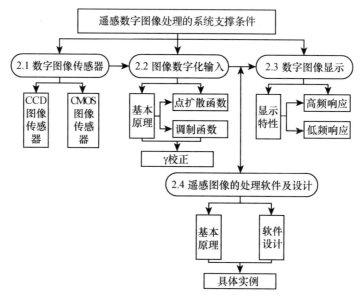

图 2.1　本章逻辑框架图

2.1　数字图像传感器

　　本节主要阐述数字化成像系统中成像器件即图像传感器的发展,具体介绍目前主流的数字输入 CMOS 传感器和 CCD 传感器的原理并比较了两者技术上、结构上的不同之处.

　　数字成像系统中的核心部件是成像器件,即图像传感器,其功能是把光学图像转换为电信号,即把入射到传感器光敏面上按空间分布的光强信息,转换为按时序串行输出的电信号——视频信号,该视频信号能再现入射的光学图像.20世纪 60 年代前,成像任务主要是借助于各种电子束摄像管(如光导摄像管、飞点扫描管等)来完成.60 年代后期随着半导体集成电路技术,特别是 CMOS 和 CCD 工艺的成熟,各种固体图像传感器得到迅速发展.

　　图像传感器的两大主流是 CMOS 和 CCD,其中 CMOS 器件由于其自身特性具有较大的发展潜力.CMOS 传感器出现于 20 世纪 60 年代末期,由于其性能的不完善严重地影响了图像质量,从而制约了它的发展和应用;70~80 年代,CCD 传感器以其更加成熟的技术超越 CMOS,在成像方面赢得了重要地位;90年代以后,小型化、低功耗和低成本成像系统的消费需求及芯片制造技术和信号处理技术的发展,使 CMOS 传感器得到了长足的发展,并且已经成为目前图像传感器的主流选择.下面分别对这两种传感器进行介绍.[1]

2.1.1 CCD 图像传感器

自从 1970 年美国贝尔实验室研制成功第一只 CCD 传感器以来,依靠业已成熟的集成电路工艺,CCD 传感器制造技术得以迅速发展.CCD 传感器作为一种新型光电转换器现已被广泛应用于摄像、图像采集、扫描以及工业测量等领域.作为摄像器件,与摄像管相比,CCD 图像传感器具有体积小、重量轻、功耗小、稳定性高、寿命长、分辨率高、灵敏度高、光敏元的几何精度高和光谱响应范围宽等一系列优点.按 CCD 的工作特性可分为线性 CCD 和矩阵式 CCD;按工艺特性又可分为单 CCD、3CCD 及超 CCD;按受光方式分为正面光照 CCD 和背面光照 CCD;按光谱可分为可见光 CCD、红外 CCD、X 光 CCD 和紫外 CCD;从结构上 CCD 分为线阵 CCD 和面阵 CCD.

CCD 的基本组成单元是许多分立的光敏单元,称之为像素,参见图 2.2. 每个独立的像素含有一个光敏单元,例如光电二极管或光电容.光敏单元输出与入射光成正比的电荷,之后这些电荷被转移到 CCD 的移位寄存器中并由移位寄存器输出到 CCD. 这些电荷在曝光期间积累,积累的电荷量依赖于入射光强、积分时间和光敏单元的量子效率.在无光照期间也会积累少量电荷加以补偿.

如图 2.2 所示,像素可以排列成线阵或面阵.时钟信号把电荷从像素中转移到移位寄存器,之后高频时钟信号把分立的像素电荷传输到 CCD 的输出级.移位寄存器的典型工作频率范围是 1～10 MHz.

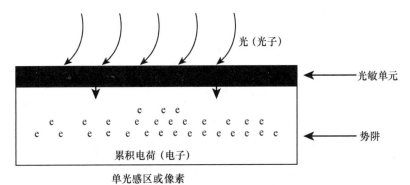

图 2.2 CCD 光敏单元

典型的 CCD 输出极和输出电压波形如图 2.3 所示,CCD 输出端由于通过感应电容上的电压而被复位到参考电平,这会产生一个复位噪声.参考电平和视频信号电平之差代表着感光量的大小.CCD 的电荷量可以低到 10 个电荷,典型 CCD 输出灵敏度为 0.6 μV/电子.大多数面阵 CCD 的饱和输出电压为 500 mV～1 V,线阵 CCD 为 2～4 V,直流电平在 3～7 V 之间.CCD 的在片处理能力有限,因此,通常情况下 CCD 的输出信号由外部电路处理.在 CCD 进行数字化之前,其原始输出信号需要进行错位.另外,移位寄存器要有偏置和放大功能.CCD 的输出电压很小,常淹没在噪声中.最大的噪声源是复位开关中电阻的热噪声,其典型值可达 $100 \sim 300$ 个电子.具体 CCD 传感器的工作原理如图 2.4 所示.

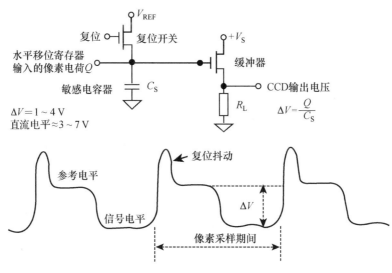

图 2.3　CCD 输出端和输出波形

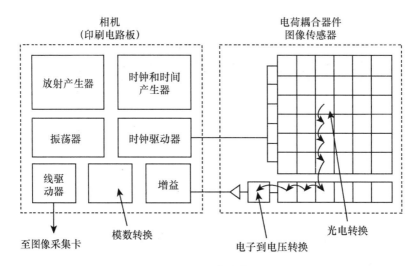

图 2.4　CCD 传感器原理

2.1.2　CMOS 图像传感器

CMOS 传感器将图像感应部分、信号读出电路、信号处理电路和控制电路高度集成在一块芯片上,再加上镜头等其他配件就构成一个完整的摄像系统. CMOS 图像传感器可分为无源像素传感器(passive pixel sensor,PPS)、有源像素传感器(active pixel sensor,APS)以及数字像素传感器(digital pixel sensor,DPS)三大类,根据光电荷的不同产生方式 PPS 又分为光敏二极管型、光栅型和对数响应型三种类型.完整的 CMOS 芯片的基本构成如表 2.1 所示,主要由水平(垂直)控制和时序电路、感光阵列、模拟信号读出处理电路、A/D 转换电路、模拟信号处理器和接口等组成.感光阵列将光产生的电流在水平(垂直)控制和时序电路的作用下读取到模拟信号读出处理电路,经 A/D 转换变成数字信号,再经数字信号处理、电路处理后将处理结果输出.

表 2.1　CMOS 成像芯片的内部结构

垂直控制盒时序电路	水平(垂直)控制和时序电路
	感光阵列
	模拟信号读出处理电路
	A/D 转换电路
	模拟信号处理器
	接口

CMOS 图像传感器的总体结构框图如图 2.5 所示. CMOS 图像传感器具体结构主要分为三层:最上层为像元阵列以及行选通逻辑,中间层为模拟信号处理器以及定时和控制模块,最下层主要由列平行 A/D 转换器、列选通逻辑以及输出端口组成.[2]其中行选通逻辑和列选通逻辑可以是移位寄存器,也可以是译码器.定时和控制电路起到限制信号读出模式、设定积分时间、控制数据输出率等作用.模拟信号处理器完成信号积分、放大、取样和保持以及相关双取样等功能.在片列平行 A/D 转换器是在片数字成像系统所必需的.具体的 CMOS 传感器的工作原理如图 2.6 所示.

典型的 CMOS 像素阵列是一个二维可编址传感器阵列.传感器的每一列与一个位线相连,行允许线所选择的行内每一个敏感单元输出信号送入它所对应的位线上,位线末端是多路选择器,按照各列独立的列编址进行选择.另外还有一种正在研制和试验阶段的 DPS-CMOS 图像传感器,传统的 PPS 和 APS 都是在像素外进行 A/D 转换的,而 DPS 是将 A/D 转换集成在每一个像素单元里,每一个像素单元输出的是数字信号,工作速度更快,功耗更低.

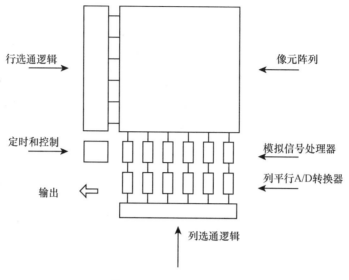

图 2.5　CMOS 总体结构

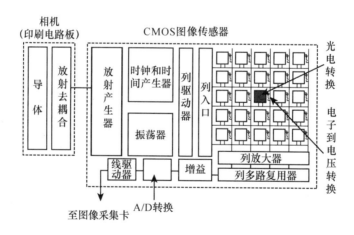

图 2.6　CMOS 传感器原理

　　目前,随着技术的不断成熟,CMOS 图像传感器取得了快速的进步,并已有 5.6 μm×5.6 μm 单元尺寸的 CCD 问世,并依次制作了滤色片和微透镜阵列,并且现有的技术可以采用 0.25 μm 特征尺寸的工艺技术,以生产出更加集成化的 CMOS 图像传感器.但是需要指出的是,并不是传感器尺寸越小越好.这是因为在自然光照射条件下,想要产生人眼可以分辨的灰度级至少需要激发 20～50 个电子,若是精度较高的 CMOS 传感器(可以显示 1024 个灰度级),大概需要激发 2×10^4 个左右的电子,这就需要 1 μm 的尺寸量级.因此,缩小尺寸和保持显示精度是图像传感器制造者应该权衡的问题.

2.1.3　CMOS 图像传感器与 CCD 图像传感器的比较

从技术的角度上比较,CCD 与 CMOS 有如下四个方面的不同:

（1）信息读取方式.CCD 存储的电荷信息,需在同步信号控制下一位实时转移后读取,电荷信息转移和读取输出需要有时钟控制电路和三组不同的电源相配合,整个电路较为复杂,故稳定性较低.CMOS 经光电转换后直接产生电流（或电压）信号,信号读取十分简单.

（2）速度.图像传感器的处理速度与信息读取方式有关.CCD 需在同步时钟的控制下,以行为单位一位一位地输出信息,速度较慢.CMOS 采集光信号的同时就可以输出电信号,还能同时处理各单元的图像信息,速度比 CCD 快很多.

（3）电源及功耗.CCD 大多需要三组电源供电,耗电量较大.CMOS 只需使用一个电源,耗电量非常小,仅为 CCD 的 $1/10\sim1/8$,故 CMOS 在节能方面具有很大优势.

（4）成像质量.CCD 制作技术起步早,技术成熟,隔离噪声的方法比较成熟,成像质量相对 CMOS 有一定优势.由于 CMOS 集成度高,各光电传感元件、电路之间距离很近,相互之间的光、电、磁干扰较严重,噪声对图像质量影响很大,致使 CMOS 很长一段时间无法进入实用.近年来虽然随着技术的不断进步,CMOS 传感器的成像质量大大增加,但是成像效果依然不如高精度的 CCD 传感器.

从两种传感器的结构上看,二者的不同点如下所述:

（1）内部结构.CCD 的成像点为 X-Y 纵横矩阵排列,每个成像点由一个光电二极管和一个邻近电荷存储区组成.光电二极管将光线转换为电子,聚焦的电子数量与光线的强度成正比.在读取这些电荷时,各行数据被转移到垂直于电荷传输方向的缓存器中.每行的电荷信息被连续读出,再通过电荷/电压转换器和放大器放大.这种构造产生的图像具有低噪音、高性能的特点.但是 CCD 这种复杂的构造,增大了耗电量,影响了处理速度,也增加了成本.CMOS 传感器周围的电子器件,可在同一加工工序中得以集成.CMOS 传感器的构造如同一个存储器,每个成像像素包含一个光电二极管、一个电荷/电压转换单元、一个重置和选择晶体管,以及一个放大器,覆盖在整个传感器上的是金属互联器（计时用和读取信号）以及纵向排列的输出信号互联器,构造更为简单,在提高处理速度的同时大大降低了功耗,但是产生的图像精度不如 CCD 传感器.

（2）外部结构.CCD 输出的电信号需经后续地址译码器、模数转换器、图像信号处理器处理,并且还需提供三组不同电压的电源和同步时钟控制电路,集成度非常低.由 CCD 构成的数码相机通常有六块芯片,有的多达八片,最少的也有三片,故 CCD 制作的数码相机成本较高.

　　总的来看,相比于 CCD 传感器,CMOS 传感器有着其得天独厚的优势.尽管目前成像质量差强人意,但是随着技术的不断进步,CMOS 的成像质量会得到不断的提高,可以预见的是,CMOS 图像传感器将在越来越广泛的领域得到应用,并将进一步推动数字图像技术的发展.

2.2　图像数字化输入

　　本节更全面地介绍图像数字化输入,包括图像数字化输入原理、衡量数字化仪器优劣的指标、提升数字化线性度的 γ 校正的具体方法、表述成像系统对点光源的响应的点扩散函数,以及可用于定量描述各空间频率处的成像质量(分辨率或者对比度)的光学调制传递函数.

2.2.1　图像数字化原理

　　传统的绘画原作复制成照片、录像带或印制成印刷品时,称这样的转化结果为模拟图像.它们不能直接用电脑进行处理,还需要进一步转化成由一系列的数据所表示的数字图像.这个进一步转化的过程也就是所谓的图像数字化,具体的操作技术就是采样.

　　所谓采样就是计算机按照一定的规律,对模拟图像的位点所呈现出的表象特性,用数据的方式记录下来的过程.这个过程有两个核心要点:一是采样要决定在一定的面积内取多少个点,计算集中为多少个像素,像素的多少决定了数字化后的图像的分辨率;二是记录每个点的某一因素的数据位数,也就是数据深度.比如记录某个点的亮度用一个字节来表示,那么这个亮度可以有 256 个灰度级差.这 256 个灰度级差分别均匀地分布在由全黑(0)到全白(255)的整个明暗带中.每一个灰度级都用 0~255 之间的一个数字来表示.色相及其彩度等因素与亮度因素记录方式相同.[3] 只是色彩的记录还涉及模式的问题,这将在下文中谈到.显然,无论从平面的取点还是记录数据的深度来讲,采样形成的数字图像与模拟图像必然有一定的差距,但这个差距如果控制得相当小,以至于人的肉眼难以分辨,那么这个差距就是可以接受的.使数字化后图像与模拟图像间的差异最小化,也就是图像数字化的目的之所在.

2.2.2　图像数字化仪器

　　衡量不同的图像数字化仪器的优劣主要有以下几个指标:

　　(1)像素大小.采样孔的大小和相邻像素的间距决定了像素大小.可以说,

像素的大小决定了数字化后图像的分辨率,决定了数字化后图像的质量.

(2) 图像大小. 不同的扫描仪允许输入图像的大小是不同的.

(3) 被测图像的局部特征. 图像在数字化输入之后是否能保持模拟图像的局部特征是十分重要的指标,并且在不同的应用中,关心的模拟图像的局部特征也可能不尽相同.

(4) 线性度. 数字化的线性程度也是一个重要的方面. 对光强进行数字化时,线性度确定了灰度值正比于图像亮度的实际精确程度. 非线性的数字化器会影响后续过程的有效性.

(5) 灰度级数. 灰度级数的多少决定了数字化后图像的细腻程度. 目前大部分数字化设备都可以产生 256 级灰度值,并且随着技术的进步,数字化设备能反应的灰度值也越来越多.

(6) 噪声. 数字化设备引入的噪声是图像质量下降的根源之一,应当使噪声小于模拟图像的对比度以便下一步的处理.

2.2.3　γ 校正

正如上一小节所述,数字化设备的线性度决定了图像数字化后的质量. 而在数字图像的显示和打印设备中,图像文件中像素的灰度值与所显示图像中对应的亮度值往往成非线性的投影关系. 数码成像系统中的图像处理模块通过 γ 校正来保持数字化设备的线性度. 一个图像采集系统中,三原色中每一种颜色成分对光强的响应值为非线性响应值,依据 γ 曲线通过校正,使得图像采集系统中每一个像素的响应值与光强成线性比例关系. 这一转换被称为 γ 校正.

如图 2.7 所示,阴极射线显示器(cathode ray tube,CRT)在对帕尔(phase alteration line,PAL)制式的图像显示时,图像灰度值 Y 与显示亮度值 E 之间成指数关系.

因为 CRT 产生的光强不与输入电压成正比,而是与输入电压的 γ 指数幂成正比. 根据如下函数关系,进行 γ 校正:

$$R_{gc} = 255 \times \left(\frac{R}{255}\right)^{\frac{1}{\gamma_{red}}}, \tag{2.1}$$

$$G_{gc} = 255 \times \left(\frac{G}{255}\right)^{\frac{1}{\gamma_{green}}}, \tag{2.2}$$

$$B_{gc} = 255 \times \left(\frac{B}{255}\right)^{\frac{1}{\gamma_{blue}}}, \tag{2.3}$$

其中 γ_{red},γ_{green},γ_{blue} 分别表示红、绿、蓝三原色的 γ 值. 图 2.8 所示的实际上是图 2.7 的反镜像指数增长率.

在实验中确定上三式中参数的具体参数值:γ_{red},γ_{green},γ_{blue}. 经过 γ 校正后

图像灰度值 Y 与显示亮度值 E 之间成指数关系如图 2.9 所示,可以看出,此时线性关系得以满足.实际上,图 2.9 是图 2.7 和图 2.8 的幅度值的平均.

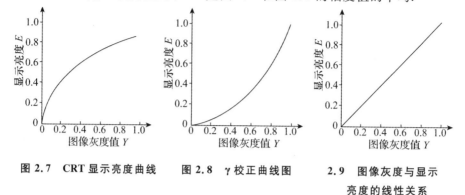

图 2.7 CRT 显示亮度曲线　　图 2.8 γ 校正曲线图　　2.9 图像灰度与显示
亮度的线性关系

2.2.4 点扩散函数

任何物平面都可以看做是面元的组合,而每一个面元都可以看成是一个加权的 δ 函数.对于一个成像系统,如果能了解物平面上任意面元的振动通过成像系统后在像平面上所造成的光振动分布情况,那么通过线性叠加——也就是卷积过程,便能求得像平面光场的分布,进而求得像平面的强度分布.当面元的光振动为单位脉冲时,将面元称为点光源.成像系统对点光源的响应称为点扩散函数(point spread function,PSF),正如下文所述,大多数成像系统的点扩散函数都为高斯退化函数形式,因此点扩散函数可以表示为 $h(x,y)=\exp(-r^2)$.因为任何光源都可以看做是点光源集合而成的,因此点扩散函数对成像机制及成像质量的控制都是十分重要的.当点扩散函数与图像像素点的空间位置点有关时,称为空间变化的;反之称为空间不变的.

点扩散函数的主要性质为:

(1) 确定性.对于时不变的系统,点扩散函数的取值是确定的.

(2) 非负性.由模糊产生的物理原因所决定的.

(3) 有限支持域.在线性空间不变的系统中,点扩散函数可看做是一个有限长脉冲响应(finite impulse response,FIR)滤波器,具有有限的响应.

(4) 能量守恒.由于成像系统通常是一个无源过程,所以不会造成图像能量的损失.

高斯退化函数是许多光学成像系统和测量系统最常见的系统函数形式,诸如照相机、CCD 摄像机等.[4] 对于这些系统,决定系统光学点扩散函数的因素很多,比如光学系统衍射、像差等,综合作用的结果往往使点扩散函数趋于高斯型.由于高斯函数的傅里叶变换仍是高斯函数,并且没有过零点,因此高斯退化函数的辨识不能利用频域过零点来进行.在许多情况下,观察图像上的孤立点和跳变的边界可以提供辨识高斯点扩散函数的必要信息.下文讨论中所用的点扩散函数都默认为高斯函数形式.

2.2.5　调制传递函数

调制传递函数(modulation transfer function,MTF)可定量描述各空间频率处的成像质量,是评价光学成像系统成像性能的一个重要指标,具体可以表示为输出图像的对比度/输入图像的对比度.

根据傅里叶光学成像理论,光瞳函数、点扩散函数和调制传递函数的关系如图 2.10 所示.

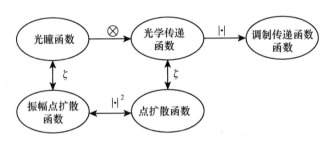

图 2.10　光学函数转换关系示意图

2.3　数字图像显示

图像处理还依赖于高质量的图像显示输出,图像显示有多种特性,本节将再次提到线性特性,并着重介绍低频响应和高频响应.本节在低频响应中提出均一亮度显示公式,在高频响应中提出高频直线公式和高频棋盘格公式,并分析高、低频响应与点间距之间的平衡关系.

2.3.1　显示特性

数字图像显示是一个综合的过程,涉及多个显示特性,具体包括图像大小、光度分辨率、线性特性、低频响应、高频响应、采样问题、噪声影响、显示方式等.其中图像大小包括显示器尺寸的大小以及显示器分辨能力的大小,光度分辨率指的是显示器显示正确亮度以及光密度精度的能力.而正如上文所述,利用 γ 校正曲线将显示系统校正为线性特性.采样问题及噪声共同影响了图像显示的精度,最后图像的显示方式包括软拷贝和硬拷贝.

在显示特性中,最为重要的为显示器的低频响应和高频响应,其本质是显示点之间的相互影响.每个显示点的亮度随距离的变化满足如下的高斯分布:

$$P(x,y) = e^{-z(x^2+y^2)} = e^{-zr^2}, \tag{2.4}$$

其中 z 为参数，r 是以亮点为中心的径向距离. 如果我们定义 R 为亮度等于最大值 $1/2$ 处的半径，则点分布的曲线函数为

$$P(x,y) = 2^{-(r/R)^2}. \tag{2.5}$$

下面给出从式 (2.4) 到式 (2.5) 的推导过程：由于

$$P(x,y) = e^{-z(x^2+y^2)} = e^{-zr^2},$$

且有

$$e^{-zR^2} = \frac{1}{2},$$

故

$$z = \frac{\ln 2}{R^2},$$

即

$$P(x,y) = P(r) = 2^{-(r/R)^2}.$$

每个像元灰度值都是以上述高斯曲线形式向周围扩散降低的，这是惯性空间的自然现象，因此这种扩散对其他相邻像素灰度值的影响是输出图像最重要的特点.

2.3.2 低频响应

低频响应主要是指显示系统再现大面积等灰度区域的能力. 这种能力主要依赖于显示点的形状、点间距和显示系统的幅度噪声和位置噪声.

由于高斯点只有在离中心距离约半径两倍以上亮度才降到峰值的 1% 以下，因此绝大多数情况下它们会发生重叠. 图 2.11 表示沿一条连接相距 $d = 2R$ 的两个等幅高斯点的直线上的亮度分布 $P(r)$. 注意中心与两点中间的位置的亮度差 12.5%，此时显示系统的低频响应 $D(r)$ 较差.

为了选择满足平坦性要求的点间距，可以考虑以下几种特殊情况的位置：像素中心 $D(0,0)$、像素中点（即两像素间的中点）$D(1/2,0)$ 和对角线中点（即四个像素的中点）$D(1/2,1/2)$，这几个点的分布如图 2.12 所示. 最理想的情况是，平坦区域内处处的灰度值相等，但这是不可能的，所以可选择适当的像素间距使上述三点的 $D(x,y)$ 相等.

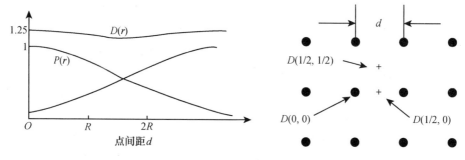

图 2.11　相邻高斯点间的重叠　　　　图 2.12　平坦区域的关键位置

由亮度为单位幅值的亮点组成的平坦区域像素中心的显示亮度可表示为

$$\begin{cases} D(0,0) \approx 1 + 4P(d) + 4P(\sqrt{2}d), \\ D\left(\dfrac{1}{2},0\right) \approx 2P\left(\dfrac{d}{2}\right) + 4P\left(\sqrt{5}\,\dfrac{d}{2}\right), \\ D\left(\dfrac{1}{2},\dfrac{1}{2}\right) \approx 4P\left(\sqrt{2}\,\dfrac{d}{2}\right) + 8P\left(\sqrt{10}\,\dfrac{d}{2}\right). \end{cases} \quad (2.6)$$

将式(2.5)带入式(2.6)中,就可以得到三个特殊点具体的显示亮度表达式,即

$$\begin{cases} D(0,0) \approx 1 + 2^{2-\left(\frac{d}{R}\right)^2}\left[1 + 2^{-\left(\frac{d}{R}\right)^2}\right], \\ D\left(\dfrac{1}{2},0\right) \approx 2^{1-\left(\frac{d}{2R}\right)^2}\left[1 + 2^{1-\left(\frac{d}{R}\right)^2}\right], \\ D\left(\dfrac{1}{2},\dfrac{1}{2}\right) \approx 2^{2-\left(\frac{d}{\sqrt{2}R}\right)^2}\left[1 + 2^{1-\left(\frac{\sqrt{2}d}{R}\right)^2}\right]. \end{cases} \quad (2.7)$$

图 2.13 表示高斯点在 $2R \leqslant d \leqslant 3R$ 范围内上式的曲线.图中的三条线没有相交于一点,因此不可能找到三处亮度相等的 d. $1.55R \leqslant d \leqslant 1.65R$ 范围内三条线竖直距离较小,因此有最好的平坦区域性.在 $d = 2R$ 处,亮度有 26% 的变化.在 $d = 3R$ 处,图像的亮度区像素点会明显可见,即马赛克现象,而不是缓慢变化的平滑等灰度值.通常来说,显示点间距越小,均匀区域的平坦性就越好,即低频信息保持能力越强.

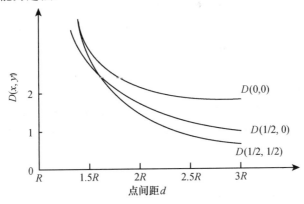

图 2.13　亮度重叠对区域平坦性的影响

2.3.3　高频响应

高频响应通常表明一个显示系统再现对比度大的区域的能力,反映了其显示图像细节的能力.[5]常用的一种高频测试图案由相距一个像素的明暗交替的竖直(或水平)线构成,有时也被称为"线对",其中每一对包括一条暗线(由零亮度像素组成)和一条相邻的亮线(由高亮度像素组成).图 2.14 指出在高频竖线

图案中的感兴趣位置. 粗黑点代表单位幅值像素(最大亮度处), 细黑点代表零幅值像素(最小亮度处).

两处特殊点的亮度表达式为

$$D(0,0) \approx 1 + 2P(d) + 4P(2d), \tag{2.8}$$

$$D(1,0) \approx 2P(d) + 4P(\sqrt{2}d). \tag{2.9}$$

将式(2.5)分别代入式(2.8)及式(2.9)中, 可得到具体的表达形式. 调制系数为

$$M = \frac{D(0,0) - D(1,0)}{D(0,0)}, \tag{2.10}$$

同理, 将式(2.5)代入得到 M 的具体表达形式为

$$M = \frac{1 + 2^{2\left[1-(\frac{d}{R})^2\right]}\left[2^{-(\frac{\sqrt{3}d}{R})^2} - 1\right]}{1 + 2^{1-(\frac{d}{R})^2}\left[1 + 2^{1-(\frac{\sqrt{3}d}{R})^2}\right]}. \tag{2.11}$$

从图 2.15 可知, M 越大, 图案对比度越大, 高频响应效果越好, 点间距小于 $2R$ 时, 调制深度迅速下降. 说明显示点间距越大, 越能更好地再现图像细节对比.

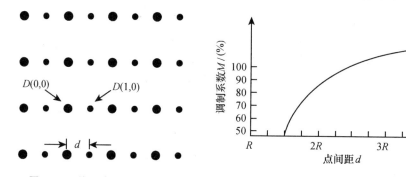

图 2.14 线图案的关键位置

图 2.15 间距对竖线图案的影响

另一种"最坏情况"的高频显示图案是单像素棋盘格. 像素亮度在水平和垂直方向交替变化. 这种图案的关键位置如图 2.16 所示. 最大亮度为

$$D(0,0) \approx 1 + 4P(\sqrt{2}d), \tag{2.12}$$

最小亮度为

$$D(1,0) \approx 4P(d) + 8P(\sqrt{5}d). \tag{2.13}$$

同理将式(2.5)代入上述两式, 可得到了具体数学表达形式. 此时调制系数 M 的具体表达式为

$$M = \frac{1 + 2^{2-(\frac{d}{R})^2}\left\{2^{-(\frac{d}{R})^2}\left[1 - 2^{1-(\frac{\sqrt{3}d}{R})^2}\right] - 1\right\}}{1 + 2^{2-(\frac{\sqrt{2}d}{R})^2}}. \tag{2.14}$$

从图 2.17 可以看出, 随着点间距的减小, 调制深度的损失比线图案情况更坏. 因此为了满足高频响应, 选取的点间距应该尽可能大.

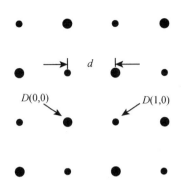

图 2.16　盘格图案的关键位置

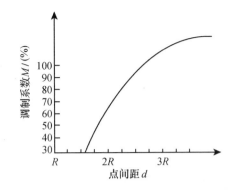

图 2.17　间距对棋盘格图案的影响

从上述的讨论可以看出,高频响应特性和低频响应特性对点间距的要求是相反的,这就要求在实际的工作中,根据图像高频信息与低频信息的重要性以及研究目的,对点间距进行折中选择,以满足数字图像处理的低频轮廓和高频细节间的平衡需求.[6]

表 2.2 反映了输出像元高、低频响应的主要特点.实际上,点间距的选择是相关类型遥感数字影像高、低频兼顾的有效平衡,处理不好的话,再好的影像处理效果都会受到极大的影响.

表 2.2　显示特性的相关参量(以喷墨打印机为例)

相关参量	点阵间距	材料特性	墨汁特性	原始图像分辨率
图像柔和性(低频)	密	粗糙	渗透性强	低
图像鲜明性(高频)	稀	光滑	渗透性弱	高

2.4　遥感图像的处理软件及设计

本节主要介绍遥感图像处理软件的组成和功能,如预处理、提取感兴趣区、计算植被指数、图像分类等(以常用的 ENVI 软件为例);提出了遥感图像处理软件设计的软件架构,即层状顺序结构和设计软件的"由顶至下"(top to down)原则,并对无人机航空遥感数字图像处理软件的设计方案进行了概述.[7]

2.4.1　常用遥感图像的处理软件

可视化图像环境(environment for visualizing images,ENVI)由遥感领域的科学家采用接口描述语言(interface description language,IDL)开发的一套功能强大的遥感图像处理软件;它是快速、便捷、准确地从地理空间影像中提取信息的首屈一指的软件解决方案,它提供先进的,人性化的使用工具来方便用户读取、准备、探测、分析和共享影像中的信息.今天,众多的影像分析师和科学家选择 ENVI 来从地理空间影像中提取信息.它已经广泛应用于科研、环境保护、气象、石油矿产勘探、农业、林业、医学、国防安全、地球科学、公用设施管理、遥感工程、水利、海洋,测绘勘察和城市与区域规划等行业.[8]

ENVI 提供了自动预处理工具,可以快速、轻松地预处理影像.它包括一套综合数据分析工具,能快速、便捷、准确地分析图像;还拥有目前最先进的、易于使用的光谱分析工具,能够很容易地进行科学的影像分析.

目前遥感领域最为流行的图像处理软件,除了上面讨论的遥感图像软件 ENVI 之外,还有其他的软件,如 ERDAS,ER Mapper,PCI 等.

2.4.2　遥感数字图像处理软件设计

遥感数字图像处理软件是借助计算机对遥感图像进行处理的有力工具,在图像的处理过程中要根据具体的处理需求对软件进行设计.图 2.18 从功能需求的角度描述了软件架构.

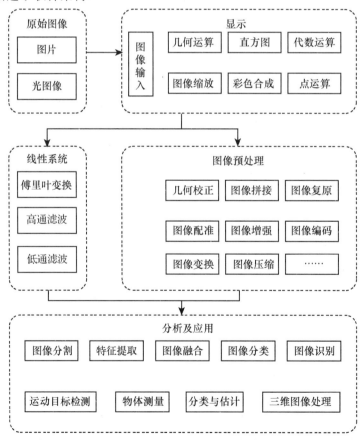

图 2.18　图像软件处理功能模块

　　遥感图像处理软件的设计结构主要是层状顺序结构：首先是原始图像-显示层，其次是线性系统-预处理层，最后是分析与应用层．这三层共同作用，将遥感图像转化为可以反映更多细节的信息．

2.4.3　图像处理软件举例

　　在此部分主要以无人机为例，简要介绍无人机遥感软件的系统处理流程如图 2.19 和 2.20 所示．

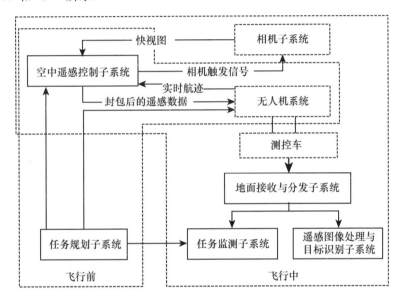

图 2.19　数据采集过程框图

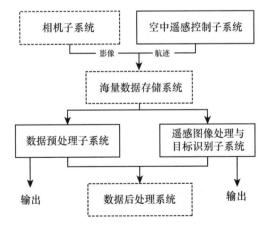

图 2.20　运行后数据处理框图

　　系统的工作流程如下:(1)起飞前工作人员进行航迹规划,并传输数据进入各控制系统;(2)无人机受控飞行,带动传感器进行拍摄;(3)原始数据存储,并由平台传输到地面接收与分发子系统;(4)地面接收与分发子系统对接收到的数据进行解包、解压还原并进行分类存储后将遥感数据分发给任务监测子系统和遥感图像处理与目标识别子系统进行处理;(5)地面工作人员可以在地面通过各处理子系统监测到相应的处理结果;(6)拍摄结束后关闭系统,存储数据,设备回收.

2.5　小　　结

　　本章对两种最典型的数字图像传感器 CCD 与 CMOS 进行了系统的介绍及对比,并对图像数字化器的原理、指标以及有关的扩散函数、调制传递函数和 γ 校正,以及数字图像显示方面的显示特性、响应进行了介绍.本章还在遥感影像处理软件及其设计的基础上,对无人机航空遥感数字图像处理软件的设计进行了讲解.本章的内容及数理公式总结分别如图 2.21 和表 2.3 所示.

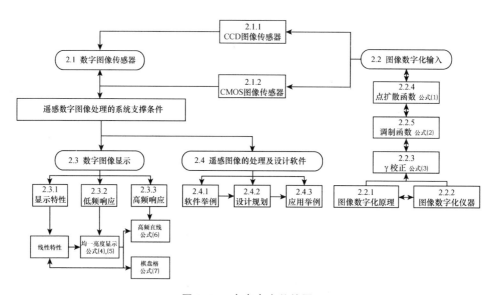

图 2.21　本章内容总结图

表 2.3　本章数理公式总结

公式(1)	$h(x,y)=\mathrm{e}^{-r^2}$		详见 2.2.4
公式(2)	$\mathrm{MTF}=\text{contrast(output image)}/\text{contrast(input image)}$		详见 2.2.5
公式(3)	$R_{\mathrm{gc}}=255\times\left(\dfrac{R}{255}\right)^{\frac{1}{\gamma_{\mathrm{red}}}}$	式(2.1)	详见 2.2.3
	$G_{\mathrm{gc}}=255\times\left(\dfrac{G}{255}\right)^{\frac{1}{\gamma_{\mathrm{green}}}}$	式(2.2)	
	$B_{\mathrm{gc}}=255\times\left(\dfrac{B}{255}\right)^{\frac{1}{\gamma_{\mathrm{blue}}}}$	式(2.3)	
公式(4)	$D(0,0)\approx1+4P(d)+4P(\sqrt{2}d)$		详见 2.3.2
	$D\left(\dfrac{1}{2},0\right)\approx2P\left(\dfrac{d}{2}\right)+4P\left(\sqrt{5}\dfrac{d}{2}\right)$	式(2.6)	
	$D\left(\dfrac{1}{2},\dfrac{1}{2}\right)\approx4P\left(\sqrt{2}\dfrac{d}{2}\right)+8P\left(\sqrt{10}\dfrac{d}{2}\right)$		
公式(5)	$D(0,0)\approx1+2^{2-\left(\frac{d}{R}\right)^2}\left[1+2^{-\left(\frac{d}{R}\right)^2}\right],$		详见 2.3.2
	$D\left(\dfrac{1}{2},0\right)\approx2^{1-\left(\frac{d}{2R}\right)^2}\left[1+2^{1-\left(\frac{d}{2R}\right)^2}\right],$	式(2.7)	
	$D\left(\dfrac{1}{2},\dfrac{1}{2}\right)\approx2^{2-\left(\frac{d}{\sqrt{2}R}\right)^2}\left[1+2^{1-\left(\frac{\sqrt{2}d}{R}\right)^2}\right]$		
公式(6)	$D(0,0)\approx1+2P(d)+4P(2d)$	式(2.8)	详见 2.3.3
	$D(1,0)\approx2P(d)+4P(\sqrt{2}d)$	式(2.9)	
	$M=\dfrac{D(0,0)-D(1,0)}{D(0,0)}$	式(2.10)	
公式(7)	$D(0,0)\approx1+4P(\sqrt{2}d)$	式(2.12)	详见 2.3.3
	$D(1,0)\approx4P(d)+8P(\sqrt{5}d)$	式(2.13)	
	$M=\dfrac{1+2^{2-\left(\frac{d}{R}\right)^2}\left\{2^{-\left(\frac{d}{R}\right)^2}\left[1-2^{1-\left(\frac{\sqrt{3}d}{R}\right)^2}\right]-1\right\}}{1+2^{2-\left(\frac{\sqrt{2}d}{R}\right)^2}}$	式(2.14)	

参考文献

[1] 宋江洪.遥感图像处理软件中的关键技术研究[D].中国科学院研究生院(遥感应用研究所),2005.

[2] 杨博雄.CCD 细分技术及其应用研究[D].中国地震局地球物理研究所,2005.

[3] 王凤鹏.用 CCD 测定光学系统的点扩散函数[J].赣南师范学院学报,2005(06).

[4] 熊平.CCD 与 CMOS 图像传感器特点比较[J].半导体光电,2004(01).

[5] 倪景华,黄其煜.CMOS 图像传感器及其发展趋势[J].光机电信息,2008(05).

[6] 王斐,王杰生,胡德永.三个商用遥感数字图像处理软件比较[J].遥感技术与应用,1998(02).

[7] CCD. Encyclopedia Britannica Online[W]. Encyclopædia Britannica Inc., 2013.

[8] Balestra F. Nanoscale CMOS: Innovative Materials, Modeling, and Characterization[M]. Hoboken, New Jersey: ISTE, 2010.

第三章　遥感数字图像整体处理分析的数学基础

章前导引　在遥感数字图像整体处理分析的系统支撑条件(第二章)建立起来的基础上,利用合理的数学方法可以对图像进行分析,并使其整体性能得到改善.然而,如何恰当地分析图像的整体性能,并在分析结果的基础上利用数学方法改善图像的整体质量呢?这个问题的解决过程即为我们通常理解的图像预处理.图像预处理可以尽可能地消除图像整体的不合理表象特征,即"治标",而无论它们根源如何;且只改变图像的整体性能,不改变图像内的相互关系,这就为数字图像中每个单元的处理分析(第二部分)提供了优良的性能保障.本章的核心是灰度直方图理论及相关运算的直方图卷积特性.

遥感数字图像处理的本质是遥感图像的数学变换,这些数学变换具体包括:灰度直方图与概率本质(第3.1节),描述并分析整幅图像;点运算与函数变换本质(第3.2节),用以实现对整幅影像的函数变换;代数运算与卷积本质(第3.3节),将两幅输入图像点对点的加、减、乘、除计算简化为两图直方图的卷积(惯性空间延迟特征);几何运算与矩阵本质(第3.4节),用以实现对图像平移、旋转、缩放、投影等的空间变换和数值取整的灰度级插值.本章的逻辑框架如图3.1所示.

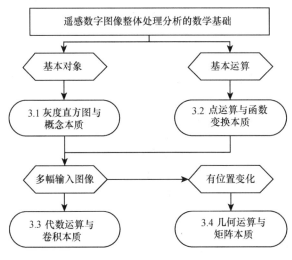

图 3.1　本章逻辑框架图

3.1 灰度直方图与概率本质

灰度直方图(histogram)描述的是不同灰度值的像素在整幅图像中所占的比例,并不关心每个灰度的像素所处的空间位置.它是灰度级的函数,描述的是图像中具有该灰度级的像素的个数或该灰度级像素出现的概率,用以分析整幅图像的特征,如图 3.2 所示.

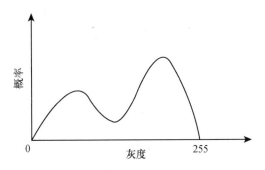

图 3.2 数字图像的直方图

对于连续的图像我们可以采用以下的方式来定义直方图:假设有一幅连续图像,用函数 $D(x,y)$ 来定义它,它的灰度级平滑地从高值变化到低值.选择某一个灰度级 D_1,然后把图像上所有灰度级为 D_1 的点都连接起来,得到一条轮廓线,它所包围区域的灰度级大于 D_1,如图 3.3 所示.

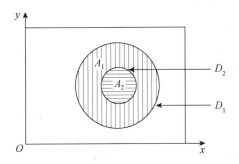

图 3.3 连续图像的灰度轮廓线

阈值面积函数 $A(D)$ 是由等值线 D 所围成的区域面积,连续图像的直方图被定义为

$$\begin{cases} H(D) = \lim\limits_{\Delta D \to 0} \dfrac{A(D) - A(D+\Delta D)}{\Delta D} = -\dfrac{\mathrm{d}}{\mathrm{d}D}A(D), \\ A(D) > A(D+\Delta D). \end{cases} \tag{3.1}$$

3.1.1 直方图的用途

1. 图像快速检测

可以利用灰度直方图来判断一幅图像是否合理地利用了全部被允许的灰度级范围,从而及早发现数字化中出现的问题.

2. 边界阈值选择

不同灰度级的轮廓线提供了确立图像中简单物体边界的有效方法,如在一幅浅色背景图像中有一个深色物体,可用直方图两峰之间的谷底 T 为阈值来确定边界,把图像分为两个部分,见图 3.4,即随着灰度的增加,概率增加(浅色背景).

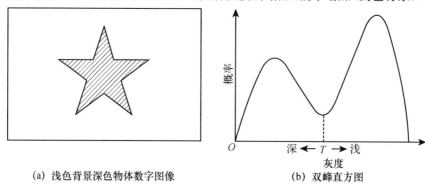

| (a) 浅色背景深色物体数字图像 | (b) 双峰直方图 |

图 3.4 背景-物体明显差异图像及直方图划类区分

3.1.2 直方图的概率密度本质

1. 阈值面积函数 $A(D)$

这是指连续图像中具有灰度级 D 的所有轮廓线所包围的面积,其定义为

$$A(D) = \int_D^\infty H(p)\mathrm{d}p. \tag{3.2}$$

图像面积和直方图关系如图 3.5 所示.

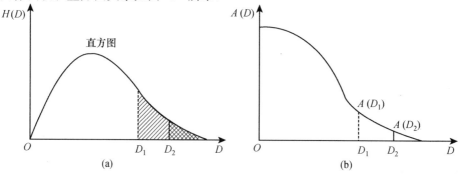

图 3.5 图像的直方图及阈值面积函数

2. 概率密度函数(probability density function,PDF)

这是指被归一化到单位面积的直方图,其定义为(参见图3.6)

$$\text{PDF} = p(D) = \frac{1}{A_0}H(D), \tag{3.3}$$

其中 A_0 为整个图像面积.

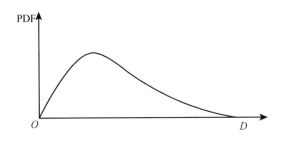

图 3.6 概率密度函数

3. 累积分布函数(cumulated distribution function,CDF)

这是指概率密度函数所包围的面积,也是归一化的阈值面积函数[1],其定义为(参见图 3.7)

$$\text{CDF} = P(D) = \int_0^D p(u)\,\mathrm{d}u = \frac{1}{A_0}\int_0^D H(u)\,\mathrm{d}u. \tag{3.4}$$

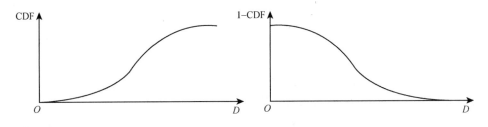

图 3.7 累积分布函数

由直方图 $H(D)$ 转换到图像面积函数 $A(D)$,其数学本质是:通过 PDF 积分、改变积分区间顺序获得的.由此解释为:直方图是数字图像不同灰度级点阵数的统计即频度,当样本(即图像点阵数)足够大,且远远高于灰度级数时,频度变为不同灰度级的概率即密度函数;对这些概率密度求和其值等于 1;再乘以面积 A_0,就是图像面积本身,具体如图 3.8 所示.

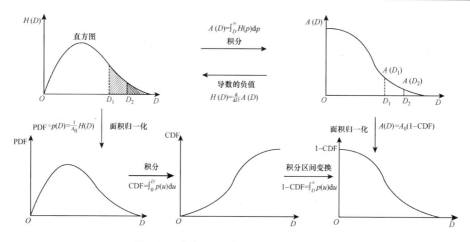

图 3.8　直方图及其相关函数之间的关系

4. 综合光密度(integrated optic density,IOD)

这是指反映图像"质量"的一种有用度量,其定义为

$$\text{IOD} = \int_0^a \int_0^b D(x,y)\,\mathrm{d}x\mathrm{d}y, \tag{3.5}$$

其中 a,b 是所划定的图像区域的边界. 对于数字图像则有

$$\text{IOD} = \sum_{i=1}^{N_L} \sum_{j=1}^{N_S} D(i,j), \tag{3.6}$$

其中 $D(i,j)$ 为 (i,j) 点处像素灰度值,N_L 为图像的行数,N_S 为图像的列数.

3.2　点运算与函数变换本质

由 3.1 节知图像的整体特征可由灰度直方图来表示,在此基础上,点运算可实现对整幅影像的函数转换. 点运算也称为对比度增强、对比度拉伸或灰度变换,其本质是像素的函数变换,是遥感数字图像处理的重要组成部分. 点运算以某种特定的灰度变换函数对影像的灰度值进行预期的改变,可以看成是"从像素到像素"的变换操作. 若输入图像是 $A(x,y)$,输出图像是 $B(x,y)$,则点运算可以表示为

$$B(x,y) = f[A(x,y)], \tag{3.7}$$

其中 $f(A)$ 为灰度变换函数(grey scale transformation,GST).

3.2.1　点运算的类型与特点

点运算可以完全由灰度变换函数确定,变换函数描述了输入灰度级和输出灰度级之间的映射关系. 需要强调的是,点运算只改变每个点的灰度值,而不改变它们的空间关系. 不同的点运算类型就是不同的灰度变换函数,可分为如下几种:

（1）线性点运算，其典型应用为灰度分布标准化.

输出灰度级与输入灰度级呈线性关系，灰度变换函数 $f(D)$ 为线性函数，即

$$D_B = f(D_A) = aD_A + b. \tag{3.8}$$

若 $a=1, b=0$，则 $B(x, y)$ 是对 $A(x, y)$ 简单复制；若 $a>1$，则输出图像的对比度将增强；若 $a<1$，则输出图像的对比度将减小；若 $a=1, b\neq0$，则输出图像变得更亮或更暗；若 $a<0$，则亮的区域变暗，暗的区域变亮. 其反函数为

$$D_A = f^{-1}(D_B) = (D_B - b)/a. \tag{3.9}$$

用 $H_A(D)$ 和 $H_B(D)$ 分别表示输入图像和输出图像的直方图，则

$$H_B(D) = \frac{1}{a}H_A\left(\frac{D-b}{a}\right). \tag{3.10}$$

假设输入直方图为高斯函数，如图 3.9(a)所示，输出直方图则如图 3.9(b)所示. 可以看出，输出直方图也是高斯函数，只不过峰值和宽度有所变化.

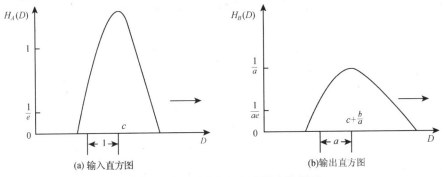

(a) 输入直方图　　　　　　　　　　(b)输出直方图

图 3.9　高斯函数直方图线性变换例子

（2）非线性单调点运算，其典型应用为阈值化处理（图像二值化）.

对一幅图像进行线性运算显然有诸多限制，而且往往要达到的效果会超出线性运算的能力范围，此时非线性运算就显得非常重要. 这里将要介绍的是非线性单调点运算，也就是说灰度变换函数满足单调这个条件. 根据其对中间范围的灰度级的运算，可将常见的非线性单调点运算分为以下三类：

一是增加中间范围像素的灰度级，而较亮、较暗的像素只有较小的改变，即

$$f(x) = x + Cx(D_m - x), \tag{3.11}$$

其中 D_m 为图像灰度级的最大值.

二是降低较亮或者较暗部分物体的对比度，加强处于中间范围的物体的对比度，即

$$f(x) = \frac{D_m}{2}\left[1 + \frac{1}{\sin\left(a\frac{\pi}{2}\right)}\sin\left(a\pi\left(\frac{x}{D_m} - \frac{1}{2}\right)\right)\right]. \tag{3.12}$$

这种点运算函数在中间部分的斜率大于 1，在两端小于 1，为 S 形.

三是降低处于中间范围的物体的对比度,加强较亮和较暗部分物体的对比度,即

$$f(x) = \frac{D_{\mathrm{m}}}{2}\left[1 + \frac{1}{\tan\left(a\dfrac{\pi}{2}\right)}\tan\left(a\pi\left(\frac{x}{D_{\mathrm{m}}} - \frac{1}{2}\right)\right)\right]. \tag{3.13}$$

这种点运算函数在中间部分的斜率小于 1,两端大于 1.

阈值化处理是非线性点运算的典型应用,是最常用的一种非线性运算,它的功能是选择一个阈值将图像二值化,用于图像分割及边缘跟踪等处理.

3.2.2 点运算的函数变换本质

假定有一输入图像 $A(x,y)$,经过由灰度变换函数 $f(D)$ 所定义的点运算处理后,产生输出图像 $B(x,y)$.已知输入图像的直方图 $H_A(D)$,我们希望得到输出图像的直方图表达式.设任一输出像素的灰度值的表达式为

$$D_B = f(D_A), \tag{3.14}$$

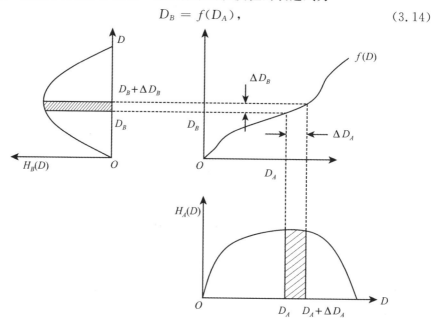

图 3.10　线性点运算与直方图的关系

则其函数转换关系如图 3.10 所示.假定 $f(D)$ 是斜率有限的非减函数,则有

$$D_A = f^{-1}(D_B). \tag{3.15}$$

在图 3.10 中,灰度值 D_A 转换为 D_B,灰度级 $D_A + \Delta D_A$ 转换为 $D_B + \Delta D_B$,并且在此区间内的所有像素都做了相应的转换.可以得知,灰度级 D_B 和 $D_B + \Delta D_B$ 之间的输出像素个数等于灰度级 D_A 到 $D_A + \Delta D_A$ 之间的输入像素的个数,则 $H_B(D)$ 在 D_B 和 $D_B + \Delta D_B$ 之间的面积应该等于 $H_A(D)$ 在 D_A 到 $D_A + \Delta D_A$ 之

间的面积,即

$$\int_{D_B}^{D_B+\Delta D_B} H_B(D)\,\mathrm{d}D = \int_{D_A}^{D_A+\Delta D_A} H_A(D)\,\mathrm{d}D. \tag{3.16}$$

在 $\Delta D_A,\Delta D_B$ 较小时,可以把积分区域的面积用矩形来近似,即

$$H_B(D_B)\Delta D_B = H_A(D_A)\Delta D_A, \tag{3.17}$$

所以有

$$H_B(D_B) = \frac{H_A(D_A)\Delta D_A}{\Delta D_B} = \frac{H_A(D_A)}{\Delta D_B/\Delta D_A}. \tag{3.18}$$

取极限,则有

$$H_B(D_B) = \frac{H_A(D_A)}{\mathrm{d}D_B/\mathrm{d}D_A}, \tag{3.19}$$

代入前面反函数,得到由输入直方图和变换函数求输出直方图的公式

$$H_B(D_B) = \frac{H_A(D_A)}{\mathrm{d}(f(D_A))/\mathrm{d}D_A} = \frac{H_A\left[f^{-1}(D)\right]}{f'\left[f^{-1}(D)\right]}, \tag{3.20}$$

其中 $f'=\mathrm{d}f/\mathrm{d}D$.

3.2.3　点运算的应用

1. 直方图均衡化(histogram equalization)

对于连续图像,直方图均衡化的灰度变换函数是图像灰度级的最大值 D_m 乘以该直方图的累积分布函数 CDF,变换后的图像灰度将是具有均匀密度函数,如图 3.11 所示.[2]

$$f(D) = D_\mathrm{m} \times \mathrm{CDF} = D_\mathrm{m}P(D) = \frac{D_\mathrm{m}}{A_0}\int_0^D H(u)\,\mathrm{d}u. \tag{3.21}$$

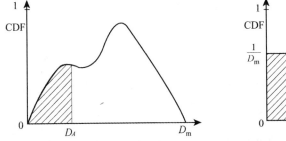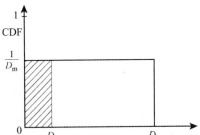

图 3.11　直方图的均衡化

对于离散图像,实际直方图将呈现参差不齐的外形.图 3.12 影像由于曝光不足,图像灰度集中在较暗区域,通过累积分布函数原理求变换函数后,新图像灰度级分布均匀,图像质量得到改善,如图 3.13 所示.

 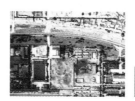

图 3.12 直方图均衡化前 图 3.13 直方图均衡化后

2. 直方图匹配(histogram matching)

对一幅图像进行变换,使其直方图与另一幅图像的直方图或者特定函数形式的直方图相匹配,是直方图均衡化的扩展,称为直方图匹配[3—6],具体步骤如下所述.

首先利用点运算 $f(D)$ 把图像 $A(x,y)$ 的直方图均衡化,得到图像 $B(x,y)$,即

$$B(x,y) = f[A(x,y)] = D_{\mathrm{m}} P[A(x,y)]. \tag{3.22}$$

然后通过第二个点运算函数 $g(D)$ 再把图像 $B(x,y)$ 转换为图像 $C(x,y)$,即

$$C(x,y) = g[B(x,y)]. \tag{3.23}$$

根据式(3.22)和式(3.23)可导出

$$C(x,y) = g\{D_{\mathrm{m}} P[A(x,y)]\}, \tag{3.24}$$

$$g(D) = P^{-1}\left(\frac{D}{D_{\mathrm{m}}}\right), \tag{3.25}$$

从而得到直方图匹配的变换公式

$$C(x,y) = g\{f[A(x,y)]\} = P_3^{-1}\{P_1[A(x,y)]\}, \tag{3.26}$$

其中 P_3 为图像 $C(x,y)$ 的 CDF,P_1 为图像 $A(x,y)$ 的 CDF.

3.3 代数运算与卷积本质

点运算是指对一幅影像进行函数变换操作,而对于两幅及两幅以上图像,则可以进行代数运算. 两幅的代数运算的本质是两图直方图的卷积运算[7,8],得到两图代数运算后的图像的灰度直方图. 代数运算是指对两幅或多幅输入图像进行点对点的代数计算而得到输出图像的运算. 两幅图像代数运算的数学表达式为

$$C(x,y) = A(x,y) + B(x,y), \tag{3.27}$$

$$C(x,y) = A(x,y) - B(x,y), \tag{3.28}$$

$$C(x,y) = A(x,y) \times B(x,y), \tag{3.29}$$

$$C(x,y) = A(x,y) \div B(x,y). \tag{3.30}$$

代数运算只是对图像中相应像素灰度值的加减乘除运算,与其他点无关,也不改变图像中像素的位置.

3.3.1 加法运算

两幅不相关的直方图的联合二维直方图是各自直方图之积

$$H_{AB}(D_A, D_B) = H_A(D_A)H_B(D_B). \qquad (3.31)$$

将二维直方图降为一维的边际直方图,则

$$H(D_A) = \int_{-\infty}^{\infty} H_{AB}(D_A, D_B)\mathrm{d}D_B = \int_{-\infty}^{\infty} H_A(D_A)H_B(D_B)\mathrm{d}D_B. \quad (3.32)$$

对图像上每一个点有

$$D_A = D_C - D_B, \qquad (3.33)$$

可得

$$H(D_A) = \int_{-\infty}^{\infty} H_A(D_C - D_B)H_B(D_B)\mathrm{d}D_B, \qquad (3.34)$$

最后得到输出的直方图可表示为

$$H_C(D_C) = H_A(D_A) * H_B(D_B), \qquad (3.35)$$

其中符号"$*$"表示卷积运算.

图像相加可对同一场景的多幅图像求平均,以降低加性(additive)随机噪声,也可将一幅图像内容加到另一幅图像上,以达到二次曝光(double exposure)的效果.

3.3.2 减法运算

减法运算可用来检测出两幅图像之间的差异所在,其本质是加法运算的非运算,一般有以下三种应用.

(1) 减去背景.

去除背景效果,能够去除部分系统影响,突出观测物体本身.获取物体显微图像后,然后移开物体获得空白区域的图像,将两幅图像相减即可获得仅有物体的图像.在这一过程中应该注意相减后的灰度级范围问题.

(2) 运动检测.

如果有同一地区但时间稍有差异的两张图像,就能够利用图像相减的方法来获得运动物体的图像,即差图像.图像之差即为各自图像对应的直方图相减的结果.

(3) 梯度幅度.

在一幅图像中,灰度变化大的区域梯度值大,一般是图像内物体的边界,因此求出图像的梯度图像有助于获得图像物体边界.[9,10]梯度函数为

$$\nabla f(x,y) = \boldsymbol{i}\,\frac{\partial f(x,y)}{\partial x} + \boldsymbol{j}\,\frac{\partial f(x,y)}{\partial y}, \tag{3.36}$$

梯度幅度为

$$|\nabla f(x,y)| = \sqrt{\left(\frac{\partial f}{\partial x}\right)^2 + \left(\frac{\partial f}{\partial y}\right)^2}. \tag{3.37}$$

3.3.3　乘法运算

1. 一维情况

设输入函数分别为 $D_A(x),D_B(x)$,则输出函数 $D_C(x)=D_A(x)*D_B(x)$.
在一维情况下,长度即"面积",则阈值面积函数可由 $D_C(x)$ 的逆函数表示,即

$$x(D_C) = f^{-1}(D_A(x)*D_B(x)), \tag{3.38}$$

因此输出函数直方图可表示为

$$H_C(D_C) = \frac{\mathrm{d}f^{-1}(D_A(x)*D_B(x))}{\mathrm{d}(D_A(x)*D_B(x))}. \tag{3.39}$$

2. 二维情况

设输入图像分别为 D_A,D_B,则输出图像 $D_C = D_A*D_B$. 根据直方图匹配原理,

$$\int_0^D H_C(D_C)\mathrm{d}D_C = A_0 P_A[D_A(x,y)] = A_0 P_B[D_B(x,y)], \tag{3.40}$$

其中 P_A,P_B 分别为输入图像 A 和 B 的累积分布函数,公式左边为输出图像 C 的面积,可推导出

$$H_C(D_C) = \frac{A_0\mathrm{d}\{P_A[D_A(x,y)]\}}{\mathrm{d}D_C} = \frac{A_0\mathrm{d}\{P_A[D_A(x,y)]\}}{\mathrm{d}\{D_A(x,y)*D_B(x,y)\}}$$

$$= \frac{A_0*\mathrm{d}\int_0^D H_A\{D_A(x,y)\mathrm{d}D_A(x,y)\}}{A_1*\mathrm{d}\{D_A(x,y)*D_B(x,y)\}}, \tag{3.41}$$

或

$$H_C(D_C) = \frac{A_0\mathrm{d}\{P_B[D_B(x,y)]\}}{\mathrm{d}D_C} = \frac{A_0\mathrm{d}\{P_B[D_B(x,y)]\}}{\mathrm{d}\{D_A(x,y)*D_B(x,y)\}}$$

$$= \frac{A_0*\mathrm{d}\int_0^D H_B\{D_B(x,y)\mathrm{d}D_B(x,y)\}}{A_2*\mathrm{d}\{D_A(x,y)*D_B(x,y)\}}, \tag{3.42}$$

式中 A_1,A_2 分别为输入图像 A 和 B 面积.

乘法运算可以用来遮掩图像中的某些部分,通常用来进行掩膜运算. 设置一个掩膜二值图像,原图像需要保留的部分所对应的掩模图像值设置为1,需要遮掩的部分设置为0. 用掩膜图像乘上原图像就可以抹去其中的部分区域,如图 3.14 所示.

  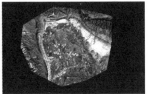

(a) 原始图像　　　　　　　(b) 掩膜图层　　　　　　(c) 掩膜结果

图 3.14　数字图像的掩膜运算

3.3.4　除法运算

除法运算的本质是乘法运算的逆运算,可产生比率图像,多用于多光谱图像分析.例如利用近红外波段与可见光红波段两个光谱值相除计算得到的比率植被指数(relative vogetation index,RVI)可作为绿色植被指示指数,如图 3.15 所示,对应遥感图像植被区域的 RVI 指数值高,则 RVI 指数图亮.

图 3.15　遥感影像及其 RVI 指数图

3.4　几何运算与矩阵本质

点运算和代数运算都不涉及像素在图像中位置的改变,而几何运算可改变像素在图像中的位置.几何运算的本质是对图像进行平移、旋转、缩放和投影的空间矩阵变换以及对新像素灰度值取整的插算值计算.一个几何运算包括两个部分:空间变换与灰度级插值.前者描述每个像素空间位置的变换;后者确定变换后图像像素的灰度级.实现一个几何运算可采用如下两种方法:向前映射法和向后映射法.映射的过程是空间变换,而映射之后确定被映射点的像素值则属于灰度级插值过程.

3.4.1　几何运算的方法

1. 向前映射法

向前映射法是把输入图像的灰度逐个像素地转移到输出图像中,如果一个输入像素被映射到四个输出像素之间的位置,则其灰度值就按插值算法在四个输出像素之间进行分配,又称为像素移交.由于许多输入像素可能映射到输出图像的边界之外,故向前映射算法有些浪费.而且,每个输出像素的灰度值可能要由许多输入像素的灰度值来决定,因而要涉及多次计算.

如图 3.16 所示,输入像素 A_1 被转移到输出图像的 B_1 点,则 A_1 的灰度值分配给 a,b,c,d 四个像素.同理,A_2 的灰度值被分配给 d,e,f,g. 可知 d 的灰度值来自 A_1,A_2 甚至更多输入像素,需多次计算.

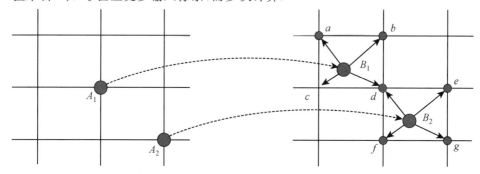

图 3.16　向前映射法

2. 向后映射法

向后映射法是把输出像素逐个映射回输入图像中.向后映射算法是逐像素、逐行地产出输出图像.每个像素的灰度级由最多四个像素参与的插值来唯一确定,只需经过一次计算.

如图 3.17 所示,输出像素 A 映射到输入图像中的 B 点,则灰度级由点 B 周围的 a,b,c,d 四个像素的灰度值确定,只需进行一次计算.

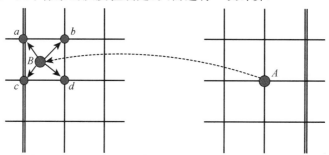

图 3.17　向后映射法

3.4.2　空间变换

在大多数应用中,要求保持图像中曲线线形特殊的连续性和各物体的连通性.一个约束较少的空间变换算法很可能会弄断直线和打碎图像,从而使图像内容"支离破碎".人们可以逐点指定图像中每个像素的运动,但即使对于尺寸较小的图像,这种方法也会很快让人厌烦.更方便的是用数学方法来描述输入、输出图像点之间的空间关系.

在几何运算中,输入、输出图像点之间的空间关系可用数学方法来描述,一般定义为

$$g(x,y) = f(x',y') = f[a(x,y),b(x,y)], \qquad (3.43)$$

其中 $f(x,y)$ 表示输入图像,$g(x,y)$ 表示输出图像,函数 $a(x,y)$ 和 $b(x,y)$ 唯一地描述了空间变换,若它们是连续的,其连通关系将在图像中得到保持.

3.4.3 灰度级插值

常用的灰度级插值算法包括最近邻插值、双线性插值、高阶插值等.

1. 最近邻插值

最邻近插值是最简单的插值方法,又称为零阶插值,即令输出像素的灰度值等于离它所映射到的位置最近的输入像素的灰度值.

2. 双线性插值

双线性插值法利用了非整数点周围的四个点来估计灰度值,像素值是按照一定的权函数内插出来的.图 3.18 所示的是一种简化算法.

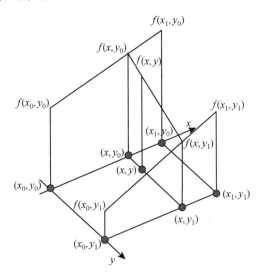

图 3.18 线性插值

首先,对上端的两个顶点进行线性插值,得

$$f(x,y_0) = f(x_0,y_0) + [f(x_1,y_0) - f(x_0,y_0)]\frac{x-x_0}{x_1-x_0}; \qquad (3.44)$$

然后,对于底端得两个顶点插值,得

$$f(x,y_1) = f(x_0,y_1) + [f(x_1,y_1) - f(x_0,y_1)]\frac{x-x_0}{x_1-x_0}; \qquad (3.45)$$

最后,我们做垂直方向的线性插值,以确定

$$f(x,y) = f(x,y_0) + [f(x,y_1) - f(x,y_0)]\frac{y-y_0}{y_1-y_0}. \qquad (3.46)$$

把式(3.44)和(3.45)代入式(3.46),可得

$$f(x,y) = f(x_0,y_0) + [f(x_1,y_0) \quad f(x_0,y_0)]\frac{x-x_0}{x_1-x_0}$$

$$+ [f(x_0,y_1) - f(x_0,y_0)]\frac{y-y_0}{y_1-y_0}$$

$$+ [f(x_1,y_1) + f(x_0,y_0) - f(x_1,y_0) - f(x_0,y_1)]\frac{(x-x_0)(y-y_0)}{(x_1-x_0)(y_1-y_0)},$$

$$(3.47)$$

这就是双线性插值的一般公式.假如推导是在单位正方形内进行的,则有

$$f(x,y) = f(0,0) + [f(1,0) - f(0,0)]x + [f(0,1) - f(0,0)]y$$
$$+ [f(1,1) + f(0,0) - f(1,0) - f(0,1)]xy. \qquad (3.48)$$

　　3. 高阶插值

　　在几何运算中,双线性插值的平滑作用可能会使图像的细节产生退化,尤其在进行放大处理时更为明显;而在其他应用中,双线性插值的斜率不连续性会产生非预期的结果.这两种情况都可以通过高阶插值得到修正.高阶插值函数的例子有:三次样条函数、$\mathrm{sinc}(ax)$函数、Legendre 中心函数等,常用卷积来实现.[11]

3.4.4　几何运算的矩阵本质

　　一个几何运算需要两个独立的算法.首先,需要一个算法来定义空间变换本身,用它描述每个像素如何从其初始位置"移动"到终止位置,即每个像素的"运动";同时,还需要一个灰度级插值的算法,这是因为在一般情况下,输入图像的位置坐标(x,y)为整数,而输出图像的位置坐标为非整数,反过来也是如此.下面分析几种常见的空间变换.

　　1. 简单变换

　　(1) 平移. 令$a(x,y) = x + x_0, b(x,y) = y + y_0$,则得到平移运算.

　　(2) 缩放. 令$a(x,y) = x/c, b(x,y) = y/d$,则图像在$x$轴方向放大$c$倍,在$y$轴方向放大$d$倍,图像原点保持不变.

　　(3) 旋转. 令$a(x,y) = x\cos\theta - y\sin\theta, b(x,y) = x\sin\theta + y\cos\theta$,将产生一个绕原点顺时针$\theta$角的旋转.

2. 复合变换

齐次坐标系为确定复合变换公式提供了一个简单的方法. 例如,围绕点 (x_0, y_0) 的旋转可由下式实现[12]:

$$\begin{bmatrix} a(x,y) \\ b(x,y) \\ 1 \end{bmatrix} = \begin{bmatrix} 1 & 0 & x_0 \\ 0 & 1 & y_0 \\ 0 & 0 & 1 \end{bmatrix} \begin{bmatrix} \cos\theta & -\sin\theta & 0 \\ \sin\theta & \cos\theta & 0 \\ 0 & 0 & 1 \end{bmatrix} \begin{bmatrix} 1 & 0 & -x_0 \\ 0 & 1 & -y_0 \\ 0 & 0 & 1 \end{bmatrix} \begin{bmatrix} x \\ y \\ 1 \end{bmatrix}. \quad (3.49)$$

这里首先将图像进行平移,从而使位置 (x_0, y_0) 成为原点,然后旋转角度,再平移回其原点. 其他的复合变换也可类似地构造出来.

3. 一般变换

在许多图像处理应用中,所需的空间变换都相当复杂,无法用简便的数学式来表达. 此外,所需空间变换经常要从对实际图像的测量中获得,因此更希望用这些测量结果而不是函数形式来描述几何变换,将测量结果作为参数建立复杂变换模型.[13]

3.4.5　几何运算应用

从地面原型经过遥感过程转为遥感信息后,受大气传输效应和遥感器程序特征的影响,地面目标的空间特性被部分歪曲,发生变形. 因此要想获取各种比例尺地图测量的平面遥感影像,几何校正、地图投影、坐标转换等都是必不可少的步骤.

1. 几何校正

几何校正是指消除由于传感器导致的数字图像的几何畸变,就是从原本有畸变的遥感影像确定新影像的空间变换方程,然后进行灰度级插值的过程.[14-16] 其原理是定量地确定图像坐标与地理坐标的对应关系,即将图像数据投影到平面上,使其符合地图投影系统的过程. 它有两个基本环节:一是像素坐标变换,二是像素亮度重采样.

遥感影像几何校正方法包括严格几何校正(如共线方程校正)和近似几何校正(包括多项式纠正、仿射变换、直接线性变换和有理函数模型等),这些指的都是几何运算中的空间变换过程.

(1) 共线方程校正.

共线方程对于静态传感器严格成立,而动态传感器属于逐点或逐行的多中心投影,影像中各独立部分都具有各自不同的传感器状态参数.[17] 共线方程式为

$$x - x_0 = -f \frac{a_{11}(X - X_s) + a_{12}(Y - Y_s) + a_{13}(Z - Z_s)}{a_{31}(X - X_s) + a_{32}(Y - Y_s) + a_{33}(Z - Z_s)}, \quad (3.50)$$

$$y - y_0 = -f \frac{a_{21}(X - X_s) + a_{22}(Y - Y_s) + a_{23}(Z - Z_s)}{a_{31}(X - X_s) + a_{32}(Y - Y_s) + a_{33}(Z - Z_s)}, \quad (3.51)$$

其中 a_{11},a_{12},a_{13},a_{21},a_{22},a_{23},a_{31},a_{32},a_{33}分别为旋转矩阵

$$\begin{bmatrix} a_{11} & a_{12} & a_{13} \\ a_{21} & a_{22} & a_{23} \\ a_{31} & a_{32} & a_{33} \end{bmatrix}$$

相应的位置参量,其中 x,y 是像点的像平面坐标,x_0,y_0,f 是成像相机的内方位元素,X_s,Y_s,Z_s 是成像相机的三维空间坐标,X,Y,Z 是像点对应的地面实际测量控制点的三维空间坐标.

(2) 多项式纠正.

多项式纠正的基本思想是不考虑影像成像过程中的空间几何关系,直接对影像本身进行数学模拟.它把影像的总体变形看做是平移、缩放、旋转、放射、偏扭、弯曲以及更高层次基本变形的综合效果,因此纠正前后影像相应点之间的坐标关系可以用一个适当的多项式来描述.多项式纠正的基本方程为

$$\begin{cases} u = \sum_{i=0}^{m}\sum_{j=0}^{n}\sum_{k=0}^{p} a_{ijk}X^iY^jZ^k, \\ v = \sum_{i=0}^{m}\sum_{j=0}^{n}\sum_{k=0}^{p} b_{ijk}X^iY^jZ^k, \end{cases} \quad (3.52)$$

其中,u,v 是像点的平面坐标(以像素为单位),X,Y,Z 是像点对应的地面实际测量控制点的三维空间坐标,a_{ijk},b_{ijk} 是校正系数.

(3) 直接线性变换.

直接线性变换将动态推扫式影像等同于静态画幅式影像进行处理,没有考虑每帧影像外方位元素随时间变化的特点,因而准确度受到一定影响.其基本方程为

$$\begin{cases} u = \dfrac{L_1X+L_2Y+L_3Z+L_4}{L_9X+L_{10}Y+L_{11}Z+1}, \\ v = \dfrac{L_5X+L_6Y+L_7Z+L_8}{L_9X+L_{10}Y+L_{11}Z+1}. \end{cases} \quad (3.53)$$

其中,u,v 是影像控制点的平面坐标(以像素为单位),X,Y,Z 是像点对应的地面实际测量控制点的三维空间坐标,$L_1,L_2,\cdots,L_{11}$ 是变换系数.

(4) 仿射变换.

高分辨率卫星成像传感器具有长焦距和窄视场角,定向参数之间存在很强的相关性,从而影响定向的精度和稳定性.仿射变换的理论基础是在视场角相对较小的情况下,摄影光束可以看做是等效的平行投影.它可以分为八参数法仿射变换和严格仿射变换两种形式.[18]

八参数仿射变换只需 4 个地面控制点,以完成影像的空间定位,具有次像元精度的潜力,它有效地克服了定向参数之间的相关性.实验证明该方法对于 SPOT 影像的中小比例尺测图是有效的,但它只是一种近似方法,是否适用于高分辨率的遥

感卫星影像(如 IKONOS, QUICKBIRD 等)仍需进一步验证. 其基本方程为

$$\begin{cases} x_i = A_0 + A_1 X_i + A_2 Y_i + A_3 Z_i, \\ y_i = B_0 + B_1 X_i + B_2 Y_i + B_3 Z_i, \end{cases} \tag{3.54}$$

其中, x_i, y_i 是影上第 i 个像点的平面坐标, X_i, Y_i, Z_i 是第 i 个像点对应的地面实际测量控制点的三维空间坐标, $A_0, A_1, A_2, A_3, B_0, B_1, B_2, B_3$ 是仿射变换系数.

对于视场角较小的 1m 空间分辨率的 IKONOS 影像, 位置与方位之间的相关性更强, 需要采用严格的仿射变换, 即

$$\begin{cases} m \dfrac{f - \dfrac{z}{m\cos\alpha}}{f - (x - x_0)\tan\alpha}(x - x_0) = a_0 + a_1 X + a_2 Y + a_3 Z, \\ y - y_0 = b_0 + b_1 X + b_2 Y + b_3 Z. \end{cases} \tag{3.55}$$

(5) 有理函数模型.

有理函数模型通过两个多项式比值来转换像方和物方关系. 如 IKONOS 图像像素坐标 (r, c) 和像点对应的地物点在 WGS84 坐标 (X, Y, Z) 的有理函数模型可表述为

$$\begin{cases} r_n = \dfrac{p_1(X_n, Y_n, Z_n)}{p_2(X_n, Y_n, Z_n)}, \\ c_n = \dfrac{p_3(X_n, Y_n, Z_n)}{p_4(X_n, Y_n, Z_n)}. \end{cases} \tag{3.56}$$

式中多项式函数称为有理函数系数, 光学变形可以用一次项表示, 地球曲率、大气折射、透镜畸变等纠正可用二次项表示, 一些其他的变形可以用高次项表示. 这种方法可以大大减少控制点数目, 提高纠正精度. 图 3.19(a), (b) 给出了一幅遥感影像几何校正前后的效果.

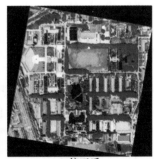

(a)校正前　　　　　　　　　　(b)校正后

图 3.19　遥感影像几何校正前后比较

2. 地图投影

地图投影(参见图 3.20)就是将椭球面上的地理要素按照一定的数学法则计算到平面上. 投影公式就是几何运算中的空间变换公式, 进行投影之后要进行

灰度级插值才能得到平面遥感影像.

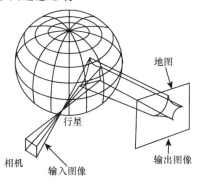

图 3.20　地图投影

(1) 正交投影法(参见图 3.21).

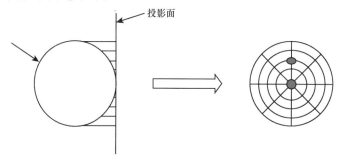

图 3.21　正交投影法

球表面上的特征被投影到在"投影中心"处与球面相切的一个平面上. 特征沿平行于平面法线的方向进行投影.

正交投影法数学变换原理为

$$\begin{cases} x = \rho\cos\delta = R\sin Z\cos\theta, \\ y = \rho\sin\delta = R\sin Z\sin\theta, \end{cases}$$

其中 x, y 是投影后的平面坐标, ρ, δ 是投影平面的极坐标参量, R, Z, θ 分别是地球半径、球面上任意点在球面坐标系中的天顶距和方位角.

(2) 球极平面投影法(参见图 3.22).

球表面上的特征被投影到在"投影中心"处与球面相切的一个平面上.

球极平面投影法数学变换原理为

$$\begin{cases} x = \rho\cos\delta = \dfrac{2R\sin Z\cos\theta}{1 + \cos Z}, \\ y = \rho\sin\delta = \dfrac{2R\sin Z\sin\theta}{1 + \cos Z}, \end{cases}$$

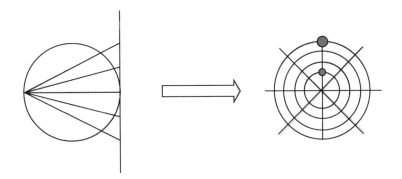

图 3.22 球极平面投影

参数含义同正交投影法.

(3) 朗伯(Lambert)保角圆锥投影法(参见图 3.23).

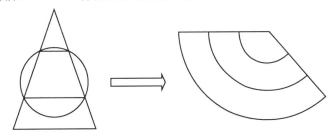

图 3.23 Lambert 保角圆锥投影法

在 Lambert 保角圆锥投影法中,表面特征被投影到一个与行星共轴的圆锥面上.圆锥与球体相交于被称为标准纬线的两条纬线上.子午线成为地图上的直线,纬线成为地图上圆锥上的圆.当圆锥被展开后,纬线变成圆弧,子午线交汇于极点.调整纬线间的距离以满足保角性:两条标准纬线按真实尺度投影,两者之间的尺度减小,而在两者之外的尺度则增大.

(4) 墨卡托(Mercator)投影法(参见图 3.24).

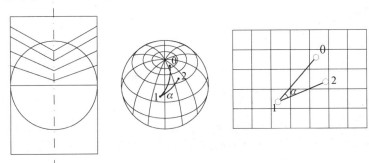

图 3.24 Mercator 投影法

将球表面特征映射到一个圆柱面上,该圆柱面在赤道处与球面相切.纬线的垂直位置为

$$y = R\ln[\tan(45 + \alpha/2)],$$

式中 R 为地球半径.Mercator 投影没有角度变形,等角航线表现为直线,如图 3.24所示.

3. 坐标转换

任何测量工作都离不开 个基准,或者说需要一个特定的坐标系统.在常规大地测量中,各国都有自己的测量坐标系统,如中国的 1954 年北京坐标系或 1980 年西安坐标系,它们属于区域性的参心大地坐标系.此外,也有全球统一的坐标系统,如 WGS84 坐标系.

坐标变换是空间实体的位置描述,是从一种坐标系统变换到另一种坐标系统的过程.坐标变换是各种比例尺地图测量和编绘中建立地图数学基础必不可少的步骤.在平面几何学中有极坐标和直角坐标之间的相互转换,在地理信息系统概念中有地图投影变换或量测系统坐标变换,如从大地坐标系到地图坐标系之间的变换等.

由于全球性地心坐标系与区域性参心坐标系的差异,通过全球定位系统(global position system,GPS)获得的基于 WGS84 坐标系的地面点位,必须与中国现用的 1954 年北京或 1980 年西安坐标系或者地方独立坐标系进行转换才能在地图上应用,这是 GPS 应用中经常遇到的一个重要问题.

(1) 北京 54 坐标系和 WGS84 坐标系

北京 54 坐标系采用的是克拉索夫斯基椭球体,1954 年完成了北京大地原点的测定工作,所以称为 1954 年北京坐标系,简称 54 坐标系.表 3.1 列出了北京 54 坐标系的椭球参数.

表 3.1　北京 54 坐标系的椭球参数

椭球体	长半轴 a/m	短半轴 b/m	扁率 f
克拉索夫斯基	6 378 245	6 356 863	1 : 298.30

WGS84 坐标系是 GPS 测量中所使用的坐标系统,属于全球性的世界大地坐标系(world geodetic system,WGS),是通过国际协议确定的.表 3.2 列出了 WGS84 坐标系的椭球参数.

表 3.2　WGS84 坐标系的椭球参数

椭球体	长半轴 a/m	短半轴 b/m	扁率 f
WGS84 椭球	6 378 137	6 356 752	1 : 298.26

该坐标系坐标原点为地球质心,其地心空间直角坐标系的 Z 轴指向国际时间局(Bureau International del'Heure, BIH)1984.0 定义的协议地球极(conventional terrestrial pole, CTP)方向,X 轴指向 BIH 1984.0 的零子午面和 CTP 赤道的交点,

Y 轴与 Z 轴、X 轴垂直构成右手坐标系,称为 1984 年世界大地坐标系统.

（2）坐标转换步骤.

首先将 WGS84 坐标转换为北京 54 坐标.

① 将 GPS 测定的大地坐标 (B_{84}, L_{84}, h_{84}) 由 WGS84 椭球参数转换成空间直角坐标 (X_{84}, Y_{84}, Z_{84}). 公式如下:

$$\begin{cases} X_{84} = (N + h_{84})\cos B_{84}\cos L_{84}, \\ Y_{84} = (N + h_{84})\cos B_{84}\sin L_{84}, \\ Z_{84} = [N(1 - e^2) + h_{84}]\sin B_{84}, \end{cases} \tag{3.57}$$

其中 $N = \dfrac{a}{\sqrt{1 - e^2\sin^2 B_{84}}}$, a 为地球椭球长半径, e 为椭球的第一偏心率.

② 将 WGS84 空间直角坐标 (X_{84}, Y_{84}, Z_{84}) 转换为北京 54 空间直角坐标 (X_{54}, Y_{54}, Z_{54}). 公式如下:

$$\begin{bmatrix} X_{54} \\ Y_{54} \\ Z_{54} \end{bmatrix} = \begin{bmatrix} X_0 \\ Y_0 \\ Z_0 \end{bmatrix} + (1 + m)\begin{bmatrix} 1 & \varepsilon_Z & -\varepsilon_Y \\ -\varepsilon_Z & 1 & \varepsilon_X \\ \varepsilon_Y & -\varepsilon_X & 1 \end{bmatrix}\begin{bmatrix} X_{84} \\ Y_{84} \\ Z_{84} \end{bmatrix}, \tag{3.58}$$

其中 X_0, Y_0, Z_0 为两坐标系之间的平移参数; $\varepsilon_X, \varepsilon_Y, \varepsilon_Z$ 为两坐标系之间的旋转参数, m 为缩放尺度参数. 求解的关键在于求得这七个参数, 因此被称为七参数坐标转换. 要解算这七个参数必须用到 3 个以上控制点. 在实际应用中, 不同的地区通常会公用一套七参数, 因此也可以利用已知的七参数对两坐标进行转换.

平移只需要三个参数 X_0, Y_0, Z_0. 并且现在的坐标比例大多数都是一致的, 缩放尺度参数 m 默认为 0, 这样就产生了三参数坐标转换. 三参数就是七参数的特例:

$$\begin{bmatrix} X_{54} \\ Y_{54} \\ Z_{54} \end{bmatrix} = \begin{bmatrix} X_0 \\ Y_0 \\ Z_0 \end{bmatrix} + \begin{bmatrix} X_{84} \\ Y_{84} \\ Z_{84} \end{bmatrix}. \tag{3.59}$$

③ 将北京 54 空间直角坐标 (X_{54}, Y_{54}, Z_{54}) 根据克拉索夫斯基椭球转换为北京 54 坐标系下的大地坐标 (B_{54}, L_{54}, h_{54}). 公式如下:

$$\begin{cases} L_{54} = \arctan(Y_{54}/X_{54}), \\ B_{54} = \arctan\left[(Z_{54} + Ne^2\sin B_{54})/\sqrt{X_{54}^2 + Y_{54}^2}\right], \\ h_{54} = \sqrt{X_{54}^2 + Y_{54}^2}\sec B_{54} - N, \end{cases} \tag{3.60}$$

上式中 B_{54} 要设初值进行迭代求解, 直到两次 B_{54} 之差小于限值则停止迭代.

④ 将北京 54 大地坐标 (B_{54}, L_{54}, h_{54}) 用高斯（Gauss）投影正算公式转换为北京 54 平面坐标 (X, Y). 公式如下:

$$\begin{cases} X = 6\,367\,558.4969\,\dfrac{\beta}{\rho} - \{a_0 - [0.5 + (a_4 + 0.6l^2)l^2]l^2 N\}\dfrac{\sin B}{\cos B}, \\ Y = [1 + (a_3 + a_5 l^2)l^2]lN\cos B, \end{cases}$$

$$\tag{3.61}$$

式中

$$
\begin{cases}
l = \dfrac{(L - L_0)}{\rho}, \\
N = 63\,699\,698.902 - [21\,562.267 - (108.973 - 0.612\cos^2 B)\cos^2 B]\cos^2 B, \\
a_0 = 32\,140.404 - [135.3302 - (0.7092 - 0.0040\cos^2 B)\cos^2 B]\cos^2 B, \\
a_4 = (0.25 + 0.002\,52\cos^2 B)\cos^2 B - 0.04166, \\
a_6 = (0.166\cos^2 B - 0.084)\cos^2 B, \\
a_3 = (0.333\,333\,3 + 0.001\,123\cos^2 B)\cos^2 B - 0.166\,666\,7, \\
a_5 = 0.0083 - [0.1667 - (0.1968 + 0.0040\cos^2 B)\cos^2 B]\cos^2 B,
\end{cases}
$$

$$(3.62)$$

其中 β 为相应变量的待定系数,L 为转换前的经度坐标,L_0 为投影带的中央经线坐标,$l=(L-L_0)/\rho$ 为计算点 P 与中央子午线的经差.$L-L_0$ 若以度为单位,则 $\rho=57.295\,779\,513$;若以分为单位,则 $\rho=3437.746\,770\,8$;若以秒为单位,则 $\rho=206\,264.806\,25$.

至此,WGS84 坐标即转换为北京 54 坐标.而北京 54 坐标到 WGS 坐标的转换即为上述转换的逆变换.

(3) 极坐标系(新一代航空航天坐标系).

经典的摄影测量理论是建立在两个有一定距离的相机同时拍摄同一个对象的基础上,通过两幅视差角影像解算获得平面及景深变量.航天观测利用这个原理通过卫星不同时刻拍摄的两幅影像形成的大角度获得平面及高程数据,要使得两时刻姿态不同,需考虑姿态位置的一阶速度、二阶加速度,这就导致了空间状态方程维数线性增大,解算复杂.而如果要保持两相机在同一个平台上,则由于相邻影像重叠同名端点的要求,使得观测视差角过小而引入较大高程误差,计算误差大而耗时;且高程增量趋于零时其一阶导数为无穷,出现不收敛.从数学角度分析,直角坐标系的三个轴具有相同的数据"量纲",在各自具有同量级的增量值时,Z 轴的相对增量值却远小于平面相对增量,导致 Z 轴参量相对误差相对于平面非常微小即无穷小量,也就是说三维相对误差计算矩阵尽管是满秩不相关的,但实质上 Z 轴微小趋零值导致计算矩阵具有极大的弱不相关性.若要进行有效运算,需要"放大"Z 轴参量去"适应"平面参量,但这同时也同比放大了 Z 轴的误差.因此,为了从根本上解决速度慢和收敛性差问题,需摒弃传统直角坐标系带来的稀疏矩阵和病态解的缺点,引入新的航空航天坐标系理论,使稀疏矩阵弱不相关维数成数量级减少,实现航空航天快速高效收敛的处理.同时,采用传感器自身测得的极坐标系数据来航迹外推,则在记录和处理位置数据方面要方便和可靠得多.而且极坐标系可以推广到多维情况,利于解决复杂数据问题.空中三角测量主要用于测量定位和数字产品生产,是许多测量软件的核心模块,而光束法区域网平差是目前空中三角测量中最准确和严密的方法之一,它常常被用于获取精确的地面控制点坐标,其结果也可用于大型数字制图对象.

极坐标在光束法平差算法中得到重要应用,我们将每一个特征点在每一张图像上的像点坐标表达为相机位姿和特征点参数的函数,即观测方程.假设空间三维特征点 F_j 的主锚点和副锚点分别为 t_m 和 t_a,则特征点 F_j 在相机 p_i 观测的像点坐标可以表达为

$$\begin{bmatrix} u_j^i \\ v_j^i \end{bmatrix} = \begin{bmatrix} x_j^i/t_j^i \\ v_j^i/t_j^i \end{bmatrix}, \tag{3.63}$$

其中

$$\begin{bmatrix} x_j^i \\ y_j^i \\ t_j^i \end{bmatrix} = \begin{cases} KR_m u_j^m, & i = m, \\ KR_i \overline{x}_j^m, & i \neq m. \end{cases} \tag{3.64}$$

这里 K 是相机的内参数矩阵,R_i 是相机 p_i 的旋转矩阵,它是代表相机姿态的欧拉角参数的函数

$$R_i = r(\alpha_i, \beta_i, \gamma_i), \tag{3.65}$$

$\overline{x_j^m}$ 为从主锚点 t_m 到特征点 F_j 方向的单位向量,可以由下式计算得到:

$$\overline{x_j^m} = v(\psi_j, \theta_j) = \begin{bmatrix} \sin\psi_j \cos\theta_j \\ \sin\theta_j \\ \cos\psi_j \cos\theta_j \end{bmatrix}. \tag{3.66}$$

传统的欧式空间 XYZ 参数化表示三维特征点,对于较近的特征点较为有效,而如果环境中特征点较远,从图像中只能获取到很小的视差时,就会使特征点在深度方向有极大的误差和不确定度,导致算法发散或无法收敛.

极坐标可以统一表达三维空间中较近、较远以及无深度信息等不同类型的特征点,解算极坐标系优化方程可以用高斯-牛顿(Gauss-Newton)方法.Gauss-Newton 方法的收敛速度与剩余量的大小及 $r(x)$ 的线性程度有关,即剩余量越小或 $r(x)$ 越接近线性,它的收敛速度就越快,反之就越慢,甚至对剩余量很大或剩余函数的非线性程度很强的问题不收敛.

3.5 小 结

侧重于数学本质,本章介绍了图像处理的四种基本方法,它们分别是灰度直方图的概率本质、点运算的函数变换本质、代数运算的卷积本质以及几何变换的矩阵本质.四种图像处理基本方法均针对整幅遥感影像,而不处理影像内部像素之间的变换.本章内容和数理公式总结分别如图 3.25 和表 3.3 所示.

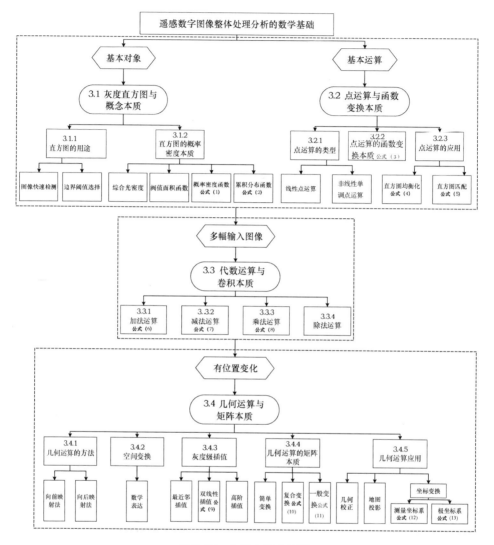

图 3.25 本章内容总结图

表 3.3 本章数理公式总结

公式(1)	$PDF = p(D) = \dfrac{1}{A_0}H(D)$	式(3.5)	详见 3.1.2
公式(2)	$CDF = P(D) = \displaystyle\int_0^D p(u)\,\mathrm{d}u = \dfrac{1}{A_0}\int_0^D H(u)\,\mathrm{d}u$	式(3.6)	详见 3.1.2
公式(3)	$H_B(D_B) = \dfrac{H_A(D_A)}{\mathrm{d}(f(D_A))/\mathrm{d}D_A} = \dfrac{H_A\left[f^{-1}(D)\right]}{f'\left[f^{-1}(D)\right]}$	式(3.20)	详见 3.2.2
公式(4)	$f(D) = D_m \times CDF = D_m P(D) = \dfrac{D_m}{A_0}\displaystyle\int_0^D H(u)\,\mathrm{d}u$	式(3.21)	详见 3.2.3

公式(5)	$g\{f[A(x,y)]\} = P_3^{-1}\{P_1[A(x,y)]\}$	式(3.26)	详见3.2.3
公式(6)	$H_C(D_C) = H_A(D_A) * H_B(D_B)$	式(3.35)	详见3.3.1
公式(7)	$\nabla f(x,y) = \boldsymbol{i}\dfrac{\partial f(x,y)}{\partial x} + \boldsymbol{j}\dfrac{\partial f(x,y)}{\partial y}$	式(3.36)	详见3.3.2
公式(8)	$H_C(D_C) = \dfrac{A_0 * d\int_0^D H_A\{D_A(x,y)dD_A(x,y)\}}{A_1 * d\{D_A(x,y) * D_B(x,y)\}}$	式(3.41)	详见3.3.3
公式(9)	$x - x_0 = -f\dfrac{a_{11}(X-X_s)+a_{12}(Y-Y_s)+a_{13}(Z-Z_s)}{a_{31}(X-X_s)+a_{32}(Y-Y_s)+a_{33}(Z-Z_s)}$　式(3.50) $y - y_0 = -f\dfrac{a_{21}(X-X_s)+a_{22}(Y-Y_s)+a_{23}(Z-Z_s)}{a_{31}(X-X_s)+a_{32}(Y-Y_s)+a_{33}(Z-Z_s)}$　式(3.51)		详见3.4.5
公式(10)	$\begin{bmatrix} a(x,y) \\ b(x,y) \\ 1 \end{bmatrix} = \begin{bmatrix} 1 & 0 & x_0 \\ 0 & 1 & y_0 \\ 0 & 0 & 1 \end{bmatrix} \begin{bmatrix} \cos\theta & -\sin\theta & 0 \\ \sin\theta & \cos\theta & 0 \\ 0 & 0 & 1 \end{bmatrix} \begin{bmatrix} 1 & 0 & -x_0 \\ 0 & 1 & -y_0 \\ 0 & 0 & 1 \end{bmatrix} \begin{bmatrix} x \\ y \\ 1 \end{bmatrix}$ 式(3.49)		详见3.4.4
公式(11)	$f(x,y) = f(x_0,y_0) + [f(x_1,y_0)-f(x_0,y_0)]\dfrac{(x-x_0)}{(x_1-x_0)}$ $+ [f(x_0,y_1)-f(x_0,y_0)]\dfrac{(y-y_0)}{(y_1-y_0)}$ $+ [f(x_1,y_1)+f(x_0,y_0)-f(x_1,y_0)-f(x_0,y_1)]\dfrac{(x-x_0)(y-y_0)}{(x_1-x_0)(y_1-y_0)}$ 式(3.47)		详见3.3.3
公式(12)	$\begin{cases} X_{84} = (N+h_{84})\cos B_{84}\cos L_{84}, \\ Y_{84} = (N+h_{84})\cos B_{84}\sin L_{84}, \\ Z_{84} = [N(1-e^2)+h_{84}]\sin B_{84} \end{cases}$	式(3.57)	详见3.4.5
公式(13)	$\begin{bmatrix} x_j^i \\ y_j^i \\ t_j^i \end{bmatrix} = \begin{cases} KR_m u_j^m, & i=m, \\ KR_i \overline{\boldsymbol{x}}_j^m, & i \neq m; \end{cases}$　$\overline{\boldsymbol{x}}_j^m = \boldsymbol{v}(\psi_j,\theta_j) = \begin{bmatrix} \sin\psi_j\cos\theta_j \\ \sin\theta_j \\ \cos\psi_j\cos\theta_j \end{bmatrix}$ 式(3.64),(3.66)		详见3.4.5

参考文献

[1] Wegener M. Destriping multiple sensor imagery by improved histogram matching[J]. International Journal of Remote Sensing, 1990(11).

[2] Pizer S M, Amburn E P, Austin J D, et al. Adaptive histogram equalization and its variations[J]. Computer Vision, Graphics, and Image Processing, 1987(39).

[3] Shen D. Image registration by local histogram matching[J]. Pattern Recognition, 2007(40).

[4] 邓志鹏,许丽敏,杨杰,等. 基于直方图相关的图像灰度校正[J]. 红外与激光工

程,2003(32).

[5] 吴铁洲,熊才权.直方图匹配图像增强技术的算法研究与实现[J].湖北工业大学学报,2005(20).

[6] Zhang K Y J, Main P. Histogram matching as a new density modification technique for phase refinement and extension of protein molecules[J]. ActaCrystallographica Section A: Foundations of Crystallography,1990(46).

[7] 辛明瑞,高德远,佟凤辉.SIMD 技术在数字图像处理中的应用研究(英文)[J].微电子学与计算机,2004(11).

[8] 佟凤辉,樊晓桠,王党辉,等.基于 SIMD 技术的图像卷积处理器体系结构研究[J].微电子学与计算机,2003(20).

[9] Sangwine S J. Colour image edge detector based on quaternion convolution[J]. Electronics Letters,1998(34).

[10] Chambers J M. Digital image convolution processor method and apparatus:U. S. Patent 4,720,871[P]. 1988-1-19.

[11] Keys R. Cubic convolution interpolation for digital image processing[J]. Acoustics, Speech and Signal Processing,IEEE Transactions,1981(29).

[12] 范业稳.基于 DMC 的航空摄影测量误差分析和质量控制方法研究[D].武汉大学,2011.

[13] Civera J,Davison A J,Montiel J. Inverse depth parametrization for monocular SLAM [J]. IEEE Transactions on Robotics,2008(24).

[14] 王学平.遥感图像几何校正原理及效果分析[J].计算机应用与软件,2008(25).

[15] 邵鸿飞,孔庆欣.遥感图像几何校正的实现[J].气象,2000(2).

[16] 周富强,胡坤,张广军.基于共线特征点的摄像机镜头畸变校正[J].机械工程学报.2006(42).

[17] 赵亮.MonoSLAM:参数化、光束法平差与子图融合模型理论[D].北京大学,2012.

[18] 张剑清,张祖勋.高分辨率遥感影像基于仿射变换的严格几何模型[J].武汉大学学报:信息科学版,2002(27).

第四章　遥感数字图像整体处理
分析的物理学基础

章前导引　第三章讲述的图像总体性能的数学预处理的"治标"结果表明，影响遥感影像整体质量的主要因素，如几何-辐射畸变及影像摄取时的自然环境，无法在预处理中人为改变，必须通过物理成像过程的"治本"分析而改变. 也就是说，相关畸变与图像处理系统的物理根源直接相关，体现数字图像形成的过程及图像的物理参数、性能指标，可以用数学物理结合的方法解决. 更重要的是，图像处理最终效果的好坏，既与图像获取的物理过程及物理参量直接相关，也与图像处理过程相关. 但前者出现的问题如果只通过后续图像处理解决，则违背了"哪里出现问题就在哪里解决"的原则，也使后端处理负担过重，往往成为遥感数字图像处理效果不理想的重要根源. 因此了解并解决成像过程的问题，成为遥感数字图像像元处理前必须开展的工作，是遥感图像整体处理的必须环节. 本章的核心是遥感数字成像系统的 PSF,MTF,OTF，图像分辨率等物理参量. 由此，通过第三章数学和本章物理学结合方法，可实现遥感图像整体处理的"标本兼治"，从而为本书第二部分图像像元处理奠定系统和整体处理的基础.

遥感数字图像处理虽然只关注图像处理的过程和方法，但是如果能够对遥感图像的物理形成过程有一定的了解，必将对遥感图像处理的系统性和方法性有更深刻的理解，毕竟遥感图像处理的对象来源于各种遥感器生成的图像，这些遥感成像系统生成的图像质量的好坏将直接影响到遥感图像的可用性，并直接关系到遥感图像处理的难度和精度，因此遥感数字图像处理不光要建立在严格的数学基础上，同样需要大量的物理学知识.[1,2]

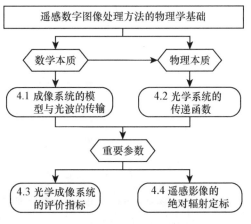

图 4.1　本章逻辑框架图

光学成像系统在遥感数字图像的采集过程中扮演重要的角色，因为它们几乎总会出现在图像处理系统的前端

（常常前后两端都有）.如果在扫描之前涉及照相,那么分析时还要考虑这一部分的透镜系统.[3]对一个数字成像系统的方方面面都进行详细的分析将非常复杂,而且这也超出了本书研究的范围.因此,本章将从物理的角度对光学成像系统进行分析,从而挖掘遥感数字成像过程的物理本质.如图4.1所示,本章具体包括:成像系统的模型与光波的传输(第4.1节),阐述成像的物理过程和误差产生的根源;光学系统的传递函数(第4.2节),介绍成像误差传递过程;光学成像系统的评价指标(第4.3节),讲述遥感图像精度和误差关系,以及影像定量化分析尺度;遥感影像的绝对辐射定标(第4.4节),使读者确知图像灰度级度量的辐射能量强度本质,并掌握定标作为遥感定量化标尺的物理方法.

4.1 成像系统的模型与光波的传输

本节分析了物点发出的光波经过成像系统的黑箱模型后在像面上的分布.其内容包含光学成像系统的黑箱模型、光波传播的惠更斯原理、菲涅耳近似和阿贝成像原理与空间滤波等.

4.1.1 光学成像系统的黑箱模型

光学成像系统虽然千差万别,但是它们都可以抽象为如下的模型[4,5]:物平面的光场分布经过光学系统的变换,得到像平面的光场分布,该过程如图4.2所示.

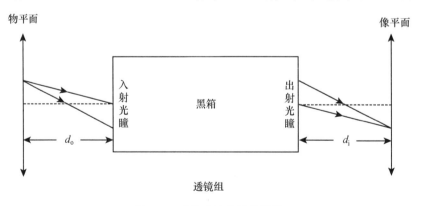

图 4.2 成像系统的黑箱模型

通常成像系统的光学孔径都有一定的尺寸,物平面的光在进入光学成像系统后都要通过该孔径,该孔径所在的平面透光率的空间分布称为光瞳函数.

物体可以被看成一个点光源的集合,物体的成像过程也可以看成这些点光源成像的叠加.点光源经过成像系统后在像平面上的光场分布称为点扩散函数

(PSF).[5—8]设物平面上光场的复振幅分布为$U_o(x_o, y_o)$,像平面上的光场的复振幅分布为$U_i(x_i, y_i)$,则物体的成像过程可以表示如下:

$$U_o(x_o, y_o) = \iint\limits_{\Omega} U_o(\xi, \eta)\delta(x_o - \xi, y_o - \eta)\mathrm{d}\xi\mathrm{d}\eta, \tag{4.1}$$

$$U_i(x_i, y_i) = F\iint\limits_{\Omega} U_o(\xi, \eta)\delta(x_o - \xi, y_o - \eta)\mathrm{d}\xi\mathrm{d}\eta. \tag{4.2}$$

4.1.2 光波传播的惠更斯(Huygens)原理

关于光波传播的一个有趣而又有用的性质寓于惠更斯-菲涅耳原理(Huygens Fresnel principle)中. 惠更斯-菲涅耳原理认为,媒质中波前上的每一点都可以看成一个新的子波的点波源,空间中某一点波的传播效果就是这些子波的相干叠加. 在波通过孔径传播时,在孔后的任何一点处的场,都等于用具有适当振幅、相位的子波源填充小孔时所产生的场. 用数学语言来说,惠更斯原理认为在像平面上点(x_i, y_i)处的场由下式给出:

$$u_i(x_i, y_i) = \frac{1}{\mathrm{j}\lambda}\iint_A u_A(x_A, y_A)\frac{1}{r}\mathrm{e}^{\mathrm{j}kr}\cos\theta\mathrm{d}x_A\mathrm{d}y_A. \tag{4.3}$$

如图 4.3 所示,$u_A(x_A, y_A)$项是孔径处的场,积分是在整个孔径 A 上进行. 从像平面上的点(x_i, y_i)至孔径处的点(x_A, y_A)之间的距离记为 r,而 θ 表示两点间的连线与孔径平面的法线之间的夹角.

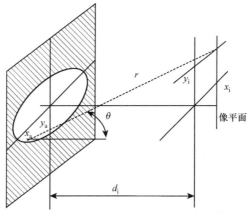

图 4.3 成像系统的几何模型

当 θ 足够小时 $\cos\theta \approx 1$. 如果用光瞳函数乘以会聚光波,其效果相当于使孔平面上除了孔内部的点外所有点的场为 0. 在这样的情形下公式(4.3)变为

$$u_i(x_i, y_i) = \frac{1}{\mathrm{j}\lambda}\int_{-\infty}^{\infty}\int_{-\infty}^{\infty} p(x_a, y_a)\frac{1}{R}\mathrm{e}^{-\mathrm{j}kR}\frac{1}{r}\mathrm{e}^{\mathrm{j}kr}\mathrm{d}x_a\mathrm{d}y_a \tag{4.4}$$

其中 R 是从像平面的原点(也就是会聚点)到孔径上点 (x_a, y_a) 的距离,即

$$R = \sqrt{x_a^2 + y_a^2 + d_i^2};$$ (4.5)

r 是点 (x_a, y_a) 到 (x_i, y_i) 的距离,即

$$r = \sqrt{(x_i - x_a)^2 + (y_i - y_a)^2 + d_i^2}.$$ (4.6)

在式(4.4)中,$1/R$ 和 $1/r$ 这两项均可由 $1/d_i$ 来很好地近似. 然而在指数位置上,R 和 r 都带有很大的系数 k,因此必须用一个更好的近似.

4.1.3　菲涅耳近似

从式(4.5),(4.6)中提取因子 d_i,将它们分别改写成

$$R = d_i \sqrt{1 + \left(\frac{x_a}{d_i}\right)^2 + \left(\frac{y_a}{d_i}\right)^2},$$ (4.7)

以及

$$r = d_i \sqrt{1 + \left(\frac{x_i - x_a}{d_i}\right)^2 + \left(\frac{y_i - y_a}{d_i}\right)^2}.$$ (4.8)

平方根的二项展开式为

$$\sqrt{1 + q} = 1 + \frac{q}{2} - \frac{q^2}{8} + \cdots, \quad |q| < 1.$$ (4.9)

如果只取展开式的前两项,就可以得到式(4.8)和(4.9)中的距离的菲涅耳近似式分别为

$$R \approx d_i \left[1 + \frac{1}{2}\left(\frac{x_a}{d_i}\right)^2 + \frac{1}{2}\left(\frac{y_a}{d_i}\right)^2\right],$$ (4.10)

$$r \approx d_i \left[1 + \frac{1}{2}\left(\frac{x_i - x_a}{d_i}\right)^2 + \frac{1}{2}\left(\frac{y_i - y_a}{d_i}\right)^2\right].$$ (4.11)

将式(4.10),(4.11)代入式(4.4),得到

$$u_i(x_i, y_i) = \frac{1}{j\lambda d_i^2} \int_{-\infty}^{\infty} \int_{-\infty}^{\infty} \left\{ p(x_a, y_a) e^{-jkd_i\left[1 + \frac{1}{2}\left(\frac{x_a}{d_i}\right)^2 + \frac{1}{2}\left(\frac{y_a}{d_i}\right)^2\right]} \right.$$
$$\left. \times e^{jkd_i\left[1 + \frac{1}{2}\left(\frac{x_i - x_a}{d_i}\right)^2 + \frac{1}{2}\left(\frac{y_i - y_a}{d_i}\right)^2\right]} \right\} dx_a dy_a,$$ (4.12)

将指数展开,合并同类项,得到

$$u_i(x_i, y_i) = \frac{e^{(jk/2d_i)(x_i^2 + y_i^2)}}{j\lambda d_i^2} \int_{-\infty}^{\infty} \int_{-\infty}^{\infty} p(x_a, y_a) e^{(-j2\pi/\lambda d_i)(x_i x_a + y_i y_a)} dx_a dy_a.$$ (4.13)

这里 $k\lambda = 2\pi$. 若进行变量代换

$$x_a' = \frac{x_a}{\lambda d_i}, \quad y_a' = \frac{y_a}{\lambda d_i},$$ (4.14)

那么,式(4.13)就变成

$$u_i(x_i, y_i) = \frac{\lambda}{j} e^{(jk/2d_i)(x_i^2 + y_i^2)} \int_{-\infty}^{\infty} \int_{-\infty}^{\infty} p(\lambda d_i x_a', \lambda d_i y_a') e^{-j2\pi(x_i x_a' + y_i y_a')} dx_a' dy_a'.$$

(4.15)

式(4.15)中的复数系数只影响像平面上的相位,在常用的图像传感器中可忽略不计.因此,积分号前面的项仅仅是一个复常数而已.现在,我们得到了非常重要的结果:除了有复系数这点不同外,相干光的 PSF 就是光瞳函数的二维傅里叶变换.

在图 4.2 中,点光源位于 z 轴上.若点光源偏离 z 轴,除了像式(4.2)中指出的平移的情况以外,上述推导仍然可以进行,而且可以导出同样的结论.这意味着在假定条件下,系统确实是平移不变的.然而,随着像点逐渐偏离光轴,假定条件就被破坏了.因此,成像系统的点扩散函数在场的边缘处确实要变坏.不过,习惯上还是用位于光轴上的 PSF 来标志成像系统的性能.

式(4.15)给出了物平面上原点处的一个点光源在像平面上产生的振幅分布.积分号前面的复数基将像的亮度和点光源的亮度联系起来,并描述了像平面上的相位变化.因为一般的图像传感器忽略了相位的信息,所以在此我们对它不感兴趣.此外,图像的整体亮度可以很简单地由另外一种分析方法,即透镜截获的光的通量来测定.因此,我们感兴趣的只有那些可以影响图像质量的参数,也就是 PSF 的形状.

如果不考虑振幅的绝对标定,并略去积分号前的各项,就可以把式(4.15)加以简化.于是可以写出物(下标为"o")和像(下标为"i")之间的卷积关系

$$u_i(x_i,y_i) = \int_{-\infty}^{\infty}\int_{-\infty}^{\infty} h(x_i - x_o, y_i - y_o)u_o(Mx_o, My_o)\mathrm{d}x_o\mathrm{d}y_o, \quad (4.16)$$

其中脉冲响应由下式给出:

$$h(x,y) = \mathscr{T}\{p(\lambda d_i x_a, \lambda d_i y_a)\}. \quad (4.17)$$

在式(4.16)中,$u_o(x_o,y_o)$ 这一项是物体的振幅分布,$u_o(Mx_o, My_o)$ 这一项是物体在像平面的投影(无像质下降).因而可以把成像看成是一个两步过程:先是几何投影,之后是在像平面上与 PSF 作卷积.放大因数 M 总是负值,除非像平面和物平面的坐标轴相对旋转 180°.通常最方便的是在焦(物)平面上进行分析.在这种情形下,就可以假定与 PSF 的卷积就在物平面上进行,这只需以 d_f 来代替式(4.15)中的 d_i.这样我们就可以将 PSF 和投影前的 $u_o(x_o,y_o)$ 作卷积.

4.1.4　阿贝成像原理(Abbe principle of image formation)和空间滤波

用一束平行光照明物体,按照传统的成像原理,物体上任一点都成了一次波源,辐射球面波经透镜的会聚作用,各个发散的球面波转变为会聚的球面波,球面波的中心就是物体上某一点的像.一个复杂的物体可以看成是由无数个亮度不同的点构成,所有这些点经透镜的作用在像平面上形成像点,像点重新叠加构成物体的像.这种传统的成像原理着眼于点的对应,物像之间是点点对应关系.[9,10]

　　阿贝成像原理认为,透镜的成像过程可以分成两步：第一步是通过物镜的衍射光在透镜后焦面(即频谱面)上形成空间频谱,这是衍射所引起的"分频"作用;第二步是代表不同空间频率的各光束在像平面上相干叠加而形成物体的像,这是干涉所引起的"合成"作用.如图 4.4 所示.成像过程的这两步本质上就是两次傅里叶变换.

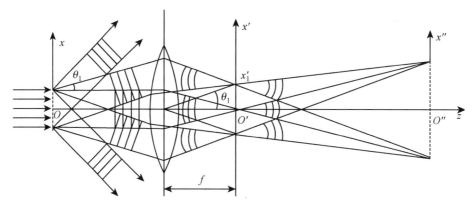

图 4.4　阿贝成像原理

　　在数学上可以将一个复杂的函数作傅里叶展开,从这种观点出发,可以认为一张复杂的图片是由许多不同空间频率的单频信息组成的.理想的夫琅禾费(Fraunhofer)衍射系统是一种傅里叶频谱的分析器.当单色光正入射在待分析的图像上时,通过夫琅禾费衍射,一定空间频率的信息就被一对特定方向的平面衍射波输送出来.这些衍射波在近场区彼此交织在一起,到了远场区又彼此分离,从而达到"分频"的目的.利用透镜把不同方向的平面衍射波会聚到后焦面 x' 的不同位置上,形成一个个衍射斑. x' 上每一对衍射斑代表原图像中一种单频成分,频率越高的成分衍射角越大,在 x' 上离中心越远.这是阿贝成像原理的第一步"分频"的过程.即从物体发出的光发生夫琅禾费衍射,在透镜的像方焦平面上形成其傅里叶频谱图.至于成像过程的第二步合成.设物面上的光波前为

$$\widetilde{U}_0(x,y) = A_1(t_0 + t_1\cos 2\pi f x). \tag{4.18}$$

　　如果由它产生的三列平面衍射波能被透镜接收,则在透镜后焦面 x' 上形成三个衍射斑 S_{+1}, S_0, S_{-1}.如果把三个衍射斑看成三个点源,考察它们在像平面上产生的干涉场 $\widetilde{U}_1(x,y)$,三个点光源的复振幅可以写成

$$\begin{cases} \widetilde{A}_{+1} \propto \dfrac{1}{2}A_1 t_1 \exp[ik(BS_{+1})], \\[2mm] \widetilde{A}_0 \propto A_1 t_0 \exp[ik(BS_0)], \\[2mm] \widetilde{A}_{-1} \propto \dfrac{1}{2}A_1 t_1 \exp[ik(BS_{-1})]. \end{cases} \tag{4.19}$$

由于物像之间的等光程性，$BS_0B' = BS_{+1}B' = BS_{-1}B' = BB'$，所以第一个位相因子是相同的，第二个位相因子 $\exp[ik(x'^2+y'^2)/z]$ 本来已是相同的，现把这两个共同的位相因子归并在一起，三波叠加，得到像面上的干涉场

$$\widetilde{U}_{\mathrm{I}}(x',y') = \widetilde{U}_0(x',y') + \widetilde{U}_{+1}(x',y') + \widetilde{U}_{-1}(x',y')$$

$$= A_1 \mathrm{e}^{\mathrm{i}\varphi(x',y')} \left\{ t_0 + \frac{t_1}{2}\left[\exp(-\mathrm{i}k\sin\theta'_{+1}x') + \exp(-\mathrm{i}k\sin\theta'_{-1}x')\right] \right\}. \quad (4.20)$$

根据阿贝正弦条件

$$\frac{\sin\theta'_{\pm1}}{\sin\theta_{\pm1}} = \frac{y}{y'} = \frac{1}{V}, \quad (4.21)$$

其中 V 是成像系统的横向放大率，于是有

$$k\sin\theta'_{\pm1}x' = k\sin\theta_{\pm1}x'/V, \quad (4.22)$$

式中 $k = 2\pi/\lambda$，$\sin\theta_{\pm1} = \pm f\lambda$，所以代入 $k\sin\theta_{\pm1} = \pm2\pi f$ 得

$$\widetilde{U}_{\mathrm{I}}(x',y') \propto A_1 \mathrm{e}^{\mathrm{i}\varphi(x',y')}[t_0 + t_1\cos(2\pi fx')/V]. \quad (4.23)$$

将物面上的波前 $\widetilde{U}_0(x,y)$ 与像面上波前 $\widetilde{U}_{\mathrm{I}}(x',y')$ 对比一下，可以看出两表达式是相似的."合成"过程为物镜后焦面上的初级衍射图向前发出球面波，干涉叠加为位于目镜焦面上的像，是频谱函数的傅里叶逆变换.也就是说透镜本身就具有实现傅里叶变换的功能.

4.2 光学系统的传递函数

本节将主要从数学和物理角度分析光学系统的传递函数，以加深对成像误差传插过程的认识，即分别从数学上推导了衍射受限光学成像系统的相干传递函数和非相干传递函数，以及相干传递函数与光学传递函数之间的数学关系.

4.2.1 衍射限制下的光学成像系统

光在传播过程中，遇到障碍物或小孔时，光偏离直线传播的途径而绕到障碍物后面传播的现象叫做光的衍射.根据入射光的特点，衍射可以分为平行光的衍射(夫琅禾费衍射)和非平行光的衍射(菲涅耳衍射)两种.

物点经过光学系统成像时，往往会受到衍射的影响.如图 4.5 所示，点光源经过一个小孔形成的衍射图样是一个环形的亮斑，这反映了衍射限制下的光学系统对物点的成像不再是严格的像点，而是一个模糊的亮斑，这对我们认识传感器的空间分辨率有很强的指导意义.

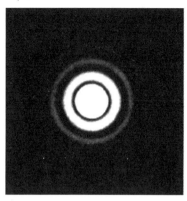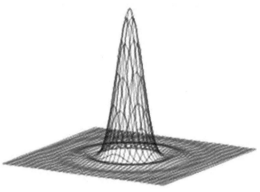

图 4.5　圆孔衍射图样

4.2.2　衍射受限光学成像系统的相干传递函数

成像系统在相干光的照明条件下对光场的复振幅是线性的.因此,在相干光照明条件下,式(4.11)可以改写为

$$U_{\mathrm{i}}(x_{\mathrm{i}}, y_{\mathrm{i}}) = F\left\{\iint_{\Omega} U_{\mathrm{o}}(\xi, \eta)\delta(x_{\mathrm{o}} - \xi, y_{\mathrm{o}} - \eta)\mathrm{d}\xi\mathrm{d}\eta\right\}$$

$$= \iint_{\Omega} U_{\mathrm{o}}(\xi, \eta)F\{\delta(x_{\mathrm{o}} - \xi, y_{\mathrm{o}} - \eta)\}\mathrm{d}\xi\mathrm{d}\eta$$

$$= \iint_{\Omega} U_{\mathrm{o}}(\xi, \eta)h(x_{\mathrm{i}}, y_{\mathrm{i}}, x_{\mathrm{o}} - \xi, y_{\mathrm{o}} - \eta)\mathrm{d}\xi\mathrm{d}\eta$$

$$= U_{\mathrm{o}}(x_{\mathrm{o}}, y_{\mathrm{o}}) * h(x_{\mathrm{i}}, y_{\mathrm{i}}, x_{\mathrm{o}}, y_{\mathrm{o}}), \tag{4.24}$$

其中 $h(x_{\mathrm{i}}, y_{\mathrm{i}}, x_{\mathrm{o}}, y_{\mathrm{o}})$ 为光学系统对 $\delta(x_{\mathrm{o}} - \xi, y_{\mathrm{o}} - \eta)$ 的变换,即为系统的点扩散函数.可见光学成像的过程是物平面上光场的复振幅分布与系统的点扩散函数的卷积.该卷积积分把物点看做基元,而像点是物点产生的衍射图样在该点处的相干叠加,则相干光照明条件下的像的强度分布可以写为

$$I_{\mathrm{i}}(x_{\mathrm{i}}, y_{\mathrm{i}}) = a|U_{\mathrm{i}}(x_{\mathrm{i}}, y_{\mathrm{i}})|^2 = a|U_{\mathrm{o}}(x_{\mathrm{o}}, y_{\mathrm{o}}) * h(x_{\mathrm{i}}, y_{\mathrm{i}}, x_{\mathrm{o}}, y_{\mathrm{o}})|^2, \tag{4.25}$$

其中 a 是实常数.可见相干光照明条件下像的光强分布对复振幅的分布不是线性的.

以上是从光场的空间分布来描述一个光学成像系统的特性,它强调的是物点与像点的对应关系.根据信息光学的相关理论,输入的物平面信息可以分解成各种空间频率的分量,输出的像平面的信息也可以分解成不同空间频率的分量,这样就可以考察这些不同空间频率的分量在光学系统的传递过程中的丢失、衰减、相位移动等特性,即空间频率的传递性.

根据信息光学的相关理论,任何二维物体 $f(x, y)$ 都可以分解成一系列 x, y

方向上不同空间频率 ν_x, ν_y 的简谐函数(物理上表示正弦光栅)的线性叠加

$$f(x, y) = \iint \Psi_o(\nu_x, \nu_y) \exp\{j2\pi(\nu_x x + \nu_y y)\} d\nu_x d\nu_y, \tag{4.26}$$

式中 $\Psi_o(\nu_x, \nu_y)$ 为 $f(x, y)$ 的傅里叶谱,它是物体所包含的空间频率 ν_x, ν_y 的成分含量,其中低频成分表示缓慢变化的背景和大的物体轮廓,高频成分则表征物体的细节.

从频域来分析成像过程,把复指数函数作为系统的本征函数,考察系统对各种频率成分的传递特性.定义系统的输入频谱 $G_{oc}(f_x, f_y)$ 和输出频谱 $G_{ic}(f_x, f_y)$ 分别为

$$G_{oc}(f_x, f_y) = \text{FT}\{U_o(x_o, y_o)\}, \tag{4.27}$$

$$G_{ic}(f_x, f_y) = \text{FT}\{U_i(x_i, y_i)\}, \tag{4.28}$$

则相干传递函数(coherent transfer function, CFT) $H_c(f_x, f_y)$ 为

$$H_c(f_x, f_y) = \frac{G_{ic}(f_x, f_y)}{G_{oc}(f_x, f_y)} = \text{FT}\{h(x_i, y_i, x_o, y_o)\}. \tag{4.29}$$

根据基尔霍夫(Kirchhoff)衍射公式轴上像点 O 的复振幅分布的计算公式

$$
\begin{aligned}
h(x_i, y_i) &= \frac{1}{(\lambda d_i)^2} \iint P(\xi, \eta) \exp\left[-j \frac{2\pi}{\lambda d_i}(x_i \xi + y_i \eta)\right] d\xi d\eta \\
&= \iint P(\lambda d_i f_x, \lambda d_i f_y) \exp\left[-j2\pi(f_x x_i + f_y y_i)\right] df_x df_y \\
&= \mathscr{T}\{P(\lambda d_i f_x, \lambda d_i f_y)\}, \tag{4.30}
\end{aligned}
$$

则可得

$$H_c(f_x, f_y) = \text{FT}\{\mathscr{T}\{P(\lambda d_i f_x, \lambda d_i f_y)\}\} = P(-\lambda d_i f_x, -\lambda d_i f_y). \tag{4.31}$$

这说明,相干传递函数 $H_c(f_x, f_y)$ 等于光瞳函数,仅在空域坐标 x, y 和频域坐标 f_x, f_y 之间存在着一定的坐标缩放关系.

一般说来光瞳函数总是取 1 和 0 两个值,所以相干传递函数也是如此,只有 1 和 0 两个值.若由 f_x, f_y 决定的 $x = -\lambda d_i f_x, y = -\lambda d_i f_y$ 的值在光瞳内,则这种频率的指数基元按原样在像分布中出现,既没有振幅衰减也没有相位变化,即传递函数对此频率的值为 1.若由 f_x, f_y 决定的 x, y 的值在光瞳之外,则系统将完全不能让此种频率的指数基元通过,也就是传递函数对这频率的值为 0.这就是说,衍射受限系统是一个低通滤波器.在频域中存在一个有限的通频带,它允许通过的最高频率称为系统的截止频率,用 f_o 表示.

如果在一个反射坐标中来定义 P,则可以去掉负号的累赘,把式(4.31)改写为

$$H_c(f_x, f_y) = P(\lambda d_i f_x, \lambda d_i f_y), \tag{4.32}$$

尤其是一般光瞳函数都是对光轴呈中心对称的,这样处理的结果不会产生任何

实质性的影响.

4.2.3 衍射受限光学成像系统的非相干传递函数

在非相干照明下,物面上各点的振幅和相位随时间变化的方式是彼此独立、统计无关的.这样一来,虽然物面上每一点通过系统后仍可得到一个对应的复振幅分布,但由于物面的照明是非相干的,却不能通过对这些复振幅分布的相干叠加得到像的复振幅分布,而应该先由这些复振幅分布分别求出对应的强度分布,然后将这些强度分布叠加(非相干叠加)而得到像面强度分布.在传播时光的非相干叠加对于强度是线性的,因此非相干成像系统是强度的线性系统.在等晕区光学系统成像是空不变的,故非相干成像系统是强度的线性空不变系统.

非相干线性空不变成像系统,物像关系满足下述卷积积分:

$$I_i(x_i, y_i) = \iint_{-\infty}^{\infty} I_o(x_o, y_o) * h_1(x_i - x_o, y_i - y_o) \mathrm{d}x_o \mathrm{d}y_o, \qquad (4.33)$$

其中 $I_o(x_o, y_o)$ 是几何光学理想像的强度分布,$I_i(x_i, y_i)$ 为像强度分布,$h_1(x_i - x_o, y_i - y_o)$ 为强度脉冲响应(或称非相干脉冲响应、强度点扩散函数),它是物点产生的像斑的强度分布,是复振幅点扩散函数模的平方,即

$$h_1(x_i - x_o, y_i - y_o) = |h(x_i - x_o, y_i - y_o)|^2. \qquad (4.34)$$

式(4.33)和(4.34)表明,在非相干照明下,线性空不变成像系统的像强度分布是理想像的强度分布与强度点扩散函数的卷积,系统的成像特性由 $h_1(x_i, y_i)$ 表示,而 $h_1(x_i, y_i)$ 又由 $h(x_i, y_i)$ 决定.

对于非相干照明下的强度线性空不变系统,在频域中来描述物像关系更加方便.将式(4.34)两边进行傅里叶变换(Fourier transform,FT)并略去无关紧要的常数后得

$$A_i(f_x, f_y) = A_o(f_x, f_y) H_1(f_x, f_y,), \qquad (4.35)$$

其中

$$A_i(f_x, f_y) = \mathrm{FT}\{I_i(x_i, y_i)\}, \qquad (4.36)$$

$$A_o(f_x, f_y) = \mathrm{FT}\{I_o(x_i, y_i)\}, \qquad (4.37)$$

$$H_1(f_x, f_y) = \mathrm{FT}\{h_1(x_i, y_i)\}. \qquad (4.38)$$

由于 $I_i(x_i, y_i)$,$I_o(x_i, y_i)$ 和 $h_1(x_i, y_i)$ 都是强度分布,都是非负实函数,因而其傅里叶变换必有一个常数分量即零频分量,而且它的幅值大于任何非零分量的幅值.决定像清晰与否的,主要不在于包括零频分量在内的总光强有多大,而在于携带有信息的那部分光强相对于零频分量的比值有多大,所以更有意义的是 $A_i(f_x, f_y)$,$A_o(f_x, f_y)$,$H_1(f_x, f_y)$ 相对于各自零频分量的比值.这就启示我们用零频分量对它们归一化,得到归一化频谱为

$$\widetilde{A}_i(f_x, f_y) = \frac{A_i(f_x, f_y)}{A_i(0,0)} = \frac{\iint I_i(x_i, y_i) \exp[-\mathrm{j}2\pi(f_x x_i + f_y y_i)]\mathrm{d}x_i \mathrm{d}y_i}{\iint I_i(x_i, y_i)\mathrm{d}x_i \mathrm{d}y_i},$$

$$(4.39)$$

$$\widetilde{A}_o(f_x, f_y) = \frac{A_o(f_x, f_y)}{A_o(0,0)} = \frac{\iint I_o(x_o, y_o) \exp[-\mathrm{j}2\pi(f_x x_o + f_y y_o)]\mathrm{d}x_o \mathrm{d}y_o}{\iint I_o(x_o, y_o)\mathrm{d}x_o \mathrm{d}y_o},$$

$$(4.40)$$

$$\widetilde{H}_I(f_x, f_y) = \frac{H_I(f_x, f_y)}{H_I(0,0)} = \frac{\iint\limits_{-\infty}^{\infty} h_I(x_i, y_i) \exp[-\mathrm{j}2\pi(f_x x_i + f_y y_i)]\mathrm{d}x_i \mathrm{d}y_i}{\iint\limits_{-\infty}^{\infty} h_I(x_i, y_i)\mathrm{d}x_i \mathrm{d}y_i}.$$

$$(4.41)$$

由于 $A_i(f_x, f_y) = A_o(f_x, f_y)H_I(f_x, f_y)$ 并且 $A_i(0,0) = A_o(0,0)H_I(0,0)$,所以得到的归一化频谱满足公式

$$\widetilde{A}_i(f_x, f_y) = \widetilde{A}_o(f_x, f_y)\widetilde{H}_I(f_x, f_y), \qquad (4.42)$$

其中 $\widetilde{H}_I(f_x, f_y)$ 称为非相干成像系统的光学传递函数(optical transfer function,OTF),它描述非相干成像系统在频域的效应.

由于 $\widetilde{A}_i(f_x, f_y), \widetilde{A}_o(f_x, f_y), \widetilde{H}_I(f_x, f_y)$ 一般都是复函数,都可以用它的模和辐角表示,于是有

$$\widetilde{A}_i(f_x, f_y) = |\widetilde{A}_i(f_x, f_y)| \exp(\mathrm{j}\phi_i), \qquad (4.43)$$

$$\widetilde{A}_o(f_x, f_y) = |\widetilde{A}_o(f_x, f_y)| \exp(\mathrm{j}\phi_o), \qquad (4.44)$$

$$\widetilde{H}_I(f_x, f_y) = m(f_x, f_y)\exp(\mathrm{j}\phi). \qquad (4.45)$$

注意到式(4.43)和式(4.44)的关系,可以得出

$$m(f_x, f_y) = \frac{|H_I(f_x, f_y)|}{H_I(0,0)} = \frac{|\widetilde{A}_i(f_x, f_y)|}{|\widetilde{A}_o(f_x, f_y)|}, \qquad (4.46)$$

$$\phi(f_x, f_y) = \phi_i(f_x, f_y) - \phi_o(f_x, f_y). \qquad (4.47)$$

通常称 $m(f_x, f_y)$ 为调制传递函数(MTF),$\phi(f_x, f_y)$ 为相位传递函数(phase transfer function,PTF).前者描写了系统对各频率分量对比度的传递特性,后者描述了系统对各频率分量施加的相移.

4.2.4 相干传递函数和光学传递函数的关系

光学传递函数 $\widetilde{H}_I(f_x, f_y)$ 与相干传递函数 $H_c(f_x, f_y)$ 分别描述同一系统采用非相干和相干照明时的传递函数,它们都决定于系统本身的物理性质.应用

自相关定理和帕塞瓦尔(Parseval)定理可得

$$\widetilde{H}_{\mathrm{I}}(f_x,f_y)=\frac{H_{\mathrm{I}}(f_x,f_y)}{H_{\mathrm{I}}(0,0)}=\frac{\mathrm{FT}\{h_{\mathrm{I}}(x_{\mathrm{i}},y_{\mathrm{i}})\}}{\iint h_{\mathrm{I}}(x_{\mathrm{i}},y_{\mathrm{i}})\mathrm{d}x_{\mathrm{i}}\mathrm{d}y_{\mathrm{i}}}=\frac{\mathrm{FT}\{\mid h(x_{\mathrm{i}},y_{\mathrm{i}})\mid^2\}}{\iint\mid h(x_{\mathrm{i}},y_{\mathrm{i}})\mid^2\mathrm{d}x_{\mathrm{i}}\mathrm{d}y_{\mathrm{i}}}$$

$$=\frac{\iint H_{\mathrm{c}}^*(\alpha,\beta)H_{\mathrm{c}}(f_x+\alpha,f_y+\beta)\mathrm{d}\alpha\mathrm{d}\beta}{\iint\mid H_{\mathrm{c}}(\alpha,\beta)\mid^2\mathrm{d}\alpha\mathrm{d}\beta}. \tag{4.48}$$

因此,对同一系统来说,光学传递函数等于相干传递函数 H_{c} 的自相关归一化函数.

对于相干照明的衍射受限系统,已知 $H_{\mathrm{c}}(f_x,f_y)=P(\lambda d_{\mathrm{i}}f_x,\lambda d_{\mathrm{i}}f_y)$,把它代入式(4.48)得到

$$\widetilde{H}_{\mathrm{I}}(f_x,f_y)=\frac{\displaystyle\iint_{-\infty}^{\infty}P(\lambda d_{\mathrm{i}}\alpha,\lambda d_{\mathrm{i}}\beta)P[\lambda d_{\mathrm{i}}(f_x+\alpha),\lambda d_{\mathrm{i}}(f_y+\beta)]\mathrm{d}\alpha\mathrm{d}\beta}{\displaystyle\iint_{-\infty}^{\infty}P(\lambda d_{\mathrm{i}}\alpha,\lambda d_{\mathrm{i}}\beta)\mathrm{d}\alpha\mathrm{d}\beta}. \tag{4.49}$$

令 $x=\lambda d_{\mathrm{i}}f_x$,$y=\lambda d_{\mathrm{i}}f_y$,积分变量的替换不会影响积分结果,于是 $\widetilde{H}_{\mathrm{I}}(f_x,f_y)$ 与 $P(\lambda d_{\mathrm{i}}\alpha,\lambda d_{\mathrm{i}}\beta)$ 有如下关系:

$$\widetilde{H}_{\mathrm{I}}(f_x,f_y)=\frac{\displaystyle\iint_{-\infty}^{\infty}P(x,y)P(x+\lambda d_{\mathrm{i}}f_x,y+\lambda d_{\mathrm{i}}f_y)\mathrm{d}x\mathrm{d}y}{\displaystyle\iint_{-\infty}^{\infty}P^2(x,y)\mathrm{d}x\mathrm{d}y}$$

$$=\frac{\displaystyle\iint_{-\infty}^{\infty}P(x,y)P(x+\lambda d_{\mathrm{i}}f_x,y+\lambda d_{\mathrm{i}}f_y)\mathrm{d}x\mathrm{d}y}{\displaystyle\iint_{-\infty}^{\infty}P(x,y)\mathrm{d}x\mathrm{d}y}. \tag{4.50}$$

对于光瞳函数只有 1 和 0 两个值的情况,分母中的 P^2 可以写成 P. 公式表明衍射受限系统的 OTF 是光瞳函数的自相关归一化函数.

4.3　光学成像系统的评价指标

本节主要论述了光学成像系统的分辨率,以了解掌握遥感图像精度和误差关系及影像定量化的尺度,其中包括空间分辨率、光谱分辨率、辐射分辨率等,分别对每一种分辨率进行了论述,并给出了相应的数学公式.

4.3.1 遥感成像系统的空间分辨率

空间分辨率是指可以识别的最小地面距离或最小目标物的大小.后者是针对遥感器或图像而言的,指图像上能够详细区分的最小单元尺寸或大小,或指遥感器区分两个目标的最小角度或线性距离的度量,一般有如下三种表示.

(1) 像元.像元是扫描影像的基本单元,是成像过程中或用计算机处理的基本采样点,由亮度表示,单位为平方米或平方公里.如美国 QUICKBIRD 商业卫星的一个像元相当于地面面积 0.61 m×0.61 m,其空间分辨率为 0.61 m.

(2) 线对数(line pair).对于摄影系统而言,影像最小单元常通过 1mm 间隔内包含的线对数确定,单位为 mm^{-1}.所谓线对指一对同等大小的明暗条纹或规则间隔的明暗条对.《地形图航空摄影规范》(GB/T 15661-1995)规定航摄仪有效使用面积内镜头分辨率"每毫米内不少于 25 线对".根据物镜分辨率和摄影比例尺可以估算出航摄影像上相应的地面分辨率

$$D = M/R, \tag{4.51}$$

其中 M 为摄影比例尺分母,R 为镜头分辨率.

(3) 瞬时视场(instantaneous field of view,IFOV).瞬时视场是指遥感器内单个探测元件的受光角度或观测视野,单位为毫弧度(mrad).IFOV 越小,最小可分辨单元越小,空间分辨率越高.IFOV 取决于遥感器光学系统和探测器的大小.一个瞬时视场内的信息表示一个像元,它所记录的是一种复合信号响应.

在成像光学系统中,分辨率是衡量区分开相邻两个物点的像的能力.由于衍射,系统所成的像不再是理想的几何点像,而是有一定大小的光斑(艾里斑,Airy disk),当两个物点过于靠近时,其像斑重叠在一起,就可能分辨不出两个物点各自的像,即光学系统中存在着一个分辨极限.这个分辨极限通常采用瑞利判据(Rayleigh criterion):当一个艾里斑的中心与另一个艾里斑的第一级暗环重合时,刚好能分辨出是两个像.根据分辨率的瑞利判据,两个物点(或相应的两个艾里斑的中心)对光学系统的张角就是该光学系统的最小分辨角,光学系统的最小分辨角就是圆孔的夫琅禾费衍射图样中艾里斑的半角宽度,也就是第一暗环的衍射角.最小分辨角的倒数,就是光学仪器的分辨率.

瑞利距离(即分辨单元直径),对带有圆形孔径的透镜来说,是像平面的 PSF 取第一个零值时的半径,即

$$r_0 = 1.22 \frac{\lambda d_i}{a}. \tag{4.52}$$

用摄像机对近似平面的物体成像时,如在高空摄影和卫星成像,比较方便的是在物平面上,而不是在像平面上进行尺寸计算,因为物平面是我们所感兴趣的物体之所在.这就涉及 180° 的旋转和尺度放缩因子.这样像素间距就可以确定为以地面上用的米(m)为单位.空间分辨率就可以用物平面上米的倍数来标志.

如在用到摄像镜头时,通常有 $d_f \geqslant d_i \approx f$,且放大倍数 $M = d_i/d_f \leqslant 1$,这时用 $f^{\#}$ 来标示孔径直径比较方便,即

$$f^{\#} = f/a. \tag{4.53}$$

$f^{\#}$ 常常记成如 $f/5.6$ 的形式,它的意思是 $a = f/5.6$. 摄像机镜头的 $f^{\#}$ 光圈的设置一般是按 $\sqrt{2}$ 分级的. 这样,光圈改变一档相当于将孔径面积加倍或是减半,底片受到的光强即曝光量亦按此增减.

非相关光的像平面坐标系下的截止频率为

$$f_c = a/\lambda d_i \approx 1/(\lambda f^{\#}), \tag{4.54}$$

像平面上的阿贝距离为

$$r_0 = \lambda d_i/a \approx \lambda f^{\#}, \tag{4.55}$$

瑞利距离为

$$r_0 = 1.22 \frac{\lambda d_i}{a} \approx 1.22\lambda f^{\#}. \tag{4.56}$$

从傅里叶光学来分析,目标物由不同空间频率的光谱组成,光学系统为低通滤波器,它的截止频率由 $1/1.22\lambda f^{\#}$(λ 为光学平均波长,$f^{\#}$ 是光学系统 f 数)确定,而采样频率为探测器像元间距(采样间距)P 的倒数 $1/P$,根据采样定理,只有当采样频率 f_s 大于或等于被采样信号上限频率 f_h 的 2 倍时,才能还原被采样的信号. 实际成像系统中,多数不满足采样定理的要求,采样信号的频谱混叠不可避免,因而在确保信噪比(signal to noise ratio, SNR)不下降的情况下,增加采样频率可以减少获取图像的频谱混叠,提高图像空间分辨率,这是提高图像空间分辨率的本质所在. 瑞利判据是描述成像系统的分辨率的一个常用方法. 在较短波长下和较大孔径下,分辨率会得到提高(r_0 变得较小). 但不能通过增大仪器的放大率来提高它的分辨率. 因为增大了放大率以后,虽然放大了像点间的距离,但每个像的衍射斑也同样被放大了,光学仪器原来所不能分辨的东西,放得再大仍不能为我们的眼睛或照相底片所分辨. 如果光学仪器的放大率不足,也可能使仪器原来已经分辨的东西由于成像太小,导致眼睛或照相底片不能分辨,这时仪器的分辨率未被充分利用,我们可以提高它的放大率.

4.3.2　遥感成像系统的光谱分辨率

不同波长的电磁波与物质的相互作用有很大的差异,也就是物体在不同波段下光谱特征差异很大. 因此,人们研制各种各样的探测器,设计不同的波谱通道来采集信息. 遥感信息的多波段特性,常用光谱分辨率来描述. 光谱分辨率由遥感器所选用的波段数量的多少、各波段的波长位置及波长间隔的大小,即选择的通道数、每个通道的中心波长及带宽这三个因素共同决定. 在成像光谱仪的设计中,首先是根据光谱取样间隔和要覆盖的光谱范围,来决定探测器的元数. 若

波段范围为 $(\lambda_2 - \lambda_1)$,探测器的元数为 N,则光谱取样间隔为 $\Delta\lambda = (\lambda_2 - \lambda_1)/N$,一个探测器产生一个波段,覆盖 $\lambda_0 \pm 0.5\Delta\lambda$ 的波长范围,每个波段的理想光谱响应曲线应是一个对称于 λ_0 的矩形门函数,当系统的视场光栏的线度为 a 时,系统的瞬时视场 $\beta = a/f$,系统对单色光的响应正比于视场光栏在焦平面的像与探测器光敏面重叠部分的面积.根据瑞利准则,对于两条强度分布轮廓相同的谱线 λ_1 和 λ_2,当 λ_1 的最大值和 λ_2 的最小值重叠时,理论上的最大光谱分辨率能力为

$$R = \frac{\overline{\lambda}}{\Delta\lambda} = \frac{(\lambda_1 + \lambda_2)/2}{\lambda_2 - \lambda_1}. \qquad (4.57)$$

实际的光谱分辨率与系统的带宽直接相关,$\Delta\lambda$ 越小,分辨能力越强,并且带宽为 $\Delta\lambda$ 的系统,也有可能分辨吸收带宽小于 $\Delta\lambda$ 的吸收峰,当系统的中心波长与吸收峰的中心波长重合时,系统的光谱分辨能力最强.光谱狭缝宽度控制光通量,狭缝越宽进入的能量越大,但狭缝太宽使光谱线中每条谱线的宽度变大,导致相邻近两条谱线有重叠区域而不便区分各谱线,从而其分辨率越低.狭缝宽度也不能太小,因为探测器灵敏度有下限,进入能量太低,探测器没有相应,同时由于噪声的影响,能量太低,信噪比会很差,图 4.6 即为不同光谱狭缝宽度示意图.

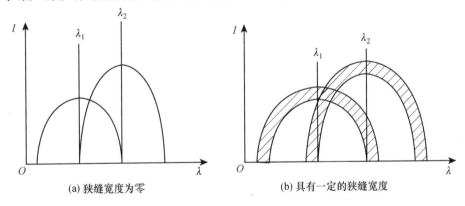

(a) 狭缝宽度为零　　　　　　　　(b) 具有一定的狭缝宽度

图 4.6　不同光谱狭缝宽度示意图

成像的波段范围分得愈细,波段愈多,光谱分辨率就愈高,现在的技术可以达到 $5 \sim 6\ \text{nm}$ 量级,400 多个波段.细分光谱可以提高自动区分和识别目标性质及组成成分的能力.就传感器的波谱范围而言,一般来说识别某种波谱的范围越窄,则相应光谱分辨率越高.

4.3.3　遥感成像系统的辐射分辨率

任何图像目标的识别,最终依赖于探测目标和特征的亮度差异.辐射分辨率是指遥感器对光谱信号强弱的敏感程度和区分能力,即探测器的灵敏度是指遥感器感测元件在接受光谱信号时能分辨的最小辐射度差,或指对两个不同辐射源的辐射量的分辨能力.一般用灰度的分级数来表示,即最暗-最亮灰度值分级

的数目——量化级数. 在可见、近红外波段用噪声等效反射率表示, 在热红外波段用噪声等效温差、最小可探测温差和最小可分辨温差表示. 辐射分辨率的算法是

$$RL = (R_{\max} - R_{\min})/D, \tag{4.58}$$

其中 $R_{\max}$ 为最大辐射量值, $R_{\min}$ 为最小辐射量值, D 为量化级数. 对于空间分辨率与辐射分辨率而言, 一般瞬时视场 IFOV 越大, 最小可分像素越大, 空间分辨率越低; 但 IFOV 越大, 光通量即瞬时获得的入射能量越大, 辐射测量越敏感, 对微弱能量差异的检测能力越强, 则辐射分辨率越高. 因此, 空间分辨率增大, 将伴随着辐射分辨率的降低.

4.3.4 遥感成像系统的调制传递函数

如果把光学系统看成是线性不变的系统, 那么在物体经过光学系统成像的过程中, 物体经过光学系统传递后, 其传递效率不变, 但对比度下降, 相位发生推移, 并在某一频率截止, 即对比度为零. 这种对比度的降低和相位推移是随频率不同而不同的, 其函数关系我们称之为光学传递函数(OTF).

MTF 是 OTF 的模(幅值), 对于高质量透镜的 OTF 可以转化为一个实值的 MTF, 它只反映成像过程中物体对比度的损失, 而不反映位置(或相位)的移动. 数字成像系统通常包含一系列器件, 图像要依次通过它们. 每个子系统的 MTF 通过相乘组成系统整体的 MTF. 因此, 若单个器件的 MTF 都为已知, 整个成像系统的 MTF 就可以通过这些 MTF 相乘得以确定.

图 4.7 表示一个频率为 ν, 光强分布为 $I(x) = I_0 + I_a \cos(2\pi\nu x)$ 的正弦形光栅,

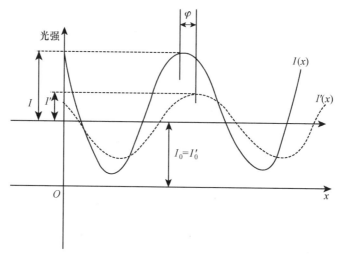

图 4.7 正弦形光栅通过摄影系统前后的光强分布

通过摄影系统后,由于种种原因(气温、压强、成像系统自身因等),其影像光强分布将变成 $I'(x) = I_0' + I_a'\cos(2\pi\nu x)$. 为了表达图像的明暗反衬程度,目前通用的一种定量表示方法叫做调制度(或称为反衬度),其定义为

$$M = \frac{I_{\max} - I_{\min}}{I_{\max} + I_{\min}}. \tag{4.59}$$

显然 $0 \leqslant M \leqslant 1$,且 $M_{像} = I_a/I_0$,$M_{物} = I_a'/I_0'$,$M_{像} \leqslant M_{物}$.

正弦形光栅调制值 $M_{像}$ 降低的程度除与摄影系统各种介质有关外,也与正弦形光栅的频率 ν 有关,现定义

$$T(\nu) = \frac{M_{像}(\nu)}{M_{物}(\nu)}, \tag{4.60}$$

$T(\nu)$ 为调制传递函数 MTF.如图 4.8 所示,在零频率处 MTF 恒等于 1,到某一频率处 MTF 下降到几乎等于零.

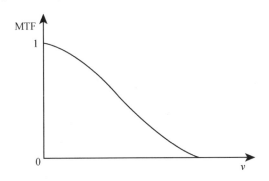

图 4.8　调制传递函数曲线

辐射状靶标法计算成像系统的 MTF,从图 4.9(图中 f 表示飞行方向,即航向;cf 表示垂直于飞行方向)中可以看出,沿着靶标某一半径对应的圆弧提取灰度值,并按图中所示排列灰度值.不同半径对应的弦长表示不同空间频率.计算辐射状靶标不同半径对应圆弧上的调制度则得到不同频率处的调制度,继而可计算出此频率下的 MTF,连接不同频率处的 MTF 值,就可得到成像系统的 MTF 函数曲线,如图 4.10 所示.

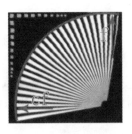

图 4.9　辐射状靶标

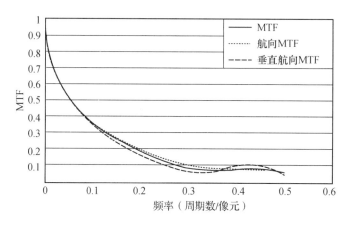

图 4.10　MTF 曲线

在成像系统 MTF 评价中,由于难以布设满足要求的正弦靶标,通常会布设一定宽度的矩形靶标,以计算该空间频率下的对比度调制传递函数,并进而获得成像系统在该空间频率下的 MTF. 人们常使用 MTF 对光学系统成像质量进行评价.

4.3.5　像差

要使光学系统成完善的像,系统需要满足一些条件:物像之间点点对应、面面对应,各像点的放大率(离轴距离)都是常数,像与物保持色彩上的一致. 一般而言,在考察理想光学系统时要求物体为近轴小物,入射光线为傍轴光线,就是为了满足以上的这些条件. 而实际的光学系统是复杂的,与理想系统的主要差异在于:近轴条件是难以完全满足的,无法将一个物点严格转换为一个像点;物像平面上各点的放大率(离轴距离)不尽相同;介质对不同波长的光折射率不同,存在色散,因此产生了像差.

根据入射光线的单色性,像差可以分为单色像差和色差两种. 色差是非单色光入射时,由于光学系统对不同色光的折射率不同,导致像平面上不同色光像点不一致,形成的像差. 单色像差是由于光学系统对单色光不能严格成像而形成的,有球差、彗差、像散、场曲、畸变等几种.

图 4.11(a),(b)分别为球差、彗差的示意图. 球差是由于轴上发出的大孔径光线不能严格会聚于一点形成的,彗差则是由于靠近光轴发出的大孔径光线不能会聚于一点形成的. 像散和场曲是由于轴外光线竖直方向和水平方向不能会聚于同一焦平面而形成的,畸变则是这些影响的组合结果.

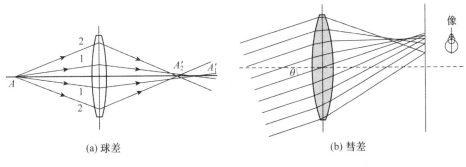

(a) 球差　　　　　　　　　　　　　　　(b) 彗差

图　　4.11

　　一般而言,矫正像差有以下的一些思路:(1)加光阑,限制入射角;(2)使用非球面透镜,改善会聚效果;(3)使用符合透镜或变折射率透镜.这些手段组合使用,可以在一定程度上消除像差.

4.4　遥感影像的绝对辐射定标

　　随着遥感技术在各领域的深入发展与应用,遥感定量化成为遥感学科发展的趋势,而遥感定量化的基础是遥感数据的辐射定标.本节主要确知图像灰度级度量的辐射能量强度本质,并掌握定标作为遥感定量化标尺的物理方法.辐射定标是建立空间相机入瞳处辐射量与探测器输出量间数值联系的过程,包括相对辐射定标与绝对辐射定标过程.绝对辐射定标过程是指将表征传感器响应的数字量化值(digital number,DN)转换为表征地球物理参量对应的物理量.[11]在可见光与近红外波段,绝对辐射定标可以将传感器响应的 DN 值转换为传感器入瞳处的表观辐亮度.传感器的绝对辐射定标是遥感定量化的基础,是实现多源数据同化的前提,是不同时间序列遥感数据应用的纽带,对遥感应用具有重要意义.

　　虽然我国星载遥感绝对辐射定标场发展迅猛,但是国内尚缺乏专门的航空遥感定标场对机载传感器进行在轨绝对辐射定标,这在一定程度上限制了机载遥感数据的定量化应用.无人机遥感载荷综合验证场是我国第一个航空遥感定标场,具有多光谱光学相机场地辐射定标的能力.利用验证场高光谱辐射特性靶标可对试验飞行的宽视场多光谱相机进行在轨绝对辐射定标,对于今后利用机载遥感数据实现地物信息的定量反演,实现我国遥感数据自主化应用及提高我国定量遥感科研水平都具有重要意义.

4.4.1　遥感影像的绝对辐射定标方法

　　传感器的可见光与近红外通道场地绝对辐射定标主要方法有反射率基法、

辐照度基法(也称改进的反射率基法)和辐亮度基法. 反射率基法是当传感器过境时同步进行地面反射率测量、大气气溶胶特性观测以及气象观测,通过处理数据获取地面等效反射率、气溶胶光学厚度等参数,将参数输入到 6S 等辐射传输模型中进行计算. 辐照度基法与反射率基法相比还需测量漫射与总辐射比以避开气溶胶模型假设,减少相关误差及不确定性. 下一小节将对辐亮度基法作详细介绍.

目前国际上用于场地绝对辐射定标的辐射传输模型主要有 6S 和 MODT-RAN, 6S 适用范围为 $0.3 \sim 4.0~\mu\mathrm{m}$, MODTRAN 适用范围为 $0.3 \sim 100~\mu\mathrm{m}$. 本文采用的辐射传输模型为 6S, 其基本原理是假设传感器入瞳处表观反射率可以表示为

$$\rho^* = \frac{\pi L d_\mathrm{s}}{E_0 \cos\theta_\mathrm{s}}, \tag{4.61}$$

式中 ρ^* 为表观反射率, d_s 为日地距离修正因子, E_0 则是大气外界的表观辐照度. 由式(4.61)可以推算出表观反射率与表观辐亮度之间的基本关联. 当辐射特性靶标朗伯性较好,且试验传感器为天顶观测时,表观反射率与地表反射率有如下关系:

$$\rho^* = \left[\rho_\mathrm{a} + \frac{\rho_\mathrm{t}}{1 - \rho_\mathrm{t} S} T(\theta_\mathrm{s}) T(\theta_\mathrm{v}) \right] T_\mathrm{g}. \tag{4.62}$$

式中 ρ^* 为传感器接收的表观反射率, ρ_a 为大气向上反射率, ρ_t 为地表反射率, S 为大气半球反射率, $T(\theta_\mathrm{s})$ 为太阳-地表大气透过率, $T(\theta_\mathrm{v})$ 为地表-传感器大气透过率, T_g 为吸收气体透过率.

4.4.2　遥感载荷的辐亮度基法绝对辐射定标

辐亮度基法是将精确标定的光谱辐射计放在与飞行器等高的位置进行辐射测量,以测量值作为真实接收到的辐亮度并对传感器进行标定.

针对无人机宽视场多光谱相机定标,其基本流程如图 4.12 所示.

2010 年 11 月 14 日,无人机遥感载荷综合验证场技术研究的首次科学实验在内蒙古乌拉特前旗展开. 实验铺设了所有类型靶标,包括几何特性靶标(扇形靶标)、辐射特性靶标、多光谱性能靶标. 布设方案如图 4.13(假彩色合成)所示. 图中部为扇形靶标,其扇形圆心角 114°,半径为 50 m,用以检测多光谱相机几何分辨率. 扇形靶标西侧及北侧为三线阵靶标,分为不同分辨率,布设需要设置三线阵靶标方向分别沿与航迹垂直和平行方向,检测分辨率从 0.05 m 到 1.1 m,与扇形靶标一样也是用以检测几何分辨率. 扇形靶标与三线阵靶标左右两侧的小方形靶标为多光谱性能靶标,其光谱变化不平坦,在某些波段有峰值,大小为 7 m×7 m,用以评价多光谱相机性能. 图中东北侧为四块高光谱辐射特性靶标,

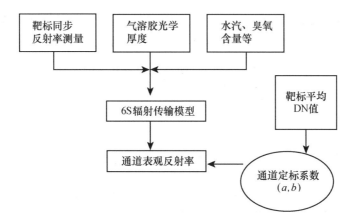

图 4.12　无人机宽视场多光谱相机定标流程图

其标称反射率分别为 50％,40％,30％和 20％(自左向右),其南侧为四块高光谱韧边靶标,大小为 15 m×15 m;东南方为标称反射率为 60％和 4％的高光谱特性靶标,大小为 20 m×20 m,用于绝对辐射定标和 MTF 检测.本次宽视场多光谱绝对辐射定标所使用的靶标为光谱平坦性较好的六块高光谱性能靶标.

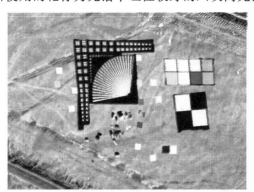

图 4.13　靶标布设图

在 2010 年 11 月 14 日的飞行中,对绿光波段、红光波段和近红外波段进行绝对辐射定标.将三个波段的通道响应函数插值成 2.5 nm 输入到 6S 模型中,然后分别将光谱仪测量得到的 6 块辐射特性靶标等效反射率输入模型,设置 6S 计算模式为正算模式(计算入瞳辐亮度),即可计算出每块辐射特性靶标在每个通道的表观辐亮度 L_i.选取靶标中心部分约 10 像素×10 像素大小的像元取平均计算得出每块靶标的平均 DN 值.利用计算得出的表观辐亮度与平均 DN 值进行最小二插值线性拟合,即可得到定标系数,定标公式为

$$L_i = a \times DN + b, \tag{4.63}$$

式中 a,b 分别为定标系数中的增益和偏置.

三个通道的辐射定标结果分别如图 4.14(a),(b),(c)所示.结果显示,三个波段辐射定标结果线性度非常好,其相关系数均达到 99% 以上.

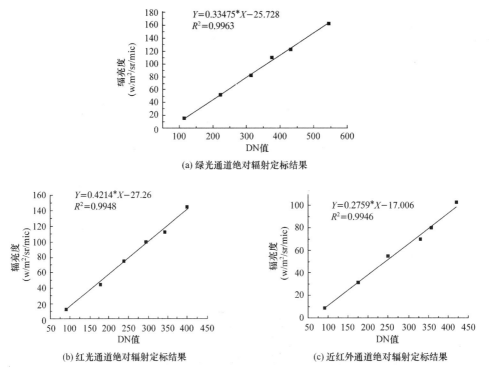

(a) 绿光通道绝对辐射定标结果

(b) 红光通道绝对辐射定标结果　　　　(c) 近红外通道绝对辐射定标结果

图 4.14　三个通道的辐射定标结果

由图 4.14(a),(b),(c)所示的绝对辐射定标结果可以初步确定,在成功获取影像的三个通道中,在地面铺设靶标所涉及 4%~60% 反射率范围内,传感器线性响应度较高,传感器输出的 DN 值能够与入瞳处辐射亮度线性关联.因此,评价所计算出的辐射定标系数的有效性与可用性,就是确定计算出的辐射定标系数的不确定度,即定标系数的分散性.

反射率基法的场地绝对定标中,影响定标的因素有很多,如地面反射率测量误差、大气气溶胶参数测量误差和辐射传输模型误差等.目前对辐射定标不确定度的计算是通过各误差分量均方和的算术平方根来得到.地面反射率误差在总体误差计算中贡献最大,可认为其误差贡献几乎是等量传递,6S 模型固有精度贡献其次,太阳辐射强度变化、大气光学厚度测量、大气气溶胶类型选择及地表朗伯性亦对绝对辐射定标不确定度有贡献.

4.5　小　　结

本章从数学本质出发,说明了光波在成像系统中的变化,分析了其数学特性与物理性质.本章内容的总结如图 4.15 所示,相应的数理公式列于表 4.1 中.

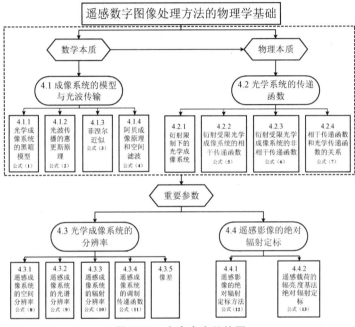

图 4.15　本章内容总结图

表 4.1　本章数理公式总结

公式(1)	$U_{\mathrm{o}}(x_{\mathrm{o}},y_{\mathrm{o}})=\iint\limits_{\Omega}U_{\mathrm{o}}(\xi,\eta)\delta(x_{\mathrm{o}}-\xi,y_{\mathrm{o}}-\eta)\mathrm{d}\xi\mathrm{d}\eta$	式(4.1)	详见 4.1.1
	$U_{\mathrm{i}}(x_{\mathrm{i}},y_{\mathrm{i}})=F\iint\limits_{\Omega}U_{\mathrm{o}}(\xi,\eta)\delta(x_{\mathrm{o}}-\xi,y_{\mathrm{o}}-\eta)\mathrm{d}\xi\mathrm{d}\eta$	式(4.2)	
公式(2)	$u_{\mathrm{i}}(x_{\mathrm{i}},y_{\mathrm{i}})=\dfrac{1}{\mathrm{j}\lambda}\iint\limits_{\mathrm{a}}u_{\mathrm{a}}(x_{\mathrm{a}},y_{\mathrm{a}})\dfrac{1}{r}\mathrm{e}^{\mathrm{j}kr}\cos\theta\mathrm{d}x_{\mathrm{a}}\mathrm{d}y_{\mathrm{a}}$	式(4.3)	详见 4.1.2
公式(3)	$R\approx d_{\mathrm{i}}\left[1+\dfrac{1}{2}\left(\dfrac{x_{\mathrm{a}}}{d_{\mathrm{i}}}\right)^{2}+\dfrac{1}{2}\left(\dfrac{y_{\mathrm{a}}}{d_{\mathrm{i}}}\right)^{2}\right]$	式(4.10)	详见 4.1.3
	$r\approx d_{\mathrm{i}}\left[1+\dfrac{1}{2}\left(\dfrac{x_{\mathrm{i}}-x_{\mathrm{a}}}{d_{\mathrm{i}}}\right)^{2}+\dfrac{1}{2}\left(\dfrac{y_{\mathrm{i}}-y_{\mathrm{a}}}{d_{\mathrm{i}}}\right)^{2}\right]$	式(4.11)	
	$u_{\mathrm{i}}(x_{\mathrm{i}},y_{\mathrm{i}})=\dfrac{\lambda}{\mathrm{j}}\mathrm{e}^{(\mathrm{j}k/2d_{\mathrm{i}})(x_{\mathrm{i}}^{2}+y_{\mathrm{i}}^{2})}\iint\limits_{-\infty}^{\infty}p(\lambda d_{\mathrm{i}}x_{\mathrm{a}}',\lambda d_{\mathrm{i}}y_{\mathrm{a}}')\mathrm{e}^{-\mathrm{j}2\pi(x_{\mathrm{i}}x_{\mathrm{a}}'+y_{\mathrm{i}}y_{\mathrm{a}}')}\mathrm{d}x_{\mathrm{a}}'\mathrm{d}y_{\mathrm{a}}'$	式(4.15)	

续表

公式(4)	$\widetilde{U}_1(x',y') = \widetilde{U}_0(x',y') + \widetilde{U}_{+1}(x',y') + \widetilde{U}_{-1}(x',y')$ $= A_1 e^{i\varphi(x',y')}\left\{t_0 + \dfrac{t_1}{2}\left[\exp(-ik\sin\theta'_{+1}x') + \exp(-ik\sin\theta'_{-1}x')\right]\right\}$　式(4.20)	详见 4.1.4
公式(5)	$H_c(f_x,f_y) = \mathrm{FT}\{\mathcal{T}\{P(\lambda d_i f_x, \lambda d_i f_y)\}\}$ $= P(-\lambda d_i f_x, -\lambda d_i f_y)$　式(4.31)	详见 4.2.1
公式(6)	$\widetilde{H}_1(f_x,f_y) = \dfrac{H_1(f_x,f_y)}{H_1(0,0)} = \dfrac{\displaystyle\iint_{-\infty}^{\infty} h_1(x_i,y_i)\exp[-j2\pi(f_x x_i + f_y y_i)]\mathrm{d}x_i\mathrm{d}y_i}{\displaystyle\iint_{-\infty}^{\infty} h_1(x_i,y_i)\mathrm{d}x_i\mathrm{d}y_i}$　式(4.41)	详见 4.2.2
公式(7)	$\widetilde{H}_1(f_x,f_y) = \dfrac{\displaystyle\iint_{-\infty}^{\infty} P(x,y)P(x+\lambda d_i f_x, y+\lambda d_i f_y)\mathrm{d}x\mathrm{d}y}{\displaystyle\iint_{-\infty}^{\infty} P^2(x,y)\mathrm{d}x\mathrm{d}y}$ $= \dfrac{\displaystyle\iint_{-\infty}^{\infty} P(x,y)P(x+\lambda d_i f_x, y+\lambda d_i f_y)\mathrm{d}x\mathrm{d}y}{\displaystyle\iint_{-\infty}^{\infty} P(x,y)\mathrm{d}x\mathrm{d}y}$　式(4.50)	详见 4.2.3
公式(8)	$r_0 = 1.22\dfrac{\lambda d_i}{a} \approx 1.22\lambda f^{\#}$　式(4.56)	详见 4.3.1
公式(9)	$R = \dfrac{\overline{\lambda}}{\Delta\lambda} = \dfrac{(\lambda_1+\lambda_2)/2}{\lambda_2-\lambda_1}$　式(4.57)	详见 4.3.2
公式(10)	$\mathrm{RL} = (R_{max} - R_{min})/D$　式(4.58)	详见 4.3.3
公式(11)	$T(\nu) = \dfrac{M_{像}(\nu)}{M_{物}(\nu)}$　式(4.60)	详见 4.3.4
公式(12)	$\rho* = \left[\rho_a + \dfrac{\rho_t}{1-\rho_t S}T(\theta_s)T(\theta_v)\right]T_g$　式(4.62)	详见 4.4.1
公式(13)	$L_i = a*\mathrm{DN} + b$　式(4.63)	详见 4.4.2

参考文献

[1] 钟锡华.现代光学基础[M].北京：北京大学出版社,2003.

[2] 孙兆林.MATLAB 6.x 图像处理[M].北京：清华大学出版社,2002.

[3] 姚敏.数字图像处理[M].北京：机械工业出版社,2006.

[4] 冈萨雷斯,等.数字图像处理[M].第二版.阮秋琦,阮宇智,等,译.北京：电子工业出版社,2003.

［5］Pal S K，King R A. Image enhancement using fuzzy sets［J］. Electron Letter，1980(16).

［6］冈萨雷斯,等.数字图像处理(MATLAB版)［M］.阮秋琦,等,译.北京：电子工业出版社,
2005.

［7］Cheng H D，et al. A novel fuzzy logic app roach to mammogram contrast enhancement［J］.
Information Sciences，2002(148).

［8］Chang D C，Wu W R. Image contrast enhancement based on a histogram transformation
of local standard deviation［J］. Medical Imaging，IEEE Transactions，1998(17).

［9］阮秋琦.数字图像处理学［M］.北京：电子工业出版社,2001.

［10］夏良正.数字图像处理［M］.南京：东南大学出版社,1999.

［11］何斌,马天予,王运坚,等. Visual C＋＋数字图像处理［M］.北京：人民邮电出版
社,2002.

［12］Raya S P，Udupa J. Shape-based interpolation of multidimensional objects［J］. IEEE
Transactions on Medical Imaging，1990(9).

第二部分　像元处理理论与方法

　　数字图像的最大特点是可以对其各个离散像元进行处理分析. 在第一部分介绍的图像处理基础上,本部分给出了对每个像元进行分析、处理和加工的方法,是遥感数字图像处理分析的核心,体现了遥感数字图像像元处理的本质内容,具体如下:

　　第五章阐明遥感数字图像的线性系统惯性延迟卷积效应;

　　第六章介绍了时间域与其倒数频率域的互为对偶、互为卷积-简单乘积的变换关系;

　　第七章用以实现所需要不同频率尺度信息的提取保留方法;

　　第八章将自然世界中连续的空间信息通过采样转化为计算机处理所需的离散信息;

　　第九章从基函数、基向量、基图像的线性表征理论出发,介绍了遥感数字图像处理的传输、存储和压缩的数学本质;

　　第十章通过同一图像的局部压缩和展开来提取图像的时频特性,实现时频域信息的统一.

　　通过这一部分的介绍,可了解掌握遥感数字图像像元处理的理论和方法,进而为本书的第三部分——技术与应用,奠定坚实的基础.

第五章　遥感数字图像像元处理理论 I
——时空域卷积线性系统

章前导引　图像像元间关系满足线性系统关系. 线性系统理论是信号输入与输出联系的纽带, 是处理时域数字图像信息或频域数字图像信息的基本理论, 也是后续各章理论和方法论证其有效性的基础. 线性系统的本质是用简单的数理模型来处理和描述复杂的数字图像处理过程. 由于计算机具有延时特性, 线性系统则有一定的惯性, 其惯性的体现就是卷积效应. 卷积效应是连续信息和离散信息处理的前提, 也是线性系统理论的核心内容. 本章首先介绍线性系统的定义和理论, 以及卷积效应的由来、相关性质和意义; 通过介绍卷积求解的方法, 阐明参与求解卷积过程中相关函数的动、静特性和产生的效果; 并由此引入几种基本类型的函数, 以对数字图像进行平滑、采样、去卷积等处理.

在前面的章节中, 我们考察了某些图像处理运算对于图像的影响. 这些应用可以用相当简单的数学原理来解释. 在本章及以下章节中, 我们将展开介绍用于解决这些问题的分析工具, 即线性系统理论.

线性系统理论是一门成熟的理论, 它为采样、滤波以及空间分辨率的研究提供了坚实的数学基础. 本章结构如图 5.1 所示, 具体内容有: 线性系统的定义与理论(第 5.1 节), 介绍其线性移不变延时特征, 可用简单的数理模型来处理和描述复杂的数字图像处理过程; 卷积的定义与性质(第 5.2 节), 它是线性系统惯性

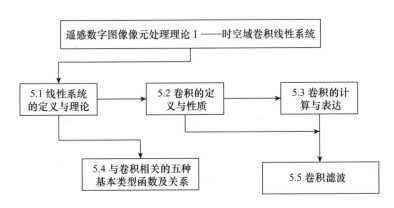

图 5.1　本章逻辑框架图

空间延迟特性的本质体现,是遥感数字图像像元处理的出发点;卷积的计算与表达(第5.3节),讲述卷积过程的图像表达和遥感图像像元转化为矩阵表达式的矩阵方法,以求解卷积;与卷积相关的五种基本类型函数及关系(第5.4节),它们是输入与输出联系的纽带,是连接矩阵运算和信息处理理想模型的桥梁;卷积滤波(第5.5节),阐述卷积的滤波特征及其相关利弊,以用于不同的处理需求中去.

5.1　线性系统的定义

　　线性(linearity)系统的定义与相关性质的实质就是以简单的数理模型来处理和描述复杂的数字图像处理过程.本节主要是对此进行介绍.

　　线性系统是接受一个输入并产生相应输出的任何实体,输入和输出可以是一维的、二维的或更高维的.下面以一维和二维为例进行说明.图5.2给出了一维和二维线性系统的示意图.在每种情况下,系统的输入是一个或两个变量的函数,而系统产生的输出是相同变量的另一函数.对于二维的情况,图像上每个点在经过系统的作用后有相应的输出.

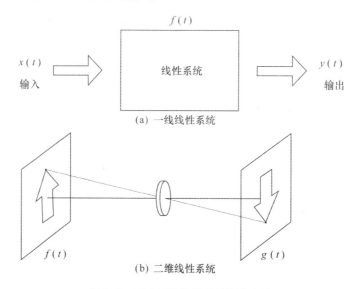

图 5.2　不同维数线性系统概念表达

1. 线性

　　线性系统的名字源于其具有的如下特性.设对某一特定系统,输入产生输出,即

$$x_1(t) \rightarrow y_1(t), \tag{5.1}$$

其中"→"意为产生;而另一输入产生的输出为

$$x_2(t) \rightarrow y_2(t), \tag{5.2}$$

则此系统是线性的,当且仅当它具有如下性质[1]:

$$x_1(t) + x_2(t) \rightarrow y_1(t) + y_2(t), \tag{5.3}$$

即先前两个信号的和作为输入产生的输出等于先前两个输出的和.任何不满足此条件的系统都是非线性的.非线性系统分析在许多领域都有广泛的应用,然而其复杂程度远远超过线性系统分析,而就我们的应用而言,并不要求这种附加的复杂性.因此,我们将把讨论局限于线性系统分析上.

线性系统的定义说明,两个输入信号之和所产生的输出等于这两个信号单独作用于该系统所产生的输出之和.据此我们可以得到,若输入信号乘以一个有理数,则输出信号将增加同样的倍数,即

$$ax_1(t) \rightarrow ay_1(t). \tag{5.4}$$

我们认为式(5.4)对无理数也成立,并以此作为公理.

式(5.1)~(5.3)及其推论(5.4)定义了一个线性系统,如图5.3所示.

$$
\left.
\begin{aligned}
x_1(t) &\rightarrow y_1(t), \\
x_2(t) &\rightarrow y_2(t), \\
x_1(t) + x_2(t) &\rightarrow y_1(t) + y_2(t), \\
ax_1(t) &\rightarrow ay_1(t).
\end{aligned}
\right\} \xrightarrow{\text{定义}} \boxed{\text{线性系统}}
$$

图 5.3 线性系统的定义

采用线性系统理论对一个过程进行分析,其前提是此过程可用(或至少近似地可用)线性系统作模型.若被研究的系统不满足线性要求,是非线性的,那么采用线性系统理论将得到不精确的,甚至会是错误的结果.若系统仅有些轻微非线性,那么它可被假设为线性系统进行分析,但分析结果仅在假设范围内有效.

弱非线性的系统常采用线性系统理论来研究,这是因为线性系统理论易于处理和求解.然而,在对非线性系统进行如此处理时必须小心,因为当线性假设不能得到满足时,线性系统理论也就失效了.在分析时,除了数学方法外,还要注意前提假设的有效性.

2. 移不变性

线性系统具有的另一个有用性质叫做移不变性,其定义如下.假设对某线性系统,有

$$x(t) \rightarrow y(t), \tag{5.5}$$

现在让我们将输入信号沿时间轴 t 平移 T,若

$$x(t-T) \to y(t-T), \tag{5.6}$$

即输出信号除平移同样长度外其他不变,则系统具有移不变性.这样,对于移不变系统,平移输入信号仅使输出信号移动同样长度,重要的是输出信号的性质不变.空间移不变性是时间移不变性的二维推广:若输入图像相对于其原点有一平移,则输出图像除了相同的平移外其他不变,与起点的位置无关.

在时空域里,线性系统表现出惯性的特性,其惯性的体现就是卷积效应.

同时满足线性和移不变性的系统被称为线性移不变系统,下面几章的分析都是针对线性移不变系统进行的.

5.2　卷积的定义与性质

5.2.1　线性移不变系统与卷积的关系

再考察图 5.2(a)所示的线性系统,若能得到说明输入 $x(t)$ 和输出 $y(t)$ 之间的关系的一般表达式,则对于线性系统分析大有帮助.线性函数的表达式(叠加积分)

$$y(t) = \int_{-\infty}^{+\infty} f(t,\tau) x(\tau) \mathrm{d}\tau, \tag{5.7}$$

就能够一般地表达任何线性系统 $x(t)$ 和 $y(t)$ 之间的关系.对于任何线性系统,都能够选择一个函数使式(5.7)成立.为了简化该式,我们加入移不变约束,将式(5.6)加入式(5.7),则有

$$y(t-T) = \int_{-\infty}^{+\infty} f(t,\tau) x(\tau-T) \mathrm{d}\tau. \tag{5.8}$$

对上式进行变量替换,将 t 和 τ 同时加上 T,得到

$$y(t) = \int_{-\infty}^{+\infty} f(t+T, \tau+T) x(\tau) \mathrm{d}\tau. \tag{5.9}$$

当 t 和 τ 增加同样的量时,$f(t,\tau)$ 的值不变,我们定义一个 t 和 τ 之差的函数 $g(t-\tau) = f(t,\tau)$,从而式(5.9)简化为

$$y(t) = \int_{-\infty}^{+\infty} g(t-\tau) x(\tau) \mathrm{d}\tau, \tag{5.10}$$

这就是著名的卷积积分.[2] 它的含义是,线性移不变系统的输出可通过输入信号与表征系统特性的函数 $g(t)$ 的卷积得到,可以简单记为

$$y(t) = g * x. \tag{5.11}$$

将一个系统记为 S,设输入信号为 $x(t)$,输出信号为 $y(t)$,那么 $y(t) = S\{x(t)\}$ 就表示系统 S 将 $x(t)$ 这个输入信号转化为输出信号 $y(t)$.S 是线性的,如果对任意两

个信号 x_1, x_2 和任意的常数 c_1, c_2 有

$$S\{c_1 x_1(t) + c_2 x_2(t)\} = c_1 S\{x_1(t)\} + c_2 S\{x_2(t)\}; \quad (5.12)$$

更一般地,对任意 n 个输入信号 x_n,有

$$S\left\{\sum_{i=1}^n c_i x_i(t)\right\} = \sum_{i=1}^n c_i S\{x_i(t)\}, \quad (5.13)$$

c_i 为任意常数. 与连续系统类似,如果 S 是移不变的,那么这类系统则被称为线性移不变系统(linear transfer invariance, LTI),它满足

$$\mathrm{LTI}\left\{\sum_{i=1}^n c_i x_i(t - t_i)\right\} = \sum_{i=1}^n c_i \mathrm{LTI}\{x_i(t - t_i)\}, \quad (5.14)$$

其中 x_i 为任意输入,c_i, t_i 为任意常数.(如果某个延迟 $t_i < 0$,意思是未来的信号提前影响系统. 我们并未要求系统是因果性的,即允许未来的信号对当前的系统输出产生影响.)为了简化问题,将信号限定为一个最简单的单位强度的脉冲输入,这个输入叫做离散冲激函数,即

$$\delta(t) = \begin{cases} 1, & t = 0, \\ 0, & t \neq 0, \end{cases} \quad (5.15)$$

t 是整数. 它只在原点处有非零值,其余地方全是 0. 由定义显然有

$$\delta(t - t_0) = \begin{cases} 1, & t = t_0, \\ 0, & t \neq t_0, \end{cases} \quad (5.16)$$

t_0 是任意整数常数. 这个函数具有筛选特性,即

$$x(t) = \sum_{t_0 = -\infty}^{+\infty} x(t_0)\delta(t - t_0). \quad (5.17)$$

这个式子的含义是把 $x(t)$ 看做是一系列常数,就像 c_i 那样,不再依赖于 t_0. 于是我们就把输入信号 $x(t)$ 分解成了一串带有不同系数的冲击信号的叠加.

LTI 系统对冲激函数的响应(即输出)叫做冲激响应:$h(t) = \mathrm{LTI}\{\delta(t)\}$. 可以证明,对于一个 LTI 系统,只要知道了冲激响应函数 $h(t)$,就可以计算出它对任意输入的响应. 换句话说,如果我们能够分析出一个 LTI 系统对单位强度的脉冲信号所做出的响应,那么我们就可以完全,至少是从输入输出的角度,描述此系统的行为了.[3]

一个 LTI 系统对于任意输入的响应为

$$y(t) = \mathrm{LTI}\{x(t)\} = \mathrm{LTI}\left\{\sum_{t_0 = -\infty}^{+\infty} x(t_0)\delta(t - t_0)\right\}, \quad (5.18)$$

由于系统是线性的,所以上式可变为

$$y(t) = \sum_{t_0 = -\infty}^{+\infty} x(t_0)\mathrm{LTI}\{\delta(t - t_0)\}, \quad (5.19)$$

其中的 $\mathrm{LTI}\{\delta(t - t_0)\}$ 就是系统对冲激函数的响应,只不过推迟了 t_0 而已. 由于

系统是时间不变的,所以 $\text{LTI}\{\delta(t-t_0)\}=h(t-t_0)$. 将其代入得到最终的关系式

$$y(t) = \sum_{t_0=-\infty}^{+\infty} x(t_0)h(t-t_0),\qquad(5.20)$$

这就是离散系统的卷积定义式.

　　无论离散的还是连续的 LTI 系统,其滤波特性完全由 $h(t)$ 描述,不同的 LTI 系统拥有不同的 $h(t)$. 例如:当输入函数为 $x(t)-\delta(t)$ 时,算出的 $y(t)=h(t)$,正好是冲激响应函数,这也验证了前面的推导是自洽的.假如已知 $h(t)=3\delta(t)$,那么 $y(t)=3x(t)$,即这是一个理想放大器,信号增益为 3 倍;而 $h(t)=\delta(t)$ 的系统则相当于导线.若已知

$$y(t) = \int_{-\infty}^{t} x(t_0)\mathrm{d}t_0,\qquad(5.21)$$

即这是一个积分系统,输出为之前输入信号的增量叠加,可以求得此系统的冲激响应函数为[4]

$$h(t) = \int_{-\infty}^{t} \delta(t_0)\mathrm{d}t_0 = u(t),\qquad(5.22)$$

正好是一个在原点的单位阶梯函数.

　　上面推导了线性移不变系统的输入输出关系.只要获得冲激响应函数,就可求出系统对任意输入的响应,而这个输出函数正好等于冲激响应函数与输入函数的卷积.有两种办法来表示一个线性移不变系统输入和输出之间的关系:一是任何一个这样的系统都有一个复值的传递函数,它与调谐输入相乘就得到对应的调谐输出;二是任何一个这样的系统都有一个实数值的冲激响应,它与输入信号的卷积给出对应的输出.

　　既然线性移不变系统的传递函数和冲激响应都是唯一的,并且能够完全刻画系统,因此有理由推断,这两个函数间存在着某种关系.下一章将对这种关系进行讨论.

5.2.2　卷积的叠加与扩展性

　　定义系统是 $t=0$ 时刻开始的一个矩形脉冲 $g(t)$,输入函数 I_1 是 $t=0$ 时刻的脉冲响应 $x_1(t)$,两者的卷积结果是系统在 $t=0$ 时刻开始矩形脉冲响应 $y_1(t)$,与原系统完全一样;输入函数 I_2 是 $t=1$ 时刻的脉冲响应 $x_2(t)$,两者的卷积结果是系统在 $t=1$ 时刻开始矩形脉冲响应 $y_2(t)$,可以看到 $y_2(t)$ 是系统 $g(t)$ 向右平移 1 个单位时间的结果;输入函数 I_3 是 $t=2$ 时刻的脉冲响应 $x_3(t)$,两者的卷积结果是系统在 $t=2$ 时刻开始矩形脉冲响应 $y_3(t)$,可以看到 $y_3(t)$ 是系统 $g(t)$ 向右平移 2 个单位时间的结果.如果输入函数是函数 $I_1,I_2,$

I_3 的线性叠加 $x(t)$,经过系统 $g(t)$ 的卷积结果就是 $y(t)=y_1(t)+y_2(t)+$ $y_3(t)$.具体过程见图 5.4.

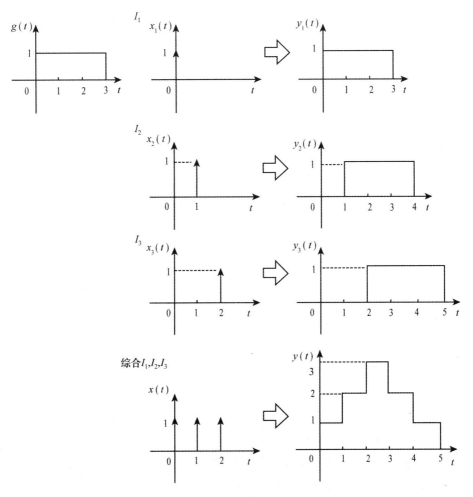

图 5.4 卷积的叠加与扩展性图解 $(y(t)=x(t)*g(t))$

　　任意形状的输入函数,都可以看成是无数个脉冲函数的线性叠加,t 时刻的响应值是系统在脉冲函数响应下延迟 t 时刻后的表现.如果 t 时刻的脉冲值大于 1,系统表现被放大增强;如果 t 时刻的脉冲值小于 1,系统表现被缩小减弱.最后的卷积结果是所有脉冲响应的线性叠加(如图 5.5 所示).卷积前后 t 的范围变大了,体现了惯性系统的扩展性.[5]

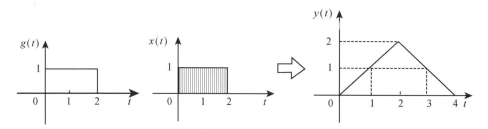

图 5.5 两个矩形脉冲的卷积$(y(t) = x(t) * g(t))$

5.2.3 卷积的性质及证明

1. 卷积的交换律

卷积交换律形如下式:

$$f_1(t) * f_2(t) = f_2(t) * f_1(t).$$

证明过程如下:

$$f_1(t) * f_2(t) = \int_{-\infty}^{+\infty} f_1(\tau) f_2(t - \tau) d\tau. \tag{5.23}$$

令 $t - \tau = \lambda$,则 $d\tau = -d\lambda$,那么

$$f_1(t) * f_2(t) = \int_{-\infty}^{+\infty} f_2(\lambda) f_1(t - \lambda) d\lambda = f_2(t) * f_1(t), \tag{5.24}$$

即卷积结果与交换两函数的次序无关,因为倒置 $f_1(\tau)$ 与倒置 $f_2(\tau)$ 对乘积的积分面积不影响,故与 t 无关.

2. 卷积的分配律

卷积的分配律形如下式:

$$f(t) * [h_1(t) + h_2(t)] = f(t) * h_1(t) + f(t) * h_2(t). \tag{5.25}$$

下面从系统的观点看卷积分配律.系统并联的框图表示参见图 5.6,得出结论:子系统并联时,总系统的冲激响应等于各子系统冲激响应之和.

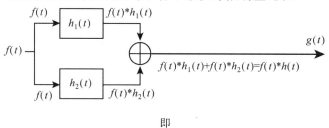

即

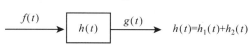

图 5.6 证明卷积分配律

3. 卷积的结合律

卷积的结合律形如式(5.26)：

$$\left[f(x) * h_1(t)\right] * h_2(t) = f(x) * \left[h_1(t) * h_2(t)\right] = f(x) * h(t).$$
$$(5.26)$$

从系统的观点看卷积结合律. 系统级联, 框图表示参见图5.7, 得出结论: 时域的子系统级联时, 总的冲激响应等于子系统冲激响应的卷积.

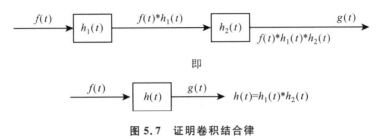

图 5.7 证明卷积结合律

5.2.4 卷积的物理意义

系统的响应不仅与当前时刻系统的输入有关, 也跟之前若干时刻的输入有关, 这可以理解为是之前时刻的输入信号经过一种作用(这种作用可以是递减、削弱或其他)对现在时刻系统输出的影响, 计算该系统输出时就必须考虑现在时刻的信号输入的响应与之前若干时刻信号输入的响应之"残留"影响的一个叠加效果.

假设 0 时刻系统响应为 $y(0)$, 若其在 1 时刻时, 此种响应未改变, 则 1 时刻的响应就变成了 $y(0)+y(1)$, 称为序列的累加和(与序列的和不一样). 但常常系统中不是这样, 因为 0 时刻的响应不太可能在 1 时刻仍旧未变化, 那么怎么表述这种变化呢, 就通过 $h(t)$ 这个响应函数与 $x(0)$ 相乘来表述, 表述为 $x(n)h(m-n)$, 再通过累加和运算, 得到真实的系统响应.

某时刻的系统响应往往不一定是当前时刻 t 和前一时刻 $t-1$ 这两个响应决定的, 也可能是再加上 $t-2, t-3, \cdots$ 时刻, 可以通过对 $h(n)$ 这个函数在表达式中变化后的 $h(m-n)$ 中 m 的范围来约束影响的范围, 就是当前时刻的系统响应与多少个之前时刻的响应的"残留影响"有关.[6]

5.3 卷积的计算与表达

5.3.1 一维卷积

卷积的几何意义: 卷积是 $(-\infty, +\infty)$ 区间上的一条曲线, 曲线上每一点的值是以动函数与静函数在该点的乘积为被积函数并由积分起点到该点的积分值.如果动函数、静函数只是在有限区间(a,b)或半无限区间$(0,+\infty)$上有定义,则它们都可表示为与阶跃函数或矩形函数乘积的形式,这样的两个函数在无限区间上的卷积可化为有限区间上的定积分,并可以用分部积分的方法求解.

以求解卷积 $x(t) * g(t) = \int_{-\infty}^{+\infty} x(\tau)g(t-\tau)\mathrm{d}\tau$ 为例,具体步骤如下:

(1) 改变图形中的坐标:$x(t) \to x(\tau)$,$g(t) \to g(\tau)$;

(2) 把信号(动函数)反折:$g(\tau) \to g(-\tau)$;

(3) 把反折后的信号时移 t 个单位:$g(-\tau) \to g(t-\tau)$,如图 5.8 所示;

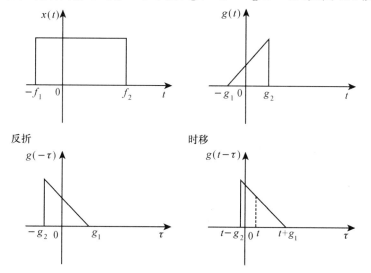

图 5.8 输入函数 $x(t)$ 和系统函数 $g(t)$ 及其反折、时移的示意图

(4) 将 $g(-t)$ 与 $x(t)$ 重叠部分相乘:$x(\tau)g(t-\tau)$;

(5) 完成相乘后的图形的积分为 $\int_{-\infty}^{+\infty} x(\tau)g(t-\tau)\mathrm{d}\tau$.

下面用表 5.1 来展示具体的求解过程,以函数 $g(t)$ 为例.

输入函数 $x(t)$ 的自变量 t 的范围为 $[-f_1, f_2]$,系统函数 $g(t)$ 的自变量 t 的范围为 $[-g_1, g_2]$,卷积结果 $y(t)$ 的自变量 t 的范围是 $[-T_1, T_2]$:

$$y(t) = x(t) * g(t) = \int_{-\infty}^{+\infty} x(\tau)g(t-\tau)\mathrm{d}\tau,$$

τ 需要满足 f 和 g 的定义域,因此

$$\begin{cases} -f_1 < \tau < f_2 \\ -g_1 < t-\tau < g_2 \end{cases} \Rightarrow -(f_1+g_1) < t < f_2+g_2,$$

所以 $T_1 = f_1 + g_1$,$T_2 = f_2 + g_2$.

表 5.1　卷积的求解图示过程,其中(a)~(e)为 t 的不同时刻,(f)为卷积后的图形

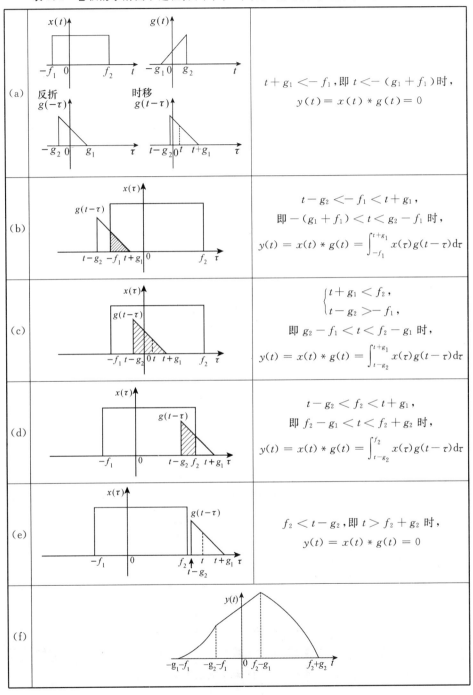

5.3.2　一维离散卷积的矩阵求解

对函数离散化,有

$$f_{\mathrm{p}}(i) = \begin{cases} f(i), 1 \leqslant i \leqslant m \\ 0, m < i < N \end{cases}, \quad g_{\mathrm{p}}(i) = \begin{cases} g(i), 1 \leqslant i \leqslant n \\ 0, n < i < N \end{cases}, \quad N = n + m - 1.$$

离散卷积的表达式为

$$h = g * f = \begin{bmatrix} g_{\mathrm{p}}(1) & g_{\mathrm{p}}(N) & \cdots & g_{\mathrm{p}}(2) \\ g_{\mathrm{p}}(2) & g_{\mathrm{p}}(1) & \cdots & g_{\mathrm{p}}(3) \\ \cdots & \cdots & \cdots & \cdots \\ g_{\mathrm{p}}(N) & g_{\mathrm{p}}(N-1) & \cdots & g_{\mathrm{p}}(1) \end{bmatrix} \begin{bmatrix} f_{\mathrm{p}}(1) \\ f_{\mathrm{p}}(2) \\ \cdots \\ f_{\mathrm{p}}(N) \end{bmatrix}. \quad (5.27)$$

针对以上的公式,可以令 $h = \begin{bmatrix} h_{\mathrm{p}}(1) & h_{\mathrm{p}}(2) & \cdots & h_{\mathrm{p}}(N) \end{bmatrix}$,根据线性矩阵的运算规则,得到

$$\begin{aligned} h_{\mathrm{p}}(i) = & g_{\mathrm{p}}(i)f_{\mathrm{p}}(1) + g_{\mathrm{p}}(i-1)f_{\mathrm{p}}(2) + \cdots + g_{\mathrm{p}}(1)f_{\mathrm{p}}(i) \\ & + g_{\mathrm{p}}(N)f_{\mathrm{p}}(i+1) + g_{\mathrm{p}}(N-1)f_{\mathrm{p}}(i+2) + \cdots \\ & + g_{\mathrm{p}}(i+1)f_{\mathrm{p}}(N), \quad 1 \leqslant i \leqslant N. \end{aligned}$$

$$(5.28)$$

考虑到 $f_{\mathrm{p}}(i)$ 只有在 $1 \leqslant i \leqslant m$ 内有定义,在 $m < i < N$ 内都为 0,$g_{\mathrm{p}}(i)$ 只有在 $1 \leqslant i \leqslant n$ 内有定义,在 $n < i < N$ 内都为 0,所以上式可以转化为

$$\begin{aligned} h_{\mathrm{p}}(i) &= g_{\mathrm{p}}(i)f_{\mathrm{p}}(1) + g_{\mathrm{p}}(i-1)f_{\mathrm{p}}(2) + \cdots + g_{\mathrm{p}}(1)f_{\mathrm{p}}(i) \\ &= \sum_{j=1}^{i} g_{\mathrm{p}}(i+1-j)f_{\mathrm{p}}(j), \quad 1 \leqslant i \leqslant N. \end{aligned} \quad (5.29)$$

5.3.3　卷积运算的"卷筒"效应

本小节主要考虑两个矩形脉冲的卷积.为了方便用图解的形式阐述卷积运算的"卷筒"效应,系统函数和输入函数的图像如图 5.9 所示,系统函数 $g(t)$ 是离散化后长度为 n 的矩形脉冲,输入函数 $x(t)$ 是离散化后长度为 m 的矩形脉冲.

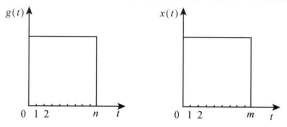

图 5.9　系统函数 $g(t)$ 和输入函数 $x(t)$ 示意图

5.3.1 小节已经阐述了卷积是如何进行计算的,本小节要解释的是卷积计

算过程中实际占用的长度仅仅是两个函数实际长度的和减 1,记为 $N=n+m-1$.
从客观上讲,一维卷积的过程是一个卷筒式卷绕的过程.如图 5.10 所示,离散函数 $x(t)$ 从 1 到 m 时刻取正常值,$m+1$ 到 N 时刻无值而取 0 值;卷绕体 0 时刻与 N 时刻重叠时,$f(0)=f(N)=0$,形成周期 N,通常叫做以 N 为模的周期(卷绕)函数,记为 $\text{mod}(N)$.这种"卷绕"计算特性,就是"卷积"名称的形象表达,使得"卷积"具有了形象的物理现实含义.类似的还有图中的卷绕函数 $g(t)$.

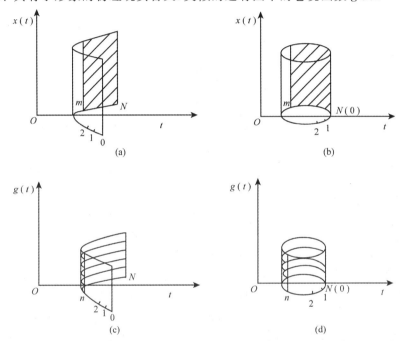

图 5.10　输入函数 $x(t)$ 和系统 $g(t)$ 的"卷筒"(阴影部分代表没有函数值)

系统函数 $g(t)$ 经过反折后,在 $t=0$ 时刻与 $x(t)$ 开始相交,产生卷积值.$g(t)$ 函数也可以看成是卷筒式的,在 $t=0$ 时刻,只有一条边与 $x(t)$ 相交,如图 5.11 所示.

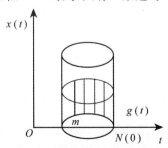

图 5.11　$t=0$ 时刻卷筒情况.$x(t)$ 在 $0\sim m$ 上有值,
$g(t)$ 在 $m\sim N$ 上有值而 $n=N-(m-1)$

　　随着时间的推移,$g(t)$顺时针绕着$x(t)$移动,更多部分相交,产生卷积值,图 5.12 显示了t_1,t_2,t_3时刻的卷筒情况.

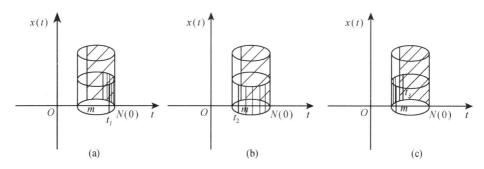

图 5.12　(a)t_1时刻,(b)t_2时刻,(c)t_3时刻

　　t_1时刻,动函数$g(t)$与定函数$x(t)$部分相交,$0\sim t_1$长度的卷积有值,其余部分均为零.t_2时刻,动函数$g(t)$与定函数$x(t)$全部相交,相交部分的卷积有值.t_3时刻,动函数一部分已经卷绕到$t>m$处,这一部分由于定函数没有值,卷积也没有值;其余相交部分均有卷积值.

　　当动函数围绕定函数卷绕一周后,又回到图 5.10 的空间初始状态,卷积过程结束.从卷筒的过程中我们得出的结论是两个函数的卷积过程占用的空间是两个离散函数自变量长度的总和减 1,既不多也不少.

　　图像处理的基本原理要求卷积运算必须有逆运算,可以唯一地回到图像处理前的原始状态.所以在离散一维卷积中矩阵必须是满秩的,决定了$N\leqslant m+n-1$.不然,$N>m+n-1$,矩阵不正定,矩阵的逆不存在,我们进行卷积运算后无法通过逆运算回到卷积前的状态(卷积前的原图像).但如果$N<m+n-1$,卷绕运算的部分非 0 值将重叠,与真实值不相等,出现混叠误差,尽管矩阵满秩,有逆矩阵存在,但不可能回到矩阵运算变换前的值.因此,$N=m+n-1$,是矩阵运算可逆且原图像值不变的充分必要条件.

5.3.4　二维卷积

　　二元连续函数的卷积与一维情况相类似.注意,在将讨论推广到二维时,用x和y表示两个独立的变量.二维卷积表达式为

$$h(x,y) = f * g = \int_{-\infty}^{\infty} \int_{-\infty}^{\infty} f(u,v)g(x-u,y-v)\mathrm{d}u\mathrm{d}v. \qquad (5.30)$$

它可用图 5.13 表示.注意,$g(0-u,0-v)$仅是$g(u,v)$绕其原点旋转 180°,而$g(x-u,y-v)$将旋转后的g的原点移至点(x,y).随后这两个函数逐点相乘,再将得到的积函数作二维积分,即

$$f(x,y) = A\mathrm{e}^{-(x^2+y^2)/2\sigma^2}, \qquad (5.31)$$

$$g(x,y)=\begin{cases}1, & -1\leqslant x\leqslant 1,\ -1\leqslant y\leqslant 1,\\ 0, & \text{其他}.\end{cases}\qquad(5.32)$$

在此情况下,一个二维矩形脉冲与一个比它大的二维高斯函数进行卷积. 由于 $g(x,y)$ 关于原点对称,因此旋转 180° 后保持不变. $h(x,y)$ 的值就是当正方形脉冲移至位置 (x,y) 时乘积函数的体积.[9]

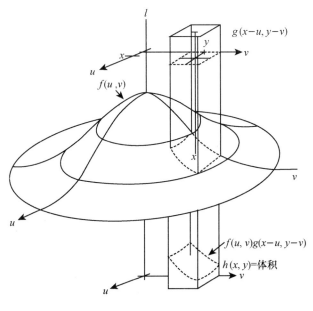

图 5.13　二维卷积

1. 用有限点采样

设某一图像数字化仪(如 CCD 传感器)对图像用方格采样点进行采样. 在每一像素位置上,量化得到的灰度值是图像上一个小方格中的局部平均值. 在图 5.13 中,$f(x,y)$ 可代表被量化的图像,而 $g(x,y)$ 代表采样点的空间灵敏度函数. 而 $f(x,y)$ 和 $g(x,y)$ 的卷积 $h(x,y)$ 就是数字化仪"看到"的局部平均值. 这样,卷积就是用来描述图像采样过程的一个有效模型. 函数 $g(x,y)$ 可选择任何适合于描述所用采样光圈的空间灵敏度的函数.

2. 离散二维卷积

数字图像的卷积与连续函数情形类似,所不同的仅是其自变量取整数值,双重积分改为双重求和(参见图 5.14). 这样,对于一幅数字图像,有

$$\boldsymbol{H}=\boldsymbol{F}*\boldsymbol{G},$$
$$H(i,j)=\sum_m\sum_n F(m,n)G(i-m,j-n).\qquad(5.33)$$

由于 $\boldsymbol{F}$ 和 $\boldsymbol{G}$ 仅在有限范围内非零,因此求和计算只需在非零部分重叠的区域上

进行. 离散卷积的计算如图 5.14 所示. 将数组 G 旋转 $180°$ 并将其原点移至坐标 (i,j). 然后,将这两个数组逐个元素相乘,并将得到的积求和即得输出值.

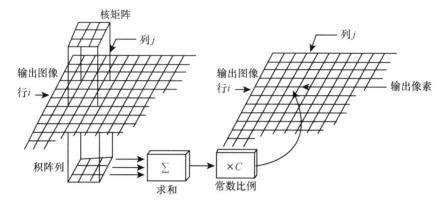

图 5.14　数字卷积

在图 5.14 中,一个 $3×3$ 数组 G(卷积核)与一个比它大的数字图像 F 进行卷积. 显然,需要的乘法和加法的操作数等于 G 中的像素数与 F 中的像素数目之积(忽略图像边缘处的影响). 除非卷积核很小(或只有相对较小的非零区域),否则卷积将耗费相当的计算时间.

图像边缘处的像素由于缺乏完整的邻接像素集,因此卷积运算在这些区域需特殊处理. 在计算数字卷积时,对于边缘处的像素有四种可选的处理方法:一是通过重复图像边缘上的行和列,对输入图像进行扩充,使卷积在边缘可计算;二是卷绕输入图像(使之成为周期的),即假设第一列紧接着最后一列;三是在输入图像外部填充常数(例如 0);四是去掉不能计算的行列,仅对可计算的像素计算卷积.[7]

第一种和第三种方法是较为常用的方法. 在量化图像时最好使重要信息不要落到距边缘小于卷积核宽一半的区域内,这样选用何种卷积都不会产生严重的后果.

5.3.5　二维卷积的矩阵形式

数字图像可方便地用矩阵来表示,并可利用线性代数的好处. 同样,矩阵运算虽不能直接用于执行卷积操作,但可通过合适的构造来实现.[8]

设数组 F 和 G 在 x 方向是周期的,周期长度至少等于这两个数组水平长度之和, y 方向也作如此假设. 这样,若 F 大小为 $m_1×n_1$, G 大小为 $m_2×n_2$,则我们通过填充 0 将其扩展到 $M×N$(其中 $M≥m_1+m_2-1$, $N≥n_1+n_2-1$). 我们称扩展后的新矩阵为 F_p, G_p. 以下假设 $M=N$.

其次,我们用按行堆叠的方法从矩阵 F_p 构造一个 $N^2×1$ 维列向量 f_p:将

F_p 的第一行转置,使之成为 f_p 的最上面 N 个元素,然后将其他行转置依次放在它下面.

接着将矩阵 G_p 的每一行都生成一个 $N×N$ 循环矩阵,总共产生 N 个这样的矩阵 $G_i(1≤i≤N)$. 下面引入块矩阵的概念.

块矩阵是一个以矩阵为元素的矩阵. 就是说,块矩阵是一个比较大的矩阵,它实际上是由矩阵组成的数组. 块循环矩阵则是以循环矩阵作为元素的块矩阵. 利用块循环矩阵,可以推广到二维情形.

按如下方式生成一个 $N^2×N^2$ 的块循环矩阵 G_b,G_b 由 $N×N$ 个块组成,每一块($G_i,i=1,2,\cdots,N$)本身由 G_p 的第 i 行构造出来的,就是说

$$G_b = \begin{bmatrix} G_1 & G_N & \cdots & G_2 \\ G_2 & G_1 & \cdots & G_3 \\ \vdots & \vdots & & \vdots \\ G_N & G_{N-1} & \cdots & G_1 \end{bmatrix}. \tag{5.34}$$

例如左上角的块矩阵 G_1,其第一行元素由 G_p 第一行元素经过倒序和移位形成. G_1 的其他行都有其前一行循环右移得到. G_b 的其他块由 G_p 的其他行采用类似方法得到. 因此 G_b 是一个以 $N×N$ 循环矩阵为元素的 $N^2×N^2$ 的块循环矩阵,其每个元素对应输出图像的一个像素.

下面将卷积写成简单的矩阵形式:

$$h_p = G_b × f_p, \tag{5.35}$$

其中 h_p 为经过填充,用行堆叠列向量形式表示的输出图像.

注意 G_b 有 N^4 个元素. 例如,当 $N=1000$ 时,G_b 有 10^{12} 个元素. 因此矩阵形式的好处并不在计算效率而是在别的地方. 实际上,它允许我们使用线性代数的简洁表示来进行图像恢复滤波器的设计. 此外,通过利用这些矩阵的对称性质,可以使计算得到相当程度的简化.

例

$$F = \begin{pmatrix} 1 & 2 \\ 3 & -1 \end{pmatrix}, G = \begin{pmatrix} -1 & 1 & 0 \\ -2 & 2 & 0 \\ 0 & 0 & 0 \end{pmatrix},$$

用矩阵标准方法计算二维卷积 $H = F * G$.

解　首先 N 取 $2+2-1=3$ 进行填充:

$$F_p = \begin{bmatrix} 1 & 2 & 0 \\ 3 & -1 & 0 \\ 0 & 0 & 0 \end{bmatrix}, G_p = \begin{bmatrix} -1 & 1 & 0 \\ -2 & 2 & 0 \\ 0 & 0 & 0 \end{bmatrix};$$

然后用 F_p 构造列向量 $f_p = (1\ \ 2\ \ 0\ \ 3\ \ -1\ \ 0\ \ 0\ \ 0\ \ 0)^T$;并用 G_p 形成循环矩阵 G_i,即

$$\boldsymbol{G}_1 = \begin{pmatrix} -1 & 0 & 1 \\ 1 & -1 & 0 \\ 0 & 1 & -1 \end{pmatrix},$$

$$\boldsymbol{G}_2 = \begin{pmatrix} -2 & 0 & 2 \\ 2 & -2 & 0 \\ 0 & 2 & -2 \end{pmatrix},$$

$$\boldsymbol{G}_3 = \begin{pmatrix} 0 & 0 & 0 \\ 0 & 0 & 0 \\ 0 & 0 & 0 \end{pmatrix};$$

再用循环矩阵 $\boldsymbol{G}_i$ 形成块循环矩阵

$$\boldsymbol{G}_b = \begin{pmatrix} -1 & 0 & 1 & 0 & 0 & 0 & -2 & 0 & 2 \\ 1 & -1 & 0 & 0 & 0 & 0 & 2 & -2 & 0 \\ 0 & 1 & -1 & 0 & 0 & 0 & 0 & 2 & -2 \\ -2 & 0 & 2 & -1 & 0 & 1 & 0 & 0 & 0 \\ 2 & -2 & 0 & 1 & -1 & 0 & 0 & 0 & 0 \\ 0 & 2 & -2 & 0 & 1 & -1 & 0 & 0 & 0 \\ 0 & 0 & 0 & -2 & 0 & 2 & -1 & 0 & 1 \\ 0 & 0 & 0 & 2 & -2 & 0 & 1 & -1 & 0 \\ 0 & 0 & 0 & 0 & 2 & -2 & 0 & 1 & -1 \end{pmatrix};$$

通过计算卷积

$$\boldsymbol{h}_p = \boldsymbol{G}_b * \boldsymbol{f}_p = \begin{pmatrix} -1 & 0 & 1 & 0 & 0 & 0 & -2 & 0 & 2 \\ 1 & -1 & 0 & 0 & 0 & 0 & 2 & -2 & 0 \\ 0 & 1 & -1 & 0 & 0 & 0 & 0 & 2 & -2 \\ -2 & 0 & 2 & -1 & 0 & 1 & 0 & 0 & 0 \\ 2 & -2 & 0 & 1 & -1 & 0 & 0 & 0 & 0 \\ 0 & 2 & -2 & 0 & 1 & -1 & 0 & 0 & 0 \\ 0 & 0 & 0 & -2 & 0 & 2 & -1 & 0 & 1 \\ 0 & 0 & 0 & 2 & -2 & 0 & 1 & -1 & 0 \\ 0 & 0 & 0 & 0 & 2 & -2 & 0 & 1 & -1 \end{pmatrix} \cdot \begin{pmatrix} 1 \\ 2 \\ 0 \\ 3 \\ -1 \\ 0 \\ 0 \\ 0 \\ 0 \end{pmatrix} = \begin{pmatrix} -1 \\ -1 \\ 2 \\ -5 \\ 2 \\ 3 \\ -6 \\ 8 \\ -2 \end{pmatrix},$$

计算结果为

$$\boldsymbol{H} = \boldsymbol{F} * \boldsymbol{G} = \begin{pmatrix} -1 & -1 & 2 \\ -5 & 2 & 3 \\ -6 & 8 & -2 \end{pmatrix}.$$

　　采用不同的核函数,会产生不同的输出,以满足处理需求. 接下来将着重介绍几种基本类型的函数.

5.4　与卷积相关的五种基本类型函数及关系

与卷积相关的五种基本类型函数及关系,是输入与输出联系的纽带,是连接矩阵运算和信息处理理想模型的桥梁.本节着重介绍了五种基本类型的函数及其相关性质.

5.4.1　遥感数字图像处理中对五种基本函数的需求及它们的作用

五种基本函数分别是矩形脉冲函数、三角脉冲函数、高斯函数、冲激函数、阶跃函数,它们在遥感数字图像处理中的作用如下:

(1) 矩形脉冲常用做矩形采样窗和平滑函数的模型.

(2) 三角脉冲与矩形脉冲的应用类似,常作三角形采样窗和平滑函数的模型.

(3) 高斯函数具有五个非常重要的性质:① 高斯函数具有旋转对称性;② 高斯函数是单值函数;③ 高斯函数的傅里叶变换频谱是单瓣的;④ 高斯滤波器宽度是由参数 σ 表征的,而这个参数和平滑程度的关系简单,σ 越大,频带越宽;⑤ 高斯函数具有可分离性.这五个重要的性质就决定了高斯平滑滤波器无论在空间域还是在频率域都是十分有效的低通滤波器.[9,10]

(4) 冲激函数能将实际中连续的图像进行离散化,以便于对图像进行处理.

(5) 阶跃函数也是对连续的图像进行离散化,但其与冲激函数不同的是,它能够只保留图像中感兴趣的区域,更利于对图像进行处理.

5.4.2　五种基本函数的数学表达及关系

1. 矩形脉冲函数

矩形脉冲函数(参见图 5.15)形如式(5.36):

$$\Pi(x)=\begin{cases}1, & -\dfrac{1}{2}<x<\dfrac{1}{2}, \\ \dfrac{1}{2}, & x=\pm\dfrac{1}{2}, \\ 0, & \text{其他}.\end{cases} \tag{5.36}$$

2. 三角脉冲函数

三角脉冲函数(参见图 5.16)

$$\Lambda(x)=\begin{cases}1-|x|, & |x|\leqslant 1, \\ 0, & |x|>1.\end{cases} \tag{5.37}$$

三角脉冲与矩形脉冲的关系是:两个相同矩形脉冲的卷积就得到一个三角脉冲.

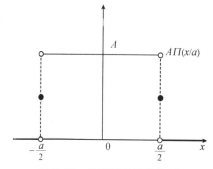

图 5.15　矩形脉冲函数波形

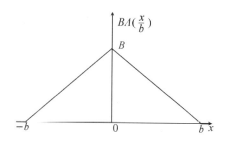

图 5.16　三角脉冲函数波形

3. 高斯函数

高斯函数(参见图 5.17)的形式为

$$e^{-x^2/2\sigma^2}. \tag{5.38}$$

4. 单位冲激函数或狄拉克 delta 函数 $\delta(x)$

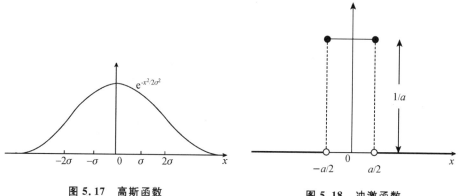

图 5.17　高斯函数

图 5.18　冲激函数

不同于传统意义上的函数,它是一个通过其积分性质来定义的符号函数:

$$\int_{-\infty}^{+\infty}\delta(x)\mathrm{d}x = \int_{-\varepsilon}^{+\varepsilon}\delta(x)\mathrm{d}x = 1,$$

其中 ε 是一任意小的大于零的数. 注意当 $x \neq 0$ 时 $\delta(x) = 0$;在零点处单位冲激函数没有定义.

单位冲激函数与矩形脉冲的关系为:单位冲激函数可作为一个窄的矩形脉冲的极限来加以描述(参见图 5.18),即 $\delta(x) = \lim\limits_{a \to 0}\dfrac{1}{a}\Pi\left(\dfrac{x}{a}\right)$. 当 a 越来越小时,脉冲变得越来越窄,但也越来越高,以保证其单位面积不变. 在极限情况下,脉冲变得无限高和无限窄.

5. 阶跃函数

阶跃函数(参见图 5.19)是 $x=0$ 处不连续的符号函数(式 5.39),其定义为

$$u(x) = \begin{cases} 1, & x > 0, \\ \dfrac{1}{2}, & x = 0, \\ 0, & x < 0. \end{cases} \tag{5.39}$$

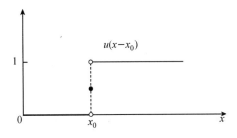

图 5.19　阶跃函数

阶跃函数的积分性质为

$$\int_{-\infty}^{+\infty} u(x) f(x) \mathrm{d}x = \int_{0}^{+\infty} f(x) \mathrm{d}x, \tag{5.40}$$

其中 $f(x)$ 为任意函数. 图 5.19 给出了平移阶跃函数 $u(x - x_0)$ 的波形.

$$u(x - x_0) = \int_{-\infty}^{+\infty} \delta(\tau - x_0) \mathrm{d}\tau = \begin{cases} 1, & x > x_0, \\ 0, & x < x_0; \end{cases} \tag{5.41}$$

反过来,可以猜想,单位冲激函数是阶跃函数的导数:

$$u'(x) = \frac{\mathrm{d}u(x)}{\mathrm{d}x} = \delta(x). \tag{5.42}$$

式(5.42)可证明如下:首先进行分部积分

$$\int_{-\infty}^{+\infty} u'(x) f(x) \mathrm{d}x = u(x) f(x) \Big|_{-\infty}^{+\infty} - \int_{-\infty}^{+\infty} u(x) f'(x) \mathrm{d}x. \tag{5.43}$$

根据阶跃函数的定义式(5.41),有

$$-\int_{-\infty}^{+\infty} u(x) f'(x) \mathrm{d}x = -\int_{0}^{+\infty} f'(x) \mathrm{d}x = -[f(+\infty) - f(0)] = f(0), \tag{5.44}$$

这是因为 $f(+\infty) = 0$. 根据单位冲激函数的定义 $\int_{-\infty}^{+\infty} f(x) \delta(x) \mathrm{d}x = f(0)$,有

$$\int_{-\infty}^{+\infty} u'(x) f(x) \mathrm{d}x = f(0) = \int_{-\infty}^{+\infty} \delta(x) f(x) \mathrm{d}x. \tag{5.45}$$

它应该对任意选定的 $f(x)$ 都成立,而这只有在式(5.44)成立时才有可能. 故阶跃函数和冲激函数的关系为:阶跃函数是单位冲激函数的积分,单位冲激函数是阶跃函数的导数.

单一运用或综合运用这几种基本类型函数可进行平滑、边缘增强、去卷积等

处理,这就是卷积滤波.

5.5   卷 积 滤 波

卷积常用来实现对信号或图像进行的线性运算,本节将用几个例子来说明这一点.

5.5.1   平滑

图 5.20 显示了利用卷积来平滑受到噪声干扰的函数 $f(x)$ 时的情形. 矩形脉冲函数 $g(x)$ 为用于平滑滤波的冲激响应. 随着卷积的进行,矩形脉冲从左移到右,产生函数 $h(x)$,$h(x)$ 在各点的值为 $f(x)$ 在单位长度上的局部平均值. 这种局部平均具有压制高频起伏而保留输入函数基本波形的作用. 此应用是用具有非负冲激响应的滤波器来平滑有噪声污染的信号的一个典型例子. 我们也可用三角脉冲或高斯脉冲作为平滑函数.[11]

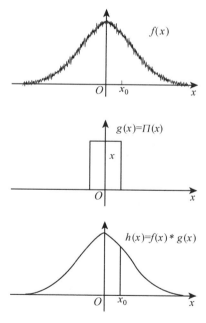

图 5.20   对有噪声函数进行光滑

5.5.2   边缘增强

图 5.21 表示另一种滤波——边缘增强.边缘函数 $f(x)$ 缓慢地从低变到

高,脉冲响应 $g(x)$ 为一个有着负旁瓣(side lobe)的正尖峰函数.随着卷积的进行,$g(x)$ 从左移到右,旁瓣和主尖峰依次与边缘相遇,输出结果 $h(x)$ 如图 5.21(c)所示.

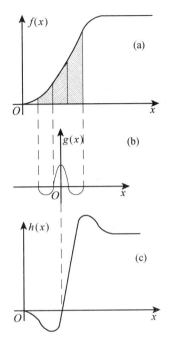

图 5.21　边缘增强实例(一)

　　图示的边缘增强滤波器具有两方面的影响.首先,它会增加边缘渐变部分的坡度;其次,在边缘渐变部分的两头,它会产生"过冲"(overshoot)或称"振铃"(ringing)效应.常用的边缘增强滤波器都有这种现象.[12]

　　作为第二个边缘增强的例子,考虑如下的冲激响应:

$$g(x) = 2\delta(x) - e^{-x^2/2\sigma^2}, \tag{5.46}$$

其波形如图 5.22 所示.注意到

$$h(x) = f(x) * g(x) = f(x) * 2\delta(x) - f(x)e^{-x^2/2\sigma^2}$$

$$= 2f(x) - f(x)e^{-x^2/2\sigma^2}, \tag{5.47}$$

即输出函数是两倍的输入函数减去输入函数和一高斯函数之卷积,与高斯函数的卷积使边缘变得模糊,但是输出函数却得到了图中增强的边缘.同样,在此图中也存在着过冲.

　　这个例子说明从原始图像中减去模糊后的图像具有边缘增强的效果.这种运算容易使人联想到一种叫做非锐化掩膜(unsharp masking)的照相暗室技术.

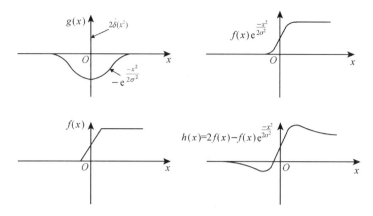

图 5.22　边缘增强实例(二)

5.5.3　去卷积

在许多情况下,我们得到的图像往往已经受到一个或多个我们无法控制的线性过程的影响.由于光学传感、记录和显示的不够完善而带来的图像退化都可以用卷积运算来做模型.利用一个卷积来去除另一卷积影响的技术叫做去卷积.这个问题将在第十一章中讨论.

5.5.4　遥感影像实例

系统是 3×3 的模板算子,中心值为 8,其他值为 -1,与原始遥感影像进行卷积运算后的效果是增强了边缘渐变部分的坡度,达到影像提取边缘的边缘增强效果,如图 5.23 所示.[13]

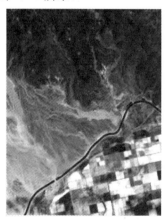

图 5.23　遥感影像边缘增强例子

5.6 小　结

本章建立了用于分析光学系统、图像传感器、电子电路和数字滤波器——几乎是图像处理系统用到的所有部件的基础：线性系统. 本章内容和数理公式总结分别如图 5.24 和表 5.2 所示.

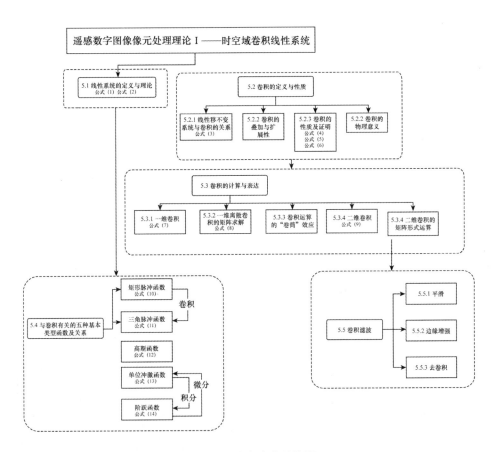

图 5.24　本章内容总结图

表 5.2　本章数理公式总结

公式(1)	$x_1(t) + x_2(t) \rightarrow y_1(t) + y_2(t)$　　　　　　　　　　式(5.3)	详见 5.1.1
公式(2)	$x(t-T) \rightarrow y(t-T)$　　　　　　　　　　式(5.6)	详见 5.1.1
公式(3)	$y(t) = \sum\limits_{t_0=-\infty}^{+\infty} x(t_0)h(t-t_0)$　　　　　　　　　式(5.20)	详见 5.2.1
公式(4)	$f_1(t) * f_2(t) = \int_{-\infty}^{+\infty} f_2(\lambda) \cdot f_1(t-\lambda)\mathrm{d}\lambda = f_2(t) * f_1(t)$　式(5.24)	详见 5.2.3
公式(5)	$f(t) * [h_1(t)+h_2(t)] = f(t) * h_1(t) + f(t) * h_2(t)$　　　式(5.25)	详见 5.2.3
公式(6)	$[f(x) * h_1(t)] * h_2(t) = f(x) * [h_1(t) * h_2(t)] = f(x) * h(t)$　式(5.26)	详见 5.2.3
公式(7)	$f(t) * h(t) = \int_{-\infty}^{+\infty} f(\tau)h(t-\tau)\mathrm{d}\tau$	详见 5.3.1
公式(8)	$\boldsymbol{h} = \boldsymbol{g} * \boldsymbol{f} = \begin{bmatrix} g_p(1) & g_p(N) & \cdots & g_p(2) \\ g_p(2) & g_p(1) & \cdots & g_p(3) \\ \cdots & \cdots & \cdots & \cdots \\ g_p(N) & g_p(N-1) & \cdots & g_p(1) \end{bmatrix} \begin{bmatrix} f_p(1) \\ f_p(2) \\ \cdots \\ f_p(N) \end{bmatrix}$　式(5.27)	详见 5.3.2
公式(9)	$h(x,y) = f * g = \int_{-\infty}^{\infty}\int_{-\infty}^{\infty} f(u,v)g(x-u,y-v)\mathrm{d}u\mathrm{d}v$　式(5.30)	详见 5.3.4
公式(10)	$\Pi(x) = \begin{cases} 1, & -\dfrac{1}{2} < x < \dfrac{1}{2}, \\ \dfrac{1}{2}, & x = \pm\dfrac{1}{2}, \\ 0, & 其他 \end{cases}$　　　　　式(5.36)	详见 5.4.2
公式(11)	$\Lambda(x) = \begin{cases} 1-|x|, & |x| \leqslant 1, \\ 0 & |x| > 1 \end{cases}$　　　　　式(5.37)	详见 5.4.2
公式(12)	$\mathrm{e}^{-x^2/2\sigma^2}$　　　　　式(5.38)	详见 5.4.2
公式(13)	$\delta(x) = \lim\limits_{a \to 0} \dfrac{1}{a}\Pi\left(\dfrac{x}{a}\right)$	详见 5.4.2
公式(14)	$u(x) = \begin{cases} 1, & x > 0, \\ \dfrac{1}{2}, & x = 0, \\ 0, & x < 0 \end{cases}$　　　　　式(5.39)	详见 5.4.2

参考文献

[1] 郑大钟. 线性系统理论[M]. 北京:清华大学出版社,2005.

[2] Kailath T. Linear Systems[M]. Prentice-Hall, Englewood Cliffs, New Jersey. 1980.

[3] Wang X. Time-Domain algorithm of LTI system response based on convolution technolo-

gy [J]. Foreign Electronic Measurement Technology, 2005.

[4] Papoulis A. The Fourier Integral and Its Applications [M]. McGraw — Hill, New York. 1962.

[5] Gonzalez R C, Woods R E. Digital Image Processing [M]. Prentice Hall, New Jersey. 2007.

[6] Gupta S C. Transform and State Variable Methods in Linear Systems[M]. John Wiley and Sons, New York. 1966.

[7] Kenneth R. Castleman Digital Image Processing [M]. Prentice — Hall, New Jersey. 2000.

[8] Hunt B R. A Matrix Theory Proof of the Discrete Convolution Theorem[J]. IEEE Transactions. 1971(19).

[9] Bracewell R. The Fourier Transform and Its Applications (2d ed.)[M]. McGraw— Hill, New York. 1986.

[10] Brigham E O. The Fast Fourier Transform and Its Applications[M]. Prentice— Hall, Englewood Cliffs, New Jersey. 1988.

[11] Huber M F. Nonlinear Gaussian Filtering: Theory, Algorithms, and Applications[M]. 2015.

[12] Oppenheim A V, Schafer R W, Stockham T G. Nonlinear filtering of multiplied and convolved signals. Proc IEEE[J]. Proceedings of the IEEE, 1968, 56(8).

[13] Andrews H C, Hunt B R. Digital Image Restoration[M]. Prentice— Hall, Englewood Cliffs, New Jersey. 1977.

第六章 遥感数字图像像元处理基本理论 Ⅱ
——时频域卷-乘傅里叶变换

章前导引 我们熟知的遥感影像以空间域的形式呈现信息,该空间域信息依次进入计算机成为时间序列,即时间域(量纲为 T)信息,计算机通过卷积运算处理遥感数字图像.因此空间域和时间域概念在遥感数字图像处理中是等同的,在遥感数字图像处理中取用量纲更多的是时间域,在遥感地物分析时更多的是等效为空间域.本章的域变换,是指时间域(量纲为 T)与其倒数频率域(量纲为 T^{-1})的对偶变换,它们互为可逆、一一映射.因为空间域(时间域)信息是惯性空间的,其运算本质是卷积,当处理信息过于复杂时,转换到其倒数域(即频率域),原来的卷积运算就成为代数乘法运算,大大地简化图像处理过程.傅氏变换可以实现时间域和频率域的转化,其本质是将无限长时间序列运算转换为以 2π 为周期(称为以 2π 为模,记为 $\mathrm{mod}[2\pi]$)的单位圆运算.反之,频率域的卷积运算,可以转换到时间域成为简单地相乘.

  傅里叶变换是线性系统分析的一个有力工具,它使我们能够定量地分析诸如数字化系统、采样点、电子放大器、卷积滤波器、噪声、显示点等的作用(效应).把傅里叶变换理论与其物理解释相结合,将有助于解决大多数图像处理问题.图像处理可分为空间域处理和频率域处理,而傅里叶变换是连接空间域和时间域的直接纽带,通过转化可以实现空间域和频率域对应的卷积和乘积的转化.对于计算机而言,乘积要比卷积计算耗损少得多,这将极大提高数字图像处理的速度.因此对于任何想在工作中有效进行数字图像处理的人来说,学习傅里叶变换是十分必要的.

  可利用傅里叶变换将原来难以处理的时域信号转换成了易于分析的频域信号(信号的频谱),这样就可用一些工具对这些频域信号进行处理、加工,最后再利用傅里叶反变换将这些频域信号转换成时域信号.时间域是一个可接触域,而频率域却是一个数学域.这种域的对偶性使得傅里叶变换成为现今的许多科研工作中一个重要分析工具.傅里叶变换实质上是一个求解问题的普遍方法,从基本性质上看,其重要性在于它使人们可以从一个全然不同的新观点去研究一些传统的领域.

  本章先从一维傅里叶变换讲起,将连续的傅里叶变换扩展到离散的傅里叶变换,再将傅里叶变换的性质推广到二维空间,这样就可利用傅里叶变换这一强有力的数据工具来研究遥感数字图像处理的相关性质,本章结构如图 6.1 所示,具体内容为：时间域与频率域转换对应的数学基础(第6.1节),阐述傅里叶变换实现时间域和频率域可逆变换的方法,以及卷积和乘积互为转换的量纲互为倒数的物理本质;傅里叶变换的特殊处理方法(第6.2节),介绍了其将无限长时间序列转换为单位周期圆循环,简化的指数级降低了计算量的独特特征;图像像元处理中的傅里叶变换(第6.3节),给出了图像傅氏变换计算矩阵的全部数学特征;傅里叶变换在图像像元处理中的应用举例(第6.4节),以期建立其与遥感图像处理应用的直接关系并展现其效果.

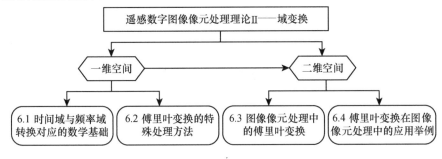

图 6.1　本章逻辑框架图

6.1　时间域与频率域转换对应的数学基础

本节首先从傅里叶级数展开,引出了傅里叶变换的数学公式和存在条件,从定义层面给出了傅里叶变换的作用,即可以进行空间域和频率域的相互转换;接着给出并证明了傅里叶变换的性质,其中卷积定理是核心,它的存在是傅里叶变换广泛应用的根基:即空间域的卷积在频率域为乘积,空间域的乘积在频率域为卷积,反之亦然;如果卷积可以转换为乘积,那么计算机处理的时间耗损将会大大降低,这也是我们研究傅里叶变换的初衷.

6.1.1　傅里叶级数

根据高等数学的知识,我们知道,满足狄里克雷(Dirichlet)条件,即

(1) 同一个周期 T_1 内间断点的个数有限,

(2) 同一个周期 T_1 内极大值和极小值的数目有限,

(3) 同一个周期 T_1 内信号"绝对可积" $\int_{T_1} |f(t)| \, \mathrm{d}t < \infty$

的任何周期函数可以展开成"正交函数线性组合"的无穷级数——傅里叶级数.这里,正交函数集可以是三角函数集 $\{1, \cos(\omega_1 nt), \sin(\omega_1 nt) : n \in \mathbf{N}\}$ 或复指数函数集 $\{\exp(jn\omega_1 t) : n \in \mathbf{Z}\}$,函数周期为 T_1,角频率 $\omega_1 = 2\pi f_1 = 2\pi / T_1$.

定义函数 $f(t)$ 的傅里叶级数展开为

$$f(t) = \frac{a_0}{2} + \sum_{n=0}^{\infty} a_n \cos\left(2\pi\,\frac{n}{T}t\right) + \sum_{n=0}^{\infty} b_n \sin\left(2\pi\,\frac{n}{T}t\right), \tag{6.1}$$

其中

$$a_n = \frac{2}{T}\int_{-T/2}^{T/2} f(x)\cos\left(2\pi\,\frac{n}{T}x\right)\mathrm{d}x, \tag{6.2}$$

$$b_n = \frac{2}{T}\int_{-T/2}^{T/2} f(x)\sin\left(2\pi\,\frac{n}{T}x\right)\mathrm{d}x. \tag{6.3}$$

该式用两个无限实系数序列表示了一个周期为 T 的函数.[1]

公式(6.1)也是图像傅里叶变换的基础,它表明一幅图可以拆分为无数二维正弦或余弦函数的和.

6.1.2　一维傅里叶变换及其反变换

一维函数 $f(t)$ 的傅里叶变换定义为

$$F(\omega) = \mathscr{T}[f(t)] = \int_{-\infty}^{\infty} f(t)\mathrm{e}^{-\mathrm{j}\omega t}\mathrm{d}t, \tag{6.4}$$

则函数 $F(\omega)$ 的逆变换为

$$f(t) = \mathscr{T}^{-1}[F(\omega)] = \frac{1}{2\pi}\int_{-\infty}^{\infty} F(\omega)\mathrm{e}^{\mathrm{j}\omega t}\mathrm{d}\omega. \tag{6.5}$$

这两个变换是互逆的,即

$$\mathscr{T}[f(t)] = F(\omega) \Leftrightarrow \mathscr{T}^{-1}[F(\omega)] = f(t). \tag{6.6}$$

我们常将 $F(\omega)$ 称为 $f(t)$ 的傅氏变换像函数,将 $f(t)$ 称为 $F(\omega)$ 的像原函数,可见像函数 $F(\omega)$ 和像原函数 $f(t)$ 构成一对傅里叶变换对,记为

$$f(t) \leftrightarrow F(\omega). \tag{6.7}$$

对于任意的 $f(t)$,其傅里叶变换 $F(\omega)$ 是唯一的,反之亦然.

频率变量 ω 也可用

$$s = \frac{\omega}{2\pi} \tag{6.8}$$

代替,则正变换为

$$F(s) = \mathscr{T}[f(t)] = \int_{-\infty}^{\infty} f(t)\mathrm{e}^{-\mathrm{j}2\pi s t}\mathrm{d}t, \tag{6.9}$$

逆变换为

$$f(t) = \mathscr{T}^{-1}[F(s)] = \int_{-\infty}^{\infty} F(s)\mathrm{e}^{\mathrm{j}2\pi s t}\mathrm{d}s, \tag{6.10}$$

函数 $F(s)$ 和 $f(t)$ 也构成一对傅里叶变换对,记为

$$F(s) \leftrightarrow f(t). \tag{6.11}$$

6.1.3　傅里叶变换存在条件

1. 瞬时函数

一些函数值在自变量达到很大的正值或负值时能足够快地变为零,使得式 (6.9)和(6.10)的积分存在.对我们来说,如果一个函数的绝对值的积分存在,即 如果

$$\int_{-\infty}^{\infty} |f(t)|\, \mathrm{d}t < \infty, \tag{6.12}$$

并且函数是连续的或只有有限个不连续点,则对于 f 的任何值,函数的傅里叶 变换都存在.我们称这些函数为瞬时函数,因为在 $|t|$ 很大时函数值已消失.

2. 周期函数和恒值函数

考虑一对冲激函数的反变换

$$f(t) = \mathcal{T}^{-1}\big[\delta(s-f_0) + \delta(s+f_0)\big] = \int_{-\infty}^{\infty} \big[\delta(s-f_0) + \delta(s+f_0)\big]\mathrm{e}^{\mathrm{j}2\pi st}\, \mathrm{d}s, \tag{6.13}$$

利用冲激函数的唯一性质,我们有

$$
\begin{aligned}
f(t) &= \int_{-\infty}^{\infty} \delta(s-f_0)\mathrm{e}^{\mathrm{j}2\pi st}\, \mathrm{d}s + \int_{-\infty}^{\infty} \delta(s+f_0)\mathrm{e}^{\mathrm{j}2\pi st}\, \mathrm{d}s \\
&= \int_{-\infty}^{\infty} \delta(s)\mathrm{e}^{\mathrm{j}2\pi(s+f_0)t}\, \mathrm{d}s + \int_{-\infty}^{\infty} \delta(s)\mathrm{e}^{\mathrm{j}2\pi(s-f_0)t}\, \mathrm{d}s \\
&= \mathrm{e}^{\mathrm{j}2\pi f_0 t} + \mathrm{e}^{-\mathrm{j}2\pi f_0 t} = 2\cos(2\pi f_0 t).
\end{aligned} \tag{6.14}
$$

这里我们利用欧拉公式,两边同时除以 2,即得

$$\mathcal{T}\big[\cos(2\pi f_0 t)\big] = \frac{1}{2}\big[\delta(s-f_0) + \delta(s+f_0)\big]. \tag{6.15}$$

也就是说频率为 f_0 的余弦函数的傅里叶变换是一对脉冲,它们分别位于频域中 的 $f = \pm f_0$ 处.类似地可得

$$
\begin{aligned}
\mathcal{T}\big[\sin(2\pi f_0 t)\big] &= \int_{-\infty}^{\infty} \frac{\mathrm{e}^{\mathrm{j}2\pi f_0 t} - \mathrm{e}^{-\mathrm{j}2\pi f_0 t}}{2\mathrm{j}} \mathrm{e}^{-\mathrm{j}2\pi st}\, \mathrm{d}t \\
&= \frac{\mathrm{j}}{2}\int_{-\infty}^{\infty} \big[\mathrm{e}^{-\mathrm{j}2\pi(s+f_0)t} - \mathrm{e}^{-\mathrm{j}2\pi(s-f_0)t}\big]\mathrm{d}t \\
&= \frac{\mathrm{j}}{2}\int_{\infty}^{-\infty} \big[\mathrm{e}^{\mathrm{j}2\pi(s+f_0)u} - \mathrm{e}^{\mathrm{j}2\pi(s-f_0)u}\big]\mathrm{d}(-u) \\
&= \frac{\mathrm{j}}{2}\int_{-\infty}^{\infty} \big[\mathrm{e}^{\mathrm{j}2\pi(s+f_0)t} - \mathrm{e}^{\mathrm{j}2\pi(s-f_0)t}\big]\mathrm{d}t \\
&= \frac{\mathrm{j}}{2}\big[\delta(s+f_0) - \delta(s-f_0)\big].
\end{aligned} \tag{6.16}
$$

如果令式(6.16)中的 $f_0 = 0$,我们可得

$$\mathcal{T}[1] = \delta(s), \tag{6.17}$$

也就是说常数的傅里叶变换是原点处的一个脉冲.

现在我们已经有了关于常数和正弦型函数的傅里叶变换的有用表达式. 我们知道在傅里叶级数理论中,任何频率为 f 的周期函数都可以表示为频率为 nf 的正弦型函数的累加,其中 n 取整数值. 由加法定理可知,周期函数的傅里叶变换是频域内的一系列等距冲激函数.

3. 随机函数

我们将那些无限延伸的、非常数、非周期、绝对积分不存在的函数归为一类,统称为随机函数. 在多数情况下,我们只需要用到随机函数的自相关函数,即

$$R_{\mathrm{f}}(\tau) = \lim_{T \to \infty} \frac{1}{2T} \int_{-T}^{T} f(t) f(t + \tau) \mathrm{d}t. \tag{6.18}$$

对于我们感兴趣的许多函数它都存在. 自相关函数是实偶函数,它的傅里叶变换是 $f(t)$ 的能量谱.

如果我们要变换一个随机函数,则需要将式(6.9)的傅里叶变换重新定义

$$F(s) = \lim_{T \to \infty} \frac{1}{2T} \int_{-T}^{T} f(t) \mathrm{e}^{-\mathrm{j}2\pi st} \mathrm{d}t. \tag{6.19}$$

对于反变换也可作类似处理. 这样我们可以处理重新定义的变换函数了. 在本书中我们只用到式(6.9)和(6.10),因为它们合适于有限延伸的有界信号. 按这种约定得到的结果可以用式(6.6)重新推导,将结果推广到所有 $R_{\mathrm{f}}(\tau)$ 存在的随机函数.

6.1.4 傅里叶变换的性质

1. 线性

傅里叶变换是线性运算,若 $f_1(t), f_2(t), \cdots, f_n(t)$ 所对应的傅里叶变换分别为 $F_1(\omega), F_2(\omega), \cdots, F_n(\omega)$,则下式变换对成立:

$$\sum_{i=1}^{n} a_i f_i(t) \leftrightarrow \sum_{i=1}^{n} a_i F_i(\omega), \tag{6.20}$$

式中 n 为有限正整数,a_i 为常系数.

2. 奇偶性

函数 $f_{\mathrm{e}}(t)$ 为偶函数当且仅当

$$f_{\mathrm{e}}(t) = f_{\mathrm{e}}(-t), \tag{6.21}$$

函数 $f_{\mathrm{o}}(t)$ 为奇函数当且仅当

$$f_{\mathrm{o}}(t) = -f_{\mathrm{o}}(-t). \tag{6.22}$$

非奇非偶函数 $f(t)$ 可被分成奇、偶两个部分,即

$$f_{\mathrm{e}}(t) = \frac{1}{2}\big[f(t) + f(-t)\big] \tag{6.23}$$

和

$$f_{\mathrm{o}}(t) = \frac{1}{2}\big[f(t) - f(-t)\big], \qquad (6.24)$$

这里

$$f(t) = f_{\mathrm{e}}(t) + f_{\mathrm{o}}(t). \qquad (6.25)$$

现在我们研究一下奇偶性对傅里叶变换的影响,由欧拉公式

$$\mathrm{e}^{\mathrm{j}x} = \cos(x) + \mathrm{j}\sin(x), \qquad (6.26)$$

可将式(6.9)的傅里叶变换改为

$$F(s) = \int_{-\infty}^{\infty} f(t)\mathrm{e}^{-\mathrm{j}2\pi st}\mathrm{d}t = \int_{-\infty}^{\infty} f(t)\cos(2\pi st)\mathrm{d}t - \mathrm{j}\int_{-\infty}^{\infty} f(t)\sin(2\pi st)\mathrm{d}t.$$
$$(6.27)$$

将 $f(t)$ 化为奇、偶两个部分之和的形式,则有

$$F(s) = \int_{-\infty}^{\infty} f_{\mathrm{e}}(t)\cos(2\pi st)\mathrm{d}t + \int_{-\infty}^{\infty} f_{\mathrm{o}}(t)\cos(2\pi st)\mathrm{d}t -$$
$$\mathrm{j}\int_{-\infty}^{\infty} f_{\mathrm{e}}(t)\sin(2\pi st)\mathrm{d}t - \mathrm{j}\int_{-\infty}^{\infty} f_{\mathrm{o}}(t)\sin(2\pi st)\mathrm{d}t. \qquad (6.28)$$

注意第二项和第三项是奇函数和偶函数乘积的无限积分,这两项结果为零,从而傅里叶变换简化为

$$F(s) = \int_{-\infty}^{\infty} f_{\mathrm{e}}(t)\cos(2\pi st)\mathrm{d}t - \mathrm{j}\int_{-\infty}^{\infty} f_{\mathrm{o}}(t)\sin(2\pi st)\mathrm{d}t = F_{\mathrm{e}}(s) + \mathrm{j}F_{\mathrm{o}}(s).$$
$$(6.29)$$

综上所述,我们列出傅里叶变换的对称性(参见表6.1):(1) 偶函数分量变换为偶函数分量;(2) 奇函数分量变换为奇函数分量;(3) 奇函数分量引入系数 $-\mathrm{j}$;(4) 偶函数分量不引入系数.

3. 虚部和实部

利用上述四种规则可以推导出傅里叶变换对于复函数的作用.如果将一个复函数表示为四部分之和(奇和偶的实部、奇和偶的虚部),我们可以列出以下四条傅里叶变换规则:(1) 实的偶部产生实的偶部(由对称性(1)和(4)推出);(2) 实的奇部产生虚的奇部(由对称性(2)和(3)推出);(3) 虚的偶部产生虚的偶部(由对称性(1)和(4)推出);(4) 虚的奇部产生实的奇部(由对称性(2)和(3)推出).

由于我们通常用实函数来表示输入的图像,因此研究输入函数为实函数的情况尤为重要.注意实函数的变换结果具有偶实部和奇虚部,这称做埃尔米特(Hermite)函数,它具有共轭对称性:

$$F(s) = F^{*}(-s), \qquad (6.30)$$

其中"$*$"表示复共轭.证明如下:因为

$$F(s) = \mathrm{Re}[F(s)] + \mathrm{j}\mathrm{Im}[F(s)] = F_{\mathrm{e}}(s) + \mathrm{j}F_{\mathrm{o}}(s), \qquad (6.31)$$

且

$$F(-s) = F_e(-s) + jF_o(-s) = F_e(s) - (-j)F_o(s), \qquad (6.32)$$

则

$$F^*(-s) = F_e^*(s) - jF_o^*(s) = F_e(s) + jF_o(s), \qquad (6.33)$$

所以有

$$F(s) = F^*(-s). \qquad (6.34)$$

表 6.1　傅里叶变换的对称特性

$f(t)$	$F(s)$
偶函数	偶函数
奇函数	奇函数
实偶函数	实偶函数
实奇函数	虚奇函数
虚偶函数	虚偶函数
虚奇函数	实奇函数
复偶函数	复偶函数
复奇函数	复奇函数
实函数	Hermite 函数
虚函数	反 Hermite 函数
实偶,虚奇函数	实函数
实奇,虚偶函数	虚函数

4. 位移定理

位移定理描述了移动一个函数的原点对变换的影响. 对于函数 $f(t)$ 而言,

$$\mathcal{T}[f(t-a)] = \int_{-\infty}^{\infty} f(t-a)e^{-j2\pi st}\,\mathrm{d}t, \qquad (6.35)$$

其中 a 为位移量. 将上式右边乘以

$$e^{j2\pi sa}e^{-j2\pi a} = 1, \qquad (6.36)$$

可得到

$$\mathcal{T}[f(t-a)] = \int_{-\infty}^{\infty} f(t-a)e^{-j2\pi s(t-a)}e^{-j2\pi as}\,\mathrm{d}t. \qquad (6.37)$$

进行变量替换

$$u = t-a, \quad \mathrm{d}u = \mathrm{d}t,$$

并将第二个指数项移到积分外,可得

$$\mathcal{T}[f(t-a)] = e^{-j2\pi as}\int_{-\infty}^{\infty} f(u)e^{-j2\pi su}\,\mathrm{d}u = e^{-j2\pi as}F(s). \qquad (6.38)$$

因此,函数的位移会在其傅里叶变换中引入一项复系数,注意如果 $a=0$,则系数为单位 1. 复系数

$$e^{-j2\pi as} = \cos(2\pi as) - j\sin(2\pi as),\tag{6.39}$$

具有单位幅值,在复平面的旋转角随着 s 增加而改变.这说明函数位移不改变其傅里叶变换的幅值,但是改变了实部和虚部之间的能量分布,结果是产生一个正比于 s 和位移量 a 的相移.

5. 卷积定理

两个函数的卷积计算为

$$y(t) = f_1(t) * f_2(t) = \int_{-\infty}^{\infty} f_1(\tau) f_2(t-\tau) d\tau$$

$$= f_2(t) * f_1(t) = \int_{-\infty}^{\infty} f_2(\tau) f_1(t-\tau) d\tau.\tag{6.40}$$

(1) 时域卷积定理.若

$$x(t) \leftrightarrow X(\omega),\quad h(t) \leftrightarrow H(\omega),\tag{6.41}$$

则

$$y(t) = x(t) * h(t) \leftrightarrow Y(\omega) = X(\omega)H(\omega).\tag{6.42}$$

证明过程如下:

$$\mathscr{T}[x(t) * h(t)] = \int_{-\infty}^{\infty} \left[\int_{-\infty}^{\infty} x(\tau)h(t-\tau) d\tau\right] e^{-j\omega t} dt$$

$$= \int_{-\infty}^{\infty} x(\tau) \left[\int_{-\infty}^{\infty} h(t-\tau) e^{-j\omega t} dt\right] d\tau,\tag{6.43}$$

令 $\lambda = t-\tau, d\lambda = dt$,则

$$\mathscr{T}[y(t)] = \int_{-\infty}^{\infty} x(\tau) \left[\int_{-\infty}^{\infty} h(\lambda) e^{-j\omega(\lambda+\tau)} d\lambda\right] d\tau$$

$$= \int_{-\infty}^{\infty} x(\tau) e^{-j\omega\tau} d\tau \int_{-\infty}^{\infty} h(\lambda) e^{-j\omega\lambda} d\lambda$$

$$= X(\omega)H(\omega).\tag{6.44}$$

这个定理表明在时域做的卷积运算变换到频域则是乘积运算.

(2) 频域卷积定理.若

$$f(t) \leftrightarrow F(\omega),\quad g(t) \leftrightarrow G(\omega),\tag{6.45}$$

则

$$f(t)g(t) \leftrightarrow \frac{1}{2\pi} F(\omega) * G(\omega).\tag{6.46}$$

这个定理表明,时域作的乘积运算,变换到频域则是卷积运算.其证明和上面相似.

6. 相似性定理

相似性定理描述了函数自变量的尺度变化对其傅里叶变换的作用.

改变自变量的尺度会将一个函数展宽或压缩.例如在式(6.9)的自变量前乘以一个比例系数可使函数伸长或压缩,这时它的傅里叶变换将变为

$$\mathscr{T}[f(at)] = \int_{-\infty}^{\infty} f(at)\,\mathrm{e}^{-\mathrm{j}2\pi st}\,\mathrm{d}t. \tag{6.47}$$

将积分和指数都乘以 a/a,得

$$\mathscr{T}[f(at)] = \frac{1}{a}\int_{-\infty}^{\infty} f(at)\,\mathrm{e}^{-\mathrm{j}2\pi at(s/a)}\,a\mathrm{d}t. \tag{6.48}$$

作变量替换,令

$$u = at, \quad \mathrm{d}u = a\mathrm{d}t,$$

可得

$$\mathscr{T}[f(at)] = \frac{1}{|a|}\int_{-\infty}^{\infty} f(u)\,\mathrm{e}^{-\mathrm{j}2\pi u(s/a)}\,\mathrm{d}u = \frac{1}{|a|}F\left(\frac{s}{a}\right). \tag{6.49}$$

证明如下:当 $a<0$ 时,

$$\mathscr{T}[f(at)] = \frac{1}{a}\int_{\infty}^{-\infty} f(u)\,\mathrm{e}^{-\mathrm{j}2\pi u(s/a)}\,\mathrm{d}u = \frac{1}{-a}\int_{-\infty}^{\infty} f(u)\,\mathrm{e}^{-\mathrm{j}2\pi u(s/a)}\,\mathrm{d}u, \tag{6.50}$$

当 $a>0$ 时,

$$\mathscr{T}[f(at)] = \frac{1}{a}\int_{-\infty}^{\infty} f(u)\,\mathrm{e}^{-\mathrm{j}2\pi u(s/a)}\,\mathrm{d}u, \tag{6.51}$$

所以有以上结果,即

$$\mathscr{T}[f(at)] = \frac{1}{|a|}F\left(\frac{s}{a}\right). \tag{6.52}$$

如果系数 a 大于1,函数 $f(t)$ 在水平方向收缩,由式(6.25)可知傅里叶变换的幅值将缩小 a 倍,同时在水平方向扩展 a 倍.a 小于1时作用相反.相似性定理意味着一个"窄"函数有一个"宽"的傅里叶变换,反之亦然.

7. 瑞利(Rayleigh)定理

一类重要的函数是仅在有限区间内非零的函数,对于这类函数,我们可以讨论其总能量.函数的能量定义为

$$E = \int_{-\infty}^{\infty} |f(t)|^2\,\mathrm{d}t, \tag{6.53}$$

条件是积分存在.对于瞬时函数,式(6.53)存在,并且能量是一个能反映函数总的"大小"的参数.Rayleigh 定理指出

$$\int_{-\infty}^{\infty} |f(t)|^2\,\mathrm{d}t = \int_{-\infty}^{\infty} |f(s)|^2\,\mathrm{d}s, \tag{6.54}$$

即变换函数与原函数具有相同的能量.Rayleigh 定理证明如下:

假设

$$\begin{aligned}\int_{-\infty}^{\infty} |f(t)|^2\,\mathrm{d}t &= \int_{-\infty}^{\infty} f(t)f^*(t)\,\mathrm{d}t \\ &= \int_{-\infty}^{\infty} f(t)f^*(t)\,\mathrm{e}^{\mathrm{j}2\pi ut}\,\mathrm{d}t, \quad u=0,\end{aligned} \tag{6.55}$$

即当 $u=0$ 时第二个等式成立. 由于 $f(t)$ 通常是复数, 我们利用"$*$"表示复共轭. 将式(6.55)看做在频率 $u=0$ 处取值的两个函数乘积的傅里叶反变换. 由于

$$\mathscr{T}^{-1}\left[f(t)f^*(t)\right] = F(u) * F^*(-u), \quad u=0, \tag{6.56}$$

我们可将卷积积分写做

$$\mathscr{T}^{-1}\left[f(t)f^*(t)\right] = \int_{-\infty}^{\infty} F(s) * F^*(s-u)\mathrm{d}s, \quad u=0. \tag{6.57}$$

将 $u=0$ 代入得到

$$\mathscr{T}^{-1}\left[f(t)f^*(t)\right] = \int_{-\infty}^{\infty} F(s) * F^*(s)\mathrm{d}s. \tag{6.58}$$

由此证明式(6.54)成立, 说明在两个域中能量相同. 若 $f(t)$ 是实偶函数, 则 $F(s)$ 也是实偶函数, 于是

$$\int_{-\infty}^{\infty} f^2(t)\mathrm{d}t = \int_{-\infty}^{\infty} F^2(s)\mathrm{d}s. \tag{6.59}$$

Rayleigh 定理与相似性定理是一致的: 如果函数变窄, 但幅值不变, 显然它的能量将降低. 相似性定理指出, 压缩一个函数相当于展宽其变换, 同时也缩减其幅值, 从而保证在两个域中的能量相等.

6.2 傅里叶变换的特殊处理方法

6.1 节中介绍的傅里叶变换是一维连续的, 而图像是二维离散. 要将傅里叶变换应用到图像处理中就要解决上述两个问题(二维、离散), 本节讲述的是如何将傅里叶变换离散化. 首先对连续傅里叶变换进行离散采样, 得到离散傅里叶变换的数学公式和其对应的矩阵形式; 通过分析该矩阵我们会发现离散傅里叶变换的计算量远远超出了想象, 这就使得空间域和频率域的转换十分困难, 甚至来回转换会超过乘积运算代替卷积运算所带来的利好, 从而阻碍了我们将空间域卷积变为频率域进行乘积运算的构想; 最后提出离散傅里叶变换的快速变换方法, 即快速傅里叶变换(fast Fourier transfer, FFT)[2], 解决了离散傅里叶变换计算量巨大的问题, 从而真正将傅里叶变换引入到了图像处理的工程应用中. 快速傅里叶变换是在离散傅里叶变换公式的基础上, 引入了旋转因子 W_N^{nk}, 利用其周期性和对称性特征实现了离散傅里叶变换的快速运算, 本节给出了快速傅里叶变换的原理和过程, 助于读者从本质上理解快速傅里叶变换.

6.2.1 离散傅里叶变换

如果我们将时间和频率都离散化, 则式(6.9)的傅里叶变换变为

$$G_n = G(n\Delta s) = \sum_{k=-N/2}^{N/2} g(k\Delta t)\mathrm{e}^{-\mathrm{j}2\pi(n\Delta s)k\Delta t}\Delta t = \frac{T}{N}\sum_{k=-N/2}^{N/2} g_k\mathrm{e}^{-\mathrm{j}2\pi\left(\frac{n}{N}\right)k}, \tag{6.60}$$

其中 $T=N\Delta t$. 反变换的表达式为

$$g_k = g(k\Delta t) = \sum_{n=-\infty}^{\infty} G(n\Delta s)\,\mathrm{e}^{-\mathrm{j}2\pi(n\Delta s)k\Delta t}\Delta s = \frac{1}{T}\sum_{n=-\infty}^{\infty} G_n \mathrm{e}^{\mathrm{j}2\pi\left(\frac{k}{N}\right)n}. \quad (6.61)$$

同样,对许多我们感兴趣的函数,$g(k\Delta t)$ 的系数集合 $\{G_n\}$ 中,只有 n 较小才为非零.

如果 $\{f_k\}$ 是一个长度为 N 的序列,比如从对一个连续函数进行等间隔采样得到的,则离散傅里叶变换(discrete Fourier transform,DFT)就是序列 $\{F_n\}$:

$$F_n = \frac{1}{\sqrt{N}}\sum_{k=0}^{N-1} f_k \mathrm{e}^{-\mathrm{j}2\pi\left(\frac{n}{N}\right)k}, \quad (6.62)$$

其矩阵形式为

$$\begin{Bmatrix} F(0) \\ F(1) \\ \vdots \\ F(N-1) \end{Bmatrix} = \begin{bmatrix} \mathrm{e}^{-\mathrm{j}2\pi0\times\frac{0}{N}} & \mathrm{e}^{-\mathrm{j}2\pi0\times\frac{1}{N}} & \cdots & \mathrm{e}^{-\mathrm{j}2\pi0\times\frac{N-1}{N}} \\ \mathrm{e}^{-\mathrm{j}2\pi1\times\frac{0}{N}} & \mathrm{e}^{-\mathrm{j}2\pi1\times\frac{1}{N}} & \cdots & \mathrm{e}^{-\mathrm{j}2\pi1\times\frac{N-1}{N}} \\ \vdots & \vdots & \ddots & \vdots \\ \mathrm{e}^{-\mathrm{j}2\pi(N-1)\times\frac{0}{N}} & \mathrm{e}^{-\mathrm{j}2\pi(N-1)\times\frac{1}{N}} & \cdots & \mathrm{e}^{-\frac{\mathrm{j}2\pi(N-1)\times(N-1)}{N}} \end{bmatrix} \begin{Bmatrix} f(0) \\ f(1) \\ \vdots \\ f(N-1) \end{Bmatrix}, \quad (6.63)$$

而逆 DFT(IDFT)为

$$f_k = \frac{1}{\sqrt{N}}\sum_{k=0}^{N-1} F_n \mathrm{e}^{\mathrm{j}2\pi\left(\frac{k}{N}\right)n}, \quad (6.64)$$

其矩阵形式为

$$\begin{Bmatrix} f(0) \\ f(1) \\ \vdots \\ f(N-1) \end{Bmatrix} = \begin{bmatrix} \mathrm{e}^{\mathrm{j}2\pi0\times\frac{0}{N}} & \mathrm{e}^{\mathrm{j}2\pi0\times\frac{1}{N}} & \cdots & \mathrm{e}^{\mathrm{j}2\pi0\times\frac{N-1}{N}} \\ \mathrm{e}^{\mathrm{j}2\pi1\times\frac{0}{N}} & \mathrm{e}^{\mathrm{j}2\pi1\times\frac{1}{N}} & \cdots & \mathrm{e}^{\mathrm{j}2\pi1\times\frac{N-1}{N}} \\ \vdots & \vdots & \ddots & \vdots \\ \mathrm{e}^{\mathrm{j}2\pi(N-1)\times\frac{0}{N}} & \mathrm{e}^{\mathrm{j}2\pi(N-1)\times\frac{1}{N}} & \cdots & \mathrm{e}^{\frac{\mathrm{j}2\pi(N-1)\times(N-1)}{N}} \end{bmatrix} \begin{Bmatrix} F(0) \\ F(1) \\ \vdots \\ F(N-1) \end{Bmatrix}. \quad (6.65)$$

直接计算 DFT,计算工作量很大,特别当数据点数 N 很大时,使用计算机也颇费时间.DFT 的计算是大量的复数乘法及加法.从 DFT 的定义式(6.62)可以看出,DFT 的运算需要将输入的 N 点数据与复系数依次两两相乘求和.每计算出一个 F_n 值,需要进行 N 次复数乘法和 $N-1$ 次复数加法.一共有 N 个 F_n 需要计算,因此计算一个 F_n 值的计算工作量还需要乘以 N,才是计算全部 DFT 的工作量.它需作 $N\times N=N^2$ 次复数乘法和 $N\times(N-1)$ 复数加法.而实际数据处理中,一般 N 可以相当大.例如 $N=2^{10}=1024$.全部 DFT 的工作量需要 $N^2=2^{20}=1\,048\,576$ 次复数乘法,以及 $N(N-1)=1\,047\,552$ 次复数加法.都是上百万次复数运算.此外,还需要将输入数据和中间运算数据贮存起来,一般所需贮存容量与运算次数是成正比的,当 N 很大时,用计算机直接计算 DFT 就要耗费极长的计算时间和占据整个计算机的贮存容量,这不仅无法实时处理数据,也是极不经济的事情.这将直接导致傅里叶变换难以应用到实际文字图像处理中.

6.2.2　快速傅里叶变换

FFT 虽然仅仅是一种快速算法,其基本原理及计算公式是 DFT.为什么如此重视 FFT,以致它的意义已远远超出了一种算法的范围呢? 首先是 FFT 将 DFT 的计算速度提高了 $N/\log_2 N$ 倍,使许多信号的处理工作能与整个系统的运行速度协调.它的应用就从某些数据的事后处理及系统的模拟研究,而进入到数据的实时处理.另外在提出 FFT 之前,在通信、雷达及其他领域,数字信号处理在速度、成本方面都赶不上模拟系统,FFT 的出现使得用数字系统分析频谱的优越性超过了模拟系统,为广泛应用数字方法处理信号打开了崭新的局面.

1. 快速傅里叶变换方法

由 DFT 定义,令 $W_N^{nk} = \mathrm{e}^{-nj2\pi k/N}$,则可得到

$$F_n = \frac{1}{\sqrt{N}} \sum_{k=0}^{N-1} f_k W_N^{nk},\tag{6.66}$$

其中 W_N^{nk} 称为旋转因子.此时,DFT 的矩阵形式可变为

$$\begin{pmatrix} F(0) \\ F(1) \\ \vdots \\ F(N-1) \end{pmatrix} = \begin{pmatrix} W^{0\times 0} & W^{1\times 0} & \cdots & W^{(N-1)\times 0} \\ W^{0\times 1} & W^{1\times 1} & \cdots & W^{(N-1)\times 1} \\ \vdots & \vdots & \ddots & \vdots \\ W^{0\times(N-1)} & W^{1\times(N-1)} & \cdots & W^{(N-1)\times(N-1)} \end{pmatrix} \begin{pmatrix} f(0) \\ f(1) \\ \vdots \\ f(N-1) \end{pmatrix}.\tag{6.67}$$

DFT 之所以有快速算法,正是基于旋转因子具有周期性和对称性特征.

(1) W_N^{nk} 的周期性.

$W_N^{nk} = \exp\left(-\mathrm{j}\frac{2\pi}{N}nk\right)$ 是一个复指数周期序列,它对于序数 n 及 k 都具有周期性特点,其周期性为 N. 对于 W_N^{nk} 有以下特点:

$$W_N^{nk} = W_N^{(n+N)k} = W_N^{n(k+rN)} = W_N^{nk+rN},\tag{6.68}$$

其中 $k=0,1,2,\cdots,N-1;n=0,1,2,\cdots,N-1;r$ 为正整数.

例如当 $N=8$ 时,

$$W_8^9 = W_8^{1+8} = W_8^1, \quad W_8^{42} = W_8^{2+5\times 8} = W_8^2.\tag{6.69}$$

虽然共有 $nk=8\times 8=64$ 个系数,由于周期性只有 $W_8^0,W_8^1,\cdots,W_8^7$ 这 8 个独立的系数,其余只不过是这 8 个系数的重复值.

(2) W_N^{nk} 的对称性.

因为 $W_N^0 = 1, W_N^{\frac{N}{2}} = -1$,于是有

$$W_N^{nk+\frac{N}{2}} = W_N^{nk} + W_N^{\frac{N}{2}} = -W_N^{nk}. \tag{6.70}$$

我们可以分解这个圆直到把长度为 N 的序列细分成 $N/2$ 个 2 点序列为止,循环使用这种方法,即把 N 点 DFT 分解成 $N/2$ 个 2 点 DFT 运算. 这样,计算量大大减少了.

现给出证明如下(参见图 6.2):

设 N 为 2 的正整数次幂,即 $N = 2^n$,n 为正整数. 如令 M 为正整数,且

$$N = 2M.$$

将 $N = 2M$ 带入离散傅里叶公式,可将离散傅里叶公式改成如下形式:

$$F_n = \sum_{k=0}^{2M-1} f_k W_N^{nk} = \sum_{k=0}^{M-1} f_{2k} W_{2M}^{2nk} + \sum_{k=0}^{M-1} f_{2k+1} W_{2M}^{n(2k+1)}. \tag{6.71}$$

由旋转因子 W_N^{nk} 的周期性可知

$$W_{2M}^{2nk} = W_M^{nk}, \tag{6.72}$$

上式可变为

$$F_n = \sum_{k=0}^{M-1} f_{2k} W_M^{nk} + \sum_{k=0}^{M-1} f_{2k+1} W_M^{nk} W_{2M}^n. \tag{6.73}$$

定义

$$F_n^e = \sum_{k=0}^{M-1} f_{2k} W_M^{nk}, \quad F_n^o = \sum_{k=0}^{M-1} f_{2k+1} W_M^{nk}, \tag{6.74}$$

其中 $u, x = 0, 1, 2, \cdots, N-1$,则

$$F_n = F_n^e + F_n^o W_{2M}^n. \tag{6.75}$$

进一步考虑 W 的对称性和周期性,可知

$$W_M^{n+M} = W_M^n, \quad W_{2M}^{n+M} = -W_{2M}^n, \tag{6.76}$$

于是有

$$F_{n+M} = F_n^e - F_n^o W_{2M}^n. \tag{6.77}$$

由此,可将一个 N 点的 DFT 分解为两个 $N/2$ 短序列的 DFT,即分解为偶数序列的和奇数序列的离散傅里叶变换 F_n^e 和 F_n^o;然后进行上述分解,如此进行递归运算,就可以实现 FFT.

由于有大量的系数雷同存在,因此在 DFT 计算中,存在着大量不必要的重复计算,FFT 解决思路就是简化这些重复计算,达到快速计算的目的.[3]

2. 快速傅里叶变换优势比较

直接 DFT 算法从定义公式就可以看出要进行 N^2 次复数乘法运算,$N(N-1)$ 次复数加法运算.

FFT 作抽选分组运算,这就将长度为 $N = 2^M$ 的 DFT 运算化成 M 级,每一级只有 $N/2$ 个蝶形运算,即使蝶形结构不化简,每一单独的蝶形结构只需 2 次

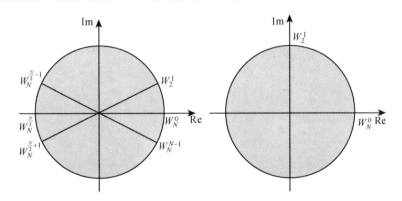

图 6.2　W_N^{nk} 的对称性(a)及最终剩余项(b)

复数乘法运算,所以 FFT 只需作 $M(N/2)\times 2$ 次复数乘法运算,其中

$$M = \log_2 N, \quad N = 2^M. \tag{6.78}$$

FFT 在有 M 级蝶形流程时总的运算工作量为:

复数乘法次数 $M(N/2)\times 2 = N\log_2 N$ 次,

复数加法次数 $MN = N\log_2 N$ 次.

表 6.2 给出了 FFT 与直接 DFT 所需复数乘法工作量比较,可以看到当 $N = 1024$ 时,FFT 的计算效率要比 DFT 高出将近 100 倍.

表 6.2　FFT 与 DFT 工作量比较

N	M	直接 DFT(N^2)/次	FFT($N\log_2 N$)/次	改善比 $\dfrac{N}{\log_2 N}$
8	3	64	24	2.7
32	5	1024	160	6.4
64	6	4096	384	10.7
128	7	16 384	896	18.3
256	8	65 536	2048	32
512	9	262 144	4608	56.9
1024	10	1 048 576	10 240	102.4

6.3　图像像元处理中的傅里叶变换

上两节讲述了一维傅里叶变换的性质和其离散化过程,然而图像是二维的,要使其能够真正应用到数字图像处理中,我们还需要将傅里叶变换扩展到二维离散空间.本节从二维连续傅里叶变换出发,导出了二维 DFT 的数学公式及其性质,并理清了二维 DFT 和一维傅里叶变换之间的关系,使得一维快速傅里叶变换可以十分便捷地扩展到二维空间,至此傅里叶变换应用到图像处理中的主要任务得到了完美解决;同时本节还介绍了其他相关性质在图像处理中的应用.

6.3.1 二维连续傅里叶变换

二维函数的傅里叶变换和反变换分别定义为

$$F(u,v) = \int_{-\infty}^{\infty} \int_{-\infty}^{\infty} f(x,y) e^{-j2\pi(ux+vy)} \, dx dy \tag{6.79}$$

和

$$f(x,y) = \int_{-\infty}^{\infty} \int_{-\infty}^{\infty} F(u,v) e^{j2\pi(ux+vy)} \, du dv, \tag{6.80}$$

其中 $f(x,y)$ 是一幅图像,$F(u,v)$ 是它的谱. 通常 $F(u,v)$ 是两个实频率变量 u 和 v 的复值函数,变量 u 对应于 x 轴,频域 v 对应于 y 轴.[4,5]

6.3.2 二维离散傅里叶变换

如果 $g(i,k)$ 是一个 $N \times N$ 的数组,就像用等间距的矩形格网对一个二维连续函数采样所得到的,则它的二维 DFT 为

$$G(m,n) = \frac{1}{N} \sum_{i=0}^{N-1} \sum_{k=0}^{N-1} g(i,k) e^{-j2\pi(m\frac{i}{N}+n\frac{k}{N})}, \tag{6.81}$$

IDFT 为

$$g(i,k) = \frac{1}{N} \sum_{m=0}^{N-1} \sum_{n=0}^{N-1} G(m,n) e^{j2\pi(i\frac{m}{N}+k\frac{n}{N})}. \tag{6.82}$$

和一维的情况一样,离散傅里叶变换和连续傅里叶变换很相似. 在矩形格网上采样的带宽有限函数的二维离散傅里叶变换是一个特例.[6]

6.3.3 矩阵表示

DFT 用矩阵表示可以为

$$\boldsymbol{G} = \boldsymbol{FgF}, \tag{6.83}$$

其中

$$\boldsymbol{F} = [f_{ik}] = \left[\frac{1}{\sqrt{N}} e^{\frac{-j2\pi ik}{N}} \right] \tag{6.84}$$

是一个 $N \times N$ 的复系数核矩阵.

$\boldsymbol{F}$ 是一个酉矩阵(unitary matrix),即矩阵的逆是它的复共轭的转置[$\boldsymbol{F}^{-1} = (\boldsymbol{F}^*)^{\mathrm{T}}$]. 要得到一个酉矩阵的逆,只需简单地交换行和列的位置,并改变每个元素虚部的符号. 由于 $\boldsymbol{F}$ 是对称的,因此转置也可以省略.

注意,当我们计算二维卷积时,通常将各行堆积为一个大的列向量,并用大的循环矩阵. 但在计算二维傅里叶变换不必这么做,这是因为二维傅里叶变换核函数可被分解为行和列运算,而且 $\boldsymbol{F}$ 是一个酉矩阵.[7,8]

6.3.4 二维傅里叶变换的性质

表 6.3 归纳了二维傅里叶变换的性质.注意,从一维到二维的推广是很直接的.同时,二维傅里叶变换有几条性质在一维傅里叶变换中没有对应,其中一条性质是一幅二维图像可分解为一维分量的乘积,对于二维图像的谱也一样.另一个是旋转性质,这在计算机断层造影(computer tomography,CT)技术中很有用,我们将在第二十二章中讨论.

表 6.3 二维傅里叶变换的性质[9—11]

性质	空域	频域
加法定理	$f(x,y)+g(x,y)$	$F(u,v)+G(u,v)$
相似性定理	$f(ax,by)$	$\dfrac{1}{\lvert ab\rvert}F\left(\dfrac{u}{a},\dfrac{v}{b}\right)$
位移定量	$f(x-a,y-b)$	$\mathrm{e}^{-\mathrm{j}2\pi(au+bv)}F(u,v)$
卷积定理	$f(x,y)*g(x,y)$	$F(u,v)G(u,v)$
可分离乘积	$f(x)g(y)$	$F(u)G(v)$
微分	$\left(\dfrac{\partial}{\partial x}\right)^{m}\left(\dfrac{\partial}{\partial y}\right)^{n}f(x,y)$	$(\mathrm{j}2\pi u)^{m}(\mathrm{j}2\pi v)^{n}F(u,v)$
旋转	$f(x\cos\theta,-x\sin\theta+y\cos\theta)$	$F(u\cos\theta+v\sin\theta,-u\sin\theta+v\cos\theta)$
拉普拉斯(Laplace)算子	$\nabla^{2}f(x,y)=\left(\dfrac{\partial^{2}}{\partial x^{2}}+\dfrac{\partial^{2}}{\partial y^{2}}\right)f(x,y)$	$\nabla^{2}F(u,v)=-4\pi^{2}(u^{2}+v^{2})F(u,v)$
Rayleigh 定理	$\displaystyle\int_{-\infty}^{\infty}\int_{-\infty}^{\infty}\lvert f(x,y)\rvert^{2}\mathrm{d}x\mathrm{d}y$	$\displaystyle\int_{-\infty}^{\infty}\int_{-\infty}^{\infty}\lvert F(u,v)\rvert^{2}\mathrm{d}u\mathrm{d}v$

拉普拉斯算子是一个全向二阶微分算子,通常用做边缘检测和边缘增强.注意,对一个函数使用拉普拉斯算子将在它的谱上乘以 $u^{2}+v^{2}$ 项.由卷积定理,拉普拉斯算子对应于一个传递函数随频率的平方增加的线性系统.

1. 可分离性

假设
$$f(x,y)=f_1(x)f_2(y),\tag{6.85}$$
则
$$F(u,v)=\int_{-\infty}^{\infty}\int_{-\infty}^{\infty}f_1(x)f_2(y)\mathrm{e}^{-\mathrm{j}2\pi(ux+vy)}\mathrm{d}x\mathrm{d}y,\tag{6.86}$$
整理得
$$F(u,v)=\int_{-\infty}^{\infty}f_1(x)\mathrm{e}^{-\mathrm{j}2\pi ux}\mathrm{d}x\int_{-\infty}^{\infty}f_2(y)\mathrm{e}^{-\mathrm{j}2\pi vy}\mathrm{d}y=F_1(u)F_2(v).\tag{6.87}$$
因此,如果一个二维图像可被分解为两个一维分量函数,则它的谱也可被分解为两个一维分量函数.

以二维椭圆高斯函数为例：

$$e^{-\left(\frac{x^2}{2\sigma_x^2}+\frac{y^2}{2\sigma_y^2}\right)} = e^{\frac{-x^2}{2\sigma_x^2}}e^{\frac{-y^2}{2\sigma_y^2}}, \tag{6.88}$$

它可被分解为两个一维高斯函数的乘积. 如果两个因子的标准方差相同, 我们有

$$e^{-\frac{x^2+y^2}{2\sigma^2}} = e^{-\frac{x^2}{2\sigma^2}}e^{-\frac{y^2}{2\sigma^2}}, \tag{6.89}$$

它是圆高斯函数. 这个函数在光学系统分析中极其有用, 因为它具有圆对称性, 可以被分解为一维函数的乘积.

利用这一性质, 可以将二维离散傅里叶变换分解为二次一维 FFT 变换, 从而实现图像(二维)的快速傅里叶变换, 使得傅里叶变换真正应用到图像处理中. 其具体实现为先对 $f(x,y)$ 按行进行傅里叶变换得到 $f(x,v)$, 再对 $f(x,v)$ 按列进行傅里叶变换, 便可得到 $f(x,y)$ 的傅里叶变换结果 $F(u,v)$, 如图 6.3 所示.

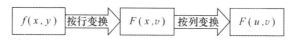

图 6.3　一维傅里叶变换到二维傅里叶变换

2. 相似性

相似性定理可被推广到二维情况

$$\mathcal{T}\{f(a_1x+b_1y, a_2x+b_2y)\}$$
$$= \int_{-\infty}^{\infty}\int_{-\infty}^{\infty} f(a_1x+b_1y, a_2x+b_2y)e^{-j2\pi(ux+vy)}\mathrm{d}x\mathrm{d}y. \tag{6.90}$$

做变量替换

$$w = a_1x+b_1y, \quad z = a_2x+b_2y, \tag{6.91}$$

则

$$\begin{cases} x = A_1w+B_1z, & \mathrm{d}x = A_1\mathrm{d}w+B_1\mathrm{d}z, \\ y = A_2w+B_2z, & \mathrm{d}y = A_2\mathrm{d}w+B_2\mathrm{d}z, \end{cases} \tag{6.92}$$

其中

$$\begin{cases} A_1 = \dfrac{b_2}{a_1b_2-a_2b_1}, & B_1 = \dfrac{-b_1}{a_1b_2-a_2b_1}, \\ A_2 = \dfrac{-a_2}{a_1b_2-a_2b_1}, & B_2 = \dfrac{a_1}{a_1b_2-a_2b_1}. \end{cases} \tag{6.93}$$

于是傅里叶变换成为

$$\mathcal{T}\{f(a_1x+b_1y, a_2x+b_2y)\}$$
$$= \int_{-\infty}^{\infty}\int_{-\infty}^{\infty} f(w,z)e^{-j2\pi((A_1u+A_2v)w+(B_1u+B_2v)z)}\mathrm{d}z\mathrm{d}w(A_1B_2+A_2B_1)$$
$$= (A_1B_2+A_2B_1)F(A_1u+A_2v, B_1u+B_2v). \tag{6.94}$$

3. 旋转

由二维相似性定理可知,如果 $f(x,y)$ 旋转一个角度 θ,则 $f(x,y)$ 的谱也旋转相同的角度. 令

$$a_1 = \cos\theta, \quad b_1 = \sin\theta, \quad a_2 = -\sin\theta, \quad b_2 = \cos\theta, \quad (6.95)$$

则

$$A_1 = \cos\theta, \quad A_2 = \sin\theta, \quad B_1 = -\sin\theta, \quad B_2 = \cos\theta, \quad (6.96)$$

且

$$\mathcal{T}\{f(x\cos\theta + y\sin\theta, -x\sin\theta + y\cos\theta)\}$$
$$= F(u\cos\theta + v\sin\theta, -u\sin\theta + v\cos\theta). \quad (6.97)$$

4. 投影

假定我们将一个二维函数 $f(x,y)$ 投影到 x 轴上得到一个一维函数

$$p(x) = \int_{-\infty}^{\infty} f(x,y)\mathrm{d}y, \quad (6.98)$$

则 $p(x)$ 的(一维)傅里叶变换为

$$P(u) = \int_{-\infty}^{\infty}\int_{-\infty}^{\infty} f(x,y)\mathrm{d}y\,e^{-j2\pi ux}\,\mathrm{d}x. \quad (6.99)$$

但是 $P(u)$ 可以写做

$$P(u) = \int_{-\infty}^{\infty}\int_{-\infty}^{\infty} f(x,y)e^{-j2\pi(ux+0y)}\,\mathrm{d}x\mathrm{d}y = F(u,0), \quad (6.100)$$

因此 $f(x,y)$ 在 x 轴上投影的变换即为 $F(u,v)$ 在 u 轴上的取值. 结合旋转性可知 $f(x,y)$ 在与 x 轴成 θ 角的直线上投影的傅里叶变换正好等于 $F(u,v)$ 沿与 v 轴成 θ 角的直线上的取值(图 6.4),图中 $D(q,\theta)$ 表示物体二维傅里叶变换的径向截面. 投影性质是利用线扩展函数进行系统辨识(第 11 章)和计算机断层造影术(第十五章)的基础.

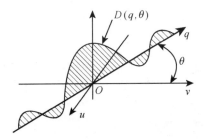

图 6.4　二维傅里叶变换的投影性质

6.4　傅里叶变换在图像像元处理中的应用举例

图像的频率是表征图像中灰度变化剧烈程度的指标,是灰度在平面空间上

的梯度.傅里叶变换的物理意义是将图像的灰度分布函数变换为图像的频率分布函数,傅里叶逆变换是将图像的频率分布函数变换为灰度分布函数.

6.4.1　傅里叶变换及重构

　　在实际的二维离散傅里叶变换的应用中,幅度谱和相位谱分别代表不同的含义.从某种意义上来说,我们可以粗略地认为相位谱包含图像的纹理结构信息,而幅度谱包含图像的明暗对比信息.在很多情况下,相位谱可以保存信号的重要特征,而幅度谱却不能.[12]

　　图 6.5 所示为输入的遥感图像(原始),图 6.6(a)为其幅度谱,图 6.6(b)为

图 6.5　原始图像

其相位谱.然后,我们分别通过相位谱和幅度谱来重构图像,图 6.6(c)显示幅度谱重构的图像,图 6.6(d)显示的是相位谱重构的图像.从重构的图像中可以看出,幅度信息图与原图像差别极大,而相位信息图基本上能够保存原图像的大部分纹理特征,能够大致展现原始图像的轮廓.因此,原始图像的许多重要特征体现在相位信息图而不是幅度信息图中.

(a) 幅度谱　　　　　　　　　　(b) 相位谱

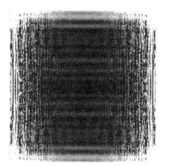

(c) 幅度谱重构后图像　　　　　　(d) 相位谱重构后图像

图 6.6　傅里叶变换的应用

6.4.2 遥感图像配准

基于变换域的图像配准方法是一类重要遥感影像处理方法.图像的比例、旋转和平移变量均能在傅里叶变换域中反映出来,而且在频域内对噪声干扰具有很好的抵抗能力.[13]

假设两幅图像 f_1 和 f_2 之间只存在位移关系,设 x 和 y 轴上的平移量分别为 x_0 和 y_0,则有

$$f_2(x,y) = f_1(x-x_0,y-y_0). \tag{6.101}$$

可得 f_1 和 f_2 对应的傅里叶变换 F_1 和 F_2 之间的关系为

$$F_2(u,v) = e^{-j2\pi(ux_0+vy_0)}F_1(u,v), \tag{6.102}$$

对应的频域中两个图像的互功率谱为

$$\frac{F_1(u,v)F_2^*(u,v)}{|F_1(u,v)F_2^*(u,v)|} = e^{-j2\pi(ux_0+vy_0)}, \tag{6.103}$$

其中 F_2^* 是 F_2 的复共轭.平移理论表明,互功率谱的相位差等于图像间的平移量.互功率谱进行反变化,就可以得到一个脉冲函数 $\delta(x-x_0,y-y_0)$.该函数在偏移位置处会有明显的尖峰,而在其他位置处的值则接近于零,根据这个原理就可以找到两幅图像间的偏移量.

由于上述的算法仅仅针对只有平移情况下的图像配准工作,但通常情况下需要配准的两幅图像之间会存在平移、旋转和缩放三重因子的影响.因此,一个完备的图像配准算法应该能够克服平移、旋转和缩放的影响.设 I_1 和 I_2 分别为需要配准的两幅图像,则有

$$I_2(x,y) = I_1\left[(x,y)\begin{bmatrix}\cos\theta_0 & -\sin\theta_0 \\ \sin\theta_0 & \cos\theta_0\end{bmatrix}s + (\Delta x,\Delta y)\right]. \tag{6.104}$$

在进行傅里叶变换并将其转换到极坐标系下,则有

$$\hat{I}_2 = e^{j(\omega_x\Delta x+\omega_y\Delta y)}s^{-2}\hat{I}_1(s^{-1}r,\theta+\theta_0), \tag{6.105}$$

其中 $\hat{I}_1$,$\hat{I}_2$ 分别为 I_1,I_2 在频率域的表达.因此,可以建立两幅图像之间的关系

$$M_2(\log r,\theta) = s^{-2}M_1(\log r - \log s,\theta+\theta_0). \tag{6.106}$$

这样,就确定了两幅图像之间的缩放和旋转因子(分别由 θ 和 s 确定).将这种极坐标系下的坐标变换到传统的图像坐标系下,就完成了图像配准工作.

图 6.7 所示即为两幅待配准的遥感影像,可以看出两幅图像具有一定的重叠度,其存在平移、旋转、缩放关系,通过上述配准算法,可以确定其平移、旋转、缩放因子,从而实现图像的配准.图 6.8 即为配准后图像.

图 6.7 待配准的图像

图 6.8 配准后图像

6.4.3 遥感图像去条带

在诸如 MODIS 以及"海洋一号"B(HY-1B)卫星的海洋水色水温扫描仪(COCTS)的遥感影像中,可以发现明显的条纹,见图 6.9(a).该现象主要是由探测器中不同探元响应度的差异而造成的.因此,对影像进行去条带操作的本质即是对图像的像元辐射度做出校正.传统的影像条带去除方法主要分为空域以及变换域,空域的方法主要是对图像像元值进行归一化校正处理,尽管简单易行但是容易改变地物的真实反射率.变换域的方法主要是先对影像进行傅里叶变换,在频域中分析其灰度值变化特征,然后再通过相应的模板在频域中对影像进行滤波,最后通过傅里叶反变化将影像变换回空域.[14,15]

由图 6.9(a)可知,影像存在横向的条纹.在图 6.9(b)中这反映为沿 y 轴方向(即 $x=0$ 处)能量较高,因为 $x=0$ 处表明在空域中沿横向灰度值无变化,而横向条纹恰好意味着在横向上灰度值均为 255 或者 0.因此在图 6.9(c)的模板中,采用在 $x=0$ 处进行掩膜计算来对频域图像进行处理.一般而言,频域的模板运算会对掩膜直接取 0,但是此处为了保留原有的高频分量直接在掩膜位置对相邻的左右元素取均值而不是直接取 0.图 6.9(d)为最终去除条带的结果,可以发现滤波效果较好,这也充分说明了傅里叶变换对于遥感影像处理的意义.

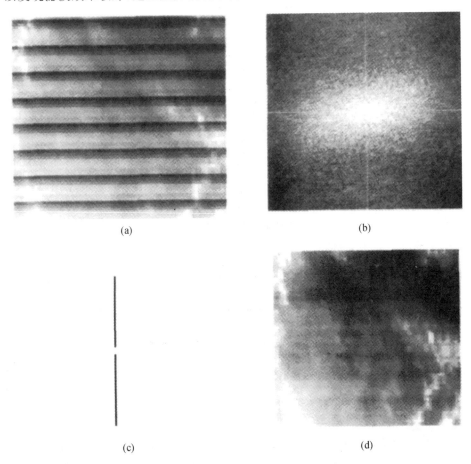

图 6.9 利用傅里叶变换对遥感影像去条带的实例

6.4.4 合成孔径雷达(SAR)的成像处理

SAR 图像的生成过程有别于一般的光学遥感影像,最为经典的成像算法是距离多普勒(range doppler,RD)算法.[16-18] 如图 6.10 所示,该方法主要包括三步:距离向压缩、距离迁移校正、方位向压缩.其中,进行距离向和方位向压缩,需要进行匹配滤波,而这一过程是在频率域进行的,因此需要对图像进行傅里叶变换.但是这种傅里叶变换和前文提及的二维空域傅里叶变换不同,详细过程读者可参阅有关 SAR 成像算法的文献与书籍.

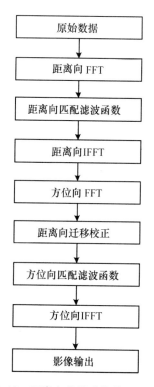

图 6.10 距离多普勒成像算法流程图

6.5 小 结

傅里叶变换是一种线性积分变换,它在时(或空)域的复函数和频域的复函数之间建立起唯一的对应关系.本章的重点是把握如何对遥感影像进行傅里叶变换.本章的内容框图和数理公式分别如图 6.11 和表 6.4 所示.首先应当掌握傅里叶变换的数学基础,掌握如何由傅里叶级数变换成傅里叶变换;接着针对图像处理的需求,掌握离散傅里叶变换与二维傅里叶变换;最后给出了傅里叶变换在图像处理中的应用实例.

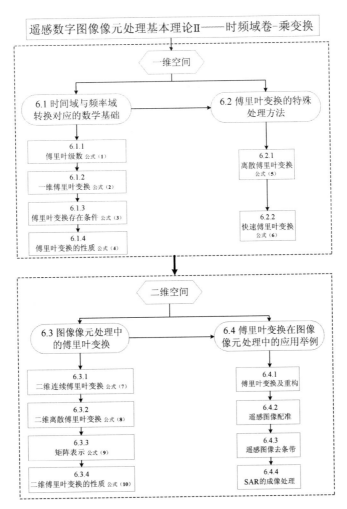

图 6.11　本章内容总结图

表 6.4　本章数理公式总结

公式(1)	$f(t) = \dfrac{a_0}{2} + \displaystyle\sum_{n=0}^{\infty} a_n \cos\left(2\pi \dfrac{n}{T} t\right) + \sum_{n=0}^{\infty} b_n \sin\left(2\pi \dfrac{n}{T} t\right)$　　式(6.1)	详见 6.1.1
公式(2)	$F(s) = \mathscr{F}\big[f(t)\big] = \displaystyle\int_{-\infty}^{\infty} f(t)\, \mathrm{e}^{-\mathrm{j}2\pi s t}\, \mathrm{d}t$　　　　　　　　式(6.9)	详见 6.1.2
公式(3)	$\displaystyle\int_{-\infty}^{\infty} \big| f(t) \big|\, \mathrm{d}t < \infty$　　　　　　　　　　　　　式(6.12)	详见 6.1.3

公式(4)	$\mathscr{T}[f(t-a)] = \mathrm{e}^{-\mathrm{j}2\pi as}\displaystyle\int_{-\infty}^{\infty} f(u)\mathrm{e}^{-\mathrm{j}2\pi su}\,\mathrm{d}u = \mathrm{e}^{-\mathrm{j}2\pi as}F(s)$ 式(6.38) $y(t) = x(t)*h(t) \leftrightarrow Y(\omega) = X(\omega)H(\omega)$ 式(6.42) $\mathscr{T}[f(at)] = \dfrac{1}{\mid a\mid}\displaystyle\int_{-\infty}^{\infty} f(u)\mathrm{e}^{-\mathrm{j}2\pi u(s/a)}\,\mathrm{d}u = \dfrac{1}{\mid a\mid}F\left(\dfrac{s}{a}\right)$ 式(6.49)	详见 6.1.4
公式(5)	$F_n = \dfrac{1}{\sqrt{N}}\displaystyle\sum_{k=0}^{N-1} f_k \mathrm{e}^{-\mathrm{j}2\pi\left(\frac{n}{N}\right)k}$ 式(6.62)	详见 6.2.1
公式(6)	$F_n = \dfrac{1}{\sqrt{N}}\displaystyle\sum_{k=0}^{N-1} f_k W_N^{nk}$ 式(6.66)	详见 6.2.2
公式(7)	$F(u,v) = \displaystyle\int_{-\infty}^{\infty}\int_{-\infty}^{\infty} f(x,y)\mathrm{e}^{-\mathrm{j}2\pi(ux+vy)}\,\mathrm{d}x\mathrm{d}y$ 式(6.79)	详见 6.3.1
公式(8)	$G(m,n) = \dfrac{1}{N}\displaystyle\sum_{i=0}^{N-1}\sum_{k=0}^{N-1} g(i,k)\mathrm{e}^{-\mathrm{j}2\pi\left(m\frac{i}{N}+n\frac{k}{N}\right)}$ 式(6.81)	详见 6.3.2
公式(9)	$G = FgF$ 其中 $F = [f_{ik}] = \left[\dfrac{1}{\sqrt{N}}\mathrm{e}^{-\mathrm{j}2\pi ik/N}\right]$ 式(6.83)	详见 6.3.3
公式(10)	$\mathscr{T}\{f(a_1x+b_1y, a_2x+b_2y)\}$ $= \displaystyle\int_{-\infty}^{\infty}\int_{-\infty}^{\infty} f(w,z)\mathrm{e}^{-\mathrm{j}2\pi((A_1u+A_2v)w+(B_1u+B_2v)z)}\,\mathrm{d}z\mathrm{d}w(A_1B_2+A_2B_1)$ $= (A_1B_2+A_2B_1)F(A_1u+A_2v, B_1u+B_2v)$ 式(6.94)	详见 6.3.4

表 6.5 列出了 $f(t)$ 从"宽"函数到"窄"函数,它的傅里叶变换则是从"窄"变成"宽"的一个过程. 由表 6.5 可以看出,傅里叶变换存在相似性与对偶性. 这种空间域与频率域的关系在量纲上表现为 T 与 T^{-1} 的关系;在空间域表现为常值的函数,在频率域表现为冲激响应;在空间域表现为覆盖广,在频率域表现为覆盖小. 相反,如果在空间域表现为覆盖小,在频率域则表现为广;在空间域表现为冲激响应,在频率域内表现为常值. 这种相似性与对偶性还可以用分析与归纳来解释,当空间域很宽广且不易总结的函数,在频率域会很瘦小且易总结;而在空间域比较瘦小不易分析的函数,在频域内会很宽广且易分析.

时间域是一种可接触域,而频率域是一种数学域. 这两种域的唯一对应性使得很多看似复杂的问题变得简单. 虽说是不同的域,但是二者保持能量守恒的关系,压缩一个函数相当于展宽其变换,同时也缩减其幅值,从而保证在两个域中的能量相等.

表 6.5　傅里叶变换的相似性与对偶性

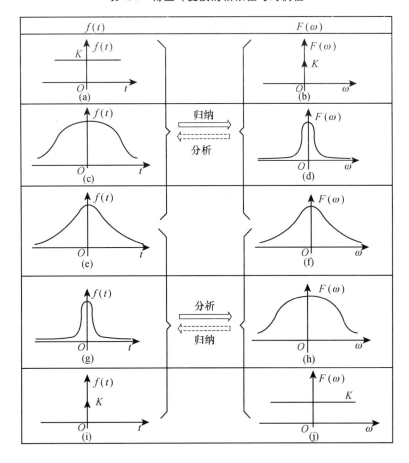

参考文献

[1] Carleson L. On convergence and growth of partial sums of Fourier series[J]. Acta Mathematica, 1966(116).

[2] Bergland G D. A guided tour of the fast Fourier transform[J]. Spectrum, IEEE Transactions, 1969(6).

[3] Helson H, Lowdenslager D. Prediction theory and Fourier series in several variables[J]. Acta Mathematica, 1958(99).

[4] Moody A, Johnson D M. Land-surface phenologies from AVHRR using the discrete Fourier transform[J]. Remote Sensing of Environment, 2001(75).

[5] Candan C, Kutay M A, Ozaktas H M. The discrete fractional Fourier transform[J]. IEEE Transactions on Signal Processing, 2000(48).

[6] Winograd S. On computing the discrete Fourier transform[J]. Proceedings of the Nation-

al Academy of Sciences，1976(73).

[7] Cochran W T，Cooley J W，Favin D L，et al. What is the fast Fourier transform[J]. Proceedings of the IEEE，1967(55).

[8] Cooley J W，Lewis P A W，Welch P D. Historical notes on the fast Fourier transform [J]. Proceedings of the IEEE，1967(55).

[9] Brigham E O，Morrow R E. The fast Fourier transform[J]. IEEE Transactions on Spectrum，1967(4).

[10] Cooley J W，Lewis P A W，Welch P D. The fast Fourier transform and its applications [J]. IEEE Transactions on Education，1969(12).

[11] Cooley J W，Tukey J W. An algorithm for the machine calculation of complex Fourier series[J]. Mathematics of Computation，1965(19).

[12] Pan W，Qin K，Chen Y. An adaptable-multilayer fractional Fourier transform approach for image registration[J]. IEEE Transactions on Pattern Analysis and Machine Intelligence，2009(31).

[13] Reddy B S，Chatterji B N. An FFT-based technique for translation，rotation，and scale-invariant image registration[J]. Image Processing，IEEE Transactions，1996(5).

[14] 杨雪，马骏，赖积保，等.基于傅里叶变换的 HY-1B 卫星影像条带噪声去除[J].航天返回与遥感，2012(33).

[15] Mhabary Z，Levi O，Small E，et al. An exact and efficient 3D reconstruction method from captured light-fields using the fractional Fourier transform[C]//SPIE Commercial ＋ Scientific Sensing and Imaging. International Society for Optics and Photonics，2016：986708-986708-9.

[16] Azoug S E，Bouguezel S. A non-linear preprocessing for opto-digital image encryption using multiple-parameter discrete fractional Fourier transform[J]. Optics Communications，2016(359).

[17] Hu W，Cheung G，Ortega A. Intra-prediction and generalized graph Fourier transform for image coding[J]. IEEE Signal Processing Letters，2015，22(11).

[18] Boukamp B A. Fourier transform distribution function of relaxation times；application and limitations[J]. Electrochimica Acta，2015(154).

第七章 遥感数字图像像元处理理论 Ⅲ
——频域滤波

章前导引 当把空间-时间域信息转换到频率域时,可以发现空间信息的周期规律:缓慢变化的山脊成为低频信息,遥感细节和突变边缘成为高频信息.根据不同的生产需求,可以在频率域保留不同频率的信息,然后反变换回空间-时间域的真实影像,就得到了所需要的遥感信息,同时又去除了不需要的信息.这样一种能力就是滤波,它可以通过各类滤波器实现,由此确定了遥感图像中依据不同周期信息进行处理的方法依据.

本章对滤波器的介绍是从线性和非线性的角度进行划分的.在基本线性滤波器,如空间域基本的算子类型、频率域基本滤波类型之外,还有一种自适应滤波器,如维纳滤波器、匹配检测器.在非线性滤波器部分,本章主要介绍了空间算子和同态滤波两大类型.

本章结构如图 7.1 所示,具体内容有:滤波器及分类(第 7.1 节),实现对遥感时间-空间域信息周期性表达方式的总体把握,以及频率域和空间域滤波的关系;线性滤波器(第 7.2 节),讨论空间域滤波算子和频率域基本滤波类型传递函数响应关系;最优线性滤波器(第 7.3 节),以相关最优准则实现维纳滤波器和匹配检测器的设计;非线性滤波器(第 7.4 节),从空间域角度讨论相关算子、中值滤波、同态滤波等非线性滤波方法.

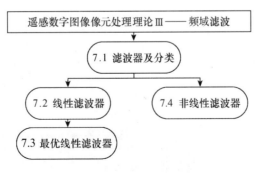

图 7.1　本章逻辑框架图

7.1　滤波器及分类

通过本节的讲述可以实现对遥感时间—空间域信息周期性表达方式以及频率域和空间域滤波的关系的总体把握. 对滤波器分类和滤波器与空间域之间关系的介绍为后续各节的讨论给出了框架和理论基础.

7.1.1　滤波器的分类

首先需要明确线性和非线性的概念. 设对某一特定系统, 输入 $x_1(t)$ 产生输出 $y_1(t)$, 即

$$x_1(t) \rightarrow y_1(t), \tag{7.1}$$

而另外一个输入 $x_2(t)$ 产生输出 $y_2(t)$, 即

$$x_2(t) \rightarrow y_2(t), \tag{7.2}$$

则此系统是线性的当且仅当它具有如下性质:

$$x_1(t) + x_2(t) \rightarrow y_1(t) + y_2(t), \tag{7.3}$$

即先前两个信号的和作为输入产生的输出等于先前两个输出的和. 任何不满足该约束的系统都是非线性的.

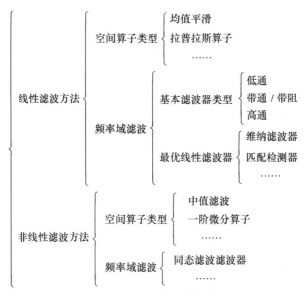

图 7.2　滤波器分类图

可从许多不同的角度对滤波器分类. 根据滤波器所处理的信号不同, 可以分为模拟滤波器 (analog filter) 和数字滤波器 (digital filter) 两大类. 根据滤波器的

输出是否为输入的线性函数,可将它分为线性滤波器和非线性滤波器.根据滤波器处理的频段不同,可以分为低通滤波器、带通/带阻滤波器、高通滤波器等.[1] 本章采用的滤波器分类的逻辑如图 7.2 所示.

7.1.2　空间域滤波与频率域滤波的关系

在图像滤波处理过程中,选择在空间域还是频率域进行滤波是一个基础性问题.它们之间最基本的联系是由卷积定理的著名结论建立的.[2]将图像的模板在图像中逐像素移动,并对每个像素进行指定数量的计算的过程就是卷积.形式上,大小为 $M\times N$ 的两个函数 $f(x,y)$ 和 $h(x,y)$ 的离散卷积表示为 $f(x,y)*h(x,y)$,并定义如下:

$$f(x,y)*h(x,y)=\frac{1}{MN}\sum_{m=0}^{M-1}\sum_{n=0}^{N-1}f(m,n)h(x-m,y-n), \qquad (7.4)$$

式中负号只说明函数 h 关于原点镜像对称,这是卷积中自带的.

用 $F(u,v)$ 和 $H(u,v)$ 分别表示 $f(x,y)$ 和 $h(x,y)$ 的傅里叶变换,卷积定义的计算 $f(x,y)*h(x,y)$ 和 $F(u,v)H(u,v)$ 组成傅里叶变换对.形式上表示如下:

$$f(x,y)*h(x,y)\Leftrightarrow F(u,v)H(u,v). \qquad (7.5)$$

双箭头表示左边的表达式(空间域卷积)可以通过对右边表达式进行傅里叶反变换获得.相反,右边表达式可以通过对左边表达式进行正向傅里叶变换获得.类似的结果是频域的卷积被简化为空间域的乘法,反之亦然,即

$$f(x,y)h(x,y)\Leftrightarrow F(u,v)*H(u,v). \qquad (7.6)$$

这两个结论构成卷积定理.

在实现空间域和频率域之间的联系前,引入冲激函数的概念.在 (x_0,y_0) 的强度为 A 的冲激函数表示为 $A\delta(x-x_0,y-y_0)$,并定义如下:

$$\sum_{x=0}^{M-1}\sum_{y=0}^{N-1}s(x,y)A\delta(x-x_0,y-y_0)=As(x_0,y_0). \qquad (7.7)$$

总之,这个等式表明函数 $s(x,y)$ 与冲激函数 $A\delta(x-x_0,y-y_0)$ 乘积之和等于 $s(x,y)$ 在 (x_0,y_0) 处的取值再乘以冲击强度 A,函数的范围限制即为求和的上下限.将 $A\delta(x-x_0,y-y_0)$ 指定为一幅尺寸为 $M\times N$ 的图像.它只在 (x_0,y_0) 处有图像值,其他处的值全为零.

通过设式(7.4)中的 f 或 h 为冲激函数,并使用式(7.7)中的定义稍加处理,即可得出带冲激函数的卷积"复制"了冲激位置上此函数的值.此特性称为卷积函数的"筛选"特性.在原点处的单位冲激情况用 $\delta(x,y)$ 表示:

$$\sum_{x=0}^{M-1}\sum_{y=0}^{N-1}s(x,y)\delta(x,y)=s(0,0). \qquad (7.8)$$

利用这个简单的工具,现在可以在空间域和频率域滤波之间建立更为有趣和有

用的联系了.

根据傅里叶变换公式可以计算原点处单位冲激的傅里叶变换,即

$$F(u,v) = \frac{1}{MN} \sum_{x=0}^{M-1} \sum_{y=0}^{N-1} \delta(x,y) \mathrm{e}^{-\mathrm{j}2\pi(ux/M+vy/N)} = \frac{1}{MN}, \qquad (7.9)$$

其中,第二步根据式(7.8)而来.由此,可以得出空间域原点处的冲激函数的傅里叶变换是实常量(这意味着相角为 0).如果冲激任意放置,则变换会含有更复杂的成分.它们的幅度应该相同,但在变换后出现的非零相角会引起脉冲平移.

现在假设 $f(x,y) = \delta(x,y)$,同时执行式(7.4)中定义的卷积,再次使用式(7.7)可得

$$f(x,y) * h(x,y) = \frac{1}{MN} \sum_{m=0}^{M-1} \sum_{n=0}^{N-1} \delta(m,n) h(x-m,y-n) = \frac{1}{MN} h(x,y).$$

$$(7.10)$$

注意求和时的变量为 m 和 n,最后一步由式(7.8)而来.将式(7.5)与(7.10)合并,得到

$$\begin{cases} f(x,y) * h(x,y) \Leftrightarrow F(u,v)H(u,v), \\ \delta(x,y) * h(x,y) \Leftrightarrow \mathscr{T}[\delta(x,y)]H(u,v), \\ h(x,y) \Leftrightarrow H(u,v). \end{cases} \qquad (7.11)$$

仅使用冲激函数和卷积定理的性质即可确定在空间域和频率域中的滤波器,组成了傅里叶变换对.因此,频率域的滤波器,可以通过将其进行傅里叶反变换而得到空间域相应的滤波器,反之亦然.[3]

如果两个滤波器尺寸相同,那么通常在频率域进行滤波计算更直观有效,空间域适用于更小的滤波器.基于高斯函数的滤波有特殊的重要性,因为它们的形状易于确定,而且高斯函数的傅里叶变换和反变换均为实高斯函数.在此将讨论限制在一个变量的范围,以简化符号表示.

用 $H(u)$ 表示频率域,高斯滤波器函数由 $H(u) = A\exp(-u^2/2\sigma^2)$ 给出,可以看出相关的空间域滤波器为 $h(x) = \sqrt{2\pi}\sigma A\exp(-2\pi^2\sigma^2 x^2)$.

这两个等式表示了一个重要结论,表现在两方面:一是它们组成了傅里叶变换对,成分均为实高斯函数,这非常有助于分析;二是这些函数有相互之间的作用,当 $H(u)$ 有很宽的轮廓(较大的 σ 值)时,$h(x)$ 有很窄的轮廓,反之亦然.事实上,当 σ 接近无限时,$H(u)$ 趋于常量函数,而 $h(x)$ 趋于冲激函数.[4]

在频域中分析图像的频率成分与图像的视觉效果间的对应关系比较直观.有些在空间域比较难以表述和分析的图像增强任务可以比较简单地在频域中表述和分析.空域滤波在具体实现上和硬件设计时也有一些优点.

空域技术和频域技术存在一些区别.例如,空域技术中无论使用点操作还是模板操作,每次都只是基于部分像素的性质;而频域技术每次都利用图像中所有

像素的数据,具有全局的性质,可能更好地体现图像的整体特性,如整体对比度和平均灰度值等.[5]

7.2 线性滤波器

本节主要讨论空间域滤波算子和频率域基本滤波类型的传递函数响应关系.在空间算子部分,详细地介绍了拉普拉斯算子的基本理论和性质;在频率域滤波部分,重点讨论了多种滤波类型的传递函数和冲激响应.

7.2.1 空间算子

空间域模版运算中属于线性滤波方法的有均值平滑算子和拉普拉斯算子.均值平滑算子即使用目标像元点附近邻域范围内的像元值求平均得到该点灰度值.拉普拉斯算子是二阶微分算子,是一个标量,属于各向同性的运算,对灰度突变敏感.设 $\nabla^2 f$ 为拉普拉斯算子,则

$$\nabla^2 f = \frac{\partial^2 f}{\partial x^2} + \frac{\partial^2 f}{\partial y^2}. \tag{7.12}$$

对于离散数字图像 $f(x,y)$,其一阶偏导数为

$$\begin{cases} \dfrac{\partial f(i,j)}{\partial x} = \Delta_x f(i,j) = f(i,j) - f(i-1,j), \\ \dfrac{\partial f(i,j)}{\partial y} = \Delta_y f(i,j) = f(i,j) - f(i,j-1), \end{cases} \tag{7.13}$$

则其二阶偏导数为

$$\begin{cases} \dfrac{\partial^2 f(i,j)}{\partial x^2} = \Delta_x f(i+1,j) - \Delta_x f(i,j) = f(i+1,j) + f(i-1,j) - 2f(i,j), \\ \dfrac{\partial^2 f(i,j)}{\partial y^2} = \Delta_y f(i,j+1) - \Delta_y f(i,j) = f(i,j+1) + f(i,j-1) - 2f(i,j), \end{cases} \tag{7.14}$$

所以,拉普拉斯算子 $\nabla^2 f$ 为

$$\nabla^2 f = \frac{\partial^2 f}{\partial x^2} + \frac{\partial^2 f}{\partial y^2} = f(i-1,j) + f(i+1,j) + f(i,j+1) + f(i,j-1) - 4f(i,j). \tag{7.15}$$

对于扩散现象引起的图像模糊,可以用下式来进行锐化:

$$g(i,j) = f(i,j) - k\tau \nabla^2 f(i,j), \tag{7.16}$$

这里 $k\tau$ 是与扩散效应有关的系数.该系数取值要合理,如果过大,图像轮廓边缘会产生过冲;如果过小,锐化效果就不明显.如果令 $k\tau = 1$,则变换公式为

$$g(i,j) = 5f(i,j) - f(i-1,j) - f(i+1,j) - f(i,j+1) - f(i,j-1). \tag{7.17}$$

上式用模板表示如下：

$$\begin{bmatrix} 0 & -1 & 0 \\ -1 & 5 & -1 \\ 0 & -1 & 0 \end{bmatrix}.$$

这样拉普拉斯锐化运算完全可以转换成模板运算. 其他常用的拉普拉斯算子锐化模板还有：

$$\begin{bmatrix} 0 & 1 & 0 \\ 1 & -4 & 1 \\ 0 & 1 & 0 \end{bmatrix}, \begin{bmatrix} 1 & 1 & 1 \\ 1 & -8 & 1 \\ 1 & 1 & 1 \end{bmatrix}, \begin{bmatrix} 0 & -1 & 0 \\ -1 & 4 & -1 \\ 0 & -1 & 0 \end{bmatrix}, \begin{bmatrix} -1 & -1 & -1 \\ -1 & 8 & -1 \\ -1 & -1 & -1 \end{bmatrix}.$$

拉普拉斯算子有两个缺点：一是边缘的方向信息丢失，二是拉普拉斯算子为二阶差分，双倍加强了图像中的噪声影响. 其优点是各向同性，即具有旋转不变性.[6] 图 7.3 显示的是三种不同版本拉普拉斯算子滤波效果的比较.

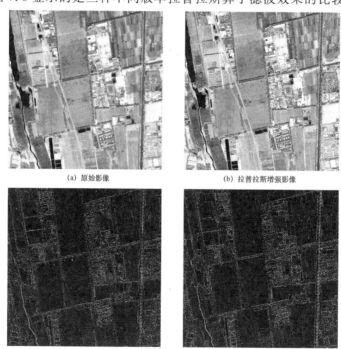

(a) 原始影像　　　　　　　　　　　(b) 拉普拉斯增强影像

(c) 普通拉普拉斯滤波　　　　　　(d) 考虑对角像素拉普拉斯滤波影像

图 7.3　拉普拉斯算子滤波效果比较(GF1 全色波段影像)

需要注意的是拉普拉斯增强模板算子的系数代数和为 1，经该模板滤波后得到的影像整体能量才不会改变. 设一数字图像任一像元的灰度值为 x_i，某个 3×3 模板如下所示：

$$\begin{bmatrix} 0 & a & 0 \\ b & c & d \\ 0 & e & 0 \end{bmatrix}.$$

当该模板在图像上移动时,像元 x_i 会与 a,b,c,d,e 五个系数分别重合进行计算,对整幅图像的灰度值之和的贡献为 $x_i(a+b+c+d+e)$. 不考虑边缘的情况,则滤波后得到的图像整体灰度值为 $\sum x_i(a+b+c+d+e)$,而原始图像的灰度值之和为 $\sum x_i$,所以 $a+b+c+d+e=1$,即模板算子的系数之和为 1 是保证滤波后数字图像能量不变的充要条件.

拉普拉斯边缘提取算子,以及后文将要提到的罗伯茨(Roberts),普鲁伊特(Prewitt),索贝尔(Sobel)等算子,它们基于的数学原理是导数或偏导数,在数字图像处理中离散为差分,所以模板的系数之和必定为 0,可通过这种方式提取灰度变化大的地方.因为图像的能量主要集中在背景部分,也就是变化率小的地方,经边缘提取算子滤波后能量集中的地方都被滤除掉了,所以经边缘提取算子滤波后得到的边缘提取图像能量为 0.

7.2.2 频率域基本滤波类型

频率域的基本类型有如图 7.4 所示的四种类型.

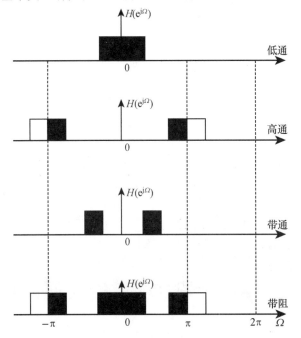

图 7.4 四种滤波器的 2π 分布

1. 理想低通滤波器

理想低通滤波器是指在滤波器设计中,使小于某一确定频率 D_0 的频率可以完全不受影响地通过滤波器,而大于 D_0 的频率则完全通不过,D_0 被称为截止频率,其定义如下:

$$H(u,v) = \begin{cases} 1, & D(u,v) \leqslant D_0, \\ 0, & D(u,v) > D_0, \end{cases} \tag{7.18}$$

其中 $D(u,v)$ 表示点 (u,v) 距频率平面原点的距离

$$D(u,v) = \left[\left(u - \frac{M}{2} \right)^2 + \left(v - \frac{N}{2} \right)^2 \right]^{\frac{1}{2}}, \tag{7.19}$$

M,N 分别表示离散化后的 u,v 频率值范围,而 $(M/2, N/2)$ 则代表离散频率范围 u,v 的各自 $1/2$ 处的交点位置.

下面分析理想低通滤波器信号的能量. 总的信号能量 P_T 为:

$$P_T = \sum_{u=0}^{M-1} \sum_{v=0}^{N-1} P(u,v). \tag{7.20}$$

如果将变换作中心平移,则一个以频域中心为原点,r 为半径的圆就包含了百分之 β 的能量,即

$$\beta = 100 \left[\sum_u \sum_v P(u,v) / P_T \right], \tag{7.21}$$

其中 $(u^2 + v^2)^{1/2} < r$.

由于傅里叶变换的实部 $R(u,v)$ 及虚部 $I(u,v)$ 随着频率 u,v 的升高而迅速下降,所以能量随着频率的升高而迅速减小,因此在频域平面上能量集中于频率很小的圆域内,当 D_0 增大时能量衰减很快. 高频部分携带能量虽少,但包含有丰富的边界、细节信息,所以截止频率 D_0 变小时,虽然亮度足够(因能量损失不大),但图像清晰度不够. 随着滤波器半径增加,会包含越来越多的高频细节信息,模糊程度会减小.

2. 理想高通滤波器

一个二维高通滤波器(high-pass filter)的定义如下:

$$H(u,v) = \begin{cases} 0, & D(u,v) \leqslant D_0, \\ 1, & D(u,v) > D_0, \end{cases} \tag{7.22}$$

其中 D_0 是从频率矩形中点测得的截止频率长度. 它的透视图和剖面图如图 7.5 所示,它与理想低通滤波器相反,把半径为 D_0 的圆内的所有频谱成分完全去掉,圆外则能无损地通过.

图 7.5(a)～(c)依次表示典型的理想高通滤波器的透视图、剖面图以及横截面图.

3. 理想带通滤波器

假定想通过卷积实现一个滤波器,它仅允许位于频率 f_1 和 f_2 之间($f_1 < f_2$)

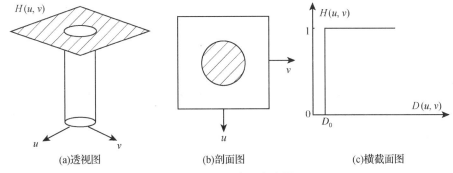

(a)透视图 (b)剖面图 (c)横截面图

图 7.5 理想高通滤波器

的能量通过,所需传递函数为

$$G(s) = \begin{cases} 1, & f_1 \leqslant |s| \leqslant f_2, \\ 0, & \text{其他.} \end{cases} \tag{7.23}$$

$G(s)$ 是一对矩形脉冲,因此可以认为 $G(s)$ 是由矩形脉冲与偶冲激对做卷积所得. 如果令

$$s_0 = \frac{1}{2}(f_1 + f_2), \quad \Delta s = f_2 - f_1, \tag{7.24}$$

则理想带通滤波器的传递函数可写为

$$G(s) = \Pi\left(\frac{s}{\Delta s}\right) * \left[\delta(s - s_0) + \delta(s + s_0)\right]. \tag{7.25}$$

有了上述传递函数,就可很容易写出理想带通滤波器的冲激响应为

$$g(t) = \Delta s \frac{\sin(\pi \Delta s t)}{\pi \Delta s t} 2\cos(2\pi s_0 t) = 2\Delta s \frac{\sin(\pi \Delta s t)}{\pi \Delta s t}\cos(2\pi s_0 t). \tag{7.26}$$

因为 $\Delta s < s_0$,所以式(7.26)描述了一个被频率为 $\Delta s/2$ 的包络线 $\sin x/x$ 所包围的,频率为 s_0 的余弦波. 图 7.6 显示了该冲激响应. 包络线两个过零点所包含的余弦周期的个数取决于 s_0 和 Δs 之间的关系. 可以发现,如果让 s_0 固定而 Δs 变小(即窄通带),那么包络线的两个过零点之间将会包围更多的余弦周期. 当 Δs 趋于 0 的时候,冲激响应就趋于一个余弦函数. 在这种极限情况下,这里的卷积运算实际上变成了输入信号和频率为 s_0 的余弦信号之间的互相关运算.

4. 理想带阻滤波器

阻止频率位于 f_1 和 f_2 之间的能量通过,而允许其他频率的能量通过的滤波器为理想带阻滤波器,其传递函数可表示为

$$G(s) = \begin{cases} 0, & f_1 \leqslant |s| \leqslant f_2, \\ 1, & \text{其他.} \end{cases} \tag{7.27}$$

为方便起见,令 s_0 是中心频率,而 Δs 表示被阻频带的宽度,则传递函数可写成 1

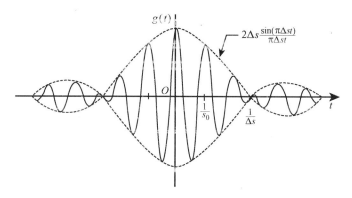

图 7.6　理想带通滤波器的冲激响应

减去带通滤波器的传递函数,即

$$G(s) = 1 - \Pi\left(\frac{s}{\Delta s}\right) * \left[\delta(s - s_0) + \delta(s + s_0)\right], \tag{7.28}$$

由此可以得出冲激响应为

$$g(t) = \delta(t) - 2\Delta s \frac{\sin(\pi \Delta s t)}{\pi \Delta s t}\cos(2\pi s_0 t), \tag{7.29}$$

其随带宽和中心频率而变化的性质均类似于带通滤波器. 如果 Δs 很小,那么称这样的带阻滤波器为"切口"滤波器(notch filter).

另外,除了上述理想滤波器以外,还有巴特沃斯(Butterworth)滤波器、指数滤波器、梯形滤波器、高斯滤波器等,这里不再详述.

7.3　最优线性滤波器

本节主要讲述以相关最优准则实现维纳滤波器和匹配检测器的设计. 两种滤波器的设计原理均从模型出发,确定最优准则,在频率域进行推导,求解传递函数,最终完成设计.

7.3.1　维纳滤波器

维纳滤波器是经典的线性降噪滤波器,以均方误差最小为函数方程求参量. 维纳滤波器的模型如图 7.7 所示.[7]假定观测到的信号 $x(t)$ 由 $s(t)$ 和加性噪声信号 $n(t)$ 构成,设计维纳滤波器即设计一种尽可能降低噪声信号,恢复有用信号的模型. 冲激响应为 $h(t)$,滤波器输出为 $y(t)$. 维纳滤波器设计即选择使得 $y(t)$ 尽可能逼近 $s(t)$ 的冲激响应 $h(t)$.

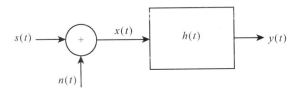

图 7.7　维纳滤波器模型

1. 维纳滤波器的最优准则

将滤波器输出端的信号误差定义为

$$e(t) = s(t) - y(t), \tag{7.30}$$

即实际输出与希望输出的差,它是时间的函数.以平均计,如果冲激响应 $h(t)$ 选择得合适,那么误差信号就会相当小.使用均方误差作为平均误差的度量,即

$$\text{MSE} = \varepsilon\{e^2(t)\} = \int_{-\infty}^{+\infty} e^2(t)\mathrm{d}t. \tag{7.31}$$

上式中误差信号是遍历性随机变量的线性组合.遍历性随机变量的时间均值和样本集均值在数值上相等,因而上式中等号成立.展开式(7.31)中的均方误差,则

$$\text{MSE} = \varepsilon\{e^2(t)\} = \varepsilon\{[s(t) - y(t)]^2\} = \varepsilon\{s^2(t) - 2s(t)y(t) + y^2(t)\}$$

$$= \varepsilon\{s^2(t)\} - 2\varepsilon\{s(t)y(t)\} + \varepsilon\{y^2(t)\} = T_1 + T_2 + T_3. \tag{7.32}$$

这里引入 T_1, T_2 和 T_3 是为了能独立考虑这三项.将 T_1 写成积分形式,得到

$$T_1 = \varepsilon\{s^2(t)\} = \int_{-\infty}^{\infty} s^2(t)\mathrm{d}t = R_s(0). \tag{7.33}$$

这正是 $s(t)$ 的自相关函数在 $\tau = 0$ 点的值,$s(t)$ 作为遍历性随机变量,其自相关函数已知,因此 T_1 的值一开始就是已知的.把 $y(t)$ 写成 $x(t)$ 和 $h(t)$ 的卷积,则允许把第二项 T_2 展开为

$$T_2 = -2\varepsilon\left\{s(t)\int_{-\infty}^{\infty} h(\tau)x(t-\tau)\mathrm{d}\tau\right\}. \tag{7.34}$$

因为期望算子实际上是对时间的积分,改变上式积分次序得到

$$T_2 = -2\int_{-\infty}^{\infty} h(\tau)\varepsilon\{s(t)x(t-\tau)\}\mathrm{d}\tau, \tag{7.35}$$

其中积分里面的期望是 $s(t)$ 和 $x(t)$ 的互相关函数,于是有

$$T_2 = -2\int_{-\infty}^{\infty} h(\tau)R_{xs}(\tau)\mathrm{d}\tau. \tag{7.36}$$

把 T_3 视为两个卷积之积的期望,即

$$T_3 = \varepsilon\left\{\int_{-\infty}^{\infty} h(\tau)x(t-\tau)\mathrm{d}\tau\int_{-\infty}^{\infty} h(u)x(t-u)\mathrm{d}u\right\}$$

$$= \int_{-\infty}^{\infty}\int_{-\infty}^{\infty} h(\tau)h(u)\varepsilon\{x(t-\tau)x(t-u)\}\mathrm{d}\tau\mathrm{d}u, \tag{7.37}$$

如在期望算子里面进行变量替换 $t=u+v$，该项变为

$$\varepsilon\{x(t-\tau)x(t-u)\}=\varepsilon\{x(v+u-\tau)x(v)\},\qquad(7.38)$$

它就是 $x(t)$ 的自相关函数在点 $u-t$ 处的取值. 现在把第三项写为

$$T_3=\int_{-\infty}^{\infty}\int_{-\infty}^{\infty}h(\tau)h(u)R_x(u-\tau)\mathrm{d}\tau\mathrm{d}u.\qquad(7.39)$$

至此,MSE 可以写为

$$\mathrm{MSE}=R_s(0)-2\int_{-\infty}^{\infty}h(\tau)R_{xs}(\tau)\mathrm{d}\tau+\int_{-\infty}^{\infty}\int_{-\infty}^{\infty}h(\tau)h(u)R_x(u-\tau)\mathrm{d}\tau\mathrm{d}u.$$
$$(7.40)$$

2. 均方误差分析

用 $h_0(t)$ 表示使得 MSE 达到最小的冲激响应. 一般说来,任意的 $h(t)$ 与最优的 $h_0(t)$ 之间是不同的,我们定义一个函数 $g(t)$ 来表示这个差异,即

$$h(t)=h_0(t)+g(t)\qquad(7.41)$$

这里 $h(t)$ 是一个任意选取的次优冲激响应函数,而 $g(t)$ 是被选来使得等式成立的函数. 把上式的 $h(t)$ 代入式(7.40)得到

$$\mathrm{MSE}=R_s(0)-2\int_{-\infty}^{\infty}[h_0(\tau)+g(\tau)]R_{xs}(\tau)\mathrm{d}\tau+$$

$$\int_{-\infty}^{\infty}\int_{-\infty}^{\infty}[h_0(\tau)+g(\tau)][h_0(u)+g(u)]R_x(u-\tau)\mathrm{d}\tau\mathrm{d}u.\ (7.42)$$

展开上面的式子,则

$$\mathrm{MSE}=R_s(0)-2\int_{-\infty}^{\infty}h_0(\tau)R_{xs}(\tau)\mathrm{d}\tau+\int_{-\infty}^{\infty}\int_{-\infty}^{\infty}h_0(\tau)h_0(u)R_x(u-\tau)\mathrm{d}\tau\mathrm{d}u$$

$$+\int_{-\infty}^{\infty}\int_{-\infty}^{\infty}h_0(\tau)g(u)R_x(u-\tau)\mathrm{d}\tau\mathrm{d}u+\int_{-\infty}^{\infty}\int_{-\infty}^{\infty}h_0(u)g(\tau)R_x(u-\tau)\mathrm{d}\tau\mathrm{d}u$$

$$-2\int_{-\infty}^{\infty}g(\tau)R_{xs}(\tau)\mathrm{d}\tau+\int_{-\infty}^{\infty}\int_{-\infty}^{\infty}g(\tau)g(u)R_x(u-\tau)\mathrm{d}\tau\mathrm{d}u.\qquad(7.43)$$

比较上式的前三项与式(7.40)的前三项,会发现这三项的和(用 MSE_0 表示)表示用最优冲激响应函数时产生的均方误差. 由于自相关函数 $R_x(u-\tau)$ 是偶函数,上式的第四项和第五项是相等的,把它们与第六项组合起来,可以改写成

$$\mathrm{MSE}=\mathrm{MSE}_0+2\int_{-\infty}^{\infty}g(u)\left[\int_{-\infty}^{\infty}h_0(\tau)R_x(u-\tau)\mathrm{d}\tau-R_{xs}(u)\right]\mathrm{d}u$$

$$+\int_{-\infty}^{\infty}\int_{-\infty}^{\infty}g(u)g(\tau)R_x(u-\tau)\mathrm{d}u\mathrm{d}\tau=\mathrm{MSE}_0+T_4+T_5,(7.44)$$

这里引入 T_4 和 T_5 是为了表达简洁. 现在,我们将证明 T_5 是非负的. 将自相关函数 $R_x(u-\tau)$ 写成积分形式,则

$$T_5=\int_{-\infty}^{\infty}\int_{-\infty}^{\infty}g(u)g(\tau)\int_{-\infty}^{\infty}x(t-\tau)x(t-u)\mathrm{d}t\mathrm{d}u\mathrm{d}\tau,\qquad(7.45)$$

变化积分次序得到

$$T_5 = \int_{-\infty}^{\infty} \int_{-\infty}^{\infty} g(u) x(t-u) \mathrm{d}u \int_{-\infty}^{\infty} g(\tau) x(t-\tau) \mathrm{d}\tau \mathrm{d}t. \tag{7.46}$$

如果定义 $z(t)$ 为 $g(t)$ 和 $x(t)$ 的卷积函数,那么上式就可以写为

$$T_5 = \int_{-\infty}^{\infty} z^2(t) \mathrm{d}t \geqslant 0. \tag{7.47}$$

现在回到 MSE,即

$$\text{MSE} = \text{MSE}_0 + 2\int_{-\infty}^{\infty} g(u) \left[\int_{-\infty}^{\infty} h_0(\tau) R_x(u-\tau) \mathrm{d}\tau - R_{xs}(u) \right] \mathrm{d}u + T_5. \tag{7.48}$$

这里 MSE_0 是最优条件下的均方误差,T_5 独立于 h_0 且非负的. 要找到使得 MSE 达到最小值时应该满足的条件,一种方法是让方括号中的式子对所有的 u 值都为 0,这样做就可以去掉式中的项,而且保证了 $\text{MSE}_0 \leqslant \text{MSE}$.

通过下面的讨论来证明必要性. 假定对于某个 u 值,式中方括号的项为非零值. 那么,因为 $g(u)$ 是任意的函数,当括号里的项是正值时,$g(u)$ 可以是绝对值更大的负数,T_4 中的积分将是很大的负数,反之亦然. 这样 MSE 就变得比 MSE_0 更小,这就违反了定义,因此可以断言式中括号里的项等于 0 是必要的. 这意味着

$$R_{xs}(\tau) = \int_{-\infty}^{\infty} h_0(u) R_x(u-\tau) \mathrm{d}u \tag{7.49}$$

是使得方差最小的一个必要条件. 容易得出,上式也是使得滤波器最优的充分条件. 于是,式(7.48)变为

$$\text{MSE} = \text{MSE}_0 + T_5, \quad T_5 \geqslant 0. \tag{7.50}$$

容易证明,对于任何线性系统,输入和输出之间的互相关由下式给出:

$$R_{xy}(\tau) = h(u) * R_x(u), \tag{7.51}$$

其中 $R_x(u)$ 是输入信号的自相关函数. 式右边是一个卷积积分,可以写做

$$R_{xs}(\tau) = h_0(u) * R_x(u) = R_{xy}(\tau), \tag{7.52}$$

这就把最优冲激响应与输入信号的自相关及输入信号与期望信号的互相关等关联起来了. 对上式两边进行傅里叶变换,得到

$$P_{xs}(s) = H_0(s) P_x(s) = P_{xy}(s), \tag{7.53}$$

这意味着

$$H_0(s) = \frac{P_{xs}(s)}{P_x(s)}. \tag{7.54}$$

3. 维纳滤波器的设计步骤

综合以上分析,设计维纳滤波器的步骤可归纳为:(1) 对输入信号 $s(t)$ 的样本进行数字化;(2) 求输入样本的自相关得到 $R_x(\tau)$ 的一个估计值;(3) 计算 $R_x(\tau)$ 的傅里叶变换得到 $P_x(s)$;(4) 在无噪声的情况下对取得输入信号的一个样本进

行数字化;(5) 求信号样本(即无噪声情况下)与输入样本的互相关来估计$R_{xs}(\tau)$;(6) 计算 $R_{xs}(\tau)$ 的傅里叶变换得出的 $P_{xs}(s)$;(7) 根据 $H_0(s)=P_{xs}(s)/P_x(s)$ 计算最优滤波器的传递函数;(8) 如果要用卷积运算来实现滤波器,则计算 $H_0(s)$ 的傅里叶逆变换得到最优线性估计器的冲激响应 $h_0(t)$.

7.3.2　匹配检测器

匹配检测器的模型如图 7.8 所示.观察到的信号 $x(t)$ 是由信号 $m(t)$ 受加性噪声 $n(t)$ 的污染而形成的.$x(t)$ 输入到冲激响应为 $k(t)$ 的线性滤波器得到输出 $y(t)$.

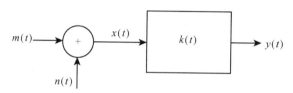

图 7.8　匹配检测器模型

可利用滤波器的输出来监测 $m(t)$ 是否出现.模型可以表达为

$$y(t)=\big[m(t)+n(t)\big]*k(t)=m(t)*k(t)+n(t)*k(t)，\quad(7.55)$$

这意味着模型等价于图 7.9 的系统.换句话说,$m(t)$ 和 $n(t)$ 是在通过滤波器之前还是在通过滤波器之后相加,对整个系统来说是没有区别的.[8]

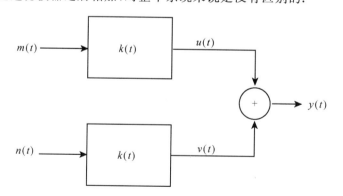

图 7.9　与图 7.8 等价的匹配滤波器模型

定义两个分量输出为

$$u(t)=m(t)*k(t)，\quad v(t)=n(t)*k(t)，\quad(7.56)$$

现在 $u(t)$ 就是滤波之后的信号,而 $v(t)$ 则是滤波之后的噪声.

1. 最优准则

将输出端的平均信噪功率与 0 时刻的取值之比作为衡量滤波器性能的一种

度量,即

$$\rho = \frac{\varepsilon\{u^2(0)\}}{\varepsilon\{v^2(0)\}}, \tag{7.57}$$

原型信号 $m(t)$ 常常是以原点为中心的相当窄的函数. 我们希望输出功率在 $t=0$ 时刻(即信号出现的时刻)变大,而在这之前和之后,信号不存在时,输出幅度要相当小. 根据移不变性性质,如果信号 $m(t-t_1)$ 在某个其他时刻 t_1 到达,那么滤波器的输出幅度将在 t_1 时刻增大,这样就表示信号出现了. 如果 ρ 很大,那么输出 $y(t)$ 的幅度将很大程度上依赖于 $m(t)$ 是否出现,并且它对噪声 $n(t)$ 的波动不敏感. 因此选 ρ 最大为最优化的准则. 因为 $u(t)$ 是确定性的,因此可以去掉分子中的期望算子,并把上式写成

$$\rho = \frac{u^2(0)}{\varepsilon\{v^2(t)\}} = \frac{[m(t)*k(t)]^2}{\varepsilon\{[n(t)*k(t)]^2\}} = \frac{[\mathscr{T}^{-1}(M(s)*K(s))]^2}{\varepsilon\{[n(t)*k(t)]^2\}} = \frac{\rho_n}{\rho_d}, \tag{7.58}$$

这里引入 ρ_n 和 ρ_d 后,就可以分别地考虑分子和分母. 首先把分母展开为两个卷积积分之积,即

$$\rho_d = \varepsilon\left\{\int_{-\infty}^{\infty} k(q)n(t-q)\mathrm{d}q \int_{-\infty}^{\infty} k(\tau)n(t-\tau)\mathrm{d}\tau\right\}. \tag{7.59}$$

因为求期望是对时间的积分,而且冲激响应 $k(t)$ 并非随机信号,所以我们可以改换式中的积分次序得到

$$\rho_d = \int_{-\infty}^{\infty}\int_{-\infty}^{\infty} k(q)k(\tau)\varepsilon\{n(t-q)n(t-\tau)\}\mathrm{d}q\mathrm{d}\tau. \tag{7.60}$$

看出积分式里的期望因子是噪声的自相关函数 $R_n(\tau-q)$,也是噪声功率谱 $P_n(s)$ 的逆傅里叶变换,因此

$$\varepsilon\{n(t-q)n(t-\tau)\} = R_n(\tau-q) = \int_{-\infty}^{\infty} P_n(s)\mathrm{e}^{\mathrm{j}2\pi s(\tau-q)}\mathrm{d}s. \tag{7.61}$$

所以 ρ 的分母可以写为

$$\rho_d = \int_{-\infty}^{\infty}\int_{-\infty}^{\infty} k(q)k(\tau)\int_{-\infty}^{\infty} P_n(s)\mathrm{e}^{\mathrm{j}2\pi s(\tau-q)}\mathrm{d}s\mathrm{d}q\mathrm{d}\tau. \tag{7.62}$$

通过分解指数项并改换积分次序得到

$$\rho_d = \int_{-\infty}^{\infty} P_n(s)\left[\int_{-\infty}^{\infty} k(q)\mathrm{e}^{-\mathrm{j}2\pi sq}\mathrm{d}q \int_{-\infty}^{\infty} k(\tau)\mathrm{e}^{\mathrm{j}2\pi s\tau}\mathrm{d}\tau\right]\mathrm{d}s. \tag{7.63}$$

方括号里的项是两个逆傅里叶变换项即 $K(s)$ 和 $K(-s)$ 之积. 因为冲激响应函数是一个实函数,所以传递函数 $K(s)$ 是 Hermite 型的,并且 $K(-s)=K^*(s)$. 因此,方括号里的项可以简化为

$$K(s)K(-s) = K(s)K^*(s) = |K(s)|^2. \tag{7.64}$$

把上式代入 ρ 并展开分子中的傅里叶变换项,就得到如下形式的信噪功率比:

$$\rho = \frac{\left[\int_{-\infty}^{\infty} K(s)M(s)\mathrm{d}s\right]^2}{\int_{-\infty}^{\infty}|K(s)|^2 P_n(s)\mathrm{d}s}. \tag{7.65}$$

想要最大化的就是上面的式子. 利用施瓦兹不等式原理, 容易推导出

$$\rho \leqslant \int_{-\infty}^{\infty} \frac{|M(s)|^2}{P_n(s)}\mathrm{d}s, \tag{7.66}$$

那么

$$\rho_{\max} = \int_{-\infty}^{\infty} \frac{|M(s)|^2}{P_n(s)}\mathrm{d}s \tag{7.67}$$

即为使 ρ 最大的必要条件.

2. 传递函数

最优传递函数的获得, 首先是设定一种形式, 然后证明它确实使得 ρ 取得最大值. 假定最优的传递函数是

$$K_o(s) = C\frac{M^*(s)}{P_n(s)}, \tag{7.68}$$

这里 C 是任意的常数, 把上面假定的形式代入到 ρ 的一般形式得到

$$\rho = \frac{\left|\int_{-\infty}^{\infty} C\frac{M^*(s)}{P_n(s)}M(s)\mathrm{d}s\right|^2}{\int_{-\infty}^{\infty} C^2\frac{M(s)^* M(s)}{P_n(s)^* P_n(s)}P_n(s)\mathrm{d}s} \tag{7.69}$$

因为 $P_n(s)$ 是实偶函数, $P_n^*(s)=P_n(s)$, 并且分子是分母的平方. 所以 ρ 可以简化为

$$\rho = \int_{-\infty}^{\infty} \frac{|M(s)|^2}{P_n(s)}\mathrm{d}s = \rho_{\max}, \tag{7.70}$$

它满足最优化的必要条件. 这表明式中设定的传递函数确实能够使得滤波器输出端的信噪比、功率比达到最大值. 注意, 传递函数的幅度正比于信号的幅度与噪声功率之比, 是频率的函数. 出现任意常数 C 也并不奇怪, 因为我们最初的努力是使得输出端的信噪比达到最大.

7.4 非线性滤波器

本节主要介绍两大类主要的非线性滤波方法: 从空间域角度探讨 Roberts 算子、Prewitt 算子、Sobel 算子、中值滤波等, 从频率域角度讨论同态滤波.

7.4.1 空间算子

常用的一阶微分算子有 Roberts, Prewitt, Sobel 等算子. 在图像处理中, 一

阶微分是通过梯度法实现的. 对于函数 $f(x,y)$, 在其坐标 (x,y) 上的梯度可通过如下二维列向量来定义:

$$\nabla f(x,y) = \begin{bmatrix} G_x \\ G_y \end{bmatrix} = \begin{bmatrix} \dfrac{\partial f}{\partial x} \\[2mm] \dfrac{\partial f}{\partial y} \end{bmatrix}. \tag{7.71}$$

式中梯度向量的大小和方向参考式(7.12).

对于离散数字图像处理而言, 常用到梯度的大小, 我们把梯度的大小习惯称为"梯度". 并且一阶偏导数采用一阶差分近似表示, 即

$$G_x = f(x+1,y) - f(x,y), \quad G_y = f(x,y+1) - f(x,y). \tag{7.72}$$

当对整幅图像进行上述计算时运算量很大, 因此在实际操作中, 经常使用下面的表达式来近似求梯度的模值:

$$|\nabla f| = |G_x| + |G_y|. \tag{7.73}$$

这个简化的梯度计算方法避开了平方和开方等复杂运算, 但也带来了不良后果, 即它的各向同性不存在了.[9]

1. Roberts 算子

Roberts 算子模板表示为

$$T_1 = \begin{vmatrix} -1 & 0 \\ 0 & 1 \end{vmatrix}, T_2 = \begin{vmatrix} 0 & 1 \\ -1 & 0 \end{vmatrix}.$$

这是用交叉差分代替微分的方法, 该方法的表达式为

$$\begin{cases} G_x = f(x+1,y+1) - f(x,y), \\ G_y = f(x,y+1) - f(x+1,y). \end{cases} \tag{7.74}$$

第一个算子对接近 $45°$ 的边缘有较强的呼应, 第二个算子对接近 $-45°$ 的边缘有较强的呼应, 分别用这两个模板对图像进行滤波就可得到 G_x 和 G_y, 最终的 Roberts 交叉梯度图像为 $|G_x| + |G_y|$.

2. Prewitt 算子

Prewitt 算子是 Prewitt 于 1970 年提出的一种由理想的边缘子图像构成且具有水平和垂直两个方向的边缘模板算子. 对数字图像 $f(x,y)$, Prewitt 算子的定义如下:

$$\begin{cases} G_x = f(x+1,y-1) + f(x+1,y) + f(x+1,y+1) \\ \qquad + f(x-1,y-1) + f(x-1,y) + f(x-1,y+1), \\ G_y = f(x-1,y+1) + f(x,y+1) + f(x+1,y+1) \\ \qquad + f(x-1,y-1) + f(x,y-1) + f(x+1,y-1). \end{cases} \tag{7.75}$$

该算子比 Roberts 算子更多地考虑了邻域点的关系, 并将模板尺寸由 2×2 扩大到 3×3, 此模板表示为

$$T_1 = \begin{vmatrix} -1 & -1 & -1 \\ 0 & 0 & 0 \\ 1 & 1 & 1 \end{vmatrix}, T_2 = \begin{vmatrix} -1 & 0 & 1 \\ -1 & 0 & 1 \\ -1 & 0 & 1 \end{vmatrix}. \tag{7.76}$$

3. Sobel 算子

Sobel 利用像素邻近区域的梯度值来计算该像素的梯度,然后根据一定的阈值加以取舍.利用式(7.71)可以表示图像的梯度,式中如果 $\theta=0$,即表示图像该处具有纵向边缘.

Sobel 算子的特点是对称的一阶差分,是由两个卷积核结合而成的 3x3 算子模板,此模板表示为

$$T_1 = \begin{vmatrix} -1 & -2 & -1 \\ 0 & 0 & 0 \\ 1 & 2 & 1 \end{vmatrix}, \quad T_2 = \begin{vmatrix} -1 & 0 & 1 \\ -2 & 0 & 2 \\ -1 & 0 & 1 \end{vmatrix}. \tag{7.77}$$

图 7.10 是不同算子的处理结果.通常一个核对垂直边缘响应最大,而另一个核对水平边缘响应最大.将两个卷积的最大值作为该像元的输出值,其运算结果得到的是一幅边缘图像.

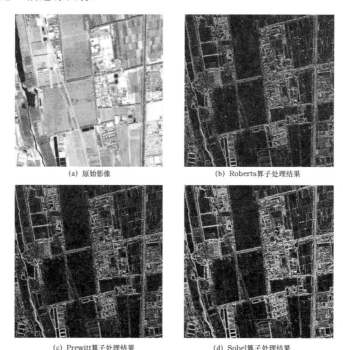

(a) 原始影像　　　　　　　　(b) Roberts算子处理结果

(c) Prewitt算子处理结果　　　　　(d) Sobel算子处理结果

图 7.10　多种算子处理结果的比较

4. 中值滤波

中值滤波是一种非线性数字滤波器技术,经常用于去除图像或者其他信号

中的噪声.中值滤波对于椒盐噪声的去处尤其有效.

　　由于中值滤波是以模板窗口卷积的过程,所以随着模板窗口大小的增加,图像内部各个像素受到周围像素的影响逐渐增加,像素值更加趋同,图像整体越来越模糊.故在中值滤波中,正确选择窗口尺寸的大小是很重要的环节.[10]图 7.11是同一幅图像的中值滤波和均值滤波的结果比较.

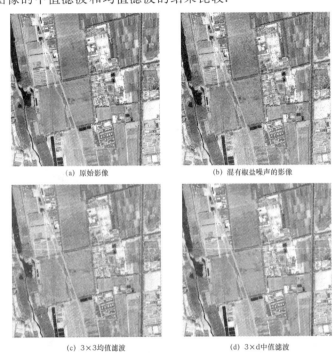

(a) 原始影像　　　　　　　　　　(b) 混有椒盐噪声的影像

(c) 3×3均值滤波　　　　　　　　(d) 3×d中值滤波

图 7.11　中值滤波和均值滤波的结果比较(GF1 图像)

7.4.2　同态滤波

　　同态的概念是指从一种结构到同类结构的映射过程中,相应的结构保存不变.同态滤波是把频率过滤和灰度变换结合起来的一种图像处理方法,它依靠图像的照度/反射率模型作为频域处理的基础,利用压缩亮度范围和增强对比度来改善图像的质量.使用这种方法可以使图像处理符合人眼对于亮度响应的非线性特性,避免了直接对图像进行傅里叶变换处理的失真.[11]

　　同态滤波器(homomorphic filter)是减少低频增加高频,从而减少光照变化并锐化边缘或细节的非线性图像滤波方法.同态滤波方法可以用下面的过程来描述.

　　一幅图像 $f(x,y)$ 可以用照射分量 $i(x,y)$ 和反射分量 $r(x,y)$ 的乘积来表示[12]:

$$f(x,y)=i(x,y)\cdot r(x,y). \tag{7.78}$$

对上式两边取自然对数,有

$$\ln f(x,y) = \ln i(x,y) + \ln r(x,y), \tag{7.79}$$

再对上式进行傅里叶变换,得

$$F(u,v) = I(u,v) + R(u,v). \tag{7.80}$$

设计一个对傅里叶变换的高频和低频分量影响不同的滤波函数 $H(u,v)$,它能减弱低频分量而增强高频分量,$F(u,v)$ 经其处理后可得

$$H(u,v) \cdot F(u,v) = H(u,v) \cdot I(u,v) + H(u,v) \cdot R(u,v), \tag{7.81}$$

逆变换到空域,可得

$$h_{\mathrm{f}}(x,y) = h_i(x,y) + h_r(x,y). \tag{7.82}$$

通过上式可知增强后的图像是由对应的照明分量与反射分量两部分叠加而成,对式(7.84)两边取指数,可得

$$g(x,y) = \exp|h_{\mathrm{f}}(x,y)| = \exp|h_i(x,y)| \cdot \exp|h_r(x,y)|. \tag{7.83}$$

如图 7.12 所示,不同空间分辨率的遥感图像,使用同态滤波器的效果不同.[13]如果图像中光照是均匀的,那么同态滤波效果不大.反之同态滤波有助于表现出图像中暗处的细节.[14]

(a) 原始影像　　　　　　　(b) 同态滤波后的影像

图 7.12　同态滤波图像效果比较(GF1 全色波段影像)

7.5　小　　结

滤波工作是遥感图像处理中的一个重要基础步骤,滤波效果的好坏,直接影响到遥感图像处理的最终精度.本章最重要的数学基础的逻辑如图 7.17 和表 7.1 所示.

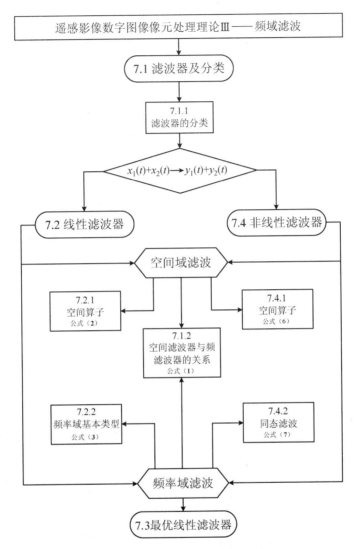

图 7.17 本章内容总结图

表 7.1 本章数理公式总结

公式(1)	$f(x,y) * h(x,y) \Leftrightarrow F(u,v)H(u,v)$ 式(7.5)	详见 7.1.2
公式(2)	$\nabla^2 f = \dfrac{\partial^2 f}{\partial x^2} + \dfrac{\partial^2 f}{\partial y^2} = f(i-1,j) + f(i+1,j) + f(i,j+1) +$ $f(i,j-1) - 4f(i,j)$ 式(7.15)	详见 7.2.1
公式(3)	$D(u,v) = \left[(u - M/2)^2 + (v - N/2)^2 \right]^{\frac{1}{2}}$ 式(7.19)	详见 7.2.2
公式(4)	$\mathrm{MSE} = \varepsilon\{e^2(t)\} = \displaystyle\int_{-\infty}^{+\infty} e^2(t)\,\mathrm{d}t$ 式(7.31)	详见 7.3.1

公式(5)	$\rho = \varepsilon\{u^2(0)\}/\varepsilon\{v^2(0)\}$	式(7.57)	详见 7.3.2
公式(6)	$\nabla f(x,y) = \begin{bmatrix} G_x \\ G_y \end{bmatrix} = \begin{bmatrix} \dfrac{\partial f}{\partial x} \\ \dfrac{\partial f}{\partial y} \end{bmatrix}$	式(7.71)	详见 7.4.1
公式(7)	$f(x,y) = i(x,y) \cdot r(x,y)$	式(7.78)	详见 7.4.2

　　本章在介绍滤波器的时候,是按照线性还是非线性这样的角度来进行分类的;线性还是非线性是由式(7.3)来确定的.

　　由于图像不同于一般信号,在确定分类角度之后,将空间域和频率域纳入到"线性还是非线性"的分类时必须理清两者的内在关系.空间域和频率域的关系是通过傅里叶变换联系起来的,两者是一组傅里叶变换对.

　　在线性滤波方法中,本章讨论了空间算子类型.在图像处理中,二阶微分是通过定义 $\nabla^2 f$ 实现的.由此产生的拉普拉斯算子是边缘检测的有效工具.

　　在线性滤波方法中,本章讨论了频率域的基本滤波方法.在频率域中,基本的滤波模型是通过滤波器变换函数来实现的,通过滤波器变换函数来对图像的低频、高频及其他频率区间进行针对性的滤波.

　　本章比较新颖的是介绍了两种最优的线性滤波器类型.维纳滤波器的设计过程,是通过时域内定义、频域内设计的模式来进行的,通过讨论 $e(t)$ 的均方误差的最小值来确定滤波效果最好的条件.在匹配检测器的设计过程中,通过讨论平均信噪功率 ρ 来确定滤波效果最好的条件.

　　而在非线性滤波方法部分,本章介绍的是传统的空间算子和同态滤波方法.其中同态滤波方法是通过减少低频增加高频,从而减少光照变化并锐化边缘或细节的非线性图像滤波方法,也是通过时域内定义、频域内设计来实现的.

　　本章严格围绕基本原理来讨论滤波方法,力求使本章内容成为遥感数字图像处理的教学手册.从某一方面来说,滤波的结果是使有用信号增强,滤波是图像增强的过程,具有很强的主观性.

参考文献

[1] Castleman K R, Selzer R H, Blankenhorn D H. Vessel edge detection in angiogram: an application of the Wiener filter [M] //Aggarwal J K. Digital Signal Processing. Point Lobos Press, North Hollywood, CA: Western Periodicals, 1979.

[2] Goldstein J S, Reed I S, Scharf L L. A multistage representation of the Wiener filter based on orthogonal projections [J]. IEEE Transactions on Information Theory, 1998(44).

[3] Helbert D, Carre P, Andres E. 3-D discrete analytical ridgelet transform. IEEE Transactions on Image Processing, 2006.

［4］ Goldstein J S，Reed I S，Seharf L L．A multistage representation of the Wiener filter based on orthogonal projections．IEEE Transactions on Information Theory，1998，44 (7)．

［5］ Duncan D T，Johnson R M，Molnar B E，et al．Association between neighborhood safety and overweight status among urban adolescents［J］．BMC Public Health，2009，9(1)．

［6］ Middleton D．One New Classes of Matched Filters［J］．IEEE Transactions on Information Theory，1960．

［7］ de Jong K，Albin M，Skärbäck E，et al．Area-aggregated assessments of perceived environmental attributes may overcome single-source bias in studies of green environments and health：results from a cross-sectional survey in southern Sweden［J］．Environmental Health，2011，10(1)．

［8］ 季虎，孙即祥，邵晓芳，等.图像边缘提取方法及展望［J］.计算机工程与应用，2004(14)．

［9］ Auber T G，Kornprobst T P．Mathematical problems in image processing：partial differential equations and the calculus of variations［M］．Springer-Verlag，New York，2002．

［10］ Sun T，Neuvo Y．Detail-preserving median based filters in image processing［J］．Pattern Recognition Letters，1994(15)．

［11］ Goldstein J S，Reed I S，Scharf L L．A multistage representation of the wiener filter based on orthogonal projections．IEEE Transactions on Information Theory，1998．

［12］ Wen S，You Z S．A performance optimized algorithm of spatial domain homomorphic filtering［J］．Application Research of Computers，2000(17)．

［13］ 闻莎，游志胜.性能优化的同态滤波空域算法［J］.计算机应用研究，2000(17)．

［14］ Cerin E，Barnett A，Sit C H P，et al．Measuring walking within and outside the neighborhood in Chinese elders：reliability and validity［J］．BMC Public Health，2011，11 (1)．

第八章 遥感数字图像像元处理理论 Ⅳ
——时域采样

章前导引 自然世界连续的空间信息必须通过采样转化为计算机处理所需要的离散信息,即时间序列信息,因而采样处理成为遥感地物信息用计算机表达分析的前提保障.本章的核心是采样定理,其分析手段基于第六章时频域转换和第七章频域滤波理论.

本章的逻辑框架如图 8.1 所示,具体内容包括:采样和插值(第 8.1 节),给出了连续信息离散化的理论依据;采样定理的二维图像推广(第 8.2 节),可直接用于二维图像离散化;频谱截取与分析(第 8.3 节),在频域内对影像进行处理,分析由此产生的误差影响;混叠误差和线性滤波(第 8.4 节),分析混叠产生的根源和误差改正方法;数字处理(第 8.5 节),给出了连续信息截断和离散采样的实际误差效应和应对方式.由此给出了连续－离散信息转换中的理论和方法依据.

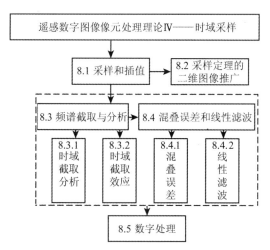

图 8.1 本章逻辑框架图

怎样对连续函数进行采样能够使原函数被完全恢复? 采样在何种程度上造成信息丢失,这种丢失的本质是什么? 采样对函数的频谱有何影响? 带着这些问题,本章将对数据采样进行详细的阐述.

8.1　采样和插值

本节主要讨论 Shah 采样定理的由来. 首先是引入了香农函数 Shah, 它是沿 x 轴相隔单位距离出现的单位幅值的无限冲激序列. 由于在进行采样和量化的时候都是根据信号的具体时间和频率进行的, 因此就把 Shah 函数推广到具体的时间和频率单位, 这样就有了时间间隔为 τ, 频率间隔为 $1/\tau$ 的一个冲激序列.

时域和频域的采样都是基于这个 Shah 函数来进行的, 时域处理就是将原函数与冲激序列函数进行相乘, 频域处理就是将原函数通过傅里叶变换到频域与冲激序列函数卷积, 通过分析采样的过程便可得到采样定理. [1]

8.1.1　采样插值函数(冲激序列)——Shah 函数

Shah 函数对采样过程中的建模很有价值, 其定义为

$$III(x) = \sum_{n=-\infty}^{\infty} \delta(x-n). \tag{8.1}$$

$III(x)$ 是沿 x 轴相隔单位距离出现的单位幅值的无限冲激序列. Shah 函数的傅里叶变换是其本身:

$$III(s) = F[III(x)], \tag{8.2}$$

将此函数作为对连续函数进行采样的模型, 将此结论推广到具体的时间和频率, $III(x/\tau)$ 则为沿 x 轴相隔距离 τ 的单位幅值冲激序列, 如图 8.2 所示, 将相似性定理代入式(8.2)可得

$$\mathcal{T}\{III(x/\tau)\} = \tau III(\tau s). \tag{8.3}$$

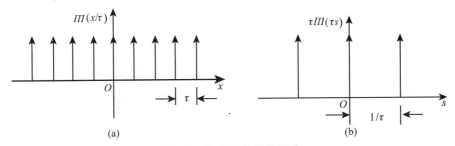

图 8.2　Shah 函数及其频谱

根据相似性定理, 冲激函数有一个奇特的性质:

$$\delta(ax) = \frac{1}{|a|}\delta(x). \tag{8.4}$$

由于 $III(x)$ 是一个等间隔排列的冲激的无穷序列, 所以它在伸长或收缩时也呈现这个性质, 特别是

$$III(ax) = \sum_{n=-\infty}^{\infty} \delta(ax - n) = \sum_{n=-\infty}^{\infty} \delta\left[a\left(x - \frac{n}{a}\right)\right]. \tag{8.5}$$

这意味着

$$III(ax) = \frac{1}{|a|} \sum_{n=-\infty}^{\infty} \delta\left(x - \frac{n}{a}\right), \tag{8.6}$$

令 $a = \dfrac{1}{\tau}$，则得

$$III\left(\frac{x}{\tau}\right) = \tau \sum_{n=-\infty}^{\infty} \delta(x - n\tau), \tag{8.7}$$

即冲激间隔为 τ. 这里注意，冲激间隔为 τ 而不是单位间距，使得冲激强度的幅值乘了系数 τ，傅里叶变换为

$$\mathcal{T}\{III(x/\tau)\} = \tau III(\tau s) = \sum_{n=-\infty}^{\infty} \delta(s - n/\tau), \tag{8.8}$$

最后两个等式表明，在时域中一个强度为 τ、间隔为 τ 的冲激序列在频域中产生一个间隔为 $1/\tau$ 的单位冲激序列.

8.1.2 使用 Shah 函数采样

假设连续函数 $f(x)$ 带宽为 s_0，即

$$F(s) = 0, \quad |s| \geqslant s_0, \tag{8.9}$$

其中 $F(s)$ 为该函数的频谱函数，如图 8.3(a) 和 8.3(b) 所示. 以等间距 τ 对 $f(x)$ 采样，则只在 $x = n\tau$ 处取 $f(x)$ 的值，其他地方没有取值. 可以将采样过程模型化为简单地用 $III(x/\tau)$ 乘以 $f(x)$ 得到采样后的函数 $g(x)$. 这个过程将采样点之间的函数值设为 0，而在采样点上的冲激强度保存了函数的值. 采样后的函数如图 8.3(c) 和图 8.3(d) 所示.

图 8.3 示出了采样过程在时域和频域里的模型表征.[2] 在时间域里，将原连续函数与 Shah 函数相乘得到采样后的函数. 将这个过程变换到频率域里，相当于将原函数的频谱与冲激函数的频谱进行卷积，卷积得到的函数为采样函数的频谱. 因此，可以得出一个结论，时间域里的乘积对应于频率域里的卷积.

图 8.3(a) 中时域为

$$g(x) = f(x)\, III(x/\tau) = f(x)\tau \sum_{n=-\infty}^{\infty} \delta(x - n\tau)$$

$$= \tau \sum_{n=-\infty}^{\infty} f(n\tau)\delta(x - n\tau), \tag{8.10}$$

图 8.3(b) 中频域为

$$G(s) = F(s) * \sum_{n=-\infty}^{\infty} \delta\left(s - \frac{n}{\tau}\right) = \sum_{n=-\infty}^{\infty} F\left(s - \frac{n}{\tau}\right). \tag{8.11}$$

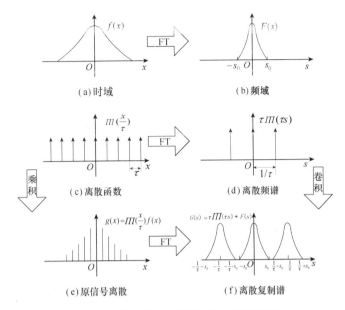

图 8.3　采样过程在时域和频域的模型表征

8.1.3　采样与内插

模拟图像转换为数字图像必然导致点信息丢失,那么如何最大限度恢复原始图像呢? 对比采样后函数的频谱 $G(s)$ 和采样前函数频谱 $F(s)$, $G(s)$ 由 $F(s)$ 与冲激序列频谱的卷积所得,产生了 $F(s)$ 的复制品,是一个周期性的函数,周期为 $1/\tau$. 如图 8.3(f)所示, $G(s)$ 包含了在 s 轴上从负无穷大到正无穷大的无限多的频谱 $F(s)$ 的复制品.

1. 采样

函数 $f(x)$ 采样点之间的信息已经丢失了,如何能从采样点中原封不动地恢复最初的函数 $f(x)$? 如果能从 $G(s)$ 中得到 $F(s)$,即可从 $g(x)$ 中得到 $f(x)$. 要做到前一点,需要保留中心处于原点的那个频谱,并且消除除此以外 $F(s)$ 的所有复制品(参见图 8.4). 做到这一点的方法是用矩形函数 $\Pi(s/2s_1)$ 乘以 $G(s)$,

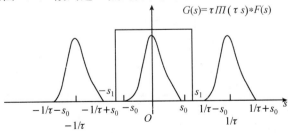

图 8.4　恢复采样原函数 $F(s)=G(s)\Pi(s/2s_1)$

其中 s_0 为截止频率(带宽), s_1 为恢复原图像的截取窗口宽度, 且

$$s_0 \leqslant s_1 \leqslant 1/\tau - s_0, \tag{8.12}$$

则

$$G(s)\Pi(s/2s_1) = F(s), \tag{8.13}$$

从采样后的信号 $g(x)$ 的频谱恢复了 $f(x)$ 的频谱, 那么最初的函数可以表示为

$$f(x) = \mathcal{T}^{-1}\{F(s)\} = \mathcal{T}^{-1}\{G(s)\Pi(s/2s_1)\}. \tag{8.14}$$

由于 $\mathcal{T}\{\Pi(x)\} = \dfrac{\sin(\pi s)}{\pi s} \Rightarrow \mathcal{T}^{-1}\{\Pi(s)\} = \dfrac{\sin(\pi \tau)}{\pi \tau} = \mathrm{sinc}(\pi \tau)$,

又由于 $\mathcal{T}\{f(ax)\} = \dfrac{1}{|a|}F(s/a) \Rightarrow |a|\mathcal{T}\{f(ax)\} = F(s/a)$,

令 $a = 2s_1$, 有

$$2s_1 \mathcal{T}\{f(2s_1 x)\} = F(s/2s_1), \tag{8.15}$$

则

$$\mathcal{T}^{-1}\{\Pi(s/2s_1)\} = 2s_1 \left. \frac{\sin(\pi\tau)}{\pi\tau}\right|_{\tau=2s_1 x} = 2s_1 \frac{\sin(2\pi s_1 x)}{2\pi s_1 x}. \tag{8.16}$$

对右端运用卷积定理得

$$f(x) = g(x) * 2s_1 \frac{\sin(2\pi s_1 x)}{2\pi s_1 x}. \tag{8.17}$$

将 $g(x)$ 和内插函数做卷积, 在效果上等于在每个采样点上复制一个窄的 $\mathrm{sinc} x = \sin x/x$ 函数, 如图 8.5 所示. 式(8.15)保证了相互重叠的 $\sin x/x$ 函数的总和可准确地恢复原函数.

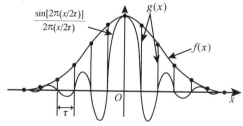

图 8.5　内插函数 $(s_1 = 1/2\tau)$

图 8.5 描述了当 $s_1 = 1/2\tau$ 时的情况. 但如果采样间隔的倒数显著大于截止频率 s_0, 在 $\mathrm{sinc} x$ 函数的频率选择上有相当大的自由度: 可以将 s_1 设为 s_0 和 $1/\tau - s_0$ 间的任何值. 为了方便起见, 可将 s_1 放在中点[3], 即

$$s_1 = 1/2\tau. \tag{8.18}$$

这样内插函数为 $\dfrac{1}{\tau}\mathrm{sinc}\left(\pi\dfrac{x}{\tau}\right)$, 其频谱如图 8.6 所示.

也就是说, 从 $g(x)$ 重构 $f(x)$, 只需要将采样后的函数与 $\mathrm{sinc}(x)$ 的内插函数做

卷积即可.

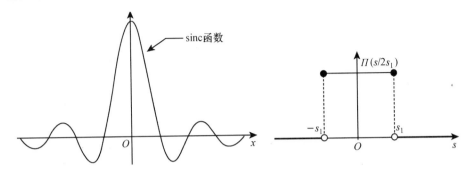

图 8.6　sinc 函数及其频谱

为了保证采样后的信号能真实地保留原始信号的信息,采样信号的频率必须大于原始信号频率的 2 倍,即大于 $2f$. 这称为采样定理,即

$$\tau \leqslant 1/2s_0. \tag{8.16}$$

采样定理,又称香农采样定律、奈奎斯特采样定律,是信息论特别是通讯与信号处理学科中的一个重要基本结论(惠特克(E. T. Whittaker)于 1915 年发表的统计理论),香农(C. E. Shannon)、奈奎斯特(H. Nyquist)以及科捷利尼科夫(V. A. Kotelnikov)都对它做出了重要贡献.

从信号处理的角度来看,采样定理描述了两个过程:一是采样,这一过程将连续信号转换为离散信号;二是信号重建,这一过程将离散信号还原成连续信号.[4]

设有连续信号 $f(x)$,其频谱为 $F(s)$,以采样周期 T_s 采得的信号为 $x_s(nT_s)$. 频谱 $F(s)$ 和采样周期 T_s 满足下列条件:

① 频谱 $F(s)$ 为有限频谱,即当 $|f| \geqslant f_c$(截止频率)时,$F(s) = 0$;

② $T_s \leqslant 1/2f_s$,或 $2f_c \leqslant f_s$ ($f_s = 1/T_s$),则连续信号唯一确定. 其连续信号为

$$f(x) = \sum_{n=-\infty}^{+\infty} x_s(nT_s) \frac{\sin\left[\dfrac{\pi}{T_s}(t - nT_s)\right]}{\dfrac{\pi}{T_s}(t - nT_s)}, \tag{8.19}$$

式中,$n = 0, \pm 1, \pm 2, \cdots$,$f_c$ 就是在采样时间间隔内能辨认的信号最高频率,称为截止频率,也称做奈奎斯特频率.

采样定理指出,在一般情况下,对一个具有有限频谱 $X(f)$ 的连续信号 $x(t)$ 进行采样,当采样频率 $f_s \geqslant 2f_c$ 时,采样后的采样信号 $x_s(nT_s)$ 能无失真地恢复为原来信号 $x(t)$.

2. 采样举例

图 8.3 表示了时域采样过程与频域截取的相互关系,以下列举了不同的采样间隔在频率域里的情况,以及对恢复原函数的影响.[5] 图 8.7 为采样 Shah 函数的频谱,图 8.8 为原函数 $f(x)$ 的频谱 $F(s)$.

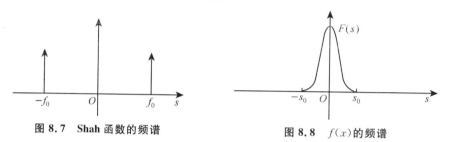

图 8.7　Shah 函数的频谱　　　　　　　　图 8.8　$f(x)$ 的频谱

在频率域内采样,即

$$G(s) = F(s) * \sum_{n=-\infty}^{\infty} f\left(s - \frac{n}{\tau}\right) = \sum_{n=-\infty}^{\infty} F\left(s - \frac{n}{\tau}\right).$$

第一种情况:过采样.

当 $1/\tau > 2s_0$ 时,图 8.9 为过采样函数 $g(x)$ 的频谱,卷积过程(参见图 8.10)中 $F(s)$ 的各个复制品之间有一定的距离,频谱没有发生混叠,能完整地保留处于原点处的频谱,所以这种采样能完整地恢复原函数.

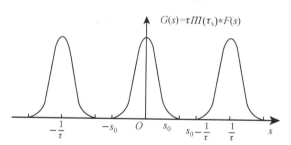

图 8.9　过采样函数 $g(x)$ 的频谱

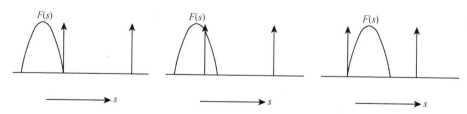

图 8.10　过采样在频率域的卷积过程

第二种情况:临界采样.

当 $1/\tau = 2s_0$ 时,图 8.11 为临界采样后函数 $g(x)$ 的频谱,$F(s)$ 的各个复制品之间刚好相邻,卷积过程(参见图 8.12)中频谱没有发生混叠,能完整地保留处于原点处的频谱,这种采样刚好满足采样定理,如果采样点在正负峰值处,能够通过内插完整地恢复原函数.但如果采样点不在幅值处,则幅度与离散采样点处的采样幅值相等,成为周期函数的最大幅值点也是 $\pm T/4$ 自变量点处.因此导致实际上幅值下降及周期函数初始点出现位移即初始相位改变.极端情况是:当采样时刻是周期函数的过零点处,则所有采样点都采到了过零值即零信号,等于没有信号.[6]因此香农采样定理要求采样频率是大于、而不是等于 2 倍截止频率,根源就在于此.

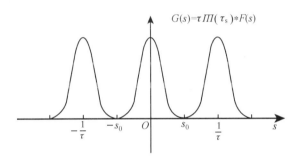

图 8.11　临界采样函数 $g(x)$ 的频谱

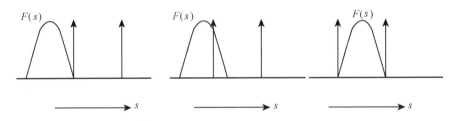

图 8.12　临界采样在频率域的卷积过程

第三种情况:欠采样.

当 $1/\tau < 2s_0$ 时,图 8.13 为欠采样后函数 $g(x)$ 的频谱,$F(s)$ 的各个复制品之间重叠地相加在一起(参见图 8.14),它形象地表明高频信息如何被混叠到呈低频信息的样子.此时不能完整地恢复原函数.[7]

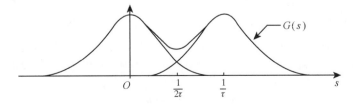

图 8.13　欠采样函数 $g(x)$ 的频谱(混叠)

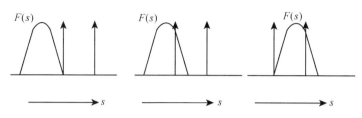

图 8.14　欠采样在频率域的卷积过程

　　欠采样中有一种特殊的情况：严重欠采样. 在这种情况下, 频率 $1/\tau$ 处的能量全部混叠到频率 0 处, 这个余弦函数仅在其正波峰处被采样. 当采样点内插后, 生成的函数为 1 单位幅度的常量.

8.2　采样定理的二维图像推广

　　有了一维信号的采样定理的理论支撑, 本书所讲的遥感图像处理可借此将采样定理推广到二维图像, 二维图像的数字化包括采样和量化. 首先是根据二维图像的采样定理对二维图像进行采样, 模拟图像经过采样后在时间和空间上离散化为像素. 接下来是把采样后所得的灰度值从模拟量转换到离散量, 该过程称为图像灰度的量化. 采样影响图像细节的再现程度, 间隔越大, 细节损失越多; 量化影响图像细节的可分辨程度, 量化位数越高, 细节可分辨程度越高. 很显然, 各个像素的明暗程度越清晰, 图像也就越能正确地重现出来. 因此, 不同的条件选择不同的量化等级也是十分必要的.

8.2.1　采样定理的推广

　　根据傅里叶变换的对偶性, 可以得到时限信号的频率采样定理. 此外也可根据实际信号的基本特征和采样控制方式得到其他种类的采样定理, 如在图像处理等领域广泛应用的多维信号采样定理, 在通信中带通信号采样定理.[8] 带通信号采样定理表明, 对于带通信号, 可以用比奈奎斯特频率低的采样频率重构信号.

　　1. 频域采样定理

　　设信号 $f(t)$ 为时间有限信号, 即当 $|t| \geqslant t_c$ 时, $f(t)$ 的值为零. 如果在频域中以 $f_s \leqslant 1/2t_c$ 的频率间隔对 $f(t)$ 的频谱进行采样, 假设一个绝对可和的非周期序列 $x(n)$ 的 Z 变换为

$$X(Z) = \sum_{n=-\infty}^{\infty} x(n) Z^{-n}. \tag{8.20}$$

由于 $x(n)$ 绝对可和, 故其傅氏变换存在且连续, 也即其 Z 变换收敛域包括单位

圆.这样,对 $X(Z)$ 在单位圆上 N 等份抽样,就得到

$$\widetilde{X}(k) = X(Z)\big|_{z=W_N^{-k}} = \sum_{n=-\infty}^{\infty} x(n)W_N^{nk}. \tag{8.21}$$

对 $\widetilde{X}(k)$ 进行反变换,并令其为 $\widetilde{X}_N(n)$,用 IDFS 表示反变换函数,则

$$\begin{aligned}
\widetilde{X}_N(n) &= \text{IDFS}\big[\widetilde{X}(k)\big] = \frac{1}{N}\sum_{k=0}^{N-1}\widetilde{X}(k)W_N^{-nk} \\
&= \frac{1}{N}\sum_{k=0}^{N-1}\Big[\sum_{m=-\infty}^{+\infty}x(m)W_N^{mk}\Big]W_N^{-nk} \\
&= \sum_{m=-\infty}^{+\infty}x(m)\Big[\frac{1}{N}\sum_{k=0}^{N-1}W_N^{(m-n)k}\Big] \\
&= \sum_{r=-\infty}^{\infty}x(n+rN). \tag{8.22}
\end{aligned}$$

可见,由 $\widetilde{X}(k)$ 得到的周期序列 $\tilde{x}_N(n)$ 是非周期序列 $x(n)$ 的周期延拓.其周期为频域抽样点数 N.故时域抽样造成频域周期延拓,同样频域抽样也造成时域周期延拓.

因此当 $x(n)$ 为无限长序列时,混叠失真.当 $x(n)$ 为有限长序列,长度为 M 时,若 $N \geqslant M$ 则不失真;若 $N < M$ 则混叠失真.

2. 多维信号采样定理

设信号 $f(t_1, t_2, \cdots, t_n)$ 是 n 个实变量的函数,其 n 维傅里叶积分 $g(y_1, y_2, \cdots, y_n)$ 存在,且在一个原点对称的 n 维正方形以外,其值为零,即 $|y_k > w_k|$,$k = 1, 2, \cdots, n$ 时,$g(y_1, y_2, \cdots, y_n) = 0$,则

$$f(t_1, t_2, \cdots, t_n) = \sum_{m_1=-\infty}^{+\infty} \cdots \sum_{m_n=-\infty}^{+\infty} f\Big(\frac{\pi m_1}{\omega_1}, \frac{\pi m_2}{\omega_2}, \cdots, \frac{\pi m_n}{\omega_n}\Big)\frac{\sin(\omega_n t_n - m_n\pi)}{\omega_n t_n - m_n\pi}. \tag{8.23}$$

3. 带通信号采样定理

设 $f(t)$ 为一个带通信号,其通带为 (f_1, f_2),根据带通信号的性质,其采样频率 f_s 应满足以下条件,才能从其采样信号恢复 $f(t)$:

$$\frac{2f_1}{N-1} \geqslant f_s \geqslant \frac{2f_2}{N}, \quad N \text{ 为任意正整数.}$$

其重构信号 $f(t)$ 为

$$f(t) = 2WT_s\sum_{n=-\infty}^{+\infty} f(nT_s)\frac{\sin\pi W(t-nT_s)}{\pi W(t-nT_s)}\cos[2\pi f_0(t-nT_s)], \tag{8.24}$$

其中中心频率 $f_0 = (f_1+f_2)/2$,带宽 $W = f_2 - f_1$,采样间隔 $T_s = 1/f_s$.

该定理说明,对于带通信号而言,由于带通的限制可以用比奈奎斯特频率低的采样频率.具体应用时可以按下述步骤进行:

① 选定 f_s，满足 $|f_s - 2W| \leqslant \varepsilon$，$\varepsilon$ 为预先选定的小的正整数；

② 初步估计符合 $2f_1/(N-1) \geqslant f_s \geqslant 2f_2/N$ 的 N 上限值；

③ 由此选定 N^* 值为不超过 $f_1/(f_2-f_1)$ 的最大正整数.

8.2.2 二维信号(图像)的数字化

前面详细介绍了一维信号采样的过程,接下来介绍将一维空间上的采样推广到二维图像的采样并且证明采样定理也同样适用于二维空间.

1. 采样和幅值量化

图像数字化的方法如下:首先进行空间域上的数字化,其次对 Z 轴上的模拟量进行数字化,即图像的数字化是指对信号的明暗程度和像点密度进行数字化.空间域的数字化称为横向数字化,明暗程度的数字化称为纵向或深度方向的数字化,即数字化包括两个过程:采样和量化.

所谓空间域上的数字化,如图 8.15 所示,实际上就是将一维时序信号在时间轴进行的采样扩展到在 x 轴和 y 轴上同时进行采样,采样点称为像素.所谓图像数字化就是用离散的像素所处位置上的,或附近位置上的灰度值来表示原来连续的图像.

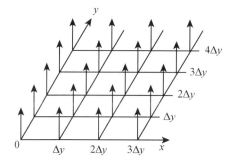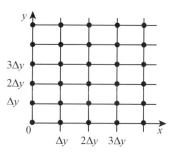

图 8.15 二维采样(长方形排列的像素)

模拟图像经过采样后,在时间和空间上离散化为像素.把采样后所得的灰度值从模拟量转换到离散量的过程称为图像灰度的量化.需根据不同的条件和目的选用适当的精度使图像的数字化没有太大的冗余.

2. 二维采样定理

图 8.16 所示的是 x,y 轴分别用等间距 $\Delta x,\Delta y$ 采样后得到的图像,其数学模型可以用二维采样网格的 Shah 函数来描述.

要了解这种采样图像具有怎样的频率成分,以及这些频率成分与原图像的频率成分之间有什么不同,可通过傅里叶变换的方法来解决.其结果与求解一维频率特性是相同的.如图 8.16 所示,在空间频率轴上,原连续图像谱 $f(\mu,\upsilon)$ 每隔

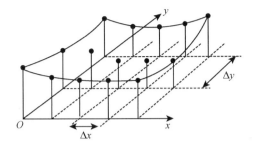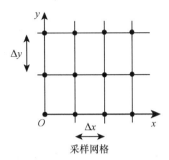

图 8.16　二维采样

$1/\Delta x, 1/\Delta y$ 便重复出现,这种网格状点的集合称为逆网格.

用数学模型来表达二维采样函数(参见图 8.17),可以表达为

$$g_s(x,y) = \text{comb}\left(\frac{x}{X}\right)\text{comb}\left(\frac{y}{Y}\right)g(X,Y), \tag{8.25}$$

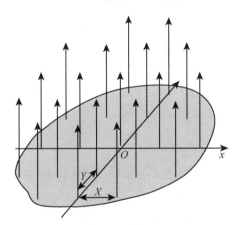

图 8.17　二维采样函数

其中梳状(comb)函数可以看做是单位冲激函数在二维空间的推广,是 δ 函数的集合,与任何函数的乘积就是无数分布在平面 xy 上在 x,y 轴两方向上间距为 X 和 Y 的 δ 函数与该函数的乘积.

任何函数与 δ 函数相乘的结果仍然是 δ 函数,只是 δ 函数的"大小"要被该函数在 δ 函数位置上的函数值所调制.换句话说,每个 δ 函数下的体积正比于该点函数的数值.

利用卷积定理和梳状函数的傅里叶变换,可计算抽样函数的频谱

$$g_s(f_x,f_y) = F\left\{\text{comb}\left(\frac{x}{X}\right)\text{comb}\left(\frac{y}{Y}\right)\right\} * G(f_x,f_y)$$

$$= XY\text{comb}(Xf_x)\text{comb}(Yf_y) * G(f_x,f_y)$$

$$= \sum_{n=-\infty}^{\infty} \sum_{m=-\infty}^{\infty} \delta\left(f_x - \frac{n}{X}, f_y - \frac{m}{Y}\right) * G(f_x, f_y)$$

$$= \sum_{n=-\infty}^{\infty} \sum_{m=-\infty}^{\infty} G\left(f_x - \frac{n}{X}, f_y - \frac{m}{Y}\right). \tag{8.26}$$

在满足奈奎斯特抽样间隔的情况下,只要用宽度为 $2B_x$ 和 $2B_y$,位于原点的矩形函数去乘抽样函数的频谱就可得到原来函数的频谱. 在频率域进行的这种操作去掉了部分频谱成分,常常称做"滤波",即

$$G_s(f_x, f_y)\mathrm{rect}\left(\frac{f_x}{2B_x}\right)\mathrm{rect}\left(\frac{f_y}{2B_y}\right) = G(f_x, f_y), \tag{8.27}$$

式中 rect 函数表示矩形脉冲.

根据卷积定理,在空间域得到

$$g_s(x, y) * h(x, y) = g(x, y).$$

对上式左边两个因子分别进行化简有

$$g_s(x, y) = \mathrm{comb}\left(\frac{x}{X}\right)\mathrm{comb}\left(\frac{y}{Y}\right)g(x, y)$$

$$= XY \sum_{n=-\infty}^{\infty} \sum_{m=-\infty}^{\infty} \delta(x - nX, y - mY) * g(nX, mY), \tag{8.28}$$

$$h(x, y) = F\left\{\mathrm{rect}\left(\frac{f_x}{2B_x}\right)\mathrm{rect}\left(\frac{f_y}{2B_y}\right)\right\} = 4 * B_x B_y \mathrm{sinc}(2B_x x)\mathrm{sinc}(2B_y y). \tag{8.29}$$

最后卷积的结果,即原函数为

$$g(x, y) = 4B_x B_y XY \sum_{n=-\infty}^{\infty} \sum_{m=-\infty}^{\infty} g(nX, mY)\mathrm{sinc}\left[2B_x(x - nX)\right]$$

$$\cdot \mathrm{sinc}\left[2B_y(y - mY)\right].$$

若取最大允许的抽样间隔,即 $1/2B_x, 1/2B_y$,则

$$g(x, y) = \sum_{n=-\infty}^{\infty} \sum_{m=-\infty}^{\infty} g\left(\frac{n}{2B_x}, \frac{m}{2B_y}\right)$$

$$\cdot \mathrm{sinc}\left[2B_x\left(x - \frac{n}{2B_x}\right)\right]\mathrm{sinc}\left[2B_y\left(y - \frac{m}{2B_y}\right)\right]. \tag{8.30}$$

对于这种二维图像信号,一维信号的采样定理同样成立,也就是说,具有微小变化的连续图像,即具有较高空间频率成分的图像,用较宽的间隔采样后的数字图像如图 8.18 所示,只有原点附近的基波部分可以复原为原图像,而频谱的重叠即产生混叠的地方会出现其他形状的频谱,这就与原来连续图像的频谱不相同. 这时,采样后的图像产生了条纹,而原始连续图像并没有,可见混叠现象会带来错误的信息.

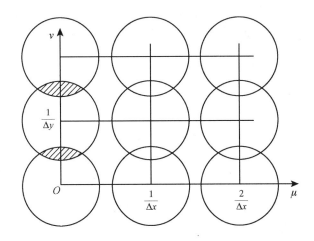

图 8.18　混叠现象的产生

　　在垂直、水平方向或者任意方向都以相同的变化规律变化的图像,其频谱如图 8.19 所示,在某个半径为 R 的圆内存在.将这个图像在 x,y 轴两个方向上用等间隔 $\Delta x = \Delta y$ 进行采样,关于这个正方形采样图像的采样定理如下所述.

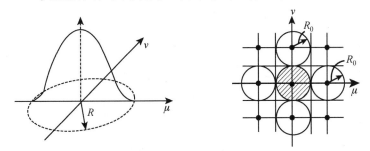

图 8.19　采样图像的频谱与采样条件

　　空间频率最高可达 R 的连续图像,用采样间隔 $\Delta x = \Delta y$ 的正方形间隔进行采样时,若

$$\Delta x = \Delta y \leqslant \frac{1}{2R} \tag{8.31}$$

条件不成立,将产生错误的采样.

8.3　频谱截取与分析

　　信号的采样会不可避免地带来截取效应,这是采样定理决定的.采样定理要求 $F(s)$ 必须是限带信号,截止频率 s_0 以外的频率分量为 0,就相当于将原始的在

时域无限长的一个信号截取到一个窗口中,那么相当于窗口外的信息丢失了,这就是截取效应.要减弱截取效应[9],可以考虑增加一个插值滤波器.

8.3.1 频域截取与分析

假定一个信号 $f(t)$ 用间距固定为 Δt 的 N 个采样点来代表,如图 8.20 所示.总的采样区间宽度为

$$T = N * \Delta t, \tag{8.32}$$

其中 T 为截取窗口的宽度.一个信号只能用有限数目的采样点采样,因此采样过程忽略了信号在截取窗口外的部分,等同于将截取窗口外的信号置为零.

想要用 $f(t)$ 的采样值来计算频谱 $F(s)$ 上的点,可以通过傅里叶变换来实现.首先,必须确定在频谱上计算所用的点数、采样点的间距,以及相应的频谱范围.

既然采样后的信号包含 N 个相互独立的测量,在频谱上总共 N 个点的计算也是合理的.计算更多的点会导致冗余,计算更少的点会使有关的信息不能使用.因此,一个通用的计算傅里叶变换的程序应从 N 个(复数)采样点计算出频谱上的 N 个(复数)点.为方便起见,通常使计算的点在 s 轴上等间距分布,如图 8.20 所示.

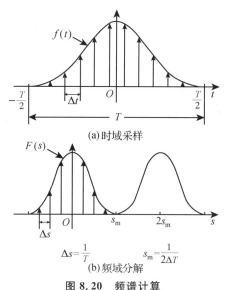

(a) 时域采样

(b) 频域分解

图 8.20　频谱计算

1. 频域中的截取

因 $f(t)$ 是以采样间隔 Δt 采样的函数,可知它的频谱将是周期性的,周期为 $1/\Delta t$.因此可以只计算覆盖 $F(s)$ 的一个周期.常用的办法是将 N 个采样点均匀地散布在中心位于原点的 $F(s)$ 的一个周期上.这意味着,所计算的 $F(s)$ 上的点

的范围是

$$-1/2\Delta t \leqslant s \leqslant 1/2\Delta t. \tag{8.33}$$

如在 $F(s)$ 的一个周期上,取 N 个等间距的采样点,那么

$$N\Delta s = 1/\Delta t, \tag{8.34}$$

其中

$$\Delta s = 1/N\Delta t = 1/T, \tag{8.35}$$

其中 Δs 是频域中的采样间隔.这样,对于上述目的,计算 $f(t)$ 频谱的最好做法是按式(8.35)所给出的等间距点来计算,频率范围则从 $-s_m$ 到 s_m,其中

$$s_m = 1/2\Delta t. \tag{8.36}$$

注意,能计算的最高频率 s_m 与时域中的采样间隔 Δt 成反比.决定计算频谱的细微程度的是频域中的采样间隔 Δs,采样间隔 Δs 与时域中的截取窗口的宽度 T 成反比.[10]

2. 频谱的计算

简而言之,时域的采样间隔决定了频域的截取窗口的宽度.如要计算频谱中的高频成分,必须在时域中细密地采样.表8.1列出了在时域和频域中采样和截取的参数之间的关系.

如要计算频谱的 $f(t)$ 是复函数,则 N 个实部值和 N 个虚部值变换后产生频谱中的 N 个实值和 N 个虚值.如 $f(t)$ 是实数函数,则 N 个实值和 N 个 0(虚部)将在频谱的右半边产生 $N/2$ 个实数值和 $N/2$ 个虚数值.由于 $F(s)$ 是 Hermite 型的,频谱的左半部分是右半部分的镜像.这样,从信息内容的角度看,频谱的左半部分的 $N/2$ 个实值和 $N/2$ 个虚值是冗余的.注意,在这两种情况下,未受限的采样点的数目在两个域中是一样的.

表 8.1　采样和截取参数小结

参数	域	关系
采样点数	时域、频域	$N=\dfrac{T}{\Delta t}=\dfrac{2s_m}{\Delta s}$
采样间隔	时域	$\Delta t=\dfrac{T}{N}=\dfrac{1}{2s_m}$
采样间隔	频域	$\Delta s=\dfrac{2s_m}{N}=\dfrac{1}{T}$
截断窗宽	时域	$T=N\Delta t$
最大可计算频率	频域	$s_m=\dfrac{1}{2\Delta t}=\dfrac{1}{2}N\Delta s$

8.3.2　时域截取与效应

时域有限长,必将导致频域的无限长,导致截断频谱不存在,无法通过密集采样完全恢复原信号;而时域的无限长,导致时域的采样不可能不截断,因此在

离散的有限长的计算机计算中,截取不可避免.[11]截取会使得计算得到的频谱与实际频谱不同.类似于采样间距,必须明智地选择截取窗宽以产生适当精确的结果,下面举例说明截取的影响.

以图 8.21 所示的函数 $\mathrm{sign}(x)$ 为例. 为了计算其频谱,必须首先在有限区间 T 内截取 $f(x)$. 由于函数 $\mathrm{sign}(x)$ 以常量幅度延伸到无穷,容易想到本例对截取是敏感的.

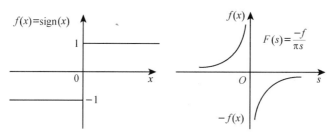

图 8.21　阶跃函数及其频谱

截取窗口的表达式为 $\varPi(x/T)$,窗口中心为 0. 如果用宽度为 T 的截取窗口对该函数进行截取,如图 8.22 所示,产生的函数为

$$g(x) = f(x)\varPi(x/T) = \varPi\left(\frac{x - T/4}{2 \times T/4}\right) - \varPi\left(\frac{x + T/4}{2 \times T/4}\right)$$

$$= \varPi\left(\frac{x}{T/2} - \frac{1}{2}\right) - \varPi\left(\frac{x}{T/2} + \frac{1}{2}\right). \tag{8.37}$$

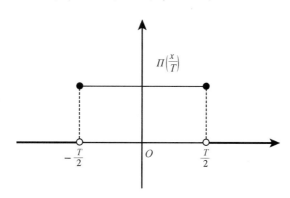

图 8.22　时域中的截取窗口

这里分子上的正负 $T/4$ 表示窗口中心的移动,如图 8.23 所示.由于截取后的函数是一个奇矩形脉冲对,它还可以写为

$$g(x) = \varPi\left(\frac{x}{T/2}\right) * \left[\delta\left(x - \frac{T}{4}\right) - \delta\left(x + \frac{T}{4}\right)\right]. \tag{8.38}$$

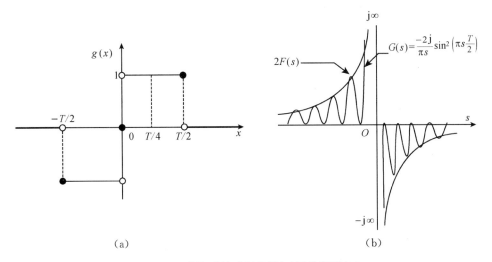

图 8.23　截取后的阶跃函数(a)及其频谱(b)

这表示窗口 $\Pi\left(\dfrac{x}{T/2}\right)$ 与两个脉冲进行卷积便得到 $g(x)$. 变换式(8.38),得截取后的边缘函数的频谱为

$$G(s)\mathscr{T}\{g(x)\} = \mathscr{T}\left\{\Pi\left(\frac{x}{T/2}\right)\right\}\mathscr{T}\left\{\delta\left(x-\frac{T}{4}\right)-\delta\left(x+\frac{T}{4}\right)\right\},\quad (8.39)$$

其中

$$\mathscr{T}\left\{\Pi\left(\frac{x}{T/2}\right)\right\} = \int_{-\infty}^{\infty}\Pi(2x/T)\,\mathrm{e}^{-\mathrm{j}2\pi sx}\,\mathrm{d}x = \int_{-\frac{\pi}{4}}^{\frac{\pi}{4}}\mathrm{e}^{-\mathrm{j}2\pi sx}\,\frac{\mathrm{d}(-\mathrm{j}2\pi sx)}{-\mathrm{j}2\pi s}$$

$$= \frac{\mathrm{e}^{-\mathrm{j}2\pi s}}{\mathrm{j}2\pi s}\bigg|_{-\frac{T}{4}}^{\frac{T}{4}} = \frac{\sin\left(\pi s\,\dfrac{T}{2}\right)}{\pi s},\qquad (8.40)$$

$$\mathscr{T}\left\{\delta\left(x-\frac{T}{4}\right)-\delta\left(x+\frac{T}{4}\right)\right\} = \int_{-\infty}^{\infty}\left[\delta\left(x-\frac{T}{4}\right)+\delta\left(x+\frac{T}{4}\right)\right]\mathrm{e}^{\mathrm{j}2\pi sx}\,\mathrm{d}x$$

$$= \frac{\mathrm{e}^{-\mathrm{j}2\pi s\frac{T}{4}} - \mathrm{e}^{\mathrm{j}2\pi s\frac{T}{4}}}{\mathrm{j}2}(\mathrm{j}2) = -\mathrm{j}\sin\left(\pi s\,\frac{T}{2}\right),\ (8.41)$$

所以

$$G(s) = -\mathrm{j}\sin\left(\pi s\,\frac{T}{2}\right)\frac{\sin\left(\pi s\,\dfrac{T}{2}\right)}{\pi s}.\qquad (8.42)$$

整理得

$$G(s) = \frac{-2\mathrm{j}}{\pi s}\sin^2\left(\frac{\pi s T}{2}\right) = 2F(s)\left[\frac{1}{2}-\frac{1}{2}\cos(\pi s T)\right] = \frac{-\mathrm{j}}{\pi s}[1-\cos(\pi s T)],\ (8.43)$$

其图形如图 8.23(b)所示. 截取后信号的频率是被两倍于所要求的频谱 $F(s)$

所包络的正弦曲线.频谱的巨大变化的原因是截取[12]——在本例中是对原始函数的相对大的修改.

　　既然实际做的是计算 $G(s)$ 上的点,这些点将落在 $G(s)$ 正弦曲线的什么地方呢?$G(s)$ 上的采样点将在下面的离散频率上进行计算:

$$s_i = i\Delta s = \frac{i}{T}, \quad i = 0,1,2,\cdots,\frac{N}{2}. \tag{8.44}$$

算出的值为

$$G(s_i) = 2F(s_i)\left[\frac{1}{2} - \frac{1}{2}\cos(i\pi)\right], \tag{8.45}$$

余弦项在 i 为偶数时取 1,在 i 为奇数时取 -1,所以

$$G(s_i) = \begin{cases} 2F(s_i), & i\text{ 是奇数}, \\ 0, & i\text{ 是偶数}, \end{cases} \tag{8.46}$$

如图 8.24 所示.注意在上例中截取有一个奇怪而有趣的效应:奇数点是正确的(尽管是正常大小的两倍),而偶数点为 0.这表明截取在奇数点和偶数点之间重新分配了能量,这种效应就是截取效应.

　　通过将 $G(i\Delta s)$ 与一个窄的三角形局部平均滤波器如 $[1/4, 1/2, 1/4]$ 做卷积,可获得所期望的结果.这等价于将截取后的边缘与一个形如 $2\mathrm{sinc}\,x$ 的窗口函数相乘的结果.这样即可避免在 $\pm T/2$ 出现的不连续,从而避免截取误差.

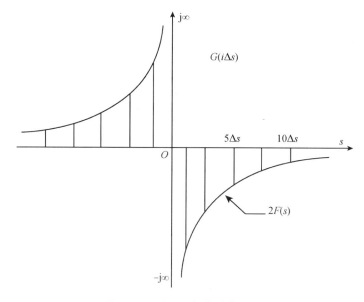

图 8.24　阶跃函数的计算频谱

8.4　混叠误差和线性滤波

本节中最重要的是理解混叠误差的不可避免性,因为从采样定理来看,在对一带宽有限的函数采样时,选用合适的采样间距可完全避免混叠.[13] 截取破坏了带宽的有限性,注定了数字处理在任何情况下都会造成混叠.事实上,时域越宽频域越窄,那么采样定理要求的频域有限,就意味着要求时域无限长,因此混叠误差自然不可避免.过采样和频域滤波都可以在一定程度上减弱混叠误差的影响,通常,两倍的过采样可以满足要求.

8.4.1　混叠误差

假定 $\tau > 1/2s_0$. 那么当 $F(s)$ 被重复复制以形成 $G(s)$ 时,各个复制品会重叠地相加在一起.如果仍使用函数内插,不可能准确地恢复 $f(x)$,如图 8.25 所示.因为

$$G(s)\mathscr{T}\left(\frac{s}{2s_1}\right) \neq F(s). \tag{8.47}$$

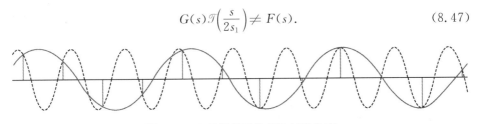

图 8.25　欠采样导致恢复的函数失真

1. 频谱复制品重叠的影响

频谱 s_1 以上的能量被折回到 s_1 以下并被加到频谱上.这种能量的折回被称做混叠, $f(x)$ 和内插所得的函数的差别称为混叠误差.

总的来说, s_1 以上频率有越多的能量,则越多的能量会折回到频谱中,使混叠误差越严重.[14] 注意:当 $f(x)$ 是偶函数时, $F(s)$ 也是偶函数,混叠的效果提高了频谱中的能量;如果 $f(x)$ 是奇函数,则会产生相反的效果,频谱中的能量减少. 如 $f(x)$ 非奇非偶,则混叠增大了偶函数部分而减少了奇函数部分,使函数与其频谱相比实际地更趋向偶函数.

不幸的是计划受到截取过程的阻挠.假定一个带宽有限的函数被截取了一段有限长度 T,这个过程可模型化为将函数与宽度为 T 的矩形脉冲相乘,等价于将其频谱与无限持续的 $\mathrm{sinc}x$ 函数在频域上作卷积.因为两个函数的卷积结果不可能比其中任意一个窄,可得出结论,经过截取的函数的频谱在频域内是无限延伸的.可见,截取破坏了带宽的有限性,数字处理注定在任何情况下都造成

混叠,时域上截断相当于无限 sinc 函数的卷积,造成频域不再是有限带宽.[15]尽管混叠不能被完全避免,产生的误差却可以被限定,并且可以被降低到实际应用可接受的程度.

下例表明如何为混叠误差设置一个上限,如何在无法避免混叠的情况下选取数字化参数以达到所需的精度.

可通过计算图 8.26 所示线性系统对一个矩形波的响应频谱来辨识该系统.如 $f(t)$ 是输入脉冲,$g(t)$ 是系统输出,则传递函数是

$$H(s) = \frac{G(s)}{F(s)}. \tag{8.48}$$

假定在本例中知道该系统是一个低通滤波器,其输出是微带圆角的矩形波.

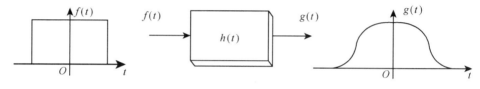

图 8.26　线性系统辨识

如果需要通过数字计算估计等式(8.48),必须数字化 $f(t)$ 和 $g(t)$ 并且计算它们的频谱.必须选择采样间隔 Δt 和采样时间范围 T,以获得好的频谱分辨率从而得到足够小的混叠误差.为此,必须定义频谱分辨率和混叠误差的度量并且将这两个量与采样参数相联系.这样就可以对 N, T 和 Δt 做出明智的选择.

图 8.27 表示输入信号及频谱.由于 $F(s)$ 从负无穷伸展到正无穷,Δt 取任何值都不能完全避免混叠.$F(s)$ 在形式为 $1/s$ 的包络线内,保证了函数的峰值随着频率的增大而趋于 0,如果忽略函数的正弦波动而仅考虑其包络线,并注意到可能混叠的最大频谱强度在频率 s_m 处出现.可以认为这是混叠的最坏情况,并且将混叠误差的度量定义为 $F(s_m)$ 与 $F(0)$ 之比.由于 $F(0)$ 的值等于 1,并且 $F(s)$ 的包络线是 $1/2\pi as$,可认为混叠的上界等于

$$A \leqslant \frac{1}{2\pi a s_0} = \frac{2\Delta t}{2\pi a} = \frac{\Delta t}{\pi a}. \tag{8.49}$$

注意,上式定义的混叠误差上界与 Δt 成正比,但与 T 无关.这样,只要使 Δt 与脉冲宽度 $2a$ 相比足够小,即可使混叠误差小到所需程度.

2. 混叠控制

要控制会造成图中感兴趣的信息丢失的混叠,可以使用两个参数:采样孔径和采样间隔.本节主要介绍通过抗混叠滤波器来减少混叠误差的方法.

图 8.28 说明如何用矩形采样孔径来减少混叠.孔径宽度是采样间距的两

图 8.27 输入信号及其频谱

倍.[16]这使其传递函数的第一个过零点位于 $f_N = \dfrac{1}{2\Delta t}$. 这样 f_N 以上频率的能量（引起混叠的部分）会被大大地削减.

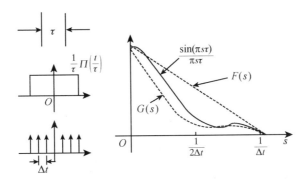

图 8.28 用矩形孔径减少混叠

图 8.29 中所用的三角采样孔径有四个采样点并且其第一个过零点也位于 f_N. 由于与矩形脉冲相比,其频谱随频谱上升下降得更快,所以它更有效地减少混叠.但是与矩形脉冲一样,它降低了 $F(s)$ 中低于 f_N 部分的能量.

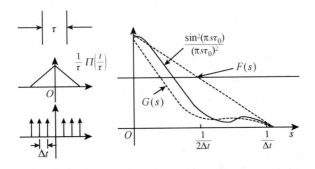

图 8.29 用三角形孔径减少混叠

出现混叠可能是由于 CCD 照相机的传感芯片中像素间有很大的缝隙.采样

孔径太窄不能起到抗混叠的作用,采样前不能除去高频信息,此时照相机被轻微地散焦,这样镜头就充当了抗混叠滤波器.

除此之外,连续函数在数字化处理中会产生畸变,过采样也是一个可行的解决办法.使采样间隔较小,就可以使 f_N 远远落在频谱中我们感兴趣的频率之外.这样,即使混叠污染了频谱的高频部分,对于感兴趣的数据也没有或只有很小的影响.根据经验,两倍的过采样对于大多数应用是足够的.

8.4.2　线性滤波

用数字方法可以通过两种不同途径实现线性滤波:一是,图 8.30 代表的滤波运算可通过将采样后的函数 $f(t)$ 与 $h(t)$ 数字化卷积生成 $g(t)$ 来实现.二是,通过数值积分实现的傅里叶变换算法,将 $f(t)$ 和 $h(t)$ 转换到频域,然后实行乘法运算得到输出的频谱 $G(s)$,再用一个逆变换就可以得到输出信号.

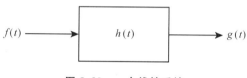

$f(t) \longrightarrow$　$h(t)$　$\longrightarrow g(t)$

图 8.30　一个线性系统

如果卷积的输入信号中的一个或两个持续时间很短,则数字化卷积的算法在计算上简单一些.否则,效率高的傅里叶变换算法使得第二种方法更实用.本节结合混叠和截取误差对这两种方法进行比较.

1. 卷积滤波

如以前所提到的,对 $f(t)$ 与 $h(t)$ 的采样使其频谱变成周期性的.如果两个信号都以同样的间距 Δt 进行采样,它们的频谱将具有相同的周期 $1/\Delta t$.采样后信号的卷积使频域中两个频谱相乘得到 $G(s)$,$G(s)$ 也是频率为 Δt 的周期函数.当对 $g(t)$ 内插时,如上面讨论的,它的频谱减为位于原点的一个复制品.

如 $f(t)$ 与 $h(t)$ 为频谱带宽有限的函数,并在 $s=1/2\Delta t$ 以下截止,那么类似地 $g(t)$ 也将为频谱带宽有限的,这样内插可精确地恢复它.但是,截取破坏了频谱有限性,因而一定程度的混叠是不可避免的,这个混叠在 $g(t)$ 中可以很直接地表现出来.总之,数字化卷积不产生除采样、截取和内插产生的影响以外的新的影响.[17]

常见的卷积滤波器有平滑滤波器、锐化滤波器、一阶微分滤波器,以及 Roberts,Prewitt,Sobel 滤波器等.

2. 频域滤波

图 8.31 说明了计算一个傅里叶变换时的情况.输入的信号 $f(t)$ 被采样以

便得到 $x(t)$，$x(t)$ 是具有一个连续的周期性的频谱. 当计算 $x(t)$ 的傅里叶变换时，事实上计算的是周期性频谱的主周期上各等间距的点，如图所示.

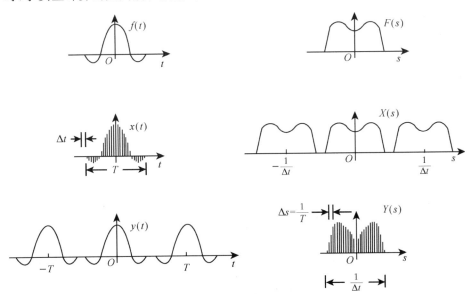

图 8.31　频域滤波

计算频率范围在 $-1/2\Delta t$ 和 $1/2\Delta t$ 之间的具有相同间距 Δs 的 N 个点，用 $Y(s)$ 表示计算出的频谱，因为事实上它是 $x(t)$ 的频谱 $X(s)$.

既然 $Y(s)$ 是采样的，它的逆变换 $Y(t)$ 就是一个连续的（未采样的）无限持续的周期函数. 那么，所计算出的频谱 $Y(s)$ 就不是 $x(t)$，甚至也不是未经采样的 $f(t)$ 的频谱，而是一个周期为 T 的连续周期函数的频谱. $x(t)$ 的所有采样点正好落在 $y(t)$ 的主周期内，并且 $y(t)$ 的主周期正好就是采样函数 $x(t)$ 的原函数 $f(t)$.

如果数字化地实现逆变换，当然可以从 $Y(s)$ 中恢复 $x(t)$，再内插 $x(t)$ 便可恢复 $f(t)$. 在这种情况下，$Y(s)$ 与一个周期函数相对应这一事实并不产生坏的影响. 然而，想通过修改频谱来实现数字滤波，情况就不会这么简单了.

下面讨论复制频谱重叠. 假定通过使 $Y(s)$ 和某个传递函数 $H(s)$ 相乘实现频率域滤波. 这将使 $y(t)$ 与冲激响应 $h(t)$ 相卷积. 由于 $y(t)$ 是周期性的，卷积会在 $t=\pm T/2$ 附近把相邻周期向主周期移动.

如 $h(t)$ 较窄，并且 $y(t)$ 在 $t=T/2$ 左右的区域内大致是常量，那么这种相邻周期的重叠将只有很小影响. 然而，如果 $x(t)$ 在截取窗口的两端不相等，则 $y(t)$ 在 $t=T/2$ 处将不连续. 再与 $h(t)$ 作卷积就会因使不连续模糊化而在截取窗两端留下"人为"痕迹.

虽然在截取窗口两端的模糊效应不能完全避免,但可通过以下两种办法使其影响降低到可忍受的程度:一是使截取窗口宽于信号中的重要部分,这样感兴趣的信息一点也没受损;二是调整 $x(t)$,使得在截取窗口两端具有相同的幅度,这样当它成为周期函数时不会或只会出现很小的不连续性.后者可通过将截取后的函数与特定窗口函数相乘得到,这种函数在窗口的大部分为单位幅值,在两端渐减到零.

在频域滤波方法中所遇到的在截取窗口两端的模糊效应,与时域中采样引起的混叠相对应.当使用计算得到的频谱实现线性滤波时,必须定量分析截取的影响.

常见到频域滤波器有理想低通、带通、带阻滤波器,以及 n 阶 Butterworth 滤波器等.

8.5　数 字 处 理

本节是图像数字化流程的一个整体介绍,首先是将信号在时域截取,然后在频域进行采样.这时要根据采样定理考虑采样间隔,同时要用滤波函数来减弱截取效应和混叠误差.最后,再将离散图像通过插值转换为数字图像,这就是图像的数字处理流程.

在本节,我们只数字化一个函数,然后在不经处理的情况下重构它.用图 8.32所示的连续函数 $f(t)$ 来开始讨论,此函数具有三角形的幅度频谱和随机的相位.

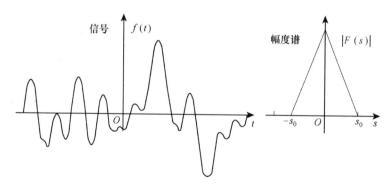

图 8.32　信号及其频谱

数字化该信号时,须在有限区间 T 内对其截取.截取窗口 $\Pi(t/T)$ 及其频谱见图 8.33.图中给出截取后的函数及其频谱.对 $f(t)$ 的截取将使其频谱与一个窄的 $\mathrm{sinc}x$ 函数做卷积.

数字化器相当于在每个采样点上有一个有限宽度的采样孔径,信号在该孔

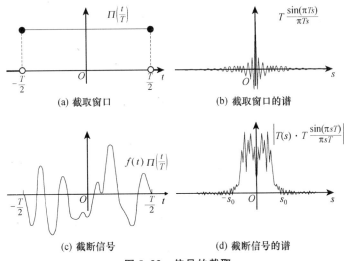

(a) 截取窗口   (b) 截取窗口的谱

(c) 截断信号   (d) 截断信号的谱

图 8.33   信号的截取

径中被平均. 正如在前面的章节所讨论的, 局部平均可模型化为与合适的采样孔径函数的卷积. 对于图像数字化器而言, 采用的孔径函数是扫描点的空间灵敏度的模型. 电子信号则常用一个具有确定积分时间的电路采样, 如图 8.34 所示, 用宽度为 τ 的窄矩形脉冲作为采样孔径函数的模型. 如图 8.34(a) 所示, 将截取后的信号与一个采样孔径函数的卷积, 相当于将其频谱与其相当宽的 $\mathrm{sinc}\,x$ 函数相乘. 若采样窗口为高斯函数, 则截取后的信号的频谱将与一个宽的高斯函数相乘. 在两种情况下, 采样孔径的作用均为降低信号中的高频能量. 注意在图 8.34 中频率超过 $s=1/\tau$ 时, 能量的极性发生翻转.

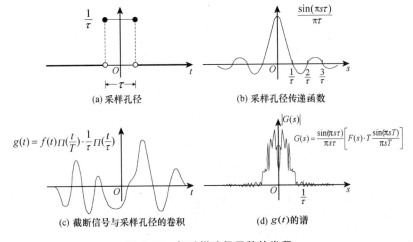

(a) 采样孔径   (b) 采样孔径传递函数

(c) 截断信号与采样孔径的卷积   (d) $g(t)$ 的谱

图 8.34   与采样孔径函数的卷积

采样过程如图 8.35 所示.经过采样孔径平滑截取后的信号与 $III(t/\Delta t)$ 相乘而得到采样结果.如图 8.35(d) 所示,采样使得信号的频谱具有了周期性,因为它以 $1/\Delta t$ 的间复制原来的频谱.

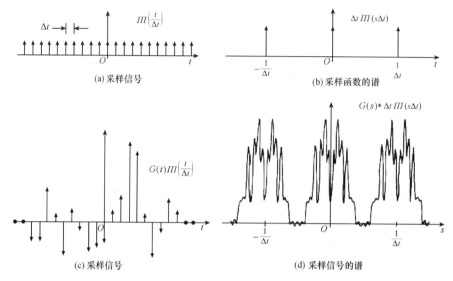

图 8.35　采样信号

假定仅仅想要通过对采样后信号的插值尽可能好地恢复 $f(t)$.图 8.36 则表示用一个三角脉冲与采样后的函数卷积所完成的内插.图中三角脉冲的宽度是 $2t_0$.将采样后函数与内插函数卷积相当于将其频谱与形式为 $(\mathrm{sinc}x^2)$ 的函数相乘.由于该函数随着频率增大而减小,将使得除了位于 $s=0$ 的主复制品外,所有的复制品趋向于 0.

理想的内插函数是 $\mathrm{sinc}x$,它是将函数频谱与中心在 $s=0$ 的矩形脉冲相乘.但图 8.36 所示的三角脉冲也能产生大致相同的效果.

如果用以 $h(t)$ 表示对采样后函数进行内插得到的结果函数,那么

$$h(t) = \left\{ \left[\left(f(t) \Pi \frac{t}{T} \right) * \frac{1}{\tau} \Pi \left(\frac{t}{\tau} \right) \right] III \left(\frac{t}{\Delta t} \right) \right\} * \frac{1}{t_0} \Lambda \left(\frac{t}{t_0} \right), \quad (8.50)$$

其频谱为

$$H(s) = \left(\left\{ \left[F(s) * T \frac{\sin(\pi s\tau)}{\pi s\tau} \right] \frac{\sin(\pi s\tau)}{\pi s\tau} \right\} * \Delta t\, III(s\Delta t) \right) \left[\frac{\sin(\pi st_0)}{\pi st_0} \right]^2.$$

$$(8.51)$$

很明显,现在的问题不是数字化处理是否对信号有影响,而是影响有多大.在上例中,选择了宽的采样孔径和内插函数,以显示其影响.具体地说,$\tau = t_0 = 2\Delta t_0$.这些参数尽管可以任意选取,但通常应使它们之间保持适当的关

系.例如,采样孔径的宽度 τ 大致应与采样间距 Δt 相等.另外,对于线性插值,
$t_0 = \Delta t$.

　　如图 8.36 所示,采样孔径趋向于降低频谱中的高频能量,这样同时也就减
少了产生的混叠.如果采样孔径的传递函数有负值,它还会改变高频能量的
极性.

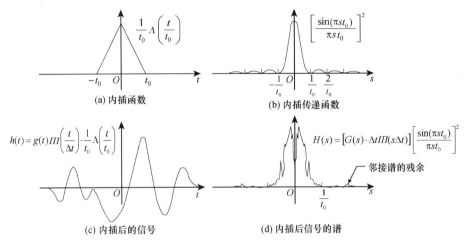

(a) 内插函数

(b) 内插传递函数

(c) 内插后的信号

(d) 内插后信号的谱

图 8.36　对采样后的函数进行内插

　　当然,采样使得频谱变成周期性的,这会导致折叠频率以上的能量产生
混叠.

8.6　小　　结

　　本章的核心内容是 Shah 采样定理及其推广.采样定理在整个数字图像处
理的框架中占有重要的理论基础地位.采样的一般过程为输入连续信号,选定采
样间隔,离散化,得到离散信号频谱,通过窗函数截断信号,由傅里叶反变换得到
原信号,其中离散过程可以抽象为 Shah 函数与原信号相乘.采样定理的推出,
关键在于控制频谱混叠.

　　本章还将采样定理推广到频率采样定理和二维采样定理,其中二维采样定
理的理论模型就和数字图像相吻合,方便我们应用采样定理对二维图像进行采
样和信号恢复,在遥感、医学、地球科学等各方面都有重要应用.本章的一个重要
的数学基础就是傅里叶变换,不论是计算原信号的频谱还是通过离散信号反变
换得到原信号,都是用到了傅里叶变换.

　　本章内容和数理公式总结分别如图 8.37 和表 8.2 所示.

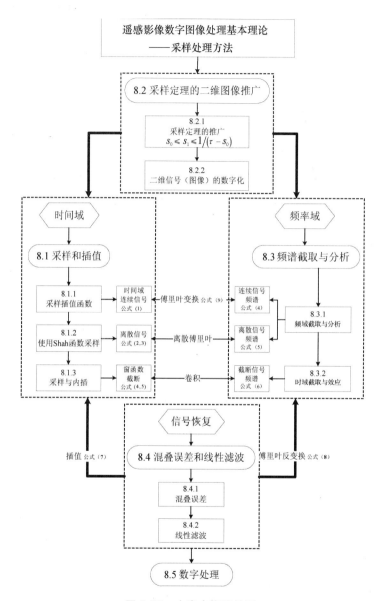

图8.37 本章内容总结图

表 8.2　本章数理公式总结

公式(1)	$y = g(t)$		详见 8.1.2
公式(2)	$III\left(\dfrac{x}{\tau}\right) = \tau \displaystyle\sum_{n=-\infty}^{\infty} \delta(x - n\tau),$	式(8.7)	详见 8.1.1
公式(3)	$\begin{aligned} g(x) &= f(x)\Pi(x/T) = \Pi\left(\dfrac{x - T/4}{2 \times T/4}\right) - \Pi\left(\dfrac{x + T/4}{2 \times T/4}\right) \\ &= \Pi\left(\dfrac{x}{T/2} - \dfrac{1}{2}\right) - \Pi\left(\dfrac{x}{T/2} + \dfrac{1}{2}\right). \end{aligned}$	式(8.37)	详见 8.3.2
公式(4)	$G(s)\Pi(s/2s_1) = F(s),$	式(8.13)	详见 8.1.3
公式(5)	$f(x) = g(x) * 2s_1 \dfrac{\sin(2\pi s_1 x)}{2\pi s_1 x}$	式(8.17)	详见 8.1.3
公式(6)	$G(s)\mathscr{T}\{g(x)\} = \mathscr{T}\left\{\Pi\left(\dfrac{x}{T/2}\right)\right\}\mathscr{T}\left\{\delta\left(x - \dfrac{T}{4}\right) - \delta\left(x + \dfrac{T}{4}\right)\right\},$	式(8.39)	详见 8.3.2
公式(7)	$T = N * \Delta t,$	式(8.32)	详见 8.3.1
公式(8)	$f(t) = \mathscr{T}^{-1}[F(\omega)] = \dfrac{1}{2\pi}\displaystyle\int_{-\infty}^{\infty} F(\omega)\,\mathrm{e}^{j\omega t}\,\mathrm{d}\omega.$	式(6.6)	详见 6.1.2
公式(9)	$F(\omega) = \mathscr{T}[f(t)] = \displaystyle\int_{-\infty}^{\infty} f(t)\mathrm{e}^{-j\omega t}\,\mathrm{d}t,$	式(6.5)	详见 6.1.2

参考文献

[1] 夏伟杰,汪飞.理解数字信号处理中的频域采样定理[J].科技创新导报,2012(18).

[2] 陈艾伦.关于频域采样定理的理论证明和验证[J].中国新通信,2012(14).

[3] 覃韬,李尤发,杨守志.多小波采样定理的拓展[J].数学学报,2012(55).

[4] 严炳炳,时明明,吕晋芳.频谱分析法重构原始连续信号[J].中国电子商务,2011(8).

[5] 张传武,向强,秦开宇.线性正则变换域的带限信号采样理论研究[J].电子学报,2010 (38).

[6] 潘晋孝,莫会云.基于像素采样不足的伪迹处理方法[J].中国体视学与图像分析,2008 (13).

[7] 刘娅,李孝辉,王玉兰.基于欠采样的频率测量方法[J].电子测量与仪器学报,2010(1).

[8] 唐远炎,杨守志,程正兴.二维连续信号的近似采样定理[J].应用数学和力学,2003(24).

[9] 王殊,陈明欣,汪安民.一种抗混叠的非均匀周期采样及其频谱分析方法[J].信号处理, 2005(21).

[10] 叶中付,丁志中.频谱无混叠采样和信号完全可重构采样[J].数据采集与处理,2005(20).

[11] 容跃堂,陈增禄.基于 Shannon 采样定理的插值算法[J].西北纺织工学院学报,2000(14).

[12] Marks Ⅱ R J. Introduction to Shannon sampling and interpolation theory[J]. Berlin: Spring-er-Verlag 2012.

[13] Marks Ⅱ R J. Advanced topics in Shannon sampling and interpolation theory [M]. New York: Springer-Verlag, 1993.

［14］Olevskii A，Ulanovskii A. On multi-dimensional sampling and interpolation［J］. Analysis &. Mathematical Physics，2012，2(2).

［15］胡毅.采样定理的截断误差分析［J］.中国科学院研究生院学报，2008(25).

［16］Osgood B，Siripuram A，Wu W. Discrete sampling and interpolation：universal sampling sets for discrete bandlimited spaces［J］. IEEE Transactions on Information Theory，2012，58(7).

［17］Wang C Y，Hou Z X，He K，et al. JPEG-based image coding algorithm at low bit rates with down-sampling and interpolation［C］The International Conference on Wireless Communications，NETWORKING and Mobile Computing. 2008.

第九章 遥感数字图像像元变换基础 I
——时空等效正交基

章前导引 从第六章傅里叶时频倒数域变换拓展到一般性,发现遥感数字图像变换实际上是二维矩阵的变换.任何一个变换都是满足正交酉变换[1],即:变换矩阵满秩,各像元即矩阵单元变换前后一一对应,变换和反变换唯一.经过变换处理,任意一个图像都可以变为有限个系数不为零的一组互不相关正交基图像的线性组合.判断其变换优劣,可以通过比较不为零的系数多少来确定:不为零的系数越少其变换效率越高,表达存储越简洁.由此构成图像处理、传输、存储、压缩的数学本质,归纳提炼为基函数-基向量-基图像线性表征的理论.本章为全书重点,是遥感数字图像不同形式正交变换的依据.

本章的内容具体包括:线性变换(第9.1节),介绍线性变换基本性质及基函数生成基向量的方法;基函数、基向量与基图像(第9.2节),描述基函数形成基向量、基向量获得基图像的过程;基于基函数、基向量与基图像的任意图像线性表征及变换(第9.3节),阐述将任意离散图像分解为正交基图像线性组合的过程;基于基函数、基向量与基图像的哈达玛变换及实例(第9.4节),帮助读者理解变换的过程.图9.1为本章逻辑框架图.

在线性空间中离散图像主要分为矢量代数变换和矩阵表达两个步骤.

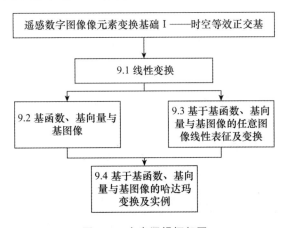

图 9.1 本章逻辑框架图

在代数变换中,由变换函数(称为基函数)生成基向量;以基向量为基础,通过向量外积(列向量在前、行向量在后)的矩阵运算进行图像变换.这种变换的特点是物理概念清晰、表达简洁,它是代数变换的二维延伸.

此外,使用基图像作为图像的表达方法,即由基函数构成基图像,而基图像的线性表达又可以构成任意图像,从而通过图像变换获得图像的表示方法.由于在变换过程中,均采用酉变换(unitary transform)的形式,因此变换是可逆的,可以通过分解后的基图像合成原始图像,离散图像变换的典型例子有哈尔变换和哈达玛变换.

9.1 线 性 变 换

本节主要介绍线性空间的定义和线性变换基本性质.线性变换(linear transformation),是从一个向量空间 V 到另一个向量空间 W 的映射且保持加法运算和数量乘法运算,线性变换是在线性空间中完成的.[2]

9.1.1 线性空间

定义 1 在 V 中元素之间建立一个运算,即 $\forall \alpha, \beta \in V, \exists! \gamma \in V$ 与之对应,记做 $\gamma = \alpha + \beta$,称为加法,其中符号"$\forall$"表示"对于任意的",符号"$\exists$"表示"存在","!"表示"唯一的一个".

定义 2 在数域 P 中的元素与集合 V 中的元素之间建立一个运算,即 c 为复数域 **C** 的全部取值. $\forall k \in \Pi, \alpha \in c, \exists! \eta \in c$ 与之对应,称为 k 与 α 的数量乘积(数乘),记做: $\eta = k * \alpha$.乘号 $*$ 可以省略.如果上述两个运算满足以下八条公理:

(1) $\forall \alpha, \beta \in V, \alpha + \beta = \beta + \alpha$;

(2) $\forall \alpha, \beta, \gamma \in V, \alpha + (\beta + \gamma) = (\alpha + \beta) + \gamma$;

(3) $\forall \alpha \in c, \exists 0 \in V$,使 $\alpha + 0 = \alpha$(加法单位元的存在性,其中 0 为加法单位元或零元);

(4) $\forall \alpha \in c, \exists \beta \in V$,使 $\alpha + \beta = 0$(加法逆元的存在性,其中 β 为 α 的加法逆元,记做 $-\alpha$);

(5) $\forall \alpha \in c, 1 * \alpha = \alpha$;

(6) $\forall k, l \in c, \exists \alpha \in V$,使 $(kl)\alpha = k(l\alpha)$;

(7) $\forall k, l \in c, \exists \alpha \in V$,使 $(k+l)\alpha = k\alpha + l\alpha$;

(8) $\forall k \in c, \exists \alpha, \beta \in V$,使 $k(\alpha + \beta) = k\alpha + k\beta$;

则称 V 为 P 上的线性空间,记做 $V(P)$,有时也简记为 V,线性空间中的元素称为向量.满足上述八条公理的运算称为线性运算.如果 P 为实数域 **R**,则称 V 为实线性空间,如果 P 为复数域 **C**,则称 V 为复线性空间.

9.1.2　线性变换

1. 线性变换的定义

定义 3　线性空间 V 的一个变换 T,如果对任意的 $\alpha,\beta,k\in P$,都有 $T(\alpha+\beta)$ $=T(\alpha)+T(\beta)$,$T(k\alpha)=kT(\alpha)$,则称 $T:V\rightarrow V$,即 T 为 V 上的线性变换.特别是,当且仅当对任何 $\alpha\in V$ 均有 $T(\alpha)=S(\alpha)$,则 V 的两个线性变换 T 与 S 相等.

2. 线性变换的基本性质

设 T 是一个线性变换,α 是一个平面上的任意向量,k,a 为实数,则线性变换的基本性质如下.

性质 1　线性变换把线性空间的零向量变成像的零向量,即若 σ 是 V 的一个线性变换,则有 $\sigma(0)=0$.证明:在 $\sigma(k\alpha)=k\sigma(\alpha)$ 取 $k=0$ 时即可得.

性质 2　线性变换把线性空间的负向量变成像的负向量,即若 σ 是 V 的一个线性变换,则有 $\sigma(-\alpha)=-\sigma(\alpha)$.证明:在 $\sigma(k\alpha)=k\sigma(\alpha)$ 取 $k=-1$ 时即可得.

性质 3　设 σ 是 V 的一个线性变换,σ 是 V 的线性变换的充要条件是:

对 $\forall\alpha,\beta\in V,k_1,k_2\in F$,有 $\sigma(k_1\alpha+k_2\beta)=k_1\sigma(\alpha)+k_2\sigma(\beta)$.

证明:若 $\sigma(k_1\alpha+k_2\beta)=k_1\sigma(\alpha)+k_2\sigma(\beta)$,取 $k_1=k_2=1$,则 $\sigma(\alpha+\beta)=\sigma(\alpha)+$ $\sigma(\beta)$,取 $k_2=0$,则 $\sigma(k_1\alpha)=k_1\sigma(\alpha)$,故 σ 是 V 的线性变换,充分性得证.必要性显然.

性质 4　线性变换保持线性组合与线性关系不变,即若 σ 是 V 的一个线性变换,而 $\beta=k_1\alpha_1+k_2\alpha_2+\cdots+k_r\alpha_r$,则 $\sigma(\beta)=k_1\sigma(\alpha_1)+k_2\sigma(\alpha_2)+\cdots+k_r\sigma(\alpha_r)$.证明:若 $\alpha_1,\alpha_2,\cdots,\alpha_r$ 线性相关,则 $\sigma(\alpha_1),\sigma(\alpha_2)\cdots\sigma(\alpha_r)$ 也线性相关.

3. 线性变换的基本运算

定义 4　T_1,T_2,T_3 是 V 上的线性变换,定义以下三种基本运算:

(1) 线性变换的和 $T=T_1+T_2$,定义为 $T(\alpha)=(T_1+T_2)(\alpha)=T_1(\alpha)+T_2(\alpha)$,$\forall\alpha\in V$;

(2) 线性变换的乘积 $T=T_1T_2$,定义为 $T(\alpha)=T_1(T_2(\alpha))=T_1T_2(\alpha)$,$\forall\alpha\in A$;

(3) 线性变换的数量乘法 $T=kT_1$,定义为 $T(k\alpha)=k(T_1(\alpha))=kT_1(\alpha)$,$\forall\alpha\in V,k\in P$.

4. 线性变换的逆变换

定义 5　设 I 是线性空间 V 的单位线性变换,T 为 V 的线性变换.如果存在一个 V 的线性变换 S,使得 $TS=ST=I$,则称线性变换 T 是可逆的,称 S 为 T 的逆变换,记为 T^{-1}.

9.2　基函数、基向量与基图像

本节主要描述基函数形成基向量、基向量获得基图像的过程,用数学公式表达基函数、基向量与基图像之间的变换关系.

通过基函数、基向量与基图像的概念,很容易找到离散图像的线性变换(离散傅里叶变换、离散余弦变换、离散沃尔什变换、离散哈达玛变换)之间的联系.各种线性变换的不同之处,也仅是基函数不同而已.[3] 不同的基函数对应不同的变换,记住一个离散傅里叶变换,根据它们的基函数就可以推导出其他变换的公式.

假设基函数为 f,那么通过基函数 f 就可以生成基向量 f_i,即

$$f_i = \begin{bmatrix} a_{i1} \\ \vdots \\ a_{iN} \end{bmatrix}. \tag{9.1}$$

反过来说,通过任意两组基向量 f_i 的内积(即基向量转置为 $1 \times N$ 的行向量与 $N \times 1$ 的基向量进行向量相乘得到一个 1×1 的函数或数值)就可以反变换得到基函数 f,如果基向量元素 $a_{i1}, a_{i2}, \cdots, a_{iN}$ 为具体的数值,则得到的基函数 f 则是具体的实数取值,如式(9.2)所示.

$$f_i^{\mathrm{T}} f_j = \begin{cases} 1, & i = j, \\ 0, & i \neq j. \end{cases} \tag{9.2}$$

如果基向量元素 $a_{i1}, a_{i2}, \cdots, a_{iN}$ 为一组函数族,则内积就会得到基函数本身.

通过任意两组基向量 f_i 的外积就可以生成相应的基图像 F_{ij},即

$$F_{ij} = f_i f_j^{\mathrm{T}} = \begin{bmatrix} a_{i1} \\ \vdots \\ a_{iN} \end{bmatrix} \begin{bmatrix} a_{j1} & \cdots & a_{jN} \end{bmatrix} = \begin{bmatrix} a_{i1}a_{j1} & \cdots & a_{i1}a_{jN} \\ \vdots & \vdots & \vdots \\ a_{iN}a_{j1} & \cdots & a_{iN}a_{jN} \end{bmatrix}. \tag{9.3}$$

而任意图像 $X(i,j)$ 都可以通过基图像 F_{ij} 加权 k_{ij} 求和来实现重构,即

$$X(i,j) = \begin{bmatrix} x_{11} & \cdots & x_{1N} \\ \vdots & \vdots & \vdots \\ x_{N1} & \cdots & x_{NN} \end{bmatrix} = \sum_{i,j=1}^{N} k_{ij} F_{ij}, \tag{9.4}$$

其中 k_{ij} 中不等于 0 的元素个数越少,说明图像变换的结果越有效,这也是图像变换效率的客观评价依据.数字图像处理时,计算机只存储基函数类型、k 值、角标 i 和 j 的值即可,即当图像有 N^2 个像素,且 N 足够大,如果 $k_{ij} \neq 0$ 的个数占有 m 个,那么计算机存储单元包括 $3m$ 个加权值单元和一个基函数 f 单元,当 $m \ll N$ 时,图像变换后的大小就会呈数量级减小.

9.2.1　基函数

核矩阵的各行构成了 N 维向量空间的一组基向量. 这些行是正交的, 即

$$\boldsymbol{TT}^{*\mathrm{T}} = \boldsymbol{I} \quad \text{或} \quad \sum_{i=0}^{N-1} T_{ji} T_{ki}^{*} = \delta_{jk}, \tag{9.5}$$

其中 δ_{jk} 是克罗内克(Kronecker)函数, 表达式为

$$\delta_{jk} = \begin{cases} 1, & j = k, \\ 0, & j \neq k. \end{cases} \tag{9.6}$$

虽然任一组正交向量集都可用于一个线性变换, 但通常整个集都取自同一种形式的基函数, 例如傅里叶变换就是使用复指数作为其基函数的原型, 基函数之间只是频率不同.

9.2.2　基向量

长度为一个单位长度的向量叫做基向量, 也叫做单位向量. 基向量有行向量和列向量之分, 它是构成基函数的基本元素. 运用基向量, 可以进行简单的一维离散变换. 假设有 n 个正交向量

$$\boldsymbol{a}_1 = \begin{bmatrix} a_{11} \\ a_{21} \\ \vdots \\ a_{n1} \end{bmatrix}, \quad \boldsymbol{a}_2 = \begin{bmatrix} a_{12} \\ a_{22} \\ \vdots \\ a_{n2} \end{bmatrix}, \quad \cdots, \quad \boldsymbol{a}_n = \begin{bmatrix} a_{1n} \\ a_{2n} \\ \vdots \\ a_{nn} \end{bmatrix}, \tag{9.7}$$

$$\sum_{k=1}^{n} a_{ki} a_{kj} = \begin{cases} C, & i = j, \\ 0, & i \neq j. \end{cases} \tag{9.8}$$

当 $C=1$ 时, 称之为归一化正交. 即每一个向量为单位向量, 满足上式的基向量组成矩阵为

$$\boldsymbol{A} = \begin{bmatrix} a_{11} & a_{12} & \cdots & a_{1n} \\ a_{21} & a_{22} & \cdots & a_{2n} \\ \vdots & \vdots & & \vdots \\ a_{n1} & a_{n2} & \cdots & a_{nn} \end{bmatrix}, \tag{9.9}$$

则一定满足

$$\boldsymbol{A}^{\mathrm{T}} \boldsymbol{A} = \boldsymbol{A} \boldsymbol{A}^{\mathrm{T}} = \boldsymbol{I}. \tag{9.10}$$

对于 $N \times N$ 的矩阵 $\boldsymbol{A}$, 有 N 个标量 $\lambda_k (k=0,1,2,\cdots,N-1)$, 能使 $|\boldsymbol{A} - \lambda_k \boldsymbol{I}| = 0$, 其中 λ_k 称为矩阵的特征值. 此外, N 个满足 $\boldsymbol{A} v_k = \lambda_k v_k$ 的向量 v_k 称为 $\boldsymbol{A}$ 的特征向量. 特征向量为 $N \times 1$ 维, 每个 v_k 对应一个特征值 λ_k. 这些特征向量构成一个正交基集. 该正交基集即为基向量, 其个数等于特征向量矩阵的秩 r. 当矩阵满秩时, 即 $r=N$, 则基向量的个数为 N.

9.2.3　基图像

　　二维反变换可以看做是通过将一组被适当加权的基图像求和而重构原图像. 变换矩阵 G 中的元素就是其对应的基图像在求和时所乘的倍（系）数. 一幅基图像可以通过对只含有一个非零元素（令其值为 1）的系数矩阵进行反变换而产生.[4] 共有 N^2 个这样的矩阵，产生 N^2 幅基本图像，设其中一个系数矩阵为

$$G^{pq} = \{\delta_{i-p, j-q}\}, \tag{9.11}$$

其中 i 和 j 分别是行和列的下标，p 和 q 是标明非零元素位置的整数，则反变换为

$$F_{mn} = \sum_{i=0}^{N-1} T(i,m) \Big[\sum_{k=0}^{N-1} \delta_{i-p, k-q} T(k,n) \Big] = T(p,m) T(q,n). \tag{9.12}$$

这样，对于一个可分离的酉变换，每幅基图像就是变换矩阵某两行的外积（矢量积）.

　　类似于一维的信号，基图像集可以被认为是分解原图像所得的单位集分量，它们同时也是组成原图像的基本结构单元. 正变换通过确定系数来实现分解，反变换通过将基图像加权求和来实现重构.

　　由于存在着无限多组的基图像集，从而也就存在着无限多的变换. 这样，某一组特定的基图像集仅对相应的变换有意义.

9.3　基于基函数、基向量与基图像的任意图像线性表征及变换

　　本节主要表达将任意离散图像分解为正交基图像线性组合的过程，在前边介绍线性变换概念和基函数、基向量与基图像变换过程的基础上，从一维离散线性变换和酉变换概念出发，详细介绍二维离散线性变换过程，从而得到用正交基图像的线性组合表示任意离散图像的变换过程，并以哈尔变换为例展示该过程.

9.3.1　一维离散线性变换

　　定义　如果 x 是一个 N 维的向量，T 是一个 N 阶的矩阵，则

$$y_i = \sum_{j=0}^{N-1} t_{ij} x_j \quad \text{或} \quad y = Tx \tag{9.13}$$

为向量 x 的一个线性变换，其中 $i = 0, 1, 2, \cdots, N-1$. 矩阵 T 为此变换的核矩阵. 需要注意的是这里的“核”不同于讨论的术语“卷积核”中的“核”的用法.

　　变换的结果是另一个 N 维的向量 y. 这个变换被称为线性变换是因为 y 是由输入元素的一阶和构成的. 每个元素 y_i 是输入向量 x 和 T 的第 i 行的内积.

　　线性变换的一个简单的例子是二维坐标系统中的一个向量的旋转,如

$$\begin{bmatrix} y_1 \\ y_2 \end{bmatrix} = \begin{bmatrix} \cos(\theta) & -\sin(\theta) \\ \sin(\theta) & \cos(\theta) \end{bmatrix} \begin{bmatrix} x_1 \\ x_2 \end{bmatrix} \tag{9.14}$$

将向量 x 旋转了 θ 角.

　　T 是非奇异的,则原向量可以通过逆变换

$$x = T^{-1}y \tag{9.15}$$

来恢复. 此时, x 的每个元素都是 y 和 T^{-1} 的某行的内积. 对于前面的例子,这相当于向相反的方向旋转一个相同的角度.

9.3.2　酉变换

　　基本线性运算式是严格可逆的,且满足一定的正交条件,即酉变换.

　　对于一个给定的向量长度 N,用到的变换矩阵 T 有无数可能. 然而,更有用处的是具有某些特殊属性的变换矩阵.

　　如果 T 是一个酉矩阵,则

$$T^{-1} = T^{*\mathrm{T}} \quad \text{且} \quad TT^{*\mathrm{T}} = T^{*\mathrm{T}}T = I, \tag{9.16}$$

其中,"$*$"表示对 T 的每个元素取共轭复数,上标 T 表示转置. 如果 T 是酉矩阵,且所有元素都是实数,则它是一个正交矩阵,满足

$$T^{-1} = T^{\mathrm{T}} \quad \text{且} \quad TT^{\mathrm{T}} = T^{\mathrm{T}}T = I. \tag{9.17}$$

注意到 TT^{T} 的第 (i,j) 元素是 T 的第 i 行和第 j 行转置的内积. 式(9.17)表示 $i = j$ 时内积为 1,否则内积为 0,所以 T 的各行是一组正交向量.

　　一维 DFT 是酉变换的一个例子,这是由于

$$F_k = \frac{1}{\sqrt{N}} \sum_{i=0}^{N-1} f_i \exp\left(-\mathrm{j}2\pi k \frac{i}{N}\right) \quad \text{或} \quad F_k = \sum_{i=0}^{N-1} f_i w_{ik}, \tag{9.18}$$

则 w 是一个酉矩阵(但不是正交阵),其元素(复数)为

$$w_{ik} = \frac{1}{\sqrt{N}} \exp\left(-\mathrm{j}2\pi k \frac{i}{N}\right). \tag{9.19}$$

　　通常,变换矩阵 T 是非奇异的(即 T 的秩为 N),这就使得变换可逆. 这样,T 的所有行就构成了一个 N 维向量空间的正交基(一组正交基向量或单位向量). 这就是说,任何 N 维向量的序列都可以用 N 维向量空间中的一个从原点指向某一点的向量来表示. 此外,任何变换都可以看做是一个坐标变换,它将 N 维空间中的向量进行旋转,且不改变向量的长度.

　　总之,一个线性酉变换产生一个有 N 个变换系数的向量 y,每个变换系数都是输入向量 x 和变换矩阵 T 的某一行的内积. 反变换的计算类似,由变换系数向量和反变换矩阵的行产生一组内积.

　　正变换通常被看做是一个分解过程:将信号向量分解成它的各个基元分

量,这些基元分量自然以基向量的形式表示.变换系数则规定了各分量在原信号中所占的量.

另一方面,反变换通常被看做是一个合成过程,即通过将各分量相加来合成原始向量.这里,变换系数规定了为精确、完全地重构输入向量而加入的各个分量的大小.

这个过程的一个关键原理是:任何一个向量都能唯一地分解成分别具有"合适"幅度的一组基向量,然后通过将这些分量相加可以重构原向量.变换系数的个数与向量的元素个数是相同的,这样在变换前和变换后自由度的数目是相同的,从而保证了在这个过程中既未引入新的信息,也未破坏任何原有信息.

变换后的向量是原始向量的一种表示.由于它具有与原始向量相同的元素个数(即具有相同的自由度),并且原始向量可以通过它无误差地恢复,所以可以把它当做原始向量的另一种表示形式.

9.3.3　二维离散线性变换

对于二维情况,将一个 N 维矩阵 $\boldsymbol{F}$ 变换成另一个 N 维矩阵 $\boldsymbol{G}$,其线性变换的一般形式为

$$G_{mn} = \sum_{i=0}^{N-1} \sum_{k=0}^{N-1} F_{ik}(i,k,m,n) f(i,k), \tag{9.20}$$

其中 i,k,m,n 是取值 $[0,N-1]$ 范围内的离散变量,$\boldsymbol{F}(i,k,m,n)$ 是变换的核函数.如图 9.2 所示,$\boldsymbol{F}(i,k,m,n)$ 可以看做是一个 $N^2 \times M^2$ 的块矩阵,每行有 N 个块,共有 M 行,每个块又是一个 $N \times M$ 的矩阵.块由 m,n 索引,每个块内(子矩阵)的元素由 i,k 索引.

$$
\begin{array}{c}
\quad\ n=1 \quad n=2 \qquad n=N \\
\begin{array}{c} m=1 \\ m=2 \\ \vdots \\ m=M \end{array}
\begin{bmatrix}
[\ ] & [\ ] & \cdots & [\ ] \\
[\ ] & [\ ] & \cdots & [\ ] \\
\vdots & \vdots & \ddots & \vdots \\
[\ ] & [\ ] & \cdots & [\ ]
\end{bmatrix}
\end{array}
$$

图 9.2　核矩阵

如果 $\boldsymbol{F}(i,k,m,n)$ 能被分解成行方向的分量函数和列方向的分量函数的乘积,即如果有

$$\boldsymbol{F}(i,k,m,n) = \boldsymbol{T}_\mathrm{r}(i,m)\boldsymbol{T}_\mathrm{c}(k,n), \tag{9.21}$$

则这个变换就叫做可分离的.这意味着这个变换可以分两步来完成:先进行行(或列)向运算,然后接着进行列(或行)向运算,即

$$G_{mn} = \sum_{i=0}^{N-1} \Big[\sum_{k=0}^{N-1} F_{ik} T_c(k,n) \Big] T_r(i,m) f(i,k). \tag{9.22}$$

更进一步,如果这两个分量函数相同,称这个变换为对称的(不要与对称矩阵混淆),则

$$\boldsymbol{F}(i,k,m,n) = \boldsymbol{T}_c(i,m) \boldsymbol{T}_r(i,m), \tag{9.23}$$

且式(9.22)可以写成

$$G_{mn} = \sum_{i=0}^{N-1} T(i,m) \Big[\sum_{k=0}^{N-1} F_{ik} T(k,n) f(i,k) \Big] 或 \boldsymbol{G} = \boldsymbol{TFT}, \tag{9.24}$$

其中 $\boldsymbol{T}$ 是酉矩阵,像前面一样,叫做变换的核矩阵.在本章中,用这个表示方法标明一个普通的、可分离的、对称的酉变换.

反变换为

$$F = T^{-1}GT^{-1} = T^{*\mathrm{T}}GT^{*\mathrm{T}}, \tag{9.25}$$

它可以准确地恢复 F.

例如二维 DFT 是一个可分离的、对称的酉矩阵.此时,式(9.25)中的 T 变成了式(9.26)中的矩阵 w. DFT 的反变换使用 w^{-1},它仅是 w 的共轭转置.这样,这个离散变换对可表示为

$$G = wFw, \quad 且 \quad F = w^{*\mathrm{T}}Gw^{*\mathrm{T}}. \tag{9.26}$$

9.3.4　哈尔变换实例

哈尔变换(Harr transform)是使用哈尔函数作为基函数的对称、可分离的酉变换.[5]它要求 $N=2^n$,其中 n 是整数.

傅里叶变换的基函数间仅是频率不同,而哈尔函数在尺度(宽度)和位置上都不同,这使得哈尔变换具有尺度和位置双重属性,这在基函数中十分明显.这样的属性使得它其他变换不太相同,也为下一章要讨论的小波变换建立了一个起点.

1. 基函数定义

由于哈尔函数在尺度和位置两方面都会变化,所以它们必须有双重索引机制.哈尔函数定义在[0,1]区间.令整数 $0 \leqslant k \leqslant N-1$ 由其他两个整数 p 和 q 唯一决定,即

$$k = 2^p + q - 1. \tag{9.27}$$

注意,在这种构造下,不仅 k 是 p 和 q 的函数,p 和 q 也是 k 的函数.对于任意 $k > 0$,p 是使 $2^p \leqslant k$ 的最大值,而 $q-1$ 是余数.

哈尔函数定义为

$$h_0(x) = \frac{1}{\sqrt{N}}, \tag{9.28}$$

且

$$
h_k(x) = \frac{1}{\sqrt{N}} \begin{cases} 2^{p/2}, & \dfrac{q-1}{2^p} \leqslant x < \dfrac{q-\dfrac{1}{2}}{2^p}, \\[3mm] -2^{p/2}, & \dfrac{q-\dfrac{1}{2}}{2^p} \leqslant x < \dfrac{q}{2^p}, \\[3mm] 0, & \text{其他}. \end{cases} \tag{9.29}
$$

对于 $i=0,1,2,\cdots,N-1$,如果令 $x=i/N$,则可以产生一组基函数,除了 $k=0$ 时为常数外,每个基函数都有单独(独特)的一个矩形脉冲对.这些基函数在尺度(宽度)和位置上都有所变化(参见图 9.3).索引 p 规定了尺度,而 q 决定了平移量(位置).

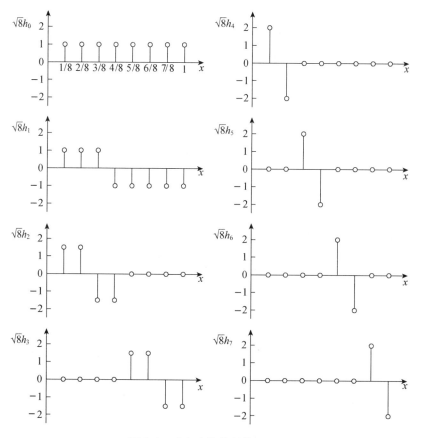

图 9.3　哈尔变换基函数, $N=8$

2. 基向量矩阵的生成

由式(9.29)定义,$N=8$ 时,当 $k=0$,$\sqrt{8}h_0(x)=1$.当 $k=1,2^p\leqslant1$,得

$$p=0,q=k-2^p+1=1,\quad \sqrt{8}h_1(x)=\begin{cases}1,& 0\leqslant x<\dfrac{4}{8},\\[2mm]-1,& \dfrac{4}{8}\leqslant x<1.\end{cases}\tag{9.30}$$

当 $k=2,2^p\leqslant2$,得

$$p=1,q=k-2^p+1=1,$$

$$\sqrt{8}h_2(x)=\begin{cases}\sqrt{2},& 0\leqslant x<\dfrac{2}{8},\\[2mm]-\sqrt{2},& \dfrac{2}{8}\leqslant x<\dfrac{4}{8},\\[2mm]0,& \dfrac{4}{8}\leqslant x<1.\end{cases}\tag{9.31}$$

当 $k=3,2^p\leqslant3$,得

$$p=1,q=k-2^p+1=2,$$

$$\sqrt{8}h_3(x)=\begin{cases}\sqrt{2},& \dfrac{4}{8}\leqslant x<\dfrac{6}{8},\\[2mm]-\sqrt{2},& \dfrac{6}{8}\leqslant x<1,\\[2mm]0,& 0\leqslant x<\dfrac{4}{8}.\end{cases}\tag{9.32}$$

当 $k=4,2^p\leqslant4$,得

$$p=2,q=k-2^p+1=1,$$

$$\sqrt{8}h_4(x)=\begin{cases}2,& 0\leqslant x<\dfrac{1}{8},\\[2mm]-2,& \dfrac{1}{8}\leqslant x<\dfrac{2}{8},\\[2mm]0,& \dfrac{2}{8}\leqslant x<1.\end{cases}\tag{9.33}$$

当 $k=5,2^p\leqslant5$,得

$$p=2,q=k-2^p+1=2,$$

$$\sqrt{8}h_5(x)=\begin{cases}2,& \dfrac{2}{8}\leqslant x<\dfrac{3}{8},\\[2mm]-2,& \dfrac{3}{8}\leqslant x<\dfrac{4}{8},\\[2mm]0,& 0\leqslant x<\dfrac{2}{8},\dfrac{4}{8}\leqslant x<1.\end{cases}\tag{9.34}$$

当 $k=6,2^p\leqslant 6$,得

$$p=2,q=k-2^p+1=3,$$

$$\sqrt{8}h_6(x)=\begin{cases}2, & \dfrac{4}{8}\leqslant x<\dfrac{5}{8},\\[2mm] -2, & \dfrac{5}{8}\leqslant x<\dfrac{6}{8},\\[2mm] 0, & 0\leqslant x<\dfrac{4}{8},\dfrac{6}{8}\leqslant x<1.\end{cases} \tag{9.35}$$

当 $k=7,2^p\leqslant 7$,得

$$p=2,q=k-2^p+1=4,$$

$$\sqrt{8}h_7(x)=\begin{cases}2, & \dfrac{6}{8}\leqslant x<\dfrac{7}{8},\\[2mm] -2, & \dfrac{7}{8}\leqslant x<1,\\[2mm] 0, & 0\leqslant x<\dfrac{6}{8}.\end{cases} \tag{9.36}$$

由上述公式计算结果,得到图 9.3 的结果.

以前讨论的各种变换都使用全宽度基函数,而哈尔函数则是通过对形式为一个矩形脉冲对的"原型"函数进行尺度变换和平移得到的.这个性质有两个主要的方面:[6]

(1) 虽然基函数可以由单一的索引 k 来决定,但它们都有由索引 p 和 q 规定的尺度/位置双重属性.这样,沿着 k 轴来画它的变换系数就不像传统的傅里叶变换得到的频谱那样可以给出更具启发性的信息.

(2) 假定在信号中沿 x 轴的某一位置有一个特征(如一条边),则傅里叶变换可以按照平移理论将这个位置编码到相位谱中.尽管这个特征的位置可以唯一确定,并通过傅里叶反变换而被完全恢复,但它在谱中并不能很直观地显示出来.(注意:如果某一个特征在信号中占主导地位,则根据平移定理相位图将是线性的,其倾斜度取决于特征的位置,这可以用来对特征进行定位.而当有很多特征或噪声时,则相位图线会变得很复杂,从而不能给出什么解释.)

与之相反,哈尔变换直接地反映线和边,这是由于它的基函数有类似的这些特征.如果一个信号或信号中的一部分可以近似地匹配上某一基函数,则在变换后会产生一个对应于那个基函数的较大的变换系数.由于基函数是正交的,则这个信号对于其他的基函数将产生较小的系数,这样,哈尔变换可以给出一些线和边的尺寸和位置信息.[7,8]

哈尔变换的 8×8 酉核心矩阵为

$$\boldsymbol{H}_{\mathrm{r}} = \frac{1}{\sqrt{8}} \begin{bmatrix} 1 & 1 & 1 & 1 & 1 & 1 & 1 & 1 \\ 1 & 1 & 1 & 1 & -1 & -1 & -1 & -1 \\ \sqrt{2} & \sqrt{2} & -\sqrt{2} & -\sqrt{2} & 0 & 0 & 0 & 0 \\ 0 & 0 & 0 & 0 & \sqrt{2} & \sqrt{2} & -\sqrt{2} & -\sqrt{2} \\ 2 & -2 & 0 & 0 & 0 & 0 & 0 & 0 \\ 0 & 0 & 2 & -2 & 0 & 0 & 0 & 0 \\ 0 & 0 & 0 & 0 & 2 & -2 & 0 & 0 \\ 0 & 0 & 0 & 0 & 0 & 0 & 2 & -2 \end{bmatrix}. \qquad (9.37)$$

3. 基图像的生成

上述式(9.37)矩阵中每行均为基向量,任意两行生成基向量的外积就可生成对应的基图像. 对于更大的 N,也有相同的样式. 由于矩阵中有许多常数和零值,哈尔变换可以非常快地计算出来. 图 9.4(a)表示 $N=8$ 时的所有基图像. 由式(9.37)可知基向量个数 $N=8$,所以基图像的个数为 $N^2=64$. 注意,右下象限部分可以用来搜索图像中不同位置的小特征. $N=2$ 和 $N=4$ 时的所有基图像分别如图 9.4(b),(c)所示.

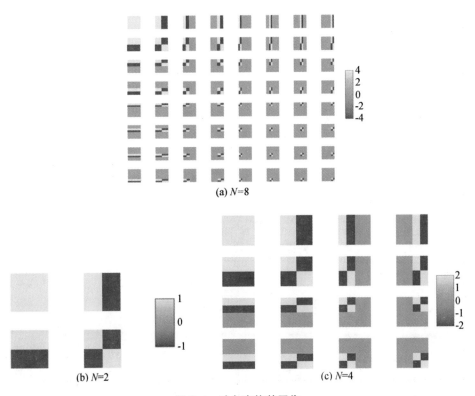

(a) $N=8$

(b) $N=2$　　　　　　　　　　　　　**(c)** $N=4$

图 9.4　哈尔变换基图像

9.4　基于基函数、基向量与基图像的哈达玛变换及实例

本节主要是帮助理解变换的过程,前三节对基函数、基向量与基图像的变换过程和用有限个系数不为零的一组互不相关正交基图像的线性组合来表达任意图像过程进行详细讲解,本节以哈达玛为例展示该过程以后,举实例以帮助理解哈达玛变换过程以及时空等效正交基表示任意图像过程.

9.4.1　哈达玛变换推导

1. 基函数的定义

哈达玛变换(Hadamard transform)是一种广义傅里叶变换,它是对称的、可分离的酉变换,它的核矩阵中只有 $+1$ 和 -1 两种元素.它要求 $N=2^n$,其中 n 是整数.[9]

对于 $N=2$ 的情况,其核矩阵为

$$\frac{1}{\sqrt{2}}\boldsymbol{H}_2 = \frac{1}{\sqrt{2}}\begin{bmatrix} 1 & 1 \\ 1 & -1 \end{bmatrix};$$

对于 $N>2$ 的情况,其核矩阵可以通过块矩阵的形式产生

$$\frac{1}{\sqrt{N}}\boldsymbol{H}_N = \frac{1}{\sqrt{N}}\begin{bmatrix} H_{\frac{N}{2}} & H_{\frac{N}{2}} \\ H_{\frac{N}{2}} & -H_{\frac{N}{2}} \end{bmatrix}. \tag{9.38}$$

对于任意的 $N=2^n$,若将 $N^{-1/2}$ 因子放在矩阵的前面,则矩阵仅含有 1 个元素,使得这种变换的计算量较小.

2. 基向量矩阵的生成

哈达玛变换矩阵主要形式为 2^k 点的转换矩阵 $N=2^k$,其最小单位矩阵为 2×2 的哈达玛变换矩阵,以下分别为如何产生二点、四点以及 2^k 点的哈达玛变换矩阵步骤.当 $N=1$ 时,

$$W_1 = 1.$$

当 $N=2$ 时,二点哈达玛变换基向量矩阵为

$$\boldsymbol{W}_2 = \begin{bmatrix} 1 & 1 \\ 1 & -1 \end{bmatrix}. \tag{9.39}$$

当 $N=4$ 时,四点哈达玛变换基向量矩阵为

$$\boldsymbol{W}_4 = \begin{bmatrix} 1 & 1 & 1 & 1 \\ 1 & 1 & -1 & -1 \\ 1 & -1 & -1 & 1 \\ 1 & -1 & 1 & -1 \end{bmatrix}. \tag{9.40}$$

对于一般的情况,2^k 点哈达玛变换的步骤如下.

(1)

$$\boldsymbol{V}_{2^{k+1}} = \begin{bmatrix} \boldsymbol{W}_{2^k} & \boldsymbol{W}_{2^k} \\ \boldsymbol{W}_{2^k} & -\boldsymbol{W}_{2^k} \end{bmatrix}. \tag{9.41}$$

(2) 根据列率(某一矩阵列的符号变换次数)将矩阵的列向量做顺序上的重新排列,例如可以使列率按列号递增,从而得到有序哈达玛变换核,即

$$\boldsymbol{V}_{2^{k+1}} \rightarrow \boldsymbol{W}_{2^{k+1}}. \tag{9.42}$$

这是一个递推的过程,已知二维哈达玛变换可以推知 2^k 点哈达玛变换.下面是根据二维哈达玛变换推出四维、八维哈达玛变换,具体过程如下:

$$\boldsymbol{V}_4 = \begin{bmatrix} \boldsymbol{W}_2 & \boldsymbol{W}_2 \\ \boldsymbol{W}_2 & -\boldsymbol{W}_2 \end{bmatrix} = \begin{bmatrix} 1 & 1 & 1 & 1 \\ 1 & -1 & 1 & -1 \\ 1 & 1 & -1 & -1 \\ 1 & -1 & -1 & 1 \end{bmatrix}, \quad \boldsymbol{W}_4 = \begin{bmatrix} 1 & 1 & 1 & 1 \\ 1 & 1 & -1 & -1 \\ 1 & -1 & -1 & 1 \\ 1 & -1 & 1 & -1 \end{bmatrix};$$
$$\tag{9.43}$$

当 $N=8$ 时,哈达玛变换基向量矩阵为

$$\boldsymbol{V}_8 = \begin{bmatrix} \boldsymbol{W}_4 & \boldsymbol{W}_4 \\ \boldsymbol{W}_4 & -\boldsymbol{W}_4 \end{bmatrix} = \begin{bmatrix} 1 & 1 & 1 & 1 & 1 & 1 & 1 & 1 \\ 1 & 1 & -1 & -1 & 1 & 1 & -1 & -1 \\ 1 & -1 & -1 & 1 & 1 & -1 & -1 & 1 \\ 1 & -1 & 1 & -1 & 1 & -1 & 1 & -1 \\ 1 & 1 & 1 & 1 & -1 & -1 & -1 & -1 \\ 1 & 1 & -1 & -1 & -1 & -1 & 1 & 1 \\ 1 & -1 & -1 & 1 & -1 & 1 & 1 & -1 \\ 1 & -1 & 1 & -1 & -1 & 1 & -1 & 1 \end{bmatrix}, \tag{9.44}$$

$$\boldsymbol{W}_8 = \begin{bmatrix} 1 & 1 & 1 & 1 & 1 & 1 & 1 & 1 \\ 1 & 1 & 1 & 1 & -1 & -1 & -1 & -1 \\ 1 & 1 & -1 & -1 & -1 & -1 & 1 & 1 \\ 1 & 1 & -1 & -1 & 1 & 1 & -1 & -1 \\ 1 & -1 & -1 & 1 & 1 & -1 & -1 & 1 \\ 1 & -1 & -1 & 1 & -1 & 1 & 1 & -1 \\ 1 & -1 & 1 & -1 & -1 & 1 & -1 & 1 \\ 1 & -1 & 1 & -1 & 1 & -1 & 1 & -1 \end{bmatrix}. \tag{9.45}$$

3. 基图像生成

根据 9.2 节中基函数、基向量、基图像之间的关系,可知:当 $N=2$ 时,式(9.39)中任意两行向量的外积即可形成 $N^2=4$ 个基图像;当 $N=4$ 时,式(9.40)中任意两行向量的外积即可形成 $N^2=16$ 个基图像;当 $N=8$ 时,式(9.45)中任意两行向量的外积即可形成 $N^2=64$ 个基图像.

9.4.2　具体示例

下面以二维、四维哈达玛变换为例,说明哈达玛变换的应用.[10—12]

例一　假设一幅二维图像为

$$\boldsymbol{X} = \begin{bmatrix} 1 & 2 \\ 3 & 4 \end{bmatrix}, \tag{9.46}$$

用基图像表示.

解　对于二维图像,哈达玛变换的核矩阵为

$$\frac{1}{\sqrt{2}}\boldsymbol{H}_2 = \frac{1}{\sqrt{2}}\begin{bmatrix} 1 & 1 \\ 1 & -1 \end{bmatrix} = \frac{1}{\sqrt{2}}\begin{bmatrix} H_1 & H_1 \\ H_1 & -H_1 \end{bmatrix}, \quad \boldsymbol{H}_4 = \begin{bmatrix} \boldsymbol{H}_2 & \boldsymbol{H}_2 \\ \boldsymbol{H}_2 & -\boldsymbol{H}_2 \end{bmatrix}, \tag{9.47}$$

基图像的形成如图 9.5 所示.

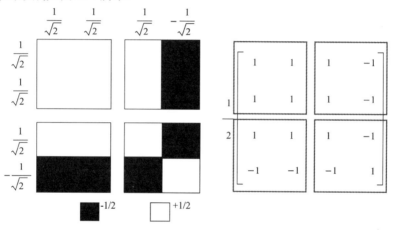

图 9.5　基图像的生成

线性变换为

$$\boldsymbol{X} = \boldsymbol{A}\boldsymbol{Y}, \tag{9.48}$$

将原始图像带入该变换公式

$$\begin{bmatrix} 1 \\ 2 \\ 3 \\ 4 \end{bmatrix} = \frac{1}{2}\begin{bmatrix} 1 & 1 & 1 & 1 \\ 1 & -1 & 1 & -1 \\ 1 & 1 & -1 & -1 \\ 1 & -1 & -1 & 1 \end{bmatrix}\boldsymbol{Y}, \tag{9.49}$$

则

$$\boldsymbol{Y} = 2\begin{bmatrix} 1 \\ 2 \\ 3 \\ 4 \end{bmatrix} \times \begin{bmatrix} 1 & 1 & 1 & 1 \\ 1 & -1 & 1 & -1 \\ 1 & 1 & -1 & -1 \\ 1 & -1 & -1 & 1 \end{bmatrix}^{-1}, \tag{9.50}$$

通过计算可得

$$Y = \begin{bmatrix} 5 \\ -1 \\ -2 \\ 0 \end{bmatrix}. \tag{9.51}$$

故原始图像可由基图像表示如下：

$$\boldsymbol{X} = \begin{bmatrix} 1 & 2 \\ 3 & 4 \end{bmatrix} = \frac{1}{2} \times \left(5 \begin{bmatrix} 1 & 1 \\ 1 & 1 \end{bmatrix} - \begin{bmatrix} 1 & -1 \\ 1 & -1 \end{bmatrix} - 2 \begin{bmatrix} 1 & 1 \\ -1 & -1 \end{bmatrix} \right), \tag{9.52}$$

即图 9.6 所示.

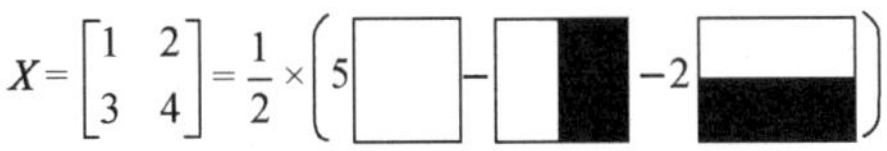

图 9.6　二维图像的基图像表示

例二　以四维图像

$$\boldsymbol{f} = \begin{bmatrix} 1 & 2 & 3 & 4 \\ 1 & 2 & 3 & 4 \\ 1 & 2 & 3 & 4 \\ 1 & 2 & 3 & 4 \end{bmatrix} 为例，用基图像表示.$$

解　首先将其写成列阵的形式

$$\boldsymbol{f} = \begin{bmatrix} 1 & 2 & 3 & 4 & 1 & 2 & 3 & 4 & 1 & 2 & 3 & 4 & 1 & 2 & 3 & 4 \end{bmatrix}^{\mathrm{T}}. \tag{9.53}$$

再由上述二维图像的计算过程可得

$$\boldsymbol{f} = \begin{bmatrix} 1 & 2 & 3 & 4 \\ 1 & 2 & 3 & 4 \\ 1 & 2 & 3 & 4 \\ 1 & 2 & 3 & 4 \end{bmatrix} = \frac{1}{4} \left\{ 10 \begin{bmatrix} 1 & 1 & 1 & 1 \\ 1 & 1 & 1 & 1 \\ 1 & 1 & 1 & 1 \\ 1 & 1 & 1 & 1 \end{bmatrix} - 2 \begin{bmatrix} 1 & -1 & 1 & -1 \\ 1 & -1 & 1 & -1 \\ 1 & -1 & 1 & -1 \\ 1 & -1 & 1 & -1 \end{bmatrix} - 4 \begin{bmatrix} 1 & 1 & -1 & -1 \\ 1 & 1 & -1 & -1 \\ 1 & 1 & -1 & -1 \\ 1 & 1 & -1 & -1 \end{bmatrix} \right\},$$

$$\tag{9.54}$$

则原始图像可由基图像进行表示，如图 9.7 所示.

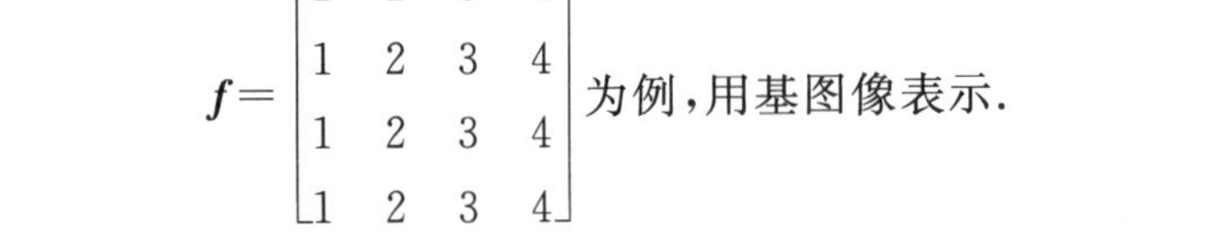

图 9.7　四维图像的基图像表示

例三　假设有两幅影像，一幅原始数据变化较大，如式(9.55)中左式所示；另一幅原始数据分布比较均匀，如式(9.55)中右式所示

$$\boldsymbol{f}_1 = \begin{bmatrix} 1 & 3 & 3 & 1 \\ 1 & 3 & 3 & 1 \\ 1 & 3 & 3 & 1 \\ 1 & 3 & 3 & 1 \end{bmatrix}, \quad \boldsymbol{f}_2 = \begin{bmatrix} 1 & 1 & 1 & 1 \\ 1 & 1 & 1 & 1 \\ 1 & 1 & 1 & 1 \\ 1 & 1 & 1 & 1 \end{bmatrix}, \quad (9.55)$$

试求它们的哈达玛变换.

解 对两幅影像分别进行哈达玛变换. 根据哈达玛变换的矩阵可知, 基向量矩阵为

$$\boldsymbol{H}_4 = \begin{bmatrix} 1 & 1 & 1 & 1 \\ 1 & -1 & 1 & -1 \\ 1 & 1 & -1 & -1 \\ 1 & -1 & -1 & 1 \end{bmatrix}, \quad (9.56)$$

则变换可得

$$\boldsymbol{W}_1 = \frac{1}{4^2} \begin{bmatrix} 1 & 1 & 1 & 1 \\ 1 & -1 & 1 & -1 \\ 1 & 1 & -1 & -1 \\ 1 & -1 & -1 & 1 \end{bmatrix} \begin{bmatrix} 1 & 3 & 3 & 1 \\ 1 & 3 & 3 & 1 \\ 1 & 3 & 3 & 1 \\ 1 & 3 & 3 & 1 \end{bmatrix} \begin{bmatrix} 1 & 1 & 1 & 1 \\ 1 & -1 & 1 & -1 \\ 1 & 1 & -1 & -1 \\ 1 & -1 & -1 & 1 \end{bmatrix} = \begin{bmatrix} 2 & 0 & 0 & -1 \\ 0 & 0 & 0 & 0 \\ 0 & 0 & 0 & 0 \\ 0 & 0 & 0 & 0 \end{bmatrix}, \quad (9.57)$$

$$\boldsymbol{W}_2 = \frac{1}{4^2} \begin{bmatrix} 1 & 1 & 1 & 1 \\ 1 & -1 & 1 & -1 \\ 1 & 1 & -1 & -1 \\ 1 & -1 & -1 & 1 \end{bmatrix} \begin{bmatrix} 1 & 1 & 1 & 1 \\ 1 & 1 & 1 & 1 \\ 1 & 1 & 1 & 1 \\ 1 & 1 & 1 & 1 \end{bmatrix} \begin{bmatrix} 1 & 1 & 1 & 1 \\ 1 & -1 & 1 & -1 \\ 1 & 1 & -1 & -1 \\ 1 & -1 & -1 & 1 \end{bmatrix} = \begin{bmatrix} 1 & 0 & 0 & 0 \\ 0 & 0 & 0 & 0 \\ 0 & 0 & 0 & 0 \\ 0 & 0 & 0 & 0 \end{bmatrix}. \quad (9.58)$$

由此看出, 原图像 $N^2 = 16$ 个数值, 现在经过哈达玛变换, 分别只剩下 2 个和 1 个不为 0 的值, 数据大大压缩了.

例四 遥感图像哈达玛变换实例, 参见图 9.8.

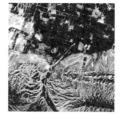

(a)原始遥感图像　　(b)哈达玛变换遥感图像　　(c)哈达玛反变换遥感图像

图 9.8 图像哈达玛变换结果

从例三和例四可知, 哈达玛变换具有能量集中的特性, 而且原始数据中数字越是均匀分布, 经变换后的数据越集中于矩阵的边角上. 因此, 哈达玛变换可用于压缩图像信息. 如今, 哈达玛变换已经广泛地用于光谱数据的获取、目标识别

及分类、弱信号探测等领域.哈达玛变换成像光谱仪是以哈达玛变换为基础的一种光谱成像仪,是多通道探测技术在光学中的应用,它在摄取图像二维信息的同时,对图像的光谱信息进行编码,可以通过逆变换的方法复原出光谱信息.哈达玛变换优缺点如表9.1所示.

表9.1 哈达玛变换的优缺点

优点	缺点
① 仅需实数运算; ② 仅需加减法运算,不需乘法运算; ③ 有部分性质类似于离散傅里叶变换; ④ 顺向转换与反向转换形式为相似式	① 其收敛速度较离散余弦变换慢,因此对频谱分析的效果较差; ② 其加减法数量较离散傅里叶变换、离散余弦变换多

9.5 小　结

本章内容和数理公式总结分别如图9.9和表9.2所示.

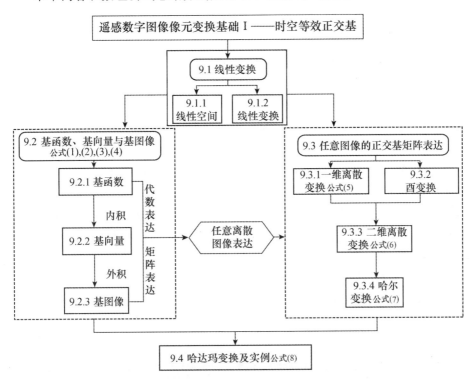

图9.9 本章内容总结图

表 9.2   本章数理公式总结

公式(1)	$f_i = \begin{bmatrix} a_{i1} \\ \vdots \\ a_{iN} \end{bmatrix}$ 式(9.1)	详见 9.2
公式(2)	$f_i^{\mathrm{T}} f_j = \begin{cases} 1, i=j \\ 0, i \neq j \end{cases}$ 式(9.7)	详见 9.2
公式(3)	$F_{ij} = f_i f_j^{\mathrm{T}} = \begin{bmatrix} a_{i1} \\ \vdots \\ a_{iN} \end{bmatrix} \begin{bmatrix} a_{j1} & \cdots & a_{jN} \end{bmatrix} - \begin{bmatrix} a_{i1}a_{j1} & \cdots & a_{i1}a_{jN} \\ \vdots & \vdots & \vdots \\ a_{iN}a_{j1} & \cdots & a_{iN}a_{jN} \end{bmatrix}$ 式(9.3)	详见 9.2
公式(4)	$X(i,j) = \begin{bmatrix} x_{11} & \cdots & x_{1N} \\ \vdots & \vdots & \vdots \\ x_{N1} & \cdots & x_{NN} \end{bmatrix} = \sum_{i,j=1,\cdots,N} k_{ij} F_{ij}$ 式(9.4)	详见 9.2
公式(5)	$y_i = \sum_{j=0}^{N-1} t_{ij} x_j$ 或 $y = Tx$ 式(9.13)	详见 9.3.1
公式(6)	$G_{mn} = \sum_{i=0}^{N-1} \sum_{k=0}^{N-1} F_{ik}(i,k,m,n) f(i,k)$ 式(9.20)	详见 9.3.3
公式(7)	$h_0(x) = \dfrac{1}{\sqrt{N}}$ 式(9.28)	详见 9.3.4
公式(8)	$\dfrac{1}{\sqrt{N}} H_N = \dfrac{1}{\sqrt{N}} \begin{bmatrix} H_{\frac{N}{2}} & H_{\frac{N}{2}} \\ H_{\frac{N}{2}} & -H_{\frac{N}{2}} \end{bmatrix}$ 式(9.37)	详见 9.4.1

数字图像处理中的正交变换是在线性空间 $V(P)$ 中进行的. 本章首先对线性空间和线性变换进行定义和说明,包括线性变换的定义、基本性质和逆变换. 然后介绍了基函数、基向量与基图像的概念和关系,通过基函数可以生成基向量;通过任意两组基向量的内积就可以反变换得到基函数;通过任意两组基向量的外积就可以生成相应的基函数;而任意图像都可以通过基图像加权求和来实现重构. 理清基向量(A)、矩阵理论($AA^{\mathrm{T}} = I$)、基函数($TT^{*\mathrm{T}} = I$)与基函数($F_{mn} = T(p,m)T(q,n)$)之间的关系,对于理解离散数字图像处理有着重要的意义,也是本章乃至本书重点.

接下来从一维离散变换和酉变换出发讲解二维离散变换,从代数表示和矩阵表示两个层面,对离散图像处理的数学本质进行了描述,代数表示的二维离散变换对为

$$G_{mn}(m,n) = \sum_{i=0}^{N-1} \sum_{k=0}^{N-1} F_{ik}(i,k,m,n) f(i,k),$$

$$f(i,k) = \sum_{m=0}^{N-1} \sum_{n=0}^{N-1} H_{mn}(i,k,m,n) G_{mn}(m,n),$$

其中,$F_{ik}(i,k,m,n)$ 和 $H_{mn}(i,k,m,n)$ 分别是正变换和反变换的核函数,矩阵表

示的变换对为

$$F(u,v) = \boldsymbol{P}(u,x)f(x,y)\boldsymbol{Q}(y,v),$$
$$f(x,y) = \boldsymbol{P}^{-1}(u,x)F(u,v)\boldsymbol{Q}^{-1}(y,v),$$

其中,$P(u,x)Q(y,v)$ 和 $P^{-1}(u,x)Q^{-1}(y,v)$ 分别是正反变换的核矩阵.

　　由上述四个公式可知,所有变换仅仅是核函数(核矩阵)不同,从而造成了变换后的图像不一样.在此基础上,本章最后举例介绍了哈尔变换和哈达玛变换的具体过程,以便理解前边知识.对于哈尔变换,重点是掌握其基函数 $h_0(x) = N^{-1/2}$;对于哈达玛变换,要掌握递推矩阵

$$\frac{1}{\sqrt{N}}\boldsymbol{H}_N = \frac{1}{\sqrt{N}}\begin{bmatrix} \boldsymbol{H}_{\frac{N}{2}} & \boldsymbol{H}_{\frac{N}{2}} \\ \boldsymbol{H}_{\frac{N}{2}} & -\boldsymbol{H}_{\frac{N}{2}} \end{bmatrix},$$

从而可以求得任意 $2^k(k \in N)$ 的哈达玛变换,这也是数字图像处理的应用重点.

参考文献

[1] 杨子胥.内积关系与正交变换,对称变换,反对称变换[J].数学通报,1993(1).

[2] 寇福来.欧氏空间中的变换是正交变换的条件[J].数学通报,1990(1).

[3] 侯正信,高志云,杨爱萍.一种基于全相位余弦双正交变换的 JPEG 算法[J].中国图像图形学报,2007(12).

[4] 吴红文,李久贤,夏良正.一种新的二维离散余弦变换快速算法[J].东南大学学报(自然科学版),1996(02).

[5] 卢力,于能超.离散 Haar 变换的快速算法设计[J].中国图像图形学报,1998(3).

[6] 范科峰,莫玮,曹山,等.数字版权管理技术及应用研究进展[J].电子学报,2007(6).

[7] 程捷,陈偕雄.归一化的 Haar 变换谱系数的图形表示及其与 K 图的转换[J].电子信息学报,2002(24).

[8] Cheng J, Chen Xie-xiong. The mapping transform between Hadmard transform and Haar transform spectral coefficients[J]. Journal of Circuits and Systems, 2001(6).

[9] Zhao F, Li J, Li S H. Semi-fragile watermark algorithm based on Walsh Hadamard transform and convolution coding[J]. Journal on Communications, 2009(30).

[10] 韩勇,乔晓林,金铭,等.基于 Toeplitz 矩阵的酉变换波达角估计算法[J].数据采集与处理,2011(26).

[11] 齐东旭.矩阵变换及其在图像信息隐藏中的应用研究[J].北方工业大学学报,1999(11).

[12] 王周龙.使用陆地卫星 TM 资料图像变换探测和识别各种沙漠地形特征[J].世界沙漠研究,1994(4).

第十章　遥感数字图像像元变换基础Ⅱ
——时频组合正交基

章前导引　第六章涉及的傅里叶变换是基于全域的倒数域变换,这种变换只能全局地压缩或展开图像,而不可兼容压缩和展开.然而,一幅真实的遥感影像一般会同时包含低频部分(如绵延的山脉)和高频部分(如陡峭的山峰).如何使影像的低频部分归纳压缩,而高频部分展开分析以达到归纳或分析的目的呢?互为倒数域或全域转换分析方法受到了挑战,而时频组合正交基(服从第九章正交基法则)理论为解决该类问题提供了途径.这种可根据实际尺度和起止时间需要进行的"窗口"操作,就是常称的小波变换,其本质是幅度能量守恒条件下尺度因子和延时因子共存.

　　小波(wavelet)是定义在有限间隔且平均值为零的数学函数.基于小波的变换称为小波变换.小波变换不同于频域分析常用的傅里叶变换,它是空间(时间)与频率的局部变换,通过伸缩与平移等运算对信号进行多尺度细化分析,实现高频处时间细分,低频处频率细分,被称为"数学显微镜".本章结构如图 10.1 所示,具体内容为:时频分析与小波变换(第 10.1 节),介绍傅里叶时频倒数域变换局限性和时频组合小波变换的意义;连续小波变换与级数展开(第 10.2 节),讲述小波变换的数学内涵;离散小波变换(第 10.3 节),阐述针对离散的信号或图像进行小波变换的基本方法;小波变换应用(第 10.4 节),介绍将小波变换运

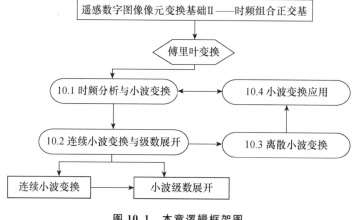

图 10.1　本章逻辑框架图

用于遥感图像处理的基本思想和实例.

因此,本章为遥感图像处理提供了重要的时频分析方法.

10.1　时频分析与小波变换

本节主要介绍傅里叶时频倒数域变换局限性和时频组合小波变换的意义.时频组合小波变换通过平移和尺度缩放,使得它很好地解决了遥感影像低频压缩和高频展开的问题,弥补了以傅里叶变换为代表的全域或倒数域变换在处理平稳信号的不足.

10.1.1　时频分析

时频分析是以时间或空间位置为自变量,以信号的某一数字化特征为因变量,用时间与频率的联合函数表示非平稳信号,来描述频率随时间的变化.

图像可看成是随机场,图像灰度值形成空间(时间)域,傅里叶变换则将其与频率域相连,以实现空间域密集信号频率域扩展分析的效果,高频分量解释信号的突变部分如图像的边缘,低频分量决定信号的整体形象如图像的轮廓等,傅里叶变换是一种全局的变换.对于构造大部分区间都是零的函数,傅里叶变换会使函数频谱呈现相当混乱的构成.如图10.2(a)所示的非平稳信号,无法得到频率

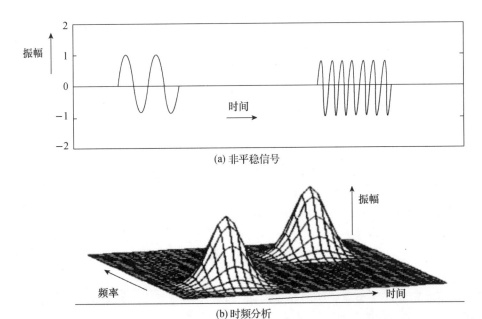

(a)非平稳信号

(b)时频分析

图 10.2　时频空间

分量出现的时间及其随时间的变化关系. 而许多天然或人工信号如地震波[1]、语音与图像等都是非平稳的,即信号的统计特性是时间的函数,且人们关心的往往是信号突变的位置,同时也存在不同的时间过程却对应相同频谱的例子,以傅里叶变换为基础的分析方法已经无能为力. 因此,时频分析受到越来越广泛的重视,如图 10.2(b)所示.

10.1.2 窗口傅里叶变换

1946 年为了使信号达到局部平稳,更好地研究局部范围的特性,伽博(D. Gabor)提出窗口傅里叶变换,即 Gabor 变换. 对 Gauss 母函数 $g(t)$ 进行平移构造基函数,然后将信号 $f(t)$ 展开,即

$$G_{\mathrm{f}}(\omega,b) = \int_{\Gamma} f(t)g(t-b)\mathrm{e}^{-\mathrm{j}\omega t}\,\mathrm{d}t, \qquad (10.1)$$

式中 $g(t)$ 满足 $0 < \int_{\Gamma} |g(t)|^2 \mathrm{d}t < +\infty$,称为时窗函数. Gabor 变换的时窗函数是固定的,无法满足高频处窄窗口、低频处宽窗口的要求,而且无法构成正交基,计算冗余量大. 1947 年波特(R. K. Potter)等提出实用短时傅里叶变换,但受海森伯(Heisenberg)测不准原理影响,时间与频率分辨率不能同时最优,后发展为窗函数可自适应变化的多分辨率分析方法.

10.1.3 小波变换

1982 年莫莱(J. Morlet)放弃傅里叶变换中不衰减的正交基函数,构建 Morlet 小波并首次提出小波分析概念. 小波分析是一种线性时频分析方法,通过平移获得信号的时间信息,通过缩放获得信号的频率信息,具有可变的时频窗口. 该理论一经提出便掀起研究的热潮,1986 年迈耶(Y. Meyer)证明小波正交系的存在;1988 年多贝西(I. Daubechies)构造出一系列实用紧支正则小波;1989 年马拉特(S. Mallat)在多分辨率分析理论支持下,统一子带编码与金字塔算法,提出塔式分解与重构,奠定了小波分析在工程领域应用的基础;1992 年夸夫曼(R. Coifman)等提出小波包分解理论,能够获得更精细的高频信息.

目前,小波变换已被广泛用于图像处理、边缘检测、语声合成、地震勘探、大气湍流、天体识别以及机器视觉等领域.

10.2 连续小波变换与级数展开

本节主要讲述小波变换的数学内涵,即通过信号与小波函数之积在整个区间内求和,得到对应于每个小波基函数的小波系数.

10.2.1　连续小波变换

1. 小波函数

若 $\Psi(x)$ 为实值函数,且频谱 $\Psi(s)$ 满足[2]

$$C_{\Psi} = \int_{-\infty}^{\infty} \frac{|\Psi(s)|^2}{|s|} \mathrm{d}s < \infty,\qquad(10.2)$$

则称 $\Psi(x)$ 为基本小波或母小波,多以原点为中心.因为 s 在分母上,必须有

$$\Psi(0) = 0 \Rightarrow \int_{-\infty}^{\infty} \Psi(x)\mathrm{d}x = 0.\qquad(10.3)$$

一组小波基函数 $\{\Psi_{a,b}(x)\}$ 可通过平移与伸缩母小波 $\Psi(x)$ 生成,即

$$\Psi_{a,b}(x) = \frac{1}{\sqrt{a}}\Psi\left(\frac{x-b}{a}\right),\qquad(10.4)$$

其中缩放因子 a 与平移因子 b 为实数,且 $a>0$.式(10.4)前端系数保证小波基函数的范数全部相等,满足能量守恒.时频窗口形状与缩放因子的关系如图10.3所示.当 a 增大时,中心频率下降,频域窗口变宽,时域窗口变窄.

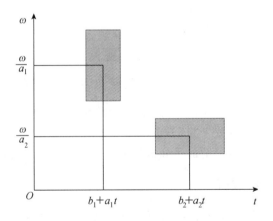

图 10.3　时频窗口与缩放因子关系图

2. 连续小波变换定义

1980 年,格罗斯曼(Grossman)与 Morlet 提出连续小波变换,即信号与小波函数之积在整个区间内求和.以二元函数 $f(x,y) \in L^2(R)$ 为例,$L^2(R)$ 表示函数在实轴上平方可积,其二维连续小波变换与逆变换分别为

$$W_f(a,b_x,b_y) = \int_{-\infty}^{\infty}\int_{-\infty}^{\infty} f(x,y)\Psi_{a,b_x,b_y}(x,y)\mathrm{d}x\mathrm{d}y,\qquad(10.5)$$

$$f(x,y) = \frac{1}{C_{\Psi}} \int_0^{\infty} \int_{-\infty}^{\infty} \int_{-\infty}^{\infty} W_f(a,b_x,b_y) \Psi_{a,b_x,b_y}(x,y) \mathrm{d}b_x \mathrm{d}b_y \frac{\mathrm{d}a}{a^3}, \quad (10.6)$$

其中 b_x 和 b_y 表示在两个维度上的平移,二维基本小波 $\Psi(x,y)$ 表示为

$$\Psi_{a,b_x,b_y}(x,y) = \frac{1}{|a|} \Psi\left(\frac{x-b_x}{a}, \frac{y-b_y}{a}\right). \quad (10.7)$$

3. 连续小波变换性质

性质 1(叠加性)   设 $f(x),g(x) \in L^2(R)$,k_1,k_2 为任意常数,则

$$W_{k_1 f + k_2 g}(a,b) = k_1 W_f(a,b) + k_2 W_g(a,b). \quad (10.8)$$

性质 2(平移性)   设 $f(x) \in L^2(R)$,则

$$W_{f(x-x_0)}(a,b) = W_{f(x)}(a,b-x_0). \quad (10.9)$$

性质 3(伸缩性)   设 $f(x) \in L^2(R)$,则

$$W_{f(\lambda x)}(a,b) = \frac{1}{\sqrt{\lambda}} W_{f(x)}(\lambda a, \lambda b), \lambda > 0. \quad (10.10)$$

性质 4(乘法原理)   设 $f(x),g(x) \in L^2(R)$,则

$$\int_0^{+\infty} \int_{-\infty}^{+\infty} \frac{1}{a^2} W_f(a,b) W_g(a,b) \mathrm{d}b \mathrm{d}a = C_{\Psi} \int_r f(x) g(x) \mathrm{d}x, \quad (10.11)$$

其中 $C_{\Psi} = \int_0^{+\infty} \frac{|\Psi(\omega)|^2}{\omega} \mathrm{d}\omega.$

性质 5(反演公式)   设 $f(x) \in L^2(R)$,则

$$f(x) = \frac{1}{C_{\Psi}} \int_0^{+\infty} \int_{-\infty}^{+\infty} \frac{1}{a^2} W_f(a,b) \Psi_{a,b}(x) \mathrm{d}b \mathrm{d}a. \quad (10.12)$$

性质 6(冗余性)   由于 a,b 的相关性,连续小波变换存在信息表述的冗余,重构公式并不唯一,核函数 $\Psi_{a,b}(x)$ 也存在多种选择.虽然冗余的存在可提高信号重建时计算的稳定性,但增加了分析与解释小波变换结果的难度.

10.2.2   小波级数展开

与连续小波变换不同,小波级数展开将伸缩和平移系数指定为整数而不是实数.

1. 二进小波

通过对基本小波 $\Psi(x)$ 的二进伸缩(以 2 的倍数为因子伸缩)与二进平移(每次移动 $k/2^j$)构成基函数

$$\Psi_{j,k}(x) = 2^{\frac{j}{2}} \Psi(2^j x - k), \quad j,k \in Z. \quad (10.13)$$

2. 小波级数展开

如果 $\{\Psi_{j,k}(x)\}$ 是 $L^2(R)$ 的规范正交基,即

$$\langle \Psi_{j,k}, \Psi_{l,m} \rangle = \int_{-\infty}^{\infty} \Psi_{j,k}(x) \Psi_{l,m}(x) \mathrm{d}x = \delta_{j,l} \delta_{k,m}, \quad (10.14)$$

则称 $\Psi(x)\in L^2(R)$ 为正交小波,式中 j,k,l,m 为整数,$\delta_{j,k}$ 是克罗内克(Krone-cher) δ 函数,"$\langle\cdot\rangle$"表示内积.

证明二进小波是正交小波的过程如下:

$$\langle\Psi_{j,k},\Psi_{l,m}\rangle=\int_{-\infty}^{\infty}2^{\frac{j}{2}}\Psi(2^j x-k)2^{\frac{l}{2}}\Psi(2^l x-m)\mathrm{d}x$$

$$\xrightarrow{\text{令 }t=2^j x-k}2^{-\frac{j}{2}}\cdot 2^{\frac{l}{2}}\int_{-\infty}^{\infty}\Psi(t)\Psi(2^{l-j}(t+k)-m)\mathrm{d}t\xrightarrow{j=l}$$

$$\int_{-\infty}^{\infty}\Psi(t)\Psi(t+k-m)\mathrm{d}t=\delta_{0,k-m}=\delta_{k,m}.\tag{10.15}$$

当 $0\leqslant t<1$ 时,$\Psi(t)\neq0$;当 $m-k\leqslant t<1+m-k$ 时,$\Psi(t-(m-k))\neq0$.当 $k\neq m$ 时,$\Psi(t)\Psi(t-(m-k))\equiv0$.

当 $j\neq l$ 时,若 $l>j$,设 $r=l-j>0$,即

$$\langle\Psi_{j,k},\Psi_{l,m}\rangle=2^{\frac{r}{2}}\int_{-\infty}^{\infty}\Psi(x)\Psi(2^r x+s)\mathrm{d}x,\tag{10.16}$$

式中 $s=2^r k-m\in Z$. 由 $\Psi(x)$ 的定义,只需对 $0\leqslant x<1$ 的情形进行讨论,上式积分得

$$\langle\Psi_{j,k},\Psi_{l,m}\rangle=2^{\frac{r}{2}}\int_{-\infty}^{\infty}\Psi(x)\Psi(2^r x+s)\mathrm{d}x=\int_0^{\frac12}\Psi(2^r x+s)\mathrm{d}x-\int_{\frac12}^1\Psi(2^r x+s)\mathrm{d}x$$

$$\xrightarrow{\text{令 }t=2^r x+s}2^{-r}\int_s^a\Psi(t)\mathrm{d}t-2^{-r}\int_a^b\Psi(t)\mathrm{d}t=0,\tag{10.17}$$

式中 $a=s+2^{r-1}$,$b=s+2^r$. 由于区间 $[s,a]$ 和 $[a,b]$ 都不包含 $\Psi(t)$ 的支撑区间,所以两个积分都等于 0. 证毕.

任意 $f(x)\in L^2(R)$ 都能写成

$$f(x)=\sum_{j=-\infty}^{\infty}\sum_{k=-\infty}^{\infty}c_{j,k}\overline{\Psi_{j,k}(x)},\tag{10.18}$$

其中 $\overline{\Psi_{j,k}(x)}$ 表示函数的复共轭,且有

$$c_{j,k}=\langle f(x),\Psi_{j,k}(x)\rangle=2^{\frac{j}{2}}\int_{-\infty}^{\infty}f(x)\Psi(2^j x-k)\mathrm{d}x,\tag{10.19}$$

式(10.18)和(10.19)确定了 $f(x)$ 关于小波 $\Psi(x)$ 的小波级数展开式.

3. 紧支二进小波

把 $f(x)$ 与 $\Psi(x)$ 限制为在 $[0,1]$ 区间外为零,则上述正交小波函数族就变为紧支二进的,可用单一索引 n 来确定

$$\Psi_n(x)=2^{\frac{j}{2}}\Psi(2^j x-k),\tag{10.20}$$

其中 j 与 k 是 n 的函数:

$$n=2^j+k;\quad j=0,1,\cdots;k=0,1,\cdots,2^j-1.\tag{10.21}$$

相应的逆变换为

$$f(x) = \sum_{n=0}^{\infty} c_n \boldsymbol{\Psi}_n(x), \tag{10.22}$$

变换系数为

$$c_n = \langle f(x), \boldsymbol{\Psi}_n(x) \rangle = 2^{\frac{j}{2}} \int_{-\infty}^{\infty} f(x) \boldsymbol{\Psi}(2^j x - k) \mathrm{d}x. \tag{10.23}$$

4. 哈尔小波变换实例

1909 年,哈尔(A. Haar)发现哈尔小波,其基本函数定义在区间 $[0,1)$ 上,如图 10.4 所示,即

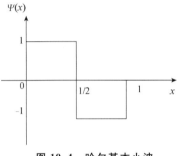

$$\boldsymbol{\Psi}(x) = \begin{cases} 1, & x \in [0,1/2), \\ -1, & x \in [1/2,1). \end{cases}$$

$$\tag{10.24}$$

哈尔变换是紧支、二进、正交归一的小波变换. 由 $\boldsymbol{\Psi}_n(x) = 2^{\frac{j}{2}} \boldsymbol{\Psi}(2^j x - k) = 2^{\frac{j}{2}} \boldsymbol{\Psi}\left(\left(x - \dfrac{k}{2^j}\right) \Big/ \dfrac{1}{2^j}\right)$ 得,宽度 $w = 1/2^j$,幅度 $h = 2^{\frac{j}{2}}$,位置 $p = k/2^j$,$n = 2^j + k$. 取 $N = 8$,

图 10.4 哈尔基本小波

则 $2^j \leqslant n, k = n - 2^j, n = 0,1,2,\cdots,7$. 取 $n = 0 \sim 7$,可得哈尔变换过程如表 10.1 所示,相应的哈尔变换基函数如图 10.5 所示.

表 10.1 哈尔变换基函数($N = 8$)

n	j	k	w	h	p	$\boldsymbol{\Psi}_n(x)$
	$2^j \leqslant n$	$k = n - 2^j$	$w = \dfrac{1}{2^j}$	$h = 2^{\frac{j}{2}}$	$p = \dfrac{k}{2^j}$	
0	—	0	—	—	—	$\boldsymbol{\Psi}_0(x) = 1$
1	0	0	1	1	0	$\boldsymbol{\Psi}_1(x) = \boldsymbol{\Psi}(x)$
2	1	0	1/2	$\sqrt{2}$	0	$\boldsymbol{\Psi}_2(x) = \sqrt{2}\boldsymbol{\Psi}(2x)$
3	1	1	1/2	$\sqrt{2}$	1/2	$\boldsymbol{\Psi}_3(x) = \sqrt{2}\boldsymbol{\Psi}(2x-1)$
4	2	0	1/4	2	0	$\boldsymbol{\Psi}_4(x) = 2\boldsymbol{\Psi}(4x)$
5	2	1	1/4	2	1/4	$\boldsymbol{\Psi}_5(x) = 2\boldsymbol{\Psi}(4x-1)$
6	2	2	1/4	2	2/4	$\boldsymbol{\Psi}_6(x) = 2\boldsymbol{\Psi}(4x-2)$
7	2	3	1/4	2	3/4	$\boldsymbol{\Psi}_7(x) = 2\boldsymbol{\Psi}(4x-3)$

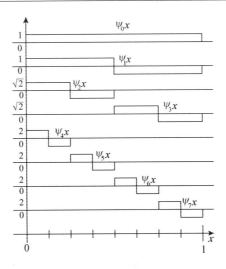

图 10.5 哈尔变换基函数($N=8$)

10.3 离散小波变换

本节主要讲述针对离散的信号或图像进行小波变换的基本方法. 建立在多分辨率技术、图像金字塔、子带编码基础之上的离散小波变换, 特别是 Mallat 算法, 真正地使小波变换应用于实际.

10.3.1 多分辨率分析

令 $\{V_j\}, j \in Z$ 为函数空间 $L^2(R)$ 的一系列子空间, 如果满足:

(1) 一致单调性 $\Lambda \subset V_2 \subset V_1 \subset V_0 \subset \Lambda$;

(2) 渐进完全性 $\underset{j \in Z}{I} V_j = \{0\}$; $\underset{j \in Z}{\gamma} V_j = L^2(R)$;

(3) 伸缩规则性 $f(t) \in V_j \Leftrightarrow f(2^j t) \in V_0, j \in Z$;

(4) 平移不变性 $f(t) \in V_0 \Leftrightarrow f(t-n) \in V_0, \forall n \in Z$;

(5) 正交基存在性 存在 $\Phi \in V_0$, 使得 $\{\Phi(t-n)\}$ 是 V_0 的正交基, 即

$$V_0 = \text{span}\{\Phi(t-n)\}, n \in Z, \int \Phi(t-n)\Phi(t-m)\mathrm{d}t = \delta(n-m),$$

$$(10.25)$$

则称 $\{V_j\}, j \in Z$ 为 $L^2(R)$ 的一个多分辨率分析, W_j 为 V_j 在 V_{j-1} 中的正交补, 并且 $W_i \perp W_j (i \neq j)$, 其中 $\{V_j\}, j \in Z$ 和 W_j 常分别称为尺度空间和小波空间, W_j 也称为 V_j 在 V_{j-1} 的细节空间, 如图 10.6 所示. 同样, 存在一个函数 $\Phi(t)$ 生成闭子空间 W_0, 则小波函数的双尺度方程为

$$\Phi(t) = \sqrt{2} \sum_{k=-\infty}^{+\infty} h_0(k) \Phi(2t-k). \qquad (10.26)$$

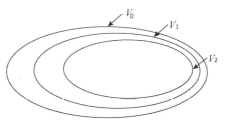

图 10.6 多分辨率尺度空间

如果 $\Phi(t)$ 是 V_0 的正交基,则 $\Phi_{j,n}(t) = 2^{-\frac{j}{2}} \Phi(2^{-j}t - n)$ 是子空间 V_j 的正交基,$\Phi(t)$ 称为 V_0 的尺度函数.

多分辨率分析是由一个尺度函数建立起来的.尺度函数可由一个满足某些

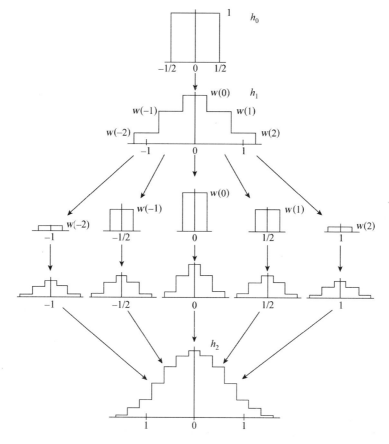

图 10.7 尺度函数卷积构造

条件的离散低通滤波器脉冲响应 $h_0(k)$ 构造,有时称这个脉冲响应为尺度向量[3],即尺度函数可以通过自身半尺度复制后加权构造,权重为 $h_0(k)$,也可以重复地用带尺度的矩形脉冲函数卷积 $h_0(k)$ 以数值计算方式得到,如图 10.7 所示.基本小波由离散高通脉冲响应 $h_1(k)$ 实现,低通滤波器和高通滤波器共同完成信号的分解,而滤波器族形成分解的框架.该图是求解尺度函数的示意,具体的求解方式可以通过式(10.26)进行尺度函数计算,滤波器系数可以参考文献[3].

10.3.2　图像金字塔

图像金字塔以多分辨率来解释图像,是一系列以金字塔形状排列的分辨率逐渐降低的图像集合,如图 10.8 所示,最初用于机器视觉和图像压缩.

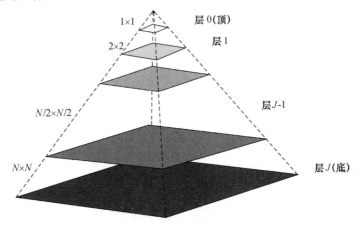

图 10.8　图像金字塔

金字塔底部是待处理图像的高分辨率表示,顶部是低分辨率近似.设图像大小为 $N \times N$,金字塔共有 J 级,则第 j 级的大小为 $2^j \times 2^j$,其中 $0 \leqslant j \leqslant J$.对于二维图像,可分解为两个一维张量的积.在分解过程中,通常分辨率取为 2^{-j} ($j \geqslant 0$),原始图像作为第 0 层,其分辨率为 1,在分辨率 2^{-j} 下的逼近图像不断从底层图像中形成.设 $f_0(x,y)$ 是原始图像,$f_1(x,y)$ 是 $f_0(x,y)$ 经低通滤波器且二次选抽 A_j 算子以后的逼近图像

$$f_1(x,y) = A_1[f_0(x,y)], \tag{10.27}$$

A_j 算子对应的差值为滤波的 E_j 算子,即

$$f_0^e(x,y) = E_1[f_1(x,y)], \tag{10.28}$$

细节图像 $d_0(x,y)$ 为

$$d_0(x,y) = f_0(x,y) - f_0^e(x,y). \tag{10.29}$$

这样原始图像 $f_0(x,y)$ 被分解成两部分:一是尺度为 1、分辨率为 1/2 的细

节图像;二是尺度为 1/2、分辨率为 1/2 的逼近图像.原始图像经过选抽算子 A_j 和插值算子 E_j 可以生成一系列的逼近图像 $f_j(x,y)$ 和细节图像 $d_j(x,y)$.

$f_j(x,y)$ 的分布类似于高斯(Gaussian)函数,称为 Gaussian 金字塔;$d_j(x,y)$ 的分布类似于拉普拉斯(Laplacian)函数,称为 Laplacian 金字塔.

10.3.3 子带编码与 Mallat 算法

Mallat 算法[4]本质是一种离散小波变换算法,它以迭代的方式使用双带子带编码自底向上地建立小波变换.子带编码旨在将信号分解成窄带分量,并能够以一种无冗余、无重建误差的方式来表示该信号[5],子带编码的低半带和高半带如图 10.9 所示.

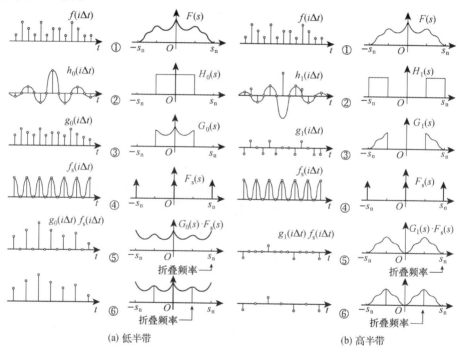

图 10.9 子带编码,其中①表示一个采样信号和它的限带频谱,
②表示理想半带高/低通滤波器,③表示高/低通滤波后的信号,
④表示间隔采样函数,⑤表示奇采样点以零替,⑥表示丢弃奇采样点

设给定的限带信号为 $f(t)$,对其进行傅里叶变换,根据 Nyquist 采样定律进行采样得到 $f(i\Delta t)$,$i=0,1,\cdots,N-1$.首先,将离散信号 $f(i\Delta t)$ 通过一个半带低通滤波器 $h_0(i\Delta t)$ 得到其低分辨率表示 $g_0(i\Delta t)$,再将 $f(i\Delta t)$ 通过一个半带高通滤波器 $h_1(i\Delta t)$,得到其高频信息 $g_1(i\Delta t)$.之后,对低半带信号 $g_0(i\Delta t)$ 再一次实施半带子带编码.因此得到一个 $N/2$ 点的高半带信号与两个 $N/4$ 点的子带信

号,分别对应区间 $[0,s_n]$ 的第一个和第二个 $\frac{1}{4}$ 区域, s_n 为 Nyquist 采样频率.连续进行此过程,每步都保留高半带信号并进一步编码低半带信号,直到得到有且仅有一个点的低半带信号为止.这样一来,变换系数就是这个低半带点再加上子带编码的高半带信号的全部. Mallat 算法可通过信号与滤波器系数卷积并进行二抽取实现,二抽取过程可通过保留偶次数据,舍弃奇次数据完成,如图10.10所示.

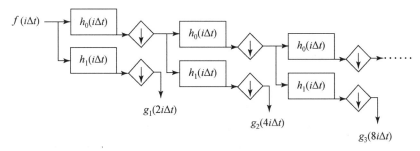

图 10.10　信号不同频带分解过程图

具体而言,对于 $f \in L^2(R)$,有 $P_j f \in V_j, Q_j f \in W_j$,则称 P_j 为尺度空间的投影算子, Q_j 为小波空间的投影算子,且

$$P_{j-1}f = P_j f + Q_j f, \tag{10.30}$$

$$f = \lim_{j \to -\infty} P_j ff = P_j f + Q_j f + Q_{j-1}f + \cdots = \sum_{j=-\infty}^{+\infty} Q_j f. \tag{10.31}$$

设一个多分辨率分析的尺度函数为 $\phi(t)$,离散序列 $c_n^0 \in l^2(Z)$,构造函数 $f(t)$ 为

$$f(t) = \Sigma_n c_n^0 \phi(t-n) \Rightarrow P_1 f = \Sigma_k c_k^1 \phi_{1k}, Q_1 f = \Sigma_k d_k^1 \phi_{1k}, \tag{10.32}$$

则信号分解变成寻找系数 c_k^j, d_k^j 与 c_n^{j-1} 的关系,经过推导可以得到

$$c_k^j = \Sigma_n h(n-2k)c_n^{j-1}, d_k^j = \Sigma_n g(n-2k)c_n^{j-1}, \tag{10.33}$$

其中

$$h(n) = 2^{-1/2} \int \phi(1/2t)\phi(t-n)\mathrm{d}t, g(n) = 2^{-1/2} \int \Psi(1/2t)\phi(t-n)\mathrm{d}t. \tag{10.34}$$

10.3.4　离散小波变换原理

考虑二维尺度函数可分离的情况

$$\phi(x,y) = \phi(x)\phi(y), \tag{10.35}$$

其中 $\phi(x)$ 是一个一维尺度函数.若 $\psi(x)$ 是相应的小波,则下列三个二维基本小波就建立了变换的基础:

$$\psi^1(x,y) = \phi(x)\phi(y), \quad \psi^2(x,y) = \phi(x)\phi(y), \quad \psi^3(x,y) = \phi(x)\phi(y). \tag{10.36}$$

下列函数集是 $L^2(R^2)$ 下的正交归一基,其中 j,l,m,n 为整数:

$$\{\psi_{j,m,n}^{l}(x,y)\} = \{2^{j}\psi^{l}(x-2^{j}m, y-2^{j}n)\}, \quad j \geqslant 0; l = 1, 2, 3.$$
$$(10.37)$$

二维小波变换的数学原理来源于一维离散小波变换,如图 10.11 所示,其中:$x[n]$ 为离散输入信号,长度为 N;$g[n]$ 为低通滤波器,将输入信号的高频部分滤掉而输出低频部分;$h[n]$ 为高通滤波器,与低通滤波器相反,滤掉低频部分而输出高频部分;$\downarrow$ 为降采样滤波器.

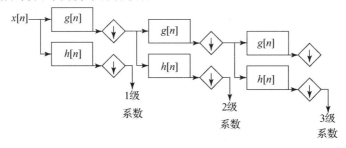

图 10.11   一维离散小波变换多级示意图

一维离散小波变换每次产生的低频部分,再进一步被分解成高频和低频部分,分辨率逐渐下降.一维离散小波变换第 a 层的系数可表达为

$$\begin{cases} x_{a,\mathrm{L}}[n] = \sum_{k=0}^{K-1} x_{a-1,\mathrm{L}}[2n-k]g[k], \\ x_{a,\mathrm{H}}[n] = \sum_{k=0}^{K-1} x_{a-1,\mathrm{L}}[2n-k]h[k]. \end{cases} \quad (10.38)$$

二维输入信号 $x[m,n]$ 第 a 层的处理则分两步进行:首先对 n 方向进行高通、低通及降频操作:

$$\begin{cases} v_{a,\mathrm{L}}[m,n] = \sum_{k=0}^{K-1} x_{a-1,\mathrm{L}}[m, 2n-k]g[k], \\ v_{a,\mathrm{H}}[m,n] = \sum_{k=0}^{K-1} x_{a-1,\mathrm{L}}[m, 2n-k]h[k]; \end{cases} \quad (10.39)$$

之后对 $v_{a,\mathrm{L}}[m,n]$ 和 $v_{a,\mathrm{H}}[m,n]$ 沿 m 方向进行高通、低通及降频操作:

$$\begin{cases} x_{a,\mathrm{LL}}[m,n] = \sum_{k=0}^{K-1} v_{a,\mathrm{L}}[2m-k, n]g[k], \\ x_{a,\mathrm{LH}}[m,n] = \sum_{k=0}^{K-1} v_{a,\mathrm{L}}[2m-k, n]h[k], \\ x_{a,\mathrm{HL}}[m,n] = \sum_{k=0}^{K-1} v_{a,\mathrm{H}}[2m-k, n]g[k], \\ x_{a,\mathrm{HH}}[m,n] = \sum_{k=0}^{K-1} v_{a,\mathrm{H}}[2m-k, n]h[k]. \end{cases} \quad (10.40)$$

最终,得到 4 组分解信号,且尺寸是原来的一半,下标 LL 代表低频部分,LH 代表纵向高频,HL 代表横向高频,HH 代表对角高频.

二维小波正变换具体参见图 10.12,逆变换参见图 10.13,图中,j 是整数,表示层次;m 和 n 是整数,分别表示行和列;$h_0(x)$ 表示低通滤波器;$h_1(x)$ 表示高通滤波器.

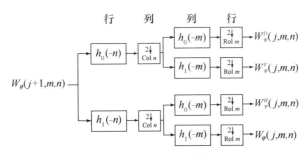

图 10.12　二维小波正变换

二维小波正变换示例:

$$f = \begin{bmatrix} 0&0&0&0&0&0&0&0 \\ 0&0&0&1&1&0&0&0 \\ 0&0&2&4&4&2&0&0 \\ 0&1&4&8&8&4&1&0 \\ 0&1&4&8&8&4&1&0 \\ 0&0&2&4&4&2&0&0 \\ 0&0&0&1&1&0&0&0 \\ 0&0&0&0&0&0&0&0 \end{bmatrix},\quad f_{1,0} = \begin{bmatrix} 0&0&0&0&0&0&0&0 \\ 0&0&1&1&1&0&0&0 \\ 0&2&4&5&4&2&0&0 \\ 1&3&8&11&8&3&1&0 \\ 1&3&8&11&8&3&1&0 \\ 0&2&4&5&4&2&0&0 \\ 0&0&1&1&1&0&0&0 \\ 0&0&0&0&0&0&0&0 \end{bmatrix},\quad f_{1,1} = \begin{bmatrix} 0&0&0&0&0&0&0&0 \\ 0&0&0&0&0&0&0&0 \\ 0&1&1&0&-1&-1&0&0 \\ 1&2&3&0&-3&-2&-1&0 \\ 1&2&3&0&-3&-2&-1&0 \\ 0&1&1&0&-1&-1&0&0 \\ 0&0&0&0&0&0&0&0 \\ 0&0&0&0&0&0&0&0 \end{bmatrix},$$

$$f_{2,0} = \begin{bmatrix} 0&0&0&0 \\ 0&1&1&0 \\ 0&4&4&0 \\ 1&8&8&1 \\ 1&8&8&1 \\ 0&4&4&0 \\ 0&1&1&0 \\ 0&0&0&0 \end{bmatrix},\; f_{2,1} = \begin{bmatrix} 0&0&0&0 \\ 0&0&0&0 \\ 0&1&-1&0 \\ 1&3&-3&-1 \\ 1&3&-3&-1 \\ 0&1&-1&0 \\ 0&0&0&0 \\ 0&0&0&0 \end{bmatrix},\; f_{3,0} = \begin{bmatrix} 0&1&1&0 \\ 0&4&4&0 \\ 1&9&9&1 \\ 1&11&11&1 \\ 1&9&9&1 \\ 0&4&4&0 \\ 0&1&1&0 \\ 0&0&0&0 \end{bmatrix},\; f_{3,1} = \begin{bmatrix} 0&1&1&0 \\ 0&2&2&0 \\ 0&3&3&0 \\ 0&0&0&0 \\ 0&-3&-3&0 \\ 0&-2&-2&0 \\ 0&-1&-1&0 \\ 0&0&0&0 \end{bmatrix},\; f_{3,2} = \begin{bmatrix} 0&0&0&0 \\ 0&1&-1&0 \\ 0&3&-3&0 \\ 1&4&-4&-1 \\ 1&3&-3&-1 \\ 0&1&-1&0 \\ 0&0&0&0 \\ 0&0&0&0 \end{bmatrix},\; f_{3,3} = \begin{bmatrix} 0&0&0&0 \\ 0&1&-1&0 \\ 0&1&-1&0 \\ 0&0&0&0 \\ 0&-1&1&0 \\ 0&-1&1&0 \\ 0&0&0&0 \\ 0&0&0&0 \end{bmatrix},$$

$$f_{4,0} = \begin{bmatrix} 0&1&1&0 \\ 1&9&9&1 \\ 1&9&9&1 \\ 0&1&1&0 \end{bmatrix},\quad f_{4,1} = \begin{bmatrix} 0&1&1&0 \\ 0&3&3&0 \\ 0&-3&-3&0 \\ 0&-1&-1&0 \end{bmatrix},\quad f_{4,2} = \begin{bmatrix} 0&0&0&0 \\ 1&3&-3&-1 \\ 1&3&-3&-1 \\ 0&0&0&0 \end{bmatrix},\quad f_{4,3} = \begin{bmatrix} 0&0&0&0 \\ 0&1&-1&0 \\ 0&-1&1&0 \\ 0&0&0&0 \end{bmatrix}.$$

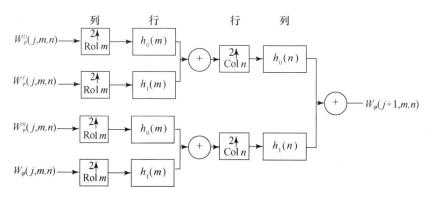

图 10.13　二维小波逆变换

二维小波变化逆变换示例：

$$g_{4,0}=\begin{bmatrix}0&0&0&0\\0&1&1&0\\0&0&0&0\\1&9&9&1\\0&0&0&0\\1&9&9&1\\0&0&0&0\\0&0&0&0\end{bmatrix},\quad g_{4,1}=\begin{bmatrix}0&0&0&0\\0&1&1&0\\0&0&0&0\\0&3&3&0\\0&0&0&0\\0&-3&-3&0\\0&0&0&0\\0&-1&-1&0\end{bmatrix},\quad g_{4,2}=\begin{bmatrix}0&0&0&0\\0&0&0&0\\0&0&0&0\\1&3&-3&-1\\0&0&0&0\\1&3&-3&-1\\0&0&0&0\\0&0&0&0\end{bmatrix},\quad g_{4,3}=\begin{bmatrix}0&0&0&0\\0&0&0&0\\0&0&0&0\\0&1&-1&0\\0&0&0&0\\0&-1&1&0\\0&0&0&0\\0&0&0&0\end{bmatrix},$$

$$g_{3,0}=\begin{bmatrix}0&1&1&0\\0&1&1&0\\1&6&6&1\\1&6&6&1\\1&6&6&1\\1&6&6&1\\0&1&1&0\\0&1&1&0\end{bmatrix},\quad g_{3,1}=\begin{bmatrix}0&0&0&0\\0&0&0&0\\0&-2&-2&0\\0&2&2&0\\0&2&2&0\\0&2&2&0\\0&-2&-2&0\\0&0&0&0\end{bmatrix},\quad g_{3,2}=\begin{bmatrix}0&0&0&0\\0&0&0&0\\0&2&-2&0\\0&2&-2&0\\0&2&-2&0\\0&2&-2&0\\0&0&0&0\\0&0&0&0\end{bmatrix},\quad g_{3,3}=\begin{bmatrix}0&0&0&0\\0&0&0&0\\0&-1&1&0\\0&1&-1&0\\0&1&-1&0\\0&-1&1&0\\0&0&0&0\\0&0&0&0\end{bmatrix},$$

$$g_{2,0}=\begin{bmatrix}0&0&0&0\\0&1&1&0\\0&4&4&0\\1&8&8&1\\1&8&8&1\\0&4&4&0\\0&1&1&0\\0&0&0&0\end{bmatrix},\quad g_{2,1}=\begin{bmatrix}0&0&0&0\\0&0&0&0\\0&1&-1&0\\1&3&-3&-1\\1&3&-3&-1\\0&1&-1&0\\0&0&0&0\\0&0&0&0\end{bmatrix},\quad g_{1,0}=\begin{bmatrix}0&0&0&0&0&0&0&0\\0&0&0&1&0&1&0&0\\0&0&0&4&0&4&0&0\\0&1&0&8&0&8&0&1\\0&1&0&8&0&8&0&1\\0&0&0&4&0&4&0&0\\0&0&0&1&0&1&0&0\\0&0&0&0&0&0&0&0\end{bmatrix},\quad g_{1,1}=\begin{bmatrix}0&0&0&0&0&0&0&0\\0&0&0&0&0&0&0&0\\0&0&0&1&0&-1&0&0\\0&1&0&3&0&-3&0&-1\\0&1&0&3&0&-3&0&-1\\0&0&0&1&0&-1&0&0\\0&0&0&0&0&0&0&0\\0&0&0&0&0&0&0&0\end{bmatrix},$$

$$g_{0}=\begin{bmatrix}0&0&0&0&0&0&0&0\\0&0&1&1&1&1&0&0\\0&0&3&3&3&3&0&0\\1&1&6&6&6&6&1&1\\1&1&6&6&6&6&1&1\\0&0&3&3&3&3&0&0\\0&0&1&1&1&1&0&0\\0&0&0&0&0&0&0&0\end{bmatrix},\quad g_{1}=\begin{bmatrix}0&0&0&0&0&0&0&0\\0&0&0&0&0&0&0&0\\0&0&-1&1&1&-1&0&0\\0&0&-2&2&2&-2&0&0\\0&0&-2&2&2&-2&0&0\\0&0&-1&1&1&-1&0&0\\0&0&0&0&0&0&0&0\\0&0&0&0&0&0&0&0\end{bmatrix},\quad g=\begin{bmatrix}0&0&0&0&0&0&0&0\\0&0&0&1&1&0&0&0\\0&0&2&4&4&2&0&0\\0&1&4&8&8&4&1&0\\0&1&4&8&8&4&1&0\\0&0&2&4&4&2&0&0\\0&0&0&1&1&0&0&0\\0&0&0&0&0&0&0&0\end{bmatrix}.$$

10.4 小波变换应用

本节主要讲述了将小波变换运用于遥感图像处理的基本思想和实例.先利用小波变换进行遥感图像去噪的核心是调整小波变换高频系数,然后进行信号重构,得到去噪后影像.遥感影像融合的核心是将多幅影像小波变换后不同尺度、不同频率的特征进行融合,最后进行信号重构,从而得到融合后影像.

10.4.1 遥感影像去噪

假设含噪信号 $x(n)$ 用下式表示:

$$x(n) = f(n) + \sigma e(n),\qquad(10.41)$$

其中 $f(n)$ 为原始信号,$e(n)$ 为高斯白噪声 $N(0,1)$,σ 为噪声强度,小波变换去噪流程如下:[6]

(1) 对含噪信号进行小波分解.选择一个正交小波基及多尺度分解层数 J,然后对 $x(n)$ 进行正交小波变换,得到第 j 层小波变换高频系数 W_k^j,$1 \leqslant j \leqslant J$,$1 \leqslant k \leqslant N$,$N$ 是该层小波系数的个数.

(2) 利用软阈值法调整高频小波系数.

① 由经验公式估计噪声强度 σ:

$$\sigma = \frac{1}{0.6745} \cdot \frac{1}{N} \cdot \sum_1^N |W_k^j|, \quad 1 \leqslant j \leqslant J.\qquad(10.42)$$

② 计算通用阈值 T_1.

已知在具有独立同分布的标准高斯变量中,最大值小于 T_1 的概率随着 N 的增大而趋近于 1.由于高斯白噪声 $e(n)$ 服从独立同分布,用正交小波基分解 J 层共得到 M 个小波系数,且服从独立同分布,则这些噪声小波系数中的最大幅值低于 T_1 的概率趋近于 1.可用下式计算通用阈值 T_1:

$$T_1 = \sigma\sqrt{2\ln(M)}.\qquad(10.43)$$

③ 计算施泰因(Stein)无偏风险阈值 T_2.

为保证信号的逼近误差最小,必须使阈值能自适应于小波系数的变化.求出对应于每一个阈值的风险值,然后把风险值最小的阈值作为选取阈值.因此,先把某一层小波变换高频系数的平方按从小到大的顺序排列:$P = [P_1, P_2 \cdots, P_N]$,$P_1 \leqslant P_2 \leqslant \cdots \leqslant P_N$,其中 N 为该层小波系数的个数;然后计算相应的风险向量 $[r_1, r_2 \cdots, r_N]$,式中为

$$r_i = \frac{(N-2i) + (N-i)P_i + \sum_{k=1}^N p_k}{N}, \quad i = 1, 2\cdots, N;$$

再筛选出 R 中的最小值 r_k 作为最小风险值,并按下标变量 k 求出对应的小波系

数平方 P_k,最后求出 Stein 无偏风险阈值 T_2:

$$T_2 = \sigma \sqrt{P_k}. \tag{10.44}$$

④ 计算试探法的 Stein 无偏奉献阈值 T_3.

该方法是最优预测变量阈值的选择.设 S 为 N 个小波系数的平方和,h 为极小能量水平:

$$S = \sum_{i=1}^{N} W_i^2, g = \frac{S-N}{N}, \quad h = (\log_2 N)^{\frac{3}{2}} \sqrt{N},$$

则试探法 Stein 无偏风险阈值 T_3 为

$$T_3 = \begin{cases} T_1, & g < h, \\ \min(T_1, T_2), & g > h. \end{cases} \tag{10.45}$$

⑤ 软阈值法求各个尺度分解下的小波变换高频系数

$$\hat{W}_k^j = \begin{cases} \text{sign}(W_k^j)(|W_k^j| - T_3), & |W_k^j| \geqslant T_3, \\ 0, & |W_k^j| < T_3, \end{cases} \quad k \in N, \tag{10.46}$$

其中 $\hat{W}_k^j$ 为经小波软阈值法调整后的第 j 层估计小波系数,N 是该层小波系数的个数,T_3 为阈值.算法模型如图 10.14 所示.

(3) 信号重构.把各个尺度分解下的估计小波变换高频系数 $\hat{W}_k^j$ 与低频小波系数相加,重构原始信号的估计值 $\bar{x}(n)$.

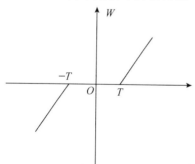

(4) 去噪效果评价.用信噪比 SNR 与原始信号均方根误差 RMSE 评价去噪效果:

$$\text{SNR} = 10\lg \frac{\sum_n x^2(n)}{\sum_n [x(n) - \hat{x}(n)]^2}, \tag{10.47}$$

图 10.14　软阈值法收缩小波系数

$$\text{RMSE} = \sqrt{\frac{1}{n} \sum_n [x(n) - \hat{x}(n)]^2}, \tag{10.48}$$

其中,$x(n)$ 为原始信号,$\bar{x}(n)$ 为小波去噪后的估计信号.估计信号越接近于原始信号,SNR 越高且 RMSE 越小,故这表明去噪效果越好.

10.4.2　遥感影像融合

小波变换是多尺度、多频率、多分辨率的分解,可将影像分解为更低分辨率的近似影像与高频细节影像,使不同尺度的空间特征分离,可用于不同传感器间多分辨率影像的像素级融合.该变换是非冗余、无损失的,小波分解后的数据总量保持不变,而且去除了相邻尺度图像信息差的相关性,能够充分反映原始图像的局部变化特征,比塔形分解融合的效果要好.利用其方向性可获得视觉效果更佳的融合结果.

小波变换是正交变换,但正交滤波器不具备线性相位特性,产生的相位失真将引起图像边缘的失真,因此,影像融合一般采用双正交小波变换.具体流程如图 10.15 所示,首先要进行预处理,包括降噪和配准等;然后对多幅影像分别进行双正交小波变换分解;再对多幅影像对应的不同层次的子图分别按融合算法进行融合,得到融合后的小波分解图;最后将融合后的多尺度影像进行小波逆变换,得到最终的融合结果.

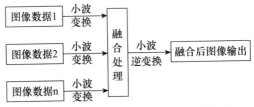

图 10.15　基于小波变换的图像融合算法

小波融合规则分为基于单个像素与基于区域特征两种.前者主要包括小波系数的直接替换或追加、最大值选取、加权平均;后者主要包括基于梯度的方法、基于局域方差的方法、基于局域能量的方法.基于像素的融合规则表现出对边缘的高度敏感性,要求影像严格配准.基于区域的融合规则考虑相邻像素的相关性,降低对边缘的敏感性,应用更为广泛.常用融合规则如表 10.2 所示.

表 10.2　常用方法比较

融合规则	适用影像	优点	缺点
系数绝对值较大法	原影像高频成分丰富,亮度对比度较高	基本保留原影像特征与对比度	影像其他特征容易被覆盖
加权平均法	适用范围广	权重系数可调,可消除部分噪声,原影像信息损失较少	影像对比度下降,需要进行灰度增强
消除高频噪声法	适用范围广	高频噪声基本消除,融合结果对比度较高,原影像特征可较好地保留	损失部分高频信息
双阈值法	原影像中一幅影像的灰度分布均衡,高频成分较多	双阈值可选,算法实用性好	不考虑原影像灰度分布特点,可能出现边缘跳跃

这些方面,前人做了大量的工作,如强赞霞使用 sym4 小波对高空间分辨率航空影像与低空间分辨率卫星影像进行了小波分解,通过计算信息熵与标准偏差发现,基于局部方差融合原则的结果比加权平均法更好地保留了局部细节[8];Ranchin 使用 D4 小波通过 SW,MW,RWM 三种变换方法进行 SPOT 影像与 KVR-1000 影像融合,所得结果均优于 BROVEY,HIS,PCA 等三种标准融合方法,其中 RWM 融合效果最好[8];Li 使用 D8 小波与双正交 B 样条小波使用 SW,

SWF 变换方法对 LANDSAT TM 影像与 SPOT 全色影像进行融合,融合过程如图 10.16 和图 10.17 所示[9]. 图 10.17(a) 为原始 SPOT 影像,(b) 为原始 LAND-SAT TM 影像,(c) 为 HIS 融合结果,(d) 为 PCA 融合结果,(e) 为离散小波变换融合结果,(f) 为离散小波框架变换融合结果. 比较光谱差异与空间相关性可知,小波变换融合结果比标准融合结果好,而且离散小波框架变换融合方法在配准精度不高时仍表现出较好的融合结果.

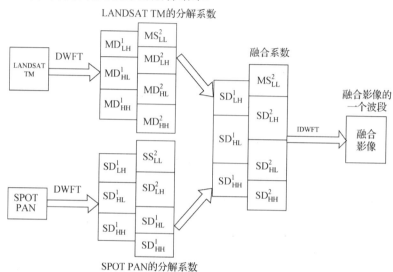

图 10.16　离散小波框架变换影像融合流程[10]

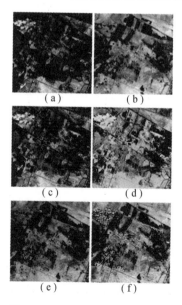

图 10.17　原始影像与融合结果

10.5　小　　结

　　小波变换在时间域与频率域是局部化的,比傅里叶变换更适于分析频率随时间变化的信号,如遥感影像. 本章基于时频分析的方法,从连续小波变换的角度理解其本质,通过对连续小波进行级数展开得到二进小波与紧支二进小波,解决信息冗余的问题. 对小波函数的平移量与缩放量进行离散,在子带编码与多分辨率分析思想的指导下,利用 Mallat 算法实现小波正交基的快速构建. 多分辨率分析是由一个尺度函数建立起来的,因此多分辨率分析的建立等价于寻找尺度函数在多分辨率分析的框架下的性质. 小波变换也可看成是一组带通滤波器对信号做滤波处理. 相对于传统的方法,小波变换在遥感影像去噪与融合领域都表现出明显的优势. 章节原理关系如图 10.18 所示,相应的数理公式参见表 10.3.

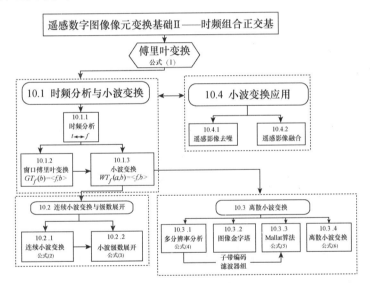

图 10.18　本章内容总结图

表 10.3　本章数理公式总结

公式(1)	$\begin{cases} f(t) = \dfrac{1}{2\pi}\displaystyle\int_{-\infty}^{+\infty} F(\omega)\,\mathrm{e}^{\mathrm{j}\omega t}\,\mathrm{d}\omega \\[2mm] F(\omega) = \displaystyle\int_{-\infty}^{+\infty} f(t)\,\mathrm{e}^{-\mathrm{j}\omega t}\,\mathrm{d}t \end{cases}$	
公式(2)	$W_{\mathrm{f}}(a,b_x,b_y) = \displaystyle\int_{-\infty}^{\infty}\int_{-\infty}^{\infty} f(x,y)\,\Psi_{a,b_x,b_y}(x,y)\,\mathrm{d}x\mathrm{d}y$ 　　　　　式(10.5) $f(x,y) = \dfrac{1}{C_{\Psi}}\displaystyle\int_{0}^{\infty}\int_{-\infty}^{\infty}\int_{-\infty}^{\infty} W_{\mathrm{f}}(a,b_x,b_y)\,\Psi_{a,b_x,b_y}(x,y)\,\mathrm{d}b_x\mathrm{d}b_y\dfrac{\mathrm{d}a}{a^3}$ 式(10.6)	详见 10.2.1

公式(3)	$\Psi_{j,k}(x) = 2^{\frac{j}{2}}\Psi(2^j x - k), j, k \in Z$ 式(10.13) $\Psi_n(x) = 2^{\frac{j}{2}}\Psi(2^j x - k)$ 式(10.20) $n = 2^j + k, j = 0, 1, \cdots; k = 0, 1, \cdots, 2^j - 1$ 式(10.21)	详见10.2.2
公式(4)	$\Phi(t) = \sqrt{2} \sum\limits_{k=-\infty}^{+\infty} h_0(k)\Phi(2t - k)$ 式(10.26)	详见10.3.1
公式(5)	$\begin{cases} c_k^j - \Sigma_n h(n - 2k)c_n^{j-1} \\ d_k^j = \Sigma_n g(n - 2k)c_n^{j-1} \end{cases}$ 式(10.33)	详见10.3.3
公式(6)	$\begin{cases} x_{a,L}[n] = \sum\limits_{k=0}^{K-1} x_{a-1,L}[2n - k]g[k] \\ x_{a,H}[n] = \sum\limits_{k=0}^{K-1} x_{a-1,L}[2n - k]h[k] \end{cases}$ 式(10.38)	详见10.3.4

参考文献

[1] 孟鸿鹰,刘贵忠.小波变换多尺度地震波形反演[J].地球物理学报,1999.

[2] Chui C K. An introduction to wavelets[M]. San Diego：Academic Press, 1992.

[3] Daubechies I. Orthonormal bases of compactly supported wavelets[J]. Communications on Pure and Applied Mathematics, 1988(41).

[4] Mallat S. A theory for multiresolution signal decomposition：the wavelet representation [J]. IEEE Transactions on Geoscience and Remote Sensing, 1989.

[5] Cheng Y, Zhang X, Wen J. Coding of mosaic image based on wavelet sub-band substitute [J]. PCSPA, 2010.

[6] María G A, José L S, Raquel G C, et al. Fusion of multispectral and panchromatic images using improved IHS and PCA mergers based on wavelet decomposition[J]. IEEE Transaction on Geoscience and Remote Sensing, 2004(42).

[7] 强赞霞,彭嘉雄,王洪群.基于小波变换局部方差的遥感图像融合[J].华中科技大学学报,2003(31).

[8] Ranchin T, Wald L. Fusion of high spatial and spectral resolution images：the ARSIS concept and its implementation[J]. Photogrammetric Engineering and Remote Sensing, 2000(66).

[9] Li S, James K T, Yaonan W. Using the discrete wavelet frame transform to merge Landsat TM and SPOT panchromatic images[J]. Information Fusion, 2002.

第三部分　技术与应用

本书第十一至十六章为第三部分——技术与应用,该部分按照遥感数字图像处理的流程,详细地介绍了每个步骤的原理、算法及发展过程,具体如下:

第十一章图像复原降噪声,是图像分析的基础,用于消减误差,为后续图像处理做数据准备;

第十二章压缩减容量,在最小失真容许度内精简数据量,根据需求剔除冗余信息;

第十三、十四章模式识别,通过图像分割、特征提取及分类,能够精确得到地物的光谱、几何、时间和辐射信息;

第十五章彩色变换与三维重建,以适合人眼及接近真实世界的表达为目的,从灰度到彩色,从低维到高维,介绍彩色变换与三维重建.

第十六章应用举例,通过基向量表达、直方图代数运算、直方图模糊测度、率失真、熵理论在像元水平、整体图像及应用方面的效能分析与评价,给出具体的应用示例.

本部分的内容侧重现实处理及应用,有助于相关领域的在校师生及科研人员利用本部分内容,优化算法,实际操作.

第十一章 遥感数字图像处理技术 I
——复原降噪声

章前导引 原始拍摄获得的遥感数字图像在经过成像、传输、处理等各环节后将产生噪声并携带系统误差,因此图像处理的第一要务便是复原出原始对象的图像,只有知道原始真实图像"是什么"之后,才能根据需求提取图像中有用的特征信息. 其本质是去除数字图像处理或输入的卷积效应、等效噪声.

图像复原的目的是消除或减轻在图像获取及传输过程中造成的图像品质下降(或退化),尽可能恢复出原始图像(或真实场景).[1] 图 11.1 是退化图像如何

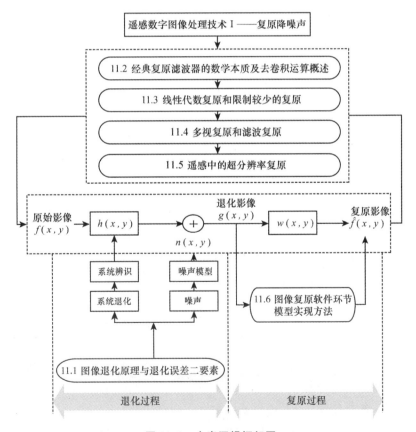

图 11.1 本章逻辑框架图

复原的结构框架,本章具体内容如下:图像退化原理与退化误差二要素(第11.1节),使读者掌握其辨识方法;经典复原滤波器的数学本质及去卷积运算概述(第11.2节),给出了相应处理方法;线性代数复原和限制较少的复原(第11.3节),给出了相应技术方法;多视复原和滤波复原(第11.4节),找出了SAR影像中类似与共性的复原方法;遥感中的超分辨率复原(第11.5节),给出了高频参量特殊复原方法;图像复原软件环节模型实现方法(第11.6节),是上述复原方法的软件或软件硬件化实现.由此恢复图像的本来面目,为进一步图像分析奠定基础.

图像 $f(x,y)$ 被线性系统 $h(x,y)$ 所模糊,并被叠加上噪声 $n(x,y)$,构成了退化后的图像 $g(x,y)$.退化后的图像与复原滤波器 $w(x,y)$ 卷积得到复原的 $\hat{f}(x,y)$.在本章中,首先对图像复原的基本模型和图像退化二要素进行模型刻画分析;接着介绍图像复原的经典方法、线性代数复原技术、多视滤波复原技术和图像在截至频率以外的超分辨率复原技术;最后对复原软件模型进行具体分析,这是本章图像复原的落脚点.

11.1　图像退化原理与退化误差二要素

本节首先从整体上把握图像退化和图像复原过程,分析图像退化机理,明确图像复原目的;接着对图像退化二要素进行重点分析,以把握其辨识方法,为下面图像复原方法的讲解打下基础.

11.1.1　图像退化机理

图像复原的关键问题是建立退化模型,在建模过程中认为图像退化是由于存在一个退化系统,原始的输入图像经过退化系统和噪声的作用后变成了退化的输出图像.假设已知的一幅黑白静止的退化平面图像为 $g(x,y)$,退化系统为 $h(x,y)$,噪声为 $n(x,y)$,这样退化过程如图11.2所示.

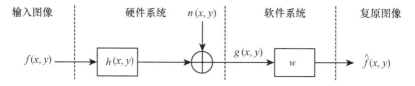

图 11.2　图像退化复原过程模型

输入与输出之间的关系可以表示为

$$g(x,y)=h(x,y)*f(x,y)+n(x,y). \tag{11.1}$$

为讨论方便,暂时令 $n(x,y)=0$,这样式(11.1)简化成

$$g(x,y) = h(x,y) * f(x,y). \tag{11.2}$$

由式(11.2)可见,图像复原可以看成是一个估计过程,如果已知函数 $g(x,y)$ 和退化系统 $h(x,y)$,根据式(11.2)可求出 $f(x,y)$.通常 $g(x,y)$ 是已知的,这样复原处理的关键是对系统 $h(x,y)$ 的辨识,因此对退化系统做以下假设:

(1) 系统 $h(x,y)$ 是线性的,根据线性系统的特性,时域存在如下关系:

$$h(x,y) * [k_1 f_1(x,y) + k_2 f_2(x,y)] = k_1 g_1(x,y) + k_2 g_2(x,y), \tag{11.3}$$

式中 $f_1(x,y)$ 和 $f_2(x,y)$ 是系统的两个输入图像,$g_1(x,y)$ 和 $g_2(x,y)$ 是对应的输出图像,k_1 和 k_2 为常数.

(2) 系统 $h(x,y)$ 是空间位置不变系统,即对任意输入图像 $f(x,y)$ 有

$$h(x,y) * f(x-\alpha, y-\beta) = g(x-\alpha, y-\beta), \tag{11.4}$$

式中 α 和 β 为空间位置的位移量.可见,在图像中任一点的响应仅取决于那一点的值,而与位移量无关.

11.1.2　图像退化二要素

1. 系统卷积效应引发的图像退化及系统模型辨识

(1) 遥感图像退化系统.

对于遥感系统来说,遥感图像的退化系统可以用如下公式表示:

$$H = f_1 f_2 AG, \tag{11.5}$$

其中 f_1 为遥感平台造成的误差,f_2 为成像系统造成的误差,A 为大气影响,G 为地物反演造成的误差.

① 遥感平台造成图像退化.

无论是飞机还是卫星,运动过程中都会产生因飞行姿态的变化引起的影像变形,主要包括高度变化引起的误差和姿态变化(翻滚、俯仰、偏航)引起的误差.

② 成像系统造成图像退化.

传感器成像的方式包括中心投影、全景投影、斜距投影以及平行投影.全景投影和斜距投影会发生图像形变.

③ 大气影响造成图像退化.

大气对图像退化的影响是多方面的,主要体现在对目标电磁波吸收和散射、路径辐射以及改变电磁波传播方向等.

④ 地物反演造成图像退化.

地物反演误差主要来自于图像处理误差及反演模型误差.在遥感图像的处理过程中,可能经过辐射纠正、几何纠正、图像镶嵌等一系列图像处理带来误差.反演问题通常是病态的:一方面,地球表面的多变性导致反演模型复杂,求解困难;另一方面,目前遥感获取技术的限制,遥感反演中的信息量远远

不足.因此,解决病态反演问题的关键在于引入新的识源-先验知识,增加反演所要求的信息量,保证反演结果的稳定和可靠.

(2) 遥感图像系统辨识方法.

① 通过测试靶进行系统辨识.

在许多情况下,系统的传递函数可以直接测定.假设对图 11.2 来说,冲激响应函数 $h(x,y)$ 未知且需要测定,如果有一个合适的测试信号 $f(x,y)$ 如图 11.3 所示,那么由式(11.2)卷积变换到频率域相乘关系,则系统传递函数为

$$H(u,v) = \frac{G(u,v)}{F(u,v)}. \tag{11.6}$$

最理想的是 $F(u,v)$ 没有零点.如果它有零点,但 $H(u,v)$ 相对光滑,我们仍然可以用数值方法解出该方程.

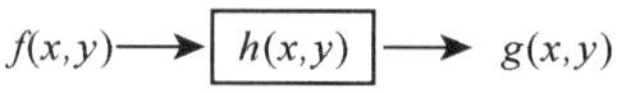

$$f(x,y) \longrightarrow \boxed{h(x,y)} \longrightarrow g(x,y)$$

图 11.3　一个线性系统

② 用互相关进行系统辨识.

假定如图 11.4 所示,将一个线性系统的输出与输入进行互相关.互相关器的输出谱函数为

$$Z(s) = G(s) * F(s) = H(s)F(s) * F(s) = H(s)P_f(s), \tag{11.7}$$

其中 $P_f(s)$ 为输入信号的功率谱.若 $f(x)$ 为非相关白噪声,则为一常数,因而互相关器输出的是系统的冲激响应.这样,就可以用随机噪声图像作为系统输入,计算它与系统输出的互相关,以得到系统的点扩散函数.而且,互相关输出的谱函数就是系统传递函数.

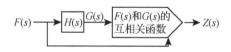

图 11.4　用互相关进行系统辨识

③ 由退化图像的频谱确定光学传递函数.

复杂景物的图像具有相对平滑的幅度频谱.如果引起退化的传递函数具有零点,这些零点就会迫使退化图像的谱在某些特定的频率上变为零.如果给出模糊函数的适当模型,则这些零值(或接近零值)在空间频率平面内的位置可以确定模糊光学传递函数的位置参数.

通过对退化图像的功率谱取对数,可以增强由退化传递函数中零点引起的下凹幅度.如果零点是等间距分布的,则在功率谱的对数图上,会产生一系列周期性尖峰.对数功率谱的功率谱,有时也叫做倒频谱,可用来确定这些尖峰见的

确切距离,进而得到退化传递函数的零点.

　2. 噪声引发的图像退化以及描述噪声的模型

　　数字图像的噪声主要来源于图像获取(数字化)和传递过程中.图像中的噪声能否有效的滤除直接影响着边缘检测、图像分割、特征提取、模式识别等后续工作的进行,所以图像噪声的有效滤除一直是图像预处理的重要环节.

　　一般假设只知道噪声的统计特性,对噪声的描述一般采用统计意义上的均值和方差.因此要从退化图像中完全去除噪声是不可能的.为克服噪声的影响,一般采用先进行降噪后进行复原,或是将降噪和复原同时进行.若数字图像信号是一个二维信号,其二维灰度分布为 $f(x,y)$.噪声的均值表明了图像中噪声的总体强度.噪声的均值公式为

$$\bar{n} = E[n(x,y)] = \frac{1}{MN}\sum_{x=1}^{M}\sum_{y=1}^{N}n(x,y). \tag{11.8}$$

噪声的方差表明了图像中噪声分布的强弱差异.噪声的方差公式为

$$\sigma_n^2 = E\{[n(x,y)-\bar{n}]^2\} = \frac{1}{MN}\sum_{x=1}^{M}\sum_{y=1}^{N}[n(x,y)-\bar{n}]^2. \tag{11.9}$$

　　从噪声的概率分情况来看,可分为高斯噪声、均匀噪声、瑞利噪声、椒盐噪声、伽马噪声和指数噪声等.

　(1) 高斯噪声.

　　高斯噪声(Gaussian noise)也称为正态噪声(参见图 11.5),它的噪声位置是一定的,即每一点都有噪声,但噪声的幅值是随机的.高斯随机变量 z 的概率密度为

$$p(z) = \frac{1}{\sqrt{2\pi}\sigma}e^{\frac{-(z-\mu)^2}{2\sigma^2}}, \tag{11.10}$$

其中 z 表示灰度值,μ 表示 z 的平均值或期望值,σ 表示 z 的标准差.标准差的平方 σ^2 称为 z 的方差.当 z 服从高斯分布时,其值约 70% 落在 $[\mu-\sigma,\mu+\sigma]$ 范围内,且有约 95% 落在 $[\mu-2\sigma,\mu+2\sigma]$ 范围内.

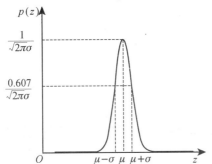

图 11.5　高斯噪声的概率密度函数

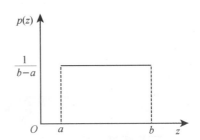

图 11.6　均匀噪声的概率密度函数

（2）均匀噪声.

均匀分布噪声（参见图 11.6）的概率密度为

$$p(z) = \begin{cases} \dfrac{1}{b-a}, & a < z < b, \\ 0, & \text{其他}. \end{cases} \tag{11.11}$$

概率密度的均值和方差由下式给定：

$$\mu = \frac{a+b}{2}, \quad \sigma^2 = \frac{(b-a)^2}{12}. \tag{11.12}$$

（3）椒盐噪声.

椒盐噪声（又称脉冲噪声，参见图 11.7）的概率密度为

$$p(z) = \begin{cases} p_a, & z = a, \\ p_b, & z = b, \\ 0, & \text{其他}. \end{cases} \tag{11.13}$$

若 $b > a$，灰度值 b 将显示为一个亮点，a 的值将显示为一个暗点. 若 p_a 或 p_b 为零，则脉冲噪声称为单级脉冲. 若 p_a 和 p_b 均不为零，尤其是近似相等时，脉冲噪声值类似于随机分布在图上的胡椒和盐粉细粒. 脉冲噪声可以为正，也可为负. 通常，负脉冲以黑点（胡椒点）出现，正脉冲以白点（盐点）出现.

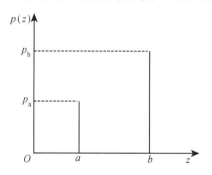

图 11.7　椒盐噪声的概率密度函数　　　　图 11.8　瑞利噪声的概率密度函数

（4）瑞利噪声.

瑞利噪声（Rayleigh noise，参见图 11.8）的概率密度函数为

$$p(z) = \begin{cases} \dfrac{2}{b}(z-a)\mathrm{e}^{-\frac{(z-a)^2}{b}}, & z \geqslant a, \\ 0, & z < a. \end{cases} \tag{11.14}$$

概率密度的均值和方差为

$$\mu = a + \sqrt{\frac{\pi b}{4}}, \quad \sigma^2 = \frac{b(4-\pi)}{4}.$$

（5）伽马噪声.

伽马噪声（Gamma noise，图 11.9）又称爱尔兰噪声的概率密度函数为

$$p(z) = \begin{cases} \dfrac{a^b z^{b-1}}{(b-1)!} \mathrm{e}^{-az}, & z \geqslant 0, \\ 0, & z < 0, \end{cases} \qquad (11.15)$$

其中 $a>0$，b 为正整数，且"!"表示阶乘．其密度的均值和方差为 $\mu=b/a$，$\sigma^2=b/a^2$．

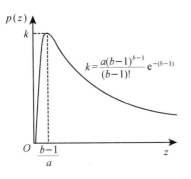

图 11.9 伽马噪声的概率密度函数　　图 11.10 指数噪声的概率密度函数

（6）指数噪声．

指数噪声（参见图 11.10）的概率密度函数为

$$p(z) = \begin{cases} a\mathrm{e}^{-az}, & z \geqslant 0, \\ 0, & z < 0, \end{cases} \qquad (11.16)$$

其中 $a>0$．概率密度函数的期望值和方差 $\mu=1/a$，$\sigma^2=1/a^2$．指数分布的概率密度函数是当 $b=1$ 时爱尔兰概率分布的特殊情况．

11.2 经典复原滤波器的数学本质及去卷积运算

前面讲述了图像退化机理，分析了图像退化二要素，本节将在其基础上，探讨经典复原滤波器的数学本质及去卷积运算，回顾在实际应用中被证明是有效的图像复原技术．

11.2.1 经典复原滤波简介

图像去模糊和图像去噪是图像复原中的两个主要问题．根据所采用的数学工具以及复原问题的侧重，传统的图像复原方法归纳起来主要可分为逆滤波法、代数方法以及空域滤波法．图像复原的分类方法可以用图 11.11 所示的模型表示．

逆滤波法主要有经典逆滤波法、维纳滤波法和卡尔曼滤波法等．在频域，经典逆滤波的变换函数与引起图像失真的变换函数互为倒数，该方法在没有噪声的情况下，可以精确地复原图像，但在有噪声时，将对复原图像产生严重的影响．

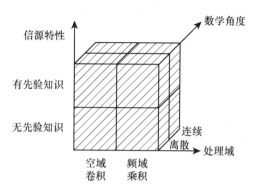

图 11.11　图像复原方法分类示意图

虽然滤波函数经过修改,有噪声的图像也能复原,但该方法仅适用于极高信噪比条件下的图像复原问题.

代数方法可分为伪逆法、奇异值分解伪逆法、维纳估计法和约束图像复原法等.

空域滤波法有均值滤波、中值滤波、层叠滤波和形态滤波等[2],这些方法所对应的非线性滤波器在某些条件下,能在有效地去除脉冲噪声的同时,很好地保持图像的细节,获得较满意的复原效果,因此空域滤波法是值得重视的图像复原方法.但这些非线性滤波器没有一套完整的理论,缺乏统一的设计方法,一般是根据噪声和信号的先验知识选定某种线性或非线性滤波方法.下面将介绍几种经典滤波器的基本原理.

11.2.2　逆滤波

20 世纪在 60 年代中期,逆滤波(去卷积)开始广泛地应用于数字图像复原. Nathan 用二维去卷积方法来处理由漫游者、探索者等外星探测器获取的图像, 与噪声相比,信号的频谱随着频率的升高下降较快,因此高频部分主要是噪声. 在同一时期,Harris 采用由实验确定的 PSF 来对大气扰动去卷积.[3] 从那以后, 去卷积就成了图像复原的一种标准技术.

根据图像退化模型,其基本原理如图 11.2,由傅里叶变换的卷积定理可知下式成立:

$$G(u,v) = H(u,v)F(u,v) + N(u,v), \tag{11.17}$$

其中 $G(u,v)$,$H(u,v)$,$N(u,v)$ 和 $F(u,v)$ 分别是退化图像 $g(x,y)$、点扩散函数 $h(x,y)$、噪声 $n(x,y)$ 和原始图像 $f(x,y)$ 的傅里叶变换.[4] 由式(11.17)可得

$$F(u,v) = \frac{G(u,v)}{H(u,v)} - \frac{N(u,v)}{H(u,v)}. \tag{11.18}$$

假设噪声可以忽略不计,则上式可近似取

$$\hat{F}(u,v) = \frac{G(u,v)}{H(u,v)}. \tag{11.19}$$

由上式取傅里叶逆变换,便可得恢复后的图像,即

$$f(x,y) = \mathscr{T}^{-1}\big[F(u,v)\big] = \mathscr{T}^{-1}\Big[\frac{G(u,v)}{H(u,v)}\Big]. \tag{11.20}$$

这意味着,如果已知退化图像的傅里叶变换和"滤波"传递函数,则可以求得原始图像的傅里叶变换,经逆傅里叶变换就可求得原始图像 $f(x,y)$.这里,$G(u,v)$ 除以 $H(u,v)$ 起到了反向滤波的作用[5],这就是逆滤波复原的基本原理.

一般来说,逆滤波法不能正确地估计 $H(u,v)$ 的零点.实际上,逆滤波不是直接用 $1/H(u,v)$,而是采用另外一个关于 u,v 的函数 $M(u,v)$.在时域,它的处理框图如图 11.2 所示;在频域,在没有零点且也不存在噪声的情况下,有

$$M(u,v) = \frac{1}{H(u,v)}. \tag{11.21}$$

图 11.2 模型包括了退化和恢复运算.退化和恢复的总的传递函数可分别用 $H(u,v)$ 和 $M(u,v)$ 来表示,此时有

$$\hat{F}(u,v) = \big[H(u,v)M(u,v)\big]F(u,v), \tag{11.22}$$

其中 $H(u,v)$ 称为输入传递函数,$M(u,v)$ 称为处理传递函数.$H(u,v)$ 和 $M(u,v)$ 称为输出传递函数.一般情况下,$H(u,v)$ 的幅值随着距 u,v 平面原点距离的增加而迅速下降,而噪声项 $N(u,v)$ 的幅值变化比较平缓.在远离 u,v 平面的原点时 $N(u,v)/H(u,v)$ 的值就会变得很大,而对于大多数图像而言 $F(u,v)$ 却很小,在这种情况下,噪声反而占优势,自然无法满意地恢复出原始图像.这一规律说明,应用逆滤波时仅在原点邻域内采用 $1/H(u,v)$ 才能有效.换而言之,$M(u,v)$ 应满足

$$M(u,v) = \begin{cases} \dfrac{1}{H(u,v)}, & u^2 + v^2 \leqslant w_0^2, \\ 1, & u^2 + v^2 > w_0^2. \end{cases} \tag{11.23}$$

w_0^2 的选择应该将 $H(u,v)$ 的零点排除在此邻域之外.

11.2.3　维纳滤波

Helstrom 采用最小均方误差估计法,提出了具有如下二维传递函数的维纳去卷积滤波器[6],由第七章关于维纳滤波器的讲解可知一维维纳去卷积公式为

$$G(s) = \frac{H_0(s)}{F(s)} = \frac{1}{F(s)}\Big[\frac{P_s(s)}{P_s(s) + P_n(s)}\Big] = \frac{F^*(s)P_s(s)}{|F(s)|^2(P_s(s) + P_n(s))},$$

可得

$$G(u,v) = \frac{H^*(u,v)}{|H(u,v)|^2 + P_n(u,v)/P_f(u,v)}. \tag{11.24}$$

其中 P_f 和 P_n 分别为信号和噪声的功率谱. 下面具体介绍维纳去卷积的数学本质.

维纳滤波也就是最小二乘滤波. 它是使原始图像 $f(x,y)$ 及其恢复图像之间的均方误差最小的复原方法, 是一种约束复原, 除了要求了解关于降质模型的传递函数的情况外, 还需知道(至少在理论上)噪声的统计特性和噪声与图像的相关情况. 问题的核心是如何选择一个合适的变换矩阵 $\boldsymbol{Q}$, 选择不同类型的 $\boldsymbol{Q}$ 可得到不同类型的维纳滤波复原方法. 如选用图像 $f(x,y)$ 和噪声 $n(x,y)$ 分别对应的相关矩阵 $\boldsymbol{R}_f$ 和 $\boldsymbol{R}_n$ 来表示 $\boldsymbol{Q}$, 就可得到维纳滤波复原方法.

假设 $\boldsymbol{R}_f$ 和 $\boldsymbol{R}_n$ 分别为原始图像 $f(x,y)$ 和噪声 $n(x,y)$ 的相关矩阵, 定义为

$$\begin{cases} \boldsymbol{R}_f = E\{\boldsymbol{f}\boldsymbol{f}^{\mathrm{T}}\}, \\ \boldsymbol{R}_n = E\{\boldsymbol{n}\boldsymbol{n}^{\mathrm{T}}\}, \end{cases} \tag{11.25}$$

其中 $E\{\,\cdot\,\}$ 表示数学期望运算, $\boldsymbol{R}_f$ 的第 ij 个元素用 $E\{f_i f_j\}$ 表示, 它是 $\boldsymbol{f}$ 的第 i 个和第 j 个元素之间的相关. 同样, $\boldsymbol{R}_n$ 的第 ij 个元素用 $E\{n_i n_j\}$ 表示, 它是在 $\boldsymbol{n}$ 中相应的第 i 个和第 j 个元素之间的相关. 因为 $\boldsymbol{f}$ 和 $\boldsymbol{n}$ 的元素是实数, 则

$$E\{f_i f_j\} = E\{f_j f_i\}, \quad E\{n_i n_j\} = E\{n_j n_i\}.$$

因此 $\boldsymbol{R}_f$ 和 $\boldsymbol{R}_n$ 均为实对称矩阵. 对大多数的图像函数, 像素之间的相关不会延伸到图像中 20 到 30 个点的距离之外. 因而, 典型的相关矩阵在主对角线附近将有一个非零元素带, 而在右上角和左下角的区域将为零.

假设任意两像素的相关性只与像素的距离有关, 而与它们所在的位置无关时, 可以证明 $\boldsymbol{R}_f$ 和 $\boldsymbol{R}_n$ 近似为分块循环矩阵. 因此, 可利用一个 $\boldsymbol{H}$ 的特征向量组成的 $\boldsymbol{W}$ 矩阵对它们进行对角化. 设 $\boldsymbol{A}$ 和 $\boldsymbol{B}$ 为 $\boldsymbol{R}_f$ 和 $\boldsymbol{R}_n$ 相应的对角矩阵, 则

$$\boldsymbol{R}_f = \boldsymbol{W}\boldsymbol{A}\boldsymbol{W}^{-1}, \quad \boldsymbol{R}_n = \boldsymbol{W}\boldsymbol{B}\boldsymbol{W}^{-1}. \tag{11.26}$$

如前所述, 矩阵 $\boldsymbol{A}$ 和 $\boldsymbol{B}$ 中的诸元素分别为相关矩阵 $\boldsymbol{R}_f$ 和 $\boldsymbol{R}_n$ 中诸元素的傅里叶变换, 分别用 $S_f(u,v)$ 和 $S_n(u,v)$ 表示. 由信息论可知, 随机向量的自相关函数的傅里叶变换是随机向量的功率谱密度. 因此 $S_f(u,v)$ 和 $S_n(u,v)$ 分别是 $f(x,y)$ 和 $n(x,y)$ 的谱密度.

如果选择的线性算子 $\boldsymbol{Q}$ 满足如下关系:

$$\boldsymbol{Q}^{\mathrm{T}}\boldsymbol{Q} = \boldsymbol{R}_f^{-1}\boldsymbol{R}_n, \tag{11.27}$$

将此式代入有约束最小二乘代数复原解的一般公式得

$$\hat{\boldsymbol{f}} = (\boldsymbol{H}^{\mathrm{T}}\boldsymbol{H} + \boldsymbol{R}_f^{-1}\boldsymbol{R}_n)^{-1}\boldsymbol{H}^{\mathrm{T}}\boldsymbol{g}. \tag{11.28}$$

根据循环矩阵对角化以及式(11.25)可得

$$\hat{\boldsymbol{f}} = (\boldsymbol{W}\boldsymbol{D}^*\boldsymbol{D}\boldsymbol{W}^{-1} + \boldsymbol{W}\boldsymbol{A}^{-1}\boldsymbol{B}\boldsymbol{W}^{-1})^{-1}\boldsymbol{W}\boldsymbol{D}^*\boldsymbol{W}^{-1}\boldsymbol{g}, \tag{11.29}$$

其中 $\boldsymbol{D}$ 中的对角线元素对应 $\boldsymbol{H}$ 中块元素的傅里叶变换, "$*$" 表示共轭.

如将上式两边左乘 $\boldsymbol{W}^{-1}$, 并进行某些矩阵变换, 则上式可变为

$$\boldsymbol{W}^{-1}\hat{\boldsymbol{f}} = (\boldsymbol{D}^*\boldsymbol{D} + \boldsymbol{A}^{-1}\boldsymbol{B})^{-1}\boldsymbol{D}^*\boldsymbol{W}^{-1}\boldsymbol{g}. \tag{11.30}$$

上式中的元素可写成下列形式

$$\hat{F}(u,v) = \left\{ \frac{H^*(u,v)}{|H(u,v)|^2 + \gamma[S_n(u,v)/S_f(u,v)]} \right\} G(u,v)$$

$$= \left\{ \frac{1}{H(u,v)} \cdot \frac{|H(u,v)|^2}{|H(u,v)|^2 + \gamma[S_n(u,v)/S_f(u,v)]} \right\} G(u,v). \quad (11.31)$$

当 $\gamma = 1$ 时,大括号中的项就是维纳滤波器;当 $\gamma = 0$,大括号中的项就变为前面所说的逆滤波.

维纳去卷积提供了一种在有噪声情况下导出去卷积传递函数的最优方法[7],但有三个问题限制了它的有效性:一是,维纳去卷积是最小均方误差(mean square error, MSE)准则,未必和主观效果一致;二是,难以处理空间可变PSF,如非线性移变系统;三是,对非平稳过程(图像和噪声)不适合,而图像往往都是非平稳的.

11.3　线性代数复原和限制较少的复原

本节首先讲述了线性代数图像复原方法,主要从有、无约束两个角度展开;进而讲解了无"模糊是位移不变的,信号和噪声是平稳的"等限制的图像复原方法,这类方法在实际应用中更为常见的.

11.3.1　线性代数复原

代数图像复原算法是由 Andrews 和 Hunt 等人提出的,它基于离散退化系统模型,即

$$g = Hf + n, \quad (11.32)$$

其中 g, f 和 n 都是 N^2 维列向量,H 为 $N^2 \times N^2$ 维的矩阵.

1. 无约束代数复原方法

改写式(11.1),取图像噪声为

$$n = g - Hf. \quad (11.33)$$

如果 $n = 0$ 或不考虑噪声,则可以用下述方法把复原问题当做一个最小二乘问题来解决.令 $e(\hat{f})$ 为估计量 $\hat{f}$ 和模糊向量 g 间的差值,则式(11.32)可改写为

$$g = Hf = H\hat{f} + e(\hat{f}), \quad (11.34)$$

定义 $e(\hat{f})$ 的范数平方为

$$\| e(\hat{f}) \|^2 = e(\hat{f})^{\mathrm{T}} e(\hat{f}) = (g - H\hat{f})^{\mathrm{T}} (g - H\hat{f}). \quad (11.35)$$

$\| e(\hat{f}) \|^2$ 可以视为误差项 $e(\hat{f})$ 的一种度量.可以这样来选择 $\hat{f}$,使它被 H 模糊(退化)后所得的结果与观察到的图像 g 之间的差在均方意义下尽可能小.由于 g 本身是由 f 经过 H 模糊所得到的,可以想象,这是一种令人满意的方法.若

f 和 $\hat{f}$ 这两者被 H 模糊的结果十分近似,则 $\hat{f}$ 很可能就是 f 的最佳估计.

所谓无约束复原就是对式(11.35)求最小二乘解,即求 $\hat{f}$ 使得对应的误差矢量的平方取最小值,除了达到此极小值外,自变量 $\hat{f}$ 没有受到任何约束,称为无约束复原.

若令目标函数为

$$W(\hat{f}) = \| e(\hat{f}) \|^2 = (g - H\hat{f})^{\mathrm{T}}(g - H\hat{f}), \tag{11.36}$$

令 $W(\hat{f})$ 的导数等于零,则

$$\frac{\partial W(\hat{f})}{\partial f} = -2H^{\mathrm{T}}(g - H\hat{f}) = 0, \tag{11.37}$$

求得

$$\hat{f} = (H^{\mathrm{T}}H)^{-1}H^{\mathrm{T}}g, \tag{11.38}$$

其中 $(H^{\mathrm{T}}H)^{-1}H^{\mathrm{T}}$ 称为矩阵 H 的广义逆,由于 H 是 $N \times N$ 的方阵,所以

$$\hat{f} = H^{-1}g. \tag{11.39}$$

式(11.39)给出了逆滤波器,即无约束条件下的代数复原解. 对于位移不变的模糊,H 为块循环矩阵. 这可以通过在频率域用下式进行卷积来说明

$$\hat{F}(u,v) = \frac{G(u,v)}{H(u,v)}, \tag{11.40}$$

若 $H(u,v)$ 有零值,则 H 为奇异的,无论 H^{-1} 或 $(H^{\mathrm{T}}H)^{-1}$ 都不存在.

注意,无约束线性代数复原和维纳滤波器不同,后者复原后的信号和原信号的均方差最小,而前者观察到的降质图像 g 和降质后估计图像的之差的平方和最小,因而两者的结果不一定相同.

2. 有约束代数复原方法

影响图像复原的因素包括噪声干扰 n 及成像系统的传递函数 H. 后者包含图像传感器中光学和电子学的影响. 如果先抛开噪声,按照式(11.32),要恢复原图像 f,需要对矩阵 H 求逆,即

$$f = H^{-1}g. \tag{11.41}$$

数学上要求这个逆矩阵存在并且唯一. 但事实上,由于模糊图像即使存在非常小的扰动,在恢复结果图像中,都会产生完全不可忽视的强扰动,用公式表示为

$$H^{-1}[g + \varepsilon] = f + \delta, \tag{11.42}$$

其中 ε 为任意小的扰动,$\delta \gg \varepsilon$. 假设这个逆矩阵存在并且唯一,则无论是成像系统,还是数字化器,还是截断误差,对采集到的数字化图像不可避免的产生一定扰动. 至于噪声,由于其随机性,使得模糊图像 g 可以有无限的可能情况,因而也导致了恢复的病态性. 还存在另外一种可能,即逆矩阵 H^{-1} 不存在,但确实还存在着和 f 十分近似的解,这称为恢复问题的奇异性. 为克服复原问题中的病态性质,常需要在恢复过程中对运算施加某种约束,从而在多组可能结果中选择一

种,这就是有约束条件的复原方法,简称有约束代数复原方法.

在一般情况下,考虑噪声存在下的极小化过程,式(11.42)两端范数相等的约束,即

$$\| n \|^2 = \| g - H \hat{f} \|^2. \tag{11.43}$$

于是有约束条件的复原可以这样实现:令 Q 为 f 的线性算子,约束复原问题可看成是形式为 $\| Q \hat{f} \|^2$ 的函数在式(11.43)的约束条件下求极小值的问题.因此,采用拉格朗日乘数法的修正函数(目标函数),即

$$\begin{aligned} W(\hat{f},\lambda) &= \| Q \hat{f} \|^2 + \lambda \| g - H \hat{f} \|^2 - \| n \|^2 \\ &= (Q \hat{f})^{\mathrm{T}}(Q \hat{f}) + \lambda(g - H \hat{f})^{\mathrm{T}}(g - H \hat{f}) - n^{\mathrm{T}}n. \end{aligned} \tag{11.44}$$

求 $W(\hat{f},\lambda)^2$ 对 $\hat{f}$ 的偏导数,并令其为零,则有

$$\frac{\partial W(\hat{f},\lambda)}{\partial \hat{f}} = 2[(Q^{\mathrm{T}}Q + \lambda H^{\mathrm{T}}H) \hat{f} - \lambda H^{\mathrm{T}}g] = 0, \tag{11.45}$$

解得

$$\hat{f} = (H^{\mathrm{T}}H + \gamma Q^{\mathrm{T}}Q)^{-1}H^{\mathrm{T}}g, \tag{11.46}$$

这就是有约束最小二乘代数复原解的一般公式,其中 $\gamma = 1/\lambda$. 例如,如果约束条件是要求复原后的图像 $\hat{f}$ 与模糊后的图像 g 的能量保持不变,即要求

$$\hat{f}^{\mathrm{T}} \hat{f} = g^{\mathrm{T}}g = C(\text{常量}), \tag{11.47}$$

则求目标函数 $W(\hat{f})^2$ 的最小值,就是求 $W(\hat{f},\lambda)^2$ 函数在式(11.47)条件下的最小值,即求辅助函数

$$\begin{aligned} W(\hat{f},\lambda) &= W(\hat{f}) + \lambda(\hat{f}^{\mathrm{T}} \hat{f} - C) \\ &= (g - H \hat{f})^{\mathrm{T}}(g - H \hat{f}) + \lambda(\hat{f}^{\mathrm{T}} \hat{f} - C). \end{aligned} \tag{11.48}$$

的最小值. 对 $\hat{f}$ 求导数,令其为零,则

$$\frac{\partial W(\hat{f},\lambda)}{\partial \hat{f}} = -2H^{\mathrm{T}}g + 2H^{\mathrm{T}}H \hat{f} + 2\lambda \hat{f} = 0,$$

解得

$$\hat{f} = (H^{\mathrm{T}}H + \lambda I)^{-1}H^{\mathrm{T}}g, \tag{11.49}$$

其中 I 为单位方阵,根据式(11.46)和式(11.49)可知,当 $Q = I$ 或 Q 为正交矩阵时,两式相同.运算时,调整常数 λ 直到满意为止.

若令 $\gamma = 0, Q = I$ 则式(11.49)就变为式(11.46),称这种情况为伪逆滤波器.此外,可将 f 和 n 视为随机变量,并选择 Q 为噪声与信号之比,即

$$Q = R_{\mathrm{f}}^{\frac{1}{2}} R_{\mathrm{n}}^{\frac{1}{2}}, \tag{11.50}$$

其中 $R_{\mathrm{f}} = \varepsilon\{ff^{\mathrm{T}}\}$ 和 $R_{\mathrm{n}} = \varepsilon\{nn^{\mathrm{T}}\}$ 分别为信号和噪声的协方差矩阵,则式(11.46)变为

$$\hat{f} = (H^{\mathrm{T}}H + \gamma R_{\mathrm{f}}^{\mathrm{T}}R_{\mathrm{n}})^{-1}H^{\mathrm{T}}g. \tag{11.51}$$

通过假设位移不变性和平稳性,并利用矩阵傅里叶变换可以很容易地从上式得出参数化维纳滤波器. γ 为可调节的参数,注意,若 $\gamma=1$ 就得到了使原始图像与复原图像之间的均方差最小化的经典维纳滤波器.

利用上面的线性代数方法,存在位移不变的模糊时利用式(11.51)的准则对式(11.48)进行极小化,便得到关于维纳滤波器的频域描述.然而,需要注意的是,前面的方法已经说明了这种滤波器是(在均方意义上)使复原图像与原图像最为接近的复原滤波器.尽管本节的方法可以更快地给出同样的结果,但在给出最优滤波器这一点上其严格性并不能得到保证.

11.3.2 限制较少的复原

本小节将不局限于"模糊是位移不变的,信号和噪声是平稳的"等限制,将更加贴近实际情况.

1. 随空间改变的模糊

如果说光学离焦与线性运动模糊是具有空间不变性的线性操作,那么像散、彗差、像场弯曲等模糊则是随空间改变的.纠正这些退化的一种直接而有效地复原方法是坐标变换复原,其思想是通过对退化图像进行几何变换,使得到的模糊函数具有空间不变性.随后采用普通的空间不变复原方法对其进行复原,再用一个与先前几何变换相反的逆变换将图像复原为原来的格式.

2. 时变模糊

在曝光时间很短的情况下,由于望远镜上非均匀的大气层造成的相位扭曲,将会产生一个斑点图案.解决这一问题的办法是:首先获得欲观测的天体和一个参照的点星体两者的时间平均功率谱;然后,通过将该天体的功率谱除以点星体的功率谱来实现去卷积;所得结果就是对未知天体的衍射极限功率谱的估计,将其逆变换就得到该天体的自相关函数.由于相位信息在功率谱中被丢失了,天体无法准确地重建,但用自相关函数足以认明双星和其他可能感兴趣的天体.

3. 非平稳信号与噪声

本节前面讨论的滤波器均假设信号和噪声是平稳的.平稳对于图像来说意味着局部(算出的)功率谱在整幅图像上是相同的或近似相同的,不过,通常并非如此,实际上,大多数图像是高度不平稳的.很多图像都可被认为是由被梯度相对高的边缘所隔开的、相对平坦的区域组成,农田的航拍照片便是一个例子.

11.4 多视复原和滤波复原(以 SAR 为例)

合成孔径雷达(synthetic aperture radar, SAR)技术是遥感中的重要组成部分,SAR 影像在退化机理与复原原理上与光学影像有着一定共性和区别[8],

本节将在前述光学影像的复原原理与方法的基础上,根据 SAR 影像的自身特点,找出其中类似与共性的复原方法.

由于其特殊的系统成像原理,导致 SAR 图像中存在相干斑噪声,该相干斑噪声使得 SAR 图像不能正确反映地物目标的散射特性[9],严重地影响了图像质量,降低了对图像中目标信息的提取能力,使 SAR 图像的解译工作复杂化.抑制相干斑噪声是 SAR 图像处理的重要课题,SAR 图像复原主要针对的也是 SAR 图像相干斑噪声的抑制和消除.下面将重点分析 SAR 图像相干斑噪声的产生原理,并对多视处理和滤波处理这两大类噪声去除方法进行重点介绍.

11.4.1 SAR 图像相干斑噪声概率分布函数

理想的点目标散射电磁波,其回波为球面波,在球面上其回波处处相等.而其距离向和方位向尺度均小于雷达分辨率,因此可以将实际目标看成由许多理想点目标组成,合成孔径雷达所收到的信号是这些理想点目标的矢量和.由于 SAR 发射的是相干电磁波,所以各理想点目标的回波是相干的.这些回波互相干涉,造成实际点目标回波的振幅和相位都有一定的起伏,而且其幅度和相位与回波的方向有很大的关系.这样,当相干电磁波照射实际目标时,其散射点回来的总回波并不完全由地物目标的散射系数决定,而是围绕这些散射系数值有很大的随机起伏,这种起伏在图像上的反映就是相干斑噪声.也就是说,这种起伏将会使一个具有均匀散射系数的目标的 SAR 图像并不具有均匀灰度,而是表现为一种颗粒状的、黑白点相间的纹理.

1. 单视 SAR 图像

前人在光学和 SAR 影像相干斑噪声的理论分析上已经做了大量工作.单视图像的相干斑噪声服从负指数分布,对均匀的目标场景,图像的像素强度的概率分布为

$$p(I) = \frac{1}{\langle I \rangle} \exp\left(-\frac{I}{\langle I \rangle}\right), \tag{11.52}$$

其中 I 为像素强度,$\langle I \rangle$ 为强度的方差.若以振幅 A 或分贝值 D 来表示,则它们与强度 I 的关系分别为 $I = A^2$ 和 $D = 10\lg I = 10\ln I/\ln 10$.因此强度概率分布可以直接转化为

$$p(A) = \frac{2A}{\langle I \rangle} \exp(-A^2/\langle I \rangle), \tag{11.53}$$

$$p(D) = \frac{1}{K\langle I \rangle} \exp\left(\frac{D}{K} - \frac{\exp(D/K)}{\langle I \rangle}\right), \tag{11.54}$$

其中 $k = 10/\ln 10$.它们均为 Rayleigh 分布.

2. 多视 SAR 图像

为了提高图像的信噪比要进行多视处理,多视处理是对同一场景的 n 个不

连续的子图像的平均. n 个独立子图像非相干叠加将改变相干斑噪声的概率分布,强度 I 的概率分布变成 Gamma 分布,即

$$p(I) = \frac{n^n I^{n-1}}{(n-1)!\langle I\rangle^n}\exp(-nI/\langle I\rangle), \tag{11.55}$$

$$p(A) = \frac{2n^n A^{2n-1}}{(n-1)!\langle I\rangle^n}\exp(-nA^2/\langle I\rangle), \tag{11.56}$$

$$p(D) = \frac{n^n}{K(n-1)![I]^n}\exp\left(\frac{nD}{K} - \frac{n\exp(D/K)}{\langle I\rangle}\right). \tag{11.57}$$

11.4.2 SAR 图像复原方法

SAR 图像复原,通常可以理解为去掉 SAR 图像的噪声.之所以说成复原,是因为在随机场模型下,我们把抑制噪声的处理,看做是从所观测到的随机场 Y 复原真实的随机场 X 的过程.

如果不能很好地抑制 SAR 图像中的相干斑噪声,噪声将严重影响图像的辐射分辨率,使得图像的判读、解译、分类等后续处理变得困难.[10] 目前对 SAR 图像去噪的方法大致可分为两大类:一类是以损失空间分辨率为代价的多视处理,是成像前处理;另一类是基于 SAR 图像纹斑噪声统计特性的滤波算法,是成像后处理.

1. 多视处理

单视 SAR 图像是指使用整段合成孔径长度所成的 SAR 图像.为了减少相干斑噪声,常进行多视处理.多视是指在方位向或距离向降低处理器带宽,从而将方位向或距离向的频谱分割成独立(或部分重叠)的 N 段,每一段用来产生较低分辨率的单视图像,然后把各单视图像对应的像素非相干叠加平均后得到多视图像,这样就抑制了相干斑噪声,改善了信噪比.由几幅 SAR 图像叠加,就是几视的 SAR 图像.

可以证明,N 视处理后,相干斑噪声的标准偏差降低了 $\sqrt{N}$ 倍,辐射分辨率得到提高,但由于多视处理降低了信号带宽的利用率,从而降低了空间分辨率.因此当选择处理视数时要根据 SAR 图像的具体用途折中考虑.

在多视处理的实际应用中,相邻子带之间可能有一定的重叠.当分辨率给定时,子带宽度就给定了.设整个多普勒带宽为 B_D,子带宽度为 B_S,相邻子带重叠宽度 B_O,则视数 L 有如下表达式:

$$L = \frac{B_D - B_S}{B_S - B_O} + 1. \tag{11.58}$$

在此条件下,相邻子带的重叠宽度越大,则视数就越大,这倾向于降低相干斑噪声;另一方面,相邻子带的重叠宽度越大,子图像间的相关性就越大,这倾向于提高相干斑噪声.因而在传统的多视处理中,相邻子带重叠宽度的选择是经验

性的. 图 11.12 是经过不同视数变换后得到的 SAR 图像复原结果.

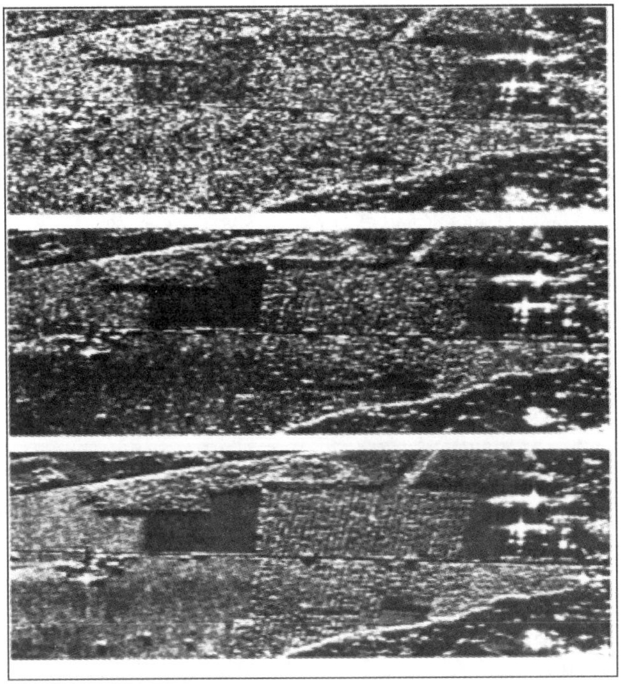

图 11.12　经过多视处理的 SAR 图像

2. 滤波处理

随着数字图像处理技术的发展,国际上出现了一些空域滤波算法,并且已经应用到 SAR 图像的相干斑噪声抑制的处理过程中,其中局部自适应滤波是一个较好的方法,即在图像上取一个滑动窗口,对窗口内的像素进行滤波处理,从而得到窗口中心像素的滤波值.下面我们对几种典型的算法作一些详细的介绍.

(1) 经典的空域滤波器.

① 均值滤波器.

均值滤波器的基本原理为:滤波窗口通常选择为使得窗口内的滤波点数为奇数,选定滑动窗口中所有像素点的平均值作为中心像素点的值.其定义为

$$u_i = \text{average}(f_j | j \in \Omega_i), \tag{11.59}$$

其中 u_i 为滤波后窗口 Ω_i 的中心像素的灰度值, f_j 为窗口 Ω_i 中的各像素灰度值.该滤波器能在一定程度上抑制相干斑噪声,但模糊了边缘纹理信息.

② 中值滤波器.

中值滤波器的基本原理为:滤波窗口通常选择为使得窗口内的滤波点数为奇数,然后对滑动窗口中所有观测值按其数值大小排序,中间位置的观测值作为

中值滤波器的输出. 其定义为

$$u_i = \text{median}(f_j \mid j \in \Omega_i),\tag{11.60}$$

其中 u_i 为滤波后窗口 Ω_i 的中心像素的灰度值,f_j 为窗口 Ω_i 中的各像素灰度值. 对 SAR 图像而言,中值滤波器能有效地滤除孤立的点噪声,然而会使得边缘变得模糊,使线、物体边缘等信息损失掉,降低图像的空间分辨率.

(2) 经典的自适应滤波器.

这些滤波器都是对图像的局部统计特征自适应的,即它们是局部统计参数的函数,与传统方法相比,它们保持边缘信息的效果有所提高,而且能通过参数控制来调整平滑和边缘保持效果.

① 李(Lee)滤波器.

在 Lee 滤波器中,首先将乘性噪声模型

$$Ae^{j\varphi} = \sum_{k=1}^{N} A_k e^{j\varphi_k}\tag{11.61}$$

用一阶泰勒展开为线性模型,然后用最小均方误差估计此线性模型,得到滤波公式为

$$\hat{R}(t) = I(t)W(t) + I(t)(I - W(t)),\tag{11.62}$$

其中,$\hat{R}(t)$ 是去斑后的图像值,即式(11.62)中的 $R(t)$ 的估计值,$I(t)$ 是去斑窗口均值,$W(t)$ 是权重函数

$$W(t) = 1 - \frac{C_u^2}{C_I^2(t)},\tag{11.63}$$

式中 C_u 和 $C_I(t)$ 分别是斑块 $u(t)$ 和图像 $I(t)$ 的标准差系数,即 C_u 表示整幅常噪图像的变化系数

$$C_u = \frac{\sigma_u}{\bar{u}}, \quad C_I(t) = \frac{\sigma_I(t)}{\bar{I}(t)},$$

其中 σ_u 和 $\bar{u}$ 分别是斑块 $u(t)$ 的标准差和均值,$\sigma_I(t)$ 和 $\bar{I}(t)$ 是 $I(t)$ 图像的标准差和均值.

② 库安(Kuan)滤波器.

Kuan 滤波器首先将乘性噪声模型式改写为与信号相关的加性噪声模型,然后再利用最小均方误差(minimum mean square error,MMSE)估计模型参数. 滤波公式与 Lee 滤波器具有相同的形式,但具有不同的权重,即

$$W(t) = \frac{1 - C_u^2/C_I^2(t)}{1 + C_u^2}.\tag{11.64}$$

③ 弗罗斯特(Frost)滤波器.

Frost 滤波器不同于 Lee 和 Kuan 滤波器,它通过观测图像与 SAR 系统的冲激响应的卷积来估计期望反射强度,SAR 系统的冲激响应通过下式的

MMSE 获得:

$$\varepsilon^2 = E\left|\left[R(t) - I(t)m(t)\right]^2\right|, \tag{11.65}$$

式中,$m(t)$ 为 SAR 系统的冲激响应,$R(t)$ 建模为自回归过程. 它的自相关函数为

$$R_R = \sigma_R^2 \exp(-a|r|) + \bar{R}^2, \tag{11.66}$$

式中 $\bar{R}$ 是信号的局部均值,σ_R^2 为局部方差,a 为自相关系数. 对应于不同的地面状况,这三个参数有不同的值,可以获得 $m(t)$ 的估计为

$$m(t) = K_2 a \exp(-a|t|)^2, \tag{11.67}$$

式中 K_2 是归一化常数. 通过简化,可得 a 的简单表达式为 $a = K(\sigma_1/\bar{I})^2 = KC_I^2$,此时的 Frost 滤波器的形式为

$$m(t) = K_1 a \exp(-KC_I^2(t_0)|t|), \tag{11.68}$$

式中 K_1 为归一化常数. 从上式我们可以看出,Frost 滤波器实际上是一个加权的均值滤波器,在当前处理窗口内离中心像素较远的点所占的权值较小,对中心像素的影响较小;而离中心像素较近的点所占权值较大,因而对当前更新的中心像素的影响也较大.

④ 希格玛(Sigma)滤波器.

Sigma 滤波器建立在如下假设的基础上:窗口内的像素灰度值与其中心像素的灰度值比较接近,对于一维 Gauss 分布,采样点落在 2σ 区间内的概率为 93.5%,假设乘性噪声服从 Gauss 分布,在窗口滤波过程中,只选取窗口内像素值灰度落在 2σ 范围内的点,将它们的平均灰度值作为中心像素灰度值的估计,而其他变化显著的像素则被视为边缘而不作滤波处理,其中 σ 为扫描窗口像素值的标准差.

(3) 几何滤波器.

把图像的平面坐标加上灰度值考虑为一种三维模型,用形态学的方法去除噪声,这种滤波器的边缘保持能力优于局域灰度统计滤波,典型的如 Gamma 最大后验概率(maximum a posteriori,MAP)滤波器.

相干斑噪声滤波可以看做是一个已知观测强度 I,在 Bayes 准则下求期望反射强度 R 的 MAP 估计的问题,即

$$p(R(t)|I(t)) = \frac{p_{\text{speckle}}(I(t)|R(t)) p_R(R(t))}{p_I(I(t))}, \tag{11.69}$$

$$R_{\text{MAP}} = \max_R(p(R(t)|I(t))), \tag{11.70}$$

式中,$p_{\text{speckle}}(I(t)|R(t))$ 为强度的条件概率密度函数,$p_R(R(t))$ 为 R 的先验概率密度函数,由于

$$p(R(t)|I(t)) \propto p_{\text{speckle}}(I(t)|R(t)) p_R(R(t)) = \left(\frac{L}{R(t)}\right)^L \frac{I(t)^{L-1}}{\Gamma(L)}$$

$$\times \exp\left[-\frac{LI(t)}{R(t)}\right]\left(\frac{\upsilon(t)}{\mu(t)}\right)^{\upsilon(t)}\frac{R(t)^{\upsilon(t)-1}}{\varGamma(R(t))}\exp\left[-\frac{\upsilon(t)R(t)}{\mu(t)}\right] \qquad (11.71)$$

令

$$\frac{\mathrm{d}P(R(t)\,|\,I(t))}{\mathrm{d}R(t)}=0,$$

可得 $R(t)$ 的 MAP 解为如下方程的根:

$$\frac{R(t)_{\mathrm{MAP}}^{2}}{\mu(t)}+\left[\frac{L+1}{\upsilon(t)}\right]R(t)_{\mathrm{MAP}}-\frac{LI(t)}{\upsilon(t)}=0, \qquad (11.72)$$

式中 $\mu(t)$ 为 $R(t)$ 的局部均值, $\upsilon(t)$ 为局部阶次, 它们可以从像素的领域中估计出来, 上述方法都通过固定的窗口来对图像进行操作, 没有考虑像元周围的结构信息. 因此在实际应用中, 这些算法不是使得图像的边界或细节特征产生模糊, 就是难以保证区域内部得到足够的平滑.

(4) 分级滤波.

这是最新出现的方法, 即利用小波理论, 将图像分成代表不同尺度信息的一系列图像, 对代表低频成分的低分辨率图像进行滤噪处理, 对代表高频成分的高分辨率图像进行适当的阈值处理以保留主要的边缘信息, 然后再重建图像. 这种方法算法很复杂, 但噪声压制和边缘保持效果都很好.

除了上述传统的滤波器外, 目前还有形态学滤波、基于随机场模型的滤波等方法.

11.5　遥感图像的超分辨率复原

在图像复原的过程中, 图像分辨率的提升会受到光学系统的极限分辨率限制[11], 前述的各种图像复原技术均不能超越此限制. 本节引入了遥感图像中的超分辨率复原技术, 以给出高频参量的特殊复原方法.

K. R. Castleman 认为, 试图复原衍射极限之外信息的复原技术叫做超分辨率 (super-resolution) 技术, 一般使用带限函数外推. 超分辨率技术的核心是图像的分辨率由低变高[12], 因而可以定义为, 以地物的物理特性为基础, 从低分辨率得到高分辨率图像的图像重建技术叫做超分辨率技术.

高分辨率遥感图像的获得方法有两种[13]: 一种是通过提高遥感成像系统性能直接获得高分辨率图像; 另一种则是采用超分辨率处理技术间接获得高分辨率遥感图像. 前者, 即采用提高遥感成像系统性能的方法, 通常是通过增大相机镜头或减小 CCD 单个像元尺寸实现, 但随着人们对高分辨率遥感图像的需求越来越高, 增大相机镜头或者减小 CCD 像元面积的实现越来越无法满足实际需求, 获取的成本也越来越高. 后者, 即通过超分辨率处理技术获得高分辨率遥感图像的方法, 越来越受到遥感图像应用人员的青睐.

若成像系统线性空间不变,且成像过程中的成像系统是低通滤波器[14],则对原始图像的解进行了限制(参见图 11.13),即截止频率之外 $H(u)=0$. 要想复原出 $F(u)$ 截止频率之外的信息,就比较困难.

但实际上有方法对 $F(u)$ 进行估计,可复原部分截止频率之外信息.

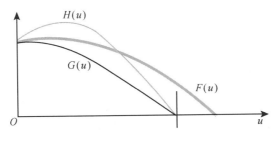

图 11.13　超分辨率原理

11.5.1　单幅图像的超分辨率复原

这一技术指的是应用单幅图像来复原图像衍射极限之外信息,从而提高图像的空间分辨率.应用的方法包括:解析延拓法、哈里斯(Harris)法、能量连续降解法、长椭球波函数法、线性均方外推法、叠加正弦范本法[15]等,其中 Harris 法利用了之前所学习的采样定理进行重建,即

$$F(s) = \left[III(2s^{\mathrm{T}})F(s) \right] * \frac{2\pi\sin(2\pi s^{\mathrm{T}})}{2\pi s^{\mathrm{T}}}. \tag{11.73}$$

这类方法在实际操作中存在两个障碍:一是成像的点扩展函数不能精确知道,二是该方法对噪声十分敏感,这样就不可能得到能带内的理想频谱,也就不可进行原图像的正确重构.这类方法的缺点还在于它未给出从多幅图像来获取更多信息的手段,实际应用的可能性较差,因此,Andrews 和 Hunt 将此称为"超分辨率神话".

11.5.2　多幅图像的超分辨率重建

这一技术指的是应用多幅低分辨率遥感图像,以一定的数学方法(包括空间域和频率域)进行图像重建,从而得到一幅高空间分辨率遥感图像的技术.国外的研究主要可以分为三大类:代数插值法、空间域迭代法和频域解混迭法.

1. 代数插值法

如果原图像足够光滑,从采样的数字图像通过插值可以重构原图像[16],也就可以改善其空间分辨率状况.这类方法实质上是一种根据邻近已知像元来估计欲求像元值的代数插值方法.

从多幅图像重构一幅图像的插值问题是一个简单的采样重构问题.高于

Nyquist 频率的过采样可通过与 sinc 函数的卷积来完全重构,而低于 Nyquist
频率的欠采样则不能.

2. 空间域迭代法

这类方法也是在空间域对数字图像进行插值的基础上进行模拟采样并逐步
修正迭代实现的.[17] Peleg 等人用模拟采样方法和模拟退火算法迭代来进行空
间分辨率的改善,即对初始估计的第一个像元值进行上下浮动,并通过模拟采样
来计算这种浮动对误差的影响以决定上下浮动的最佳方式.[18] 后来,Peleg 又与
Irani 采用类似层析成像中的反投影方法进行重构高空间分辨率图像,并考虑了
图像退化及图像配准.[19] Tekalp 等人给出用凸集投影(projection onto convex
sets,POCS)方法进行若干图像采样间隔完全相同及样本图像之间相对位移准
确知道情形下的空间分辨率改善的研究.[20] Patti 等人进行了基于 POCS 方法
的若干低分辨率图像重建高分辨率图像的研究.[21] 该算法考虑了传感器硬件的
噪声以及由于传感器和成像目标之间相对运动引起的模糊(blurring). 所有这些
方法均未考虑样本为非均匀采样以及各图像样本之间存在的空间分辨率差异和
辐射亮度差异等更一般性的问题. Hardie 在充分研究图像成像过程,建立了成
像数学模型(observation model).[22]

3. 频域解混迭法

如果单独一幅数字图像是欠采样的,它就不能用代数插值方法进行重构,因
为信号的欠采样会使信号在对应频域内发生频谱的混迭(aliasing). 但是,如果
能通过多幅图像的频谱解开这些混迭,或者使混迭频谱的混入部分权重降低就
可以减轻混迭程度,对应空间域图像的空间分辨率自然就改善了.

不过,超分辨率尽管在理论上成立,但实用困难,主要有以下几个原因:一
是噪声影响;二是降质模型的准确性;三是解析函数在给定段很难完全匹配,很
小的匹配误差将引起很大的 SR 误差. 目前,最新的发展主要包括:时域 POCS
超分辨率重建、时域 MAP 超分辨率重建、基于机器学习的超分辨率重建、基于
字典库的超分辨率重建和视频领域的超分辨率重建等.

11.6　图像复原软件环节模型实现方法

前面几节讲述了图像复原的原理与常用方法,那么如何在现有原理方法的
基础上,充分利用计算软、硬件特性,快速有效地实现图像复原? 本节从图像复
原的软、硬件实现着手,从变换域滤波和空间域滤波两大角度展开,详述了上述
复原方法的软件或软件硬件化实现.

11.6.1　变换域滤波

如果复原运算是线性和位移不变的,就可以在傅里叶变换的频域通过乘法

来实现,主要包括如下步骤:首先进行二维 DFT,随后将频谱和传递函数进行逐点相乘,然而再做二维 DFT 的逆变换.对于 $N \times N$ 大小的图像,如果采用傅里叶变换则需要 $(N\log_2 N)^2$ 次乘加运算.如果已在频域求得复原传递函数,这将是一种十分有效的方法.

在某些情况下,采用其他离散变换可能会比傅里叶变换更好.在变换域所需要做的运算与复原的具体性质有关,也就是说,可能并不是与传递函数相乘.

11.6.2　大核卷积

如果复原是一个线性且位移不变的操作,可以通过空域卷积来实现.只要图像和点扩散函数都是 $N \times N$ 的,用复原点扩散函数进行离散卷积和上面的 DFT 是数值上等价的.两个 $N \times N$ 数组的卷积需要 N^4 次操作,远远超过 DFT 方法,这使得该方法对于较大的图像并不适宜.

11.6.3　小核卷积

通过合理设计,一个小核 $M \times M$(其中 $M < N$),例如 9×9 甚至 3×3 个像素的核,就会给出与完整的 $N \times N$ 卷积核足够接近的结果. $M \times M$ 大小的核与 $N \times N$ 大小的图像进行卷积运算需要做 $M^2 N^2$ 个乘加运算.下面我们将讨论推导紧支集卷积核的几种方法.

1. 对传递函数的欠采样

利用二维 DFT 的逆变换,可以从一个大小为 $M \times M$ 的传递函数得到一个大小为 $M \times M$ 的点扩散函数.通过对大小为 $N \times N$ 的复原传递函数的欠采样,可以使其缩小到 $M \times M$.采用这种方法,可使其经过适当尺度压缩后的调制传递函数覆盖整个从 0 到 Nyquist 频率的区域,同时又使得到的卷积核具有需要的尺寸.

为避免欠采样过程中产生混叠,可能需要将复原调制传递函数平滑处理.如果是这样,小核所实现的就是平滑后的调制传递函数而并不完全符合原先的足尺寸调制传递函数.对调制传递函数的平滑会使点扩散函数变窄,因而使其空间更为有限,这相当于将域颠倒了的低通滤波.

2. 核截断

用小核进行卷积的一种更为有效的方法是直接将点扩散函数数组截断到可接受的小尺寸.用点扩散函数与方脉冲相乘等价于将调制传递函数与 $\sin x / x$ 函数做卷积.除非点扩散函数为空间有限的(即在截断窗外基本为零),否则这将大大改变其传递函数.可通过算出截断传递函数并与本来的复原调制传递函数进行比较来判断截断产生的影响是否可以接受.

核的截断将会降低传递函数中的"细节",正如从谱函数中去掉高频分量会降低相应图像中的细节一样.因此,核截断的传递函数能大体反映理想调制传递函数的形状,但本质上不能反映局部的变化.

与 DFT 正变换一样,DFT 逆变换也是一个正交变换.因此每个基函数都与其他基函数正交.这意味着无论怎样修改留下的核元素,都不能代替由于核截断所带来的任何细节损失.换句话讲,在均方意义上,截断核的调制传递函数是对大核调制传递函数的最佳近似.

图 11.14 是一个核截断复原示例,图右边为 Matlab 代码,其中 F 为真实谱,G 为 F 的近似谱(即复原后的谱),RMSE 为二者均方差.该示例计算思想是这样的:首先算出 $F(14)$ 的逆离散傅里叶变换,得到与其对应的核 $f(14)$;并将 $f(14)$ 截断,再计算核截断后的 $f(7)$ 的傅里叶变换即 $G(14)$;再比较 $G(14)$ 与 $F(14)$.注意,括号中的数字表示对应长度,例如截断后的 $f(7)$ 长度为 7,但是在计算其谱时仍然要使得其谱的长度为 14,有兴趣者可以参阅文献[23].实现此实例,也可以思考图像(二维矩阵)的核截断问题.

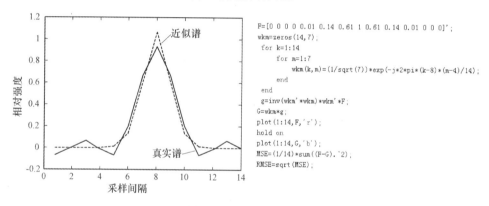

图 11.14　核截断示例

11.6.4　核分解

现代图像处理系统中常带有可以对小核进行高速卷积的专用硬件,如果 $M \times M$ 核能分解成一系列更小(3×3)的核的集合,然后再顺序做卷积,那么这些硬件就会发挥作用.尽管这种方法不能准确替代任意的 $M \times M$ 核,但往往会有很好的近似效果.下面介绍了两种方法,第一种是奇异值分解,另一种是 SGK 分解.前者在描述矩阵数据分布特征上具有多项优良特性,图像的奇异值代表了图像的代数特征.对任意的实矩阵 $\boldsymbol{A}$,有唯一的奇异值对角矩阵 $\boldsymbol{r}$,因此,实矩阵 $\boldsymbol{A}$ 对应的奇异值特征向量也是唯一的,奇异值可以唯一描述图像.后者是将 SVD 与小生成核技术相结合的图像分解方法.

1. SVD 分解

奇异值分解(singular value decompostion,SVD),如图 11.15 所示,提供了一种

将秩为 R 的 $M \times M$ 矩阵表示为 R 个秩为 1 的 $M \times M$ 矩阵之和的方法,而每个秩为 1 的 $M \times M$ 矩阵都是两个 M 维特征向量的外积,它们相加时的加权系数为矩阵的一个奇异值. 由于卷积与积分可互换,因此这一过程可表示为 R 个图像之和,其中每个图像都由与上述秩为 1 的 $M \times M$ 矩阵中的一个做卷积得到的.

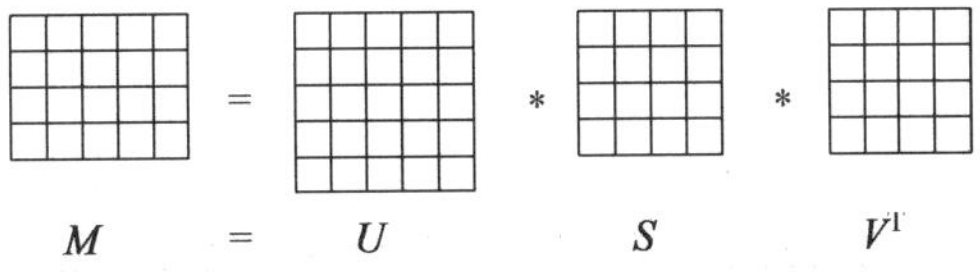

图 11.15　SVD 分解图示

(图中 U 和 V 是正交矩阵,S 是包含奇异值的对角矩阵)

这看起来似乎增加了计算负担,然而,由于每个卷积可通过先对图像的每行进行 $M \times 1$ 卷积再对每列做 $1 \times M$ 卷积来实现,因此,求和中的每个矩阵只需要 $2MN^2$ 个乘加操作. 这样整个卷积就可以通过 $2RMN^2$ 次操作完成(如果 $R<M/2$,就比原来所需的 M^2N^2 次少). 如果核具有圆对称性,则中心行以下的行与其以上的行相同,秩就不会大于 $(M+1)/2$. 此外,许多图像系统中,这些一维的行卷积和列卷积可以通过高速硬件来实现.

作为数字实例,考虑一个 3×3 卷积核

$$\boldsymbol{F} = \begin{bmatrix} 1 & 2 & 1 \\ 2 & 3 & 2 \\ 1 & 2 & 1 \end{bmatrix}. \tag{11.74}$$

由于这个矩阵是方阵且具有对称性,因此其奇异值分解可简化,其酉矩阵相等,即

$$\boldsymbol{U} = \boldsymbol{F}\boldsymbol{F}^{\mathrm{T}} = \boldsymbol{V} = \boldsymbol{F}^{\mathrm{T}}\boldsymbol{F} = \begin{bmatrix} 6 & 10 & 6 \\ 10 & 17 & 10 \\ 6 & 10 & 6 \end{bmatrix}; \tag{11.75}$$

其特征值为

$$\begin{bmatrix} \lambda_1 \\ \lambda_2 \\ \lambda_3 \end{bmatrix} = \begin{bmatrix} 28.26 \\ 0.14 \\ 0 \end{bmatrix}; \tag{11.76}$$

特征向量为

$$\boldsymbol{u}_1 = \boldsymbol{v}_1 = \begin{bmatrix} 0.454 \\ 0.766 \\ 0.454 \end{bmatrix}, \boldsymbol{u}_2 = \boldsymbol{v}_2 = \begin{bmatrix} 0.542 \\ -0.643 \\ 0.542 \end{bmatrix}, \boldsymbol{u}_3 = \boldsymbol{v}_3 = \begin{bmatrix} -0.707 \\ 0 \\ 0.707 \end{bmatrix}.$$

$$\tag{11.77}$$

由于一个特征值为零,因此 U 和 V 是秩为 2 的矩阵.奇异值位于

$$\Lambda = U^{\mathrm{T}} FV = \begin{bmatrix} 5.37 & 0 & 0 \\ 0 & -0.372 & 0 \\ 0 & 0 & 0 \end{bmatrix} \tag{11.78}$$

的对角线上,且 SVD 之和可以写为

$$F = \sum_{j=1}^{2} \Lambda_{j,j} u_j v_j^{\mathrm{T}}, \tag{11.79}$$

在此例中仅有两项.这一结果的推广可以这样用于卷积:将所有图像的各行和各列分别与 u_1, u_2 相乘,然后将得到的两幅结果图像适当地加权求和,就可得到无误差的结果输出.

基于以上原理,下面给出一个基于 Matlab 仿真的遥感图像奇异值分解(singular value decomposition,SVD)复原实例,如图 11.16 所示.从目视角度观察原始图像与复原图像,发现并无太大差别.从数学原理的角度讲,其均方误差仅为 0.0056,复原图像的能量损失仅为 5.74%,而这一效果的取得是在仅保留对角矩阵的最大奇异值的情况下取得的,所以不难想象若保留更多的奇异值参与图像复原,效果会更好,当然运算量会变大.

(a)原始图像   (b)复原图像

图 11.16　遥感图像 SVD 分解示例

综上所述,SVD 分解能够在减少运算次数的前提下,最大限度地复原图像.

2. SGK 分解

将 SVD 与小生成核(small generating kernel,SGK)技术相结合,可使我们把任何 $M \times M$ 的核分解成一组较小的核,然后顺序进行卷积.正如在上一节中所示,SVD 和式中的每个可分离矩阵是两个 M 维列向量的外积.这些向量又可用 SGK 分解展开成一组 3×1 的核的顺序卷积.采用这种方法,要实现与一个秩

为 R 的 $M \times M$ 的矩阵卷积,只需要进行 $R(M-1)$ 次与 3×1 核的卷积.下面如图 11.17 所示,将以把 5×5 的核分解成两个 3×3 的子核的实例来对此进行说明.

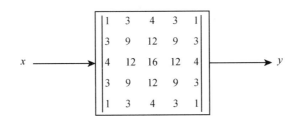

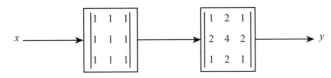

图 11.17　小生成核分解

根据卷积的结合律

$$\boldsymbol{h} = \boldsymbol{f} * \boldsymbol{g}, \tag{11.80}$$

则在频率域有

$$H(\boldsymbol{s}) = F(\boldsymbol{s})G(\boldsymbol{s}). \tag{11.81}$$

这样,要解决的就是将传递函数 $H(u,v)$ 分解成两个适合顺序做 3×1 卷积的传递函数的问题.由一维离散傅里叶变换的定义,有

$$H(\boldsymbol{s}) = \sum_{i=0}^{M-1} h_i \mathrm{e}^{-\mathrm{j}2\pi s\frac{i}{M}}, \tag{11.82}$$

将其转换成对应的 z 变换,并令

$$z = \exp\left(-\mathrm{j}2\pi s\,\frac{i}{M}\right), \tag{11.83}$$

则可将式(11.82)改写成

$$H(z) = h_0 z^{-4}\left(z^4 + \frac{h_1}{h_0}z^3 + \frac{h_2}{h_0}z^2 + \frac{h_3}{h_0}z + \frac{h_4}{h_0}\right), \tag{11.84}$$

括号内有一个 z 的多项式.对 $\boldsymbol{f}$ 和 $\boldsymbol{g}$ 使用同样的方法,式(11.84)变为

$$H(z) = h_0 z^{-4}\left(z^4 + \frac{h_1}{h_0}z^3 + \frac{h_2}{h_0}z^2 + \frac{h_3}{h_0}z + \frac{h_4}{h_0}\right)$$

$$= F(z)G(z) = f_0 z^{-2}\left(z^2 + \frac{f_1}{f_0}z + \frac{f_2}{f_0}\right)g_0 z^{-2}\left(z^2 + \frac{g_1}{g_0}z + \frac{g_2}{g_0}\right). \tag{11.85}$$

约掉等式两边的因子 Z^{-4},并将图 11.17 例子中所得的 h_i 值代入,有

$$z^4 + 3z_3 + 4z^2 + 3z + 1 = f_0 g_0 \left(z^2 + \frac{f_1}{f_0}z + \frac{f_2}{f_0}\right)\left(z^2 + \frac{g_1}{g_0}z + \frac{g_2}{g_0}\right).$$

$$(11.86)$$

左端的多项式可以分解成为四个形式为 $(z-r_i)$ 的项的乘积,每个 r_i 为此多项式四个根中的一个(可能为复根).如果存在复根,它们都应以共轭对形式出现,这些根按共轭分组并相乘以产生实的二次式项.将式(11.86)分解成二次多项式,得到

$$(z^2 + z + 1)(z^2 + 2z + 1) = f_0 g_0 \left(z^2 + \frac{f_1}{f_0}z + \frac{f_2}{f_0}\right)\left(z^2 + \frac{g_1}{g_0}z + \frac{g_2}{g_0}\right).$$

$$(11.87)$$

这样,就解出了 $\boldsymbol{f}=(1,1,1)^{\mathrm{T}}$ 和 $\boldsymbol{g}=(1,2,1)^{\mathrm{T}}$.注意,此处必须做一次任意的选择:在约束 $f_0 g_0 = 1$ 下,选择 $f_0 = g_0 = 1$,则两个 3×3 的核分别为 $\boldsymbol{f}\boldsymbol{f}^{\mathrm{T}}$ 和 $\boldsymbol{g}\boldsymbol{g}^{\mathrm{T}}$,于是 SGK 分解的结果为

$$\begin{bmatrix} 1 & 3 & 4 & 3 & 1 \\ 3 & 9 & 12 & 9 & 3 \\ 4 & 12 & 16 & 12 & 4 \\ 3 & 9 & 12 & 9 & 3 \\ 1 & 3 & 4 & 3 & 1 \end{bmatrix} = \begin{bmatrix} 1 & 1 & 1 \\ 1 & 1 & 1 \\ 1 & 1 & 1 \end{bmatrix} \begin{bmatrix} 1 & 2 & 1 \\ 2 & 4 & 2 \\ 1 & 2 & 1 \end{bmatrix}. \qquad (11.88)$$

一般情况下,SGK 分解不能无误差地重建原始核,这个例子仅是特别幸运而已.然而,误差是在 SVD 过程引入的,求和中具有较小奇异值的项被忽略不计了.误差不是在 z 变换的因式分解中产生的,因此通过决定被保留的奇异值个数,可以对近似程度加以控制.核矩阵的对称性会使幅度集中到一个或几个奇异值上.根据均方误差等于被丢弃的奇异值之和的特点,可以在精确性和效率之间进行折中.

11.7 小　　结

图 11.18 是本章内容小结,其中 $\boldsymbol{M},\boldsymbol{N},\boldsymbol{R}$ 的意义与本章提到的 $\boldsymbol{M},\boldsymbol{N},\boldsymbol{R}$ 的意义一致,例如 $\boldsymbol{N}$ 为图像(二维矩阵)任意一维的长度,$\boldsymbol{M}$ 为小核长度,$\boldsymbol{R}$ 为矩阵的秩,且 $N^4, M^2 N^2 (N < M), 2RMN^2, R(M-1)N^2$ 分别表示大核卷积、小核卷积、SVD 分解和 SGK 分解在图像复原过程中需要的运算次数.章节(如 11.2 节经典复原)后面的公式(1)到公式(9)表示该章节最核心的数理公式,如表 11.1 所示.

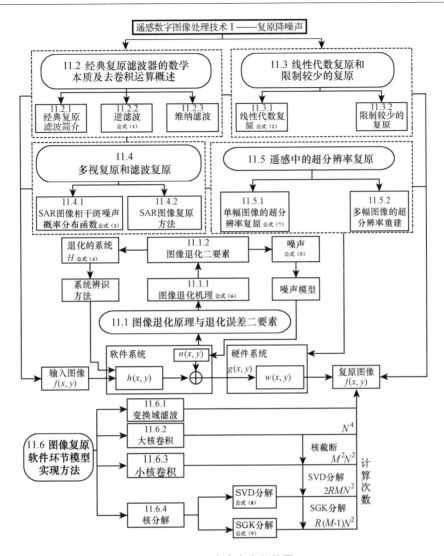

图 11.18　本章内容总结图

表 11.1　本章数理公式总结

公式(1)	$f(x,y)=\mathcal{T}^{-1}\big[F(u,v)\big]=\mathcal{T}^{-1}\Big[\dfrac{G(u,v)}{H(u,v)}\Big]$	式(11.20)	详见 11.2.2
公式(2)	$\boldsymbol{g}=\boldsymbol{Hf}+\boldsymbol{n}$	式(11.32)	详见 11.3.1
公式(3)	$p(D)=\dfrac{n^{n}}{K(n-1)!\,[\,I\,]^{n}}\exp\Big(\dfrac{nD}{K}-\dfrac{n\exp(D/K)}{[\,I\,]}\Big),$	式(11.57)	详见 11.4.1
	$p(D)=\dfrac{\exp\Big(\dfrac{D}{K}-\exp(D/K)\Big)}{K\langle I\rangle}$	式(11.54)	

续表

公式(4)	$H = f_1 \cdot f_2 \cdot A \cdot G$	式(11.5)	详见 11.1.2
公式(5)	$\bar{n} = E[n(x,y)]$	式(11.8)	详见 11.1.2
公式(6)	$g(x,y) = h(x,y) * f(x,y) + n(x,y)$	式(11.1)	详见 11.1.1
公式(7)	$F(s) = [III(2s^T)F(s)] * \dfrac{2\pi\sin(2\pi s^T)}{2\pi s^T}$	式(11.73)	详见 11.5
公式(8)	$M = USV^T$	图 11.15	详见 11.6.4
公式(9)	$H(s) = F(s)G(s)$	式(11.81)	详见 11.6.4

　　数字图像处理的很多处理都是致力于图像复原的,包括对算法的研究和针对特定问题的图像处理程序的编制. 书中的傅里叶变换、滤波、光学系统、线性系统的内容都是本章的基础,另外本章又是后面模式识别、图像分割等内容的基础,遥感图像经过处理复原后,各种有用信息才能更好地进行后续的应用.

参考文献

[1] Jensen J R. Introductory digital image processing: a remote sensing perspective[M]. University of South Carolina, Columbus, 1986.

[2] 郑伟,曾志远.遥感图像大气校正方法综述[J].遥感信息,2004(4).

[3] 苏礼坤,陈锋,罗莉.基于黑暗像元和大气透过率的遥感图像校正[J].成都信息工程学院学报,2009(24).

[4] 陈强,戴奇燕,夏德深.基于 MTF 理论的遥感图像复原[J].中国图像图形学报,2006(11).

[5] 陈奋,赵忠明.遥感影像反卷积复原处理[J].数据采集与处理,2008(23).

[6] 张德丰,张葡青.维纳滤波图像恢复的理论分析与实现[J].中山大学学报:自然科学版,2006, 45(6).

[7] 陈乃金,周鸣争,潘冬冬.一种新的维纳滤波图像去高斯噪声算法[J].计算机系统应用,2010(19).

[8] 丁亮,王军锋,刘兴钊.SAR 图像多视处理中相邻子带重叠宽度的最优化[J].信息技术,2007(3).

[9] 凌飞龙,汪小钦,陈芸芝.SAR 图像滤波去噪效果评价研究——以福建省海岸带为例[J].海洋科学进展,2004(10).

[10] 张郭.SAR 图像杂波抑制与复原方法研究[D].博士论文.成都:电子科技大学,2009.

[11] 苏秉华,金伟其,牛丽红,等.超分辨率图像复原及其进展[J].光学技术,2001(27).

[12] 张晓玲,沈兰荪.超分辨率图像复原技术的研究进展[J].测控技术,2005(24).

[13] 王春霞,苏红旗,范郭亮.图像超分辨率重建技术综述[J].计算机技术与发展,2011(05).

[14] 王会鹏,周利莉,张杰.一种基于区域的双三次图像插值算法[J].计算机工程,2010

(19).

[15] 郭伟伟,章品正. 基于迭代反投影的超分辨率图像重建[J]. 计算机科学与探索,2009 (03).

[16] 杨李涛,路林吉,范征宇. 基于改进 POCS 算法的视频图像超分辨率重建[J]. 微型电脑 应用,2010(07).

[17] 刘波,杨华,张志强. 基于奇异值分解的图像去噪[J]. 微电子学与计算机,2007(24).

[18] Peleg S, Keren D, Schweitzer L. Improving image resolution using subpixel motion[J]. Pattern Recognition Letters, 1987, 5(3).

[19] Irani M, Peleg S. Improving resolution by image registration[J]. CVGIP Graphical Models & Image Processing, 1991, 53(91).

[20] Tekalp A M, Ozkan M K, Sezan M I. High-resolution image reconstruction from lower-resolution image sequences and space-varying image restoration[C]// IEEE International Conference on Acoustics, Speech, and Signal Processing. 1992.

[21] Patti A J, Sezan M I, Tekalp A M. High-resolution image reconstruction from a low-resolution image sequence in the presence of time-varying motion blur[C]// Image Processing, 1994. Proceedings. ICIP-94. IEEE International Conference. IEEE, 1994(1).

[22] Hardie R C, Barnard K J, Bognar J G, et al. High-resolution image reconstruction from a sequence of rotated and translated frames and its application to an infrared imaging system[J]. Optical Engineering, 1998, 37(1).

第十二章　遥感数字图像处理技术Ⅱ
——压缩减容量

章前导引　在保证图像复原的前提下,为了去除冗余数据并突出有用信息,一般需要对图像进行压缩处理.典型的压缩处理可以分为两大类:第一类是无损压缩,它基于信息熵理论去冗余;第二类是有损压缩,它基于率失真函数理论,在工程误差允许的前提下,用最小量存储数据保留尽可能多的有用信息.

图像压缩的基本理论起源于 20 世纪 40 年代末香农的信息理论,在这个理论框架下,出现了早期的信源编码方法,如香农-范诺(Shannon-Fano)编码、哈夫曼(Huffman)编码、游程(run-length)编码、算术编码、词典编码等.[1]经过几十年的研究,图像压缩领域产生了一些很成熟的技术,如离散余弦变换、Huffman 编码、线性预测编码、运动补偿、分形编码等.另外,针对动态变化图像的压缩又产生了随机场理论,在此基础上,国际标准组织制定了一系列图像压缩的国际标准,包括静止图像压缩标准和运动图像压缩标准.此后又产生了许多先进的压缩技术,如小波变换、分形编码等.从理论上看,本章与傅里叶变换、离散图像变换、小波变换有紧密联系,这几章为图像压缩提供了数学分析工具.本章的章节框架逻辑如图 12.1 所示,具体内容如下:压缩的意义及常用压缩方法(第 12.1 节),以区分有损、无损

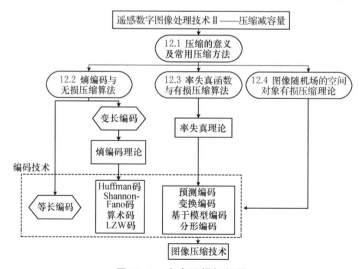

图 12.1　本章逻辑框架图

两类压缩差异;熵编码与无损压缩算法(第 12.2 节),以信息熵判据度量信息冗余去除量;率失真函数与有损压缩算法(第 12.3 节),以实现允许失真与平均信息码率的平衡;图像随机场的空间对象有损压缩理论(第 12.4 节),K-L 变换是针对具有马尔可夫(Markov)随机场性质的随机性信号(或者空间对象)的最佳变换.

12.1　压缩的意义及常用压缩方法

12.1.1　压缩意义

随着新型传感技术的发展,遥感影像的时间、空间和光谱分辨率不断提高,相应的数据规模呈几何级数增长,尤其对于遥感图像数据来说,图像分辨率越高,相邻采样点的相关性越高,数据冗余也越大.随着遥感数据量日益庞大,有限的信道容量与传输大量遥感数据的需求之间的矛盾日益突出,这给数据的传输和存储带来了极大的困难.数据压缩技术作为解决这一问题的有效途径,在遥感领域越来越受到重视,对遥感数据进行压缩,删除了图像冗余或者是不需要的信息,有利于节省通信信道,提高信息的传输速率,此外数据压缩之后有利于实现保密通讯,提高系统的整体可靠性.

1. 数据冗余的量化定义

数据冗余是数据压缩的主要问题,它是一个在数学上可以进行量化的实体.如果 n_1 和 n_2 代表两个表示相同信息的数据集合中所携载信息单元的数量,则第一个数据集合(用 n_1 表示的集合)的相对数据冗余 R_D 可以定义为

$$R_D = 1 - \frac{1}{C_R}, \tag{12.1}$$

这里 C_R 通常称为压缩率,定义为

$$C_R = \frac{n_1}{n_2}. \tag{12.2}$$

当 $n_2 = n_1$ 时,$C_R = 1$,$R_D = 0$,表示相对于第二个数据集合来说,信息的第一种表达方式不包含冗余数据.

当 $n_2 \ll n_1$ 时,$C_R \to \infty$,$R_D \to 1$,表示显著的压缩和大量的冗余数据.

当 $n_2 \gg n_1$ 时,$C_R \to 0$,$R_D \to -\infty$,表示第二个集合中含有的数据大大超过原表达方式的数据量.通常情况下,C_R 和 R_D 分别在开区间 $(0, \infty)$ 和 $(-\infty, 1)$ 内取值.

2. 数据冗余的影响因素

图像中的冗余信息主要包括编码冗余、像素冗余和视觉冗余等.

（1）编码冗余.

等长编码是指对图像中出现概率相差很大的像素都用相同的比特数进行编码的编码方法.如果对所有的信息都进行等长编码,就会产生编码冗余.由信息论的有关理论可知,为表示图像数据的一个像素点,只需要按其信息熵的大小分配相应的比特数即可.然而实际图像中的每个像素一般都用相同的比特数表示,这样必然存在冗余.

（2）像素冗余.

图像信息的固有统计特性表明,在相邻像素、相邻行之间或相邻帧之间都存在较强的相关性,即某像素点的值可以根据它的相邻像素值推测出来,这就表明像素间存在冗余.

（3）视觉冗余.

多数情况下,图像最终接收者是人的眼睛.但是由于人眼的分辨力有限,人眼对于各种空间频率,包括亮度、灰度、纵横方向的高低频的敏感程度不同,一些图像信息的损失对人眼的影响微乎其微,因此可以在图像压缩过程中允许一定的失真,只要这种失真难以察觉即可,这就是视觉冗余.

12.1.2　遥感图像压缩方法

遥感图像采用的是栅格数据结构,这种数据结构虽然具有数据结构简单、能有效地表达空间可变性、现势性较强等优点,但它最大的缺点是数据结构不严密、不紧凑,要占用大量宝贵的内存空间.而数据压缩技术涉及 3 个互相制约的技术指标,即压缩图像的速度、图像压缩比和图像的质量.对遥感图像而言,压缩图像的速度和图像的质量是至关重要的.

日常生活中的图像仅基于目视效果评判质量好坏,因此可以满足目视效果的有损压缩算法在日常生活中得到了广泛的应用.但是遥感数据的应用往往要求精度更高,尤其是在高分影像日益成为主流的今天,其高分的特性即是更加关注细节部分.空间分辨率越高,代表我们对图像细节部分的关注度越高.细节是图像中的高频信息,而有损压缩的特点恰恰是以牺牲图像的高频信息为代价,因此对于需要用于研究与分析的遥感影像使用有损压缩算法是不合时宜的.

通常按照压缩后复原图像的失真情况,将图像压缩编码分成无失真（无损）压缩和限失真（有损）压缩两种,图 12.2 给出了 JPEG①高压缩比的复原效果示意图.无损压缩的复原图像质量较高,但压缩比小;有损压缩的复原图像质量较

---

① JPEG 是 joint photographic exports group 的英文缩写,中文称之为联合图像专家小组.该小组隶属于国际标准化组织（International Organization for Standardization，ISO）,主要负责定制静态数字图像的编码方法,即所谓的 JPEG 算法.

原图有所下降,但压缩比大.遥感信息因无损压损而具有获得代价昂贵、用途极其广泛且具有时效性与永久性等特点.几十年来遥感数据压缩技术的研究大都停留在无损压缩方式上,这种压缩方式是以经典的 Shannon 信息论为压缩的理论极限,即以熵为压缩效率的下界,因此压缩比通常在 4∶1 左右.只是在近几年来,遥感信息爆炸性的增长,对压缩比有了更高的需求,有损压缩技术才引起了遥感界的广泛关注.基于影像数据空间相关性和多波段遥感信息在光谱维上的光谱相关性,人们已相继研究了 JPEG 压缩技术、基于特征预测矢量量化编码技术、分形编码技术、小波变换数据压缩技术等在遥感影像压缩中的应用.

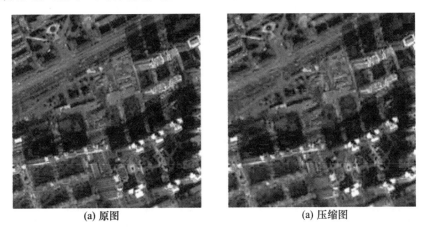

(a) 原图　　　　　　　　　　　　　　(a) 压缩图

图 12.2　有损压缩细部特征示例(大连市星海广场附近高分影像,压缩比约 10∶1)

在遥感影像压缩方法中常用的主要有:脉冲编码调制(pulse code modulation,PCM)、预测编码、变换编码(主成分变换或 K-L 变换、离散余弦变换(discrete cosine transform,DCT)等)、插值和外推法(空域亚采样、时域亚采样、自适应)、统计编码(Huffman 编码、算术编码、Shannon-Fano 编码、行程编码等)、矢量量化和子带编码等.这些编码方法是根据像素点出现的频率,对出现频繁的像素点赋以较少的比特数,对出现不频繁的像素点赋以较多的比特数,这样通过用尽量少的比特数表达尽可能多的灰度级以实现数据的压缩.新一代的数据压缩方法,如基于模型的压缩方法、分形压缩和小波变换方法等已经接近实用化水平.雷达影像常用的压缩方法主要有典型的游程、单触发单元、离散余弦变换、小波分析等压缩算法;激光雷达影像常用压缩方法有基于栅格化重心压缩方法、顾及适量特征、基于四叉树划分、基于真三维 TIN 等压缩算法.

图像编码是指在满足一定质量(信噪比的要求或主观评价得分)的条件下,以较少比特数表示图像或图像中所包含信息的技术.图像编码系统的发信端基本上由两部分组成(参见图 12.3):

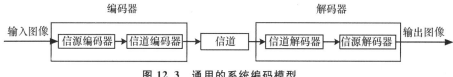

图 12.3　通用的系统编码模型

信源编码器的作用是减少或消除输入图像中的编码冗余、像素间冗余及心理视觉冗余.

12.2　熵编码与无损压缩算法

无损压缩可去除无用的冗余信息,这部分信息在理论上去除得越多越好,信息熵给出了去除的效率极限,即给出了一个提高无损压缩效率的发展方向.

12.2.1　图像编码压缩与熵特征的关系

信息熵 H 的概念是美国数学家香农于 1948 年在他所创建的信息论中引进的,用来度量信息中所含的信息量$\big($即自信息量 $I(S_i) = \log_2 p_i^{-1}$ 的均值或数学期望,其中对数的底数为编码的进制数,本书下文所有的底数均为 2,即以二进制编码为例$\big)$:

$$H(S) = \sum_i p_i \log_2 \frac{1}{p_i}, \tag{12.3}$$

其中,H 为信息熵(单位为比特),S 为信源,p_i 为符号 S_i 在 S 中出现的概率.

例如,一幅 256 级灰度图像,如果每种灰度的像素点出现的概率均为 $p_i = 1/256$,则

$$I = \log_2 \frac{1}{p_i} \equiv \log_2 256 = \log_2 2^8 = 8, \tag{12.4}$$

$$H = \sum_{i=0}^{255} p_i \log_2 \frac{1}{p_i} = \sum_{i=0}^{255} \frac{1}{256} \log_2 256 = 256 \times \frac{1}{256} \log_2 2^8 = 8\text{bit}, \tag{12.5}$$

即编码每一个像素点都需要 8 位(I),平均每一个像素点也需要 8 位(H).

按某种编码方法后仍留在信息中的冗余量,就是该编码的平均码长与信息源的熵之差,也就是

$$R = E\{L_w(a_k)\} - H, \tag{12.6}$$

其中,$\{L_w(a_k)\}$ 用来表示符号 a_k 的码长(对二进制编码来说,以位为单位). 如果某种编码方法产生的平均字长等于信息源的熵,那么它必定除去一切冗余的信息. 这是可以是实现的,只要能够设计一种编码,使字符 a_k 的编码字长为

$$L_{\mathrm{w}}(a_k) = -\log_2[P(a_k)], \tag{12.7}$$

这个公式指出了平均字长的下限. 对二进制编码来说, 只有当所有符号的概率均为 2 的负整数次幂(如为 0.5 或 0.25), 才能达到这个水平. 也就是说, 平均码长给出了评判无损压缩效率的判据, 而熵给出了无损压缩编码的效率极限.

截断误差是编码算法与熵之间存在差距的原因之一. 由于对信息出现频率的度量是连续的, 而存储编码时编码位是离散的, 因此数据以离散编码方式被存储时, 对信息出现的频率进行了离散化, 从而降低了信息编码压缩的效率.

12.2.2　熵编码无损压缩技术

熵编码(entropy encoding)是一类利用数据的统计信息进行压缩的无语义数据流的无损编码. 信息源的熵是无损编码压缩的极限. 常见的熵编码有: LZW (Lempel-Ziv-Welch) 编码、Shannon-Fano 编码、Huffman 编码和算术编码 (arithmetic coding).

1. Shannon-Fano 编码

按照香农所提出的信息理论, 1948 年和 1949 年分别由香农和麻省理工学院的数学教授 Robert Fano 描述和实现了一种被称之为 Shannon-Fano 算法的编码方法, 它是一种变码长的符号编码. Shannon-Fano 算法采用从上到下的方法进行编码: 首先按照符号出现的概率排序, 然后从上到下使用递归方法将符号组分成两个部分, 使每一部分具有近似相同的频率, 在两边分别标记为 0 和 1, 最后每个符号从顶至底的 0/1 序列就是它的二进制编码.

2. Huffman 编码

Huffman 编码是一种经典的压缩编码算法, 是 Huffman 于 1952 年为压缩文本文件建立的. 该算法是一种变化长度的编码算法, 它根据符号在消息中的概率分布来确定符号的编码位数. Huffman 编码对出现概率高的符号用较少的位来编码, 出现概率低的符号用较多的位来编码, 从而克服了固定长度的编码所造成的数据冗余和信息遗失, 有着非常广泛的应用.

Huffman 编码的过程为:(1) 将符号按概率从小到大的顺序从左至右排列叶节点;(2) 连接两个概率最小的顶层节点来组成一个父节点, 并在到左、右子节点的两条连线上分别标记为 0 和 1;(3) 重复步骤(2), 直到得到根节点, 形成一棵二叉树;(4) 从根节点开始到相应于每个符号的叶节点的 0/1 串, 就是该符号的二进制编码. 由于符号按概率大小的排列既可以从左至右, 又可以从右至左, 而且左右分枝不论哪个标记为 0 或 1, 都是无关紧要的, 所以最后的编码结果可能不唯一, 但这仅仅是分配的代码不同, 而代码的平均长度是相同的.

例如, 有一幅 40 个像素组成的灰度图像, 灰度共有 5 级, 分别用符号 A, B,

C,D 和 E 表示,40 个像素中各级灰度出现次数如表 12.1.

表 12.1　符号在图像中出现的数目

符号	A	B	C	D	E
出现的次数	15	7	7	6	5

以此图像为例,来进行 Huffman 编码,参见图 12.3 和表 12.2.

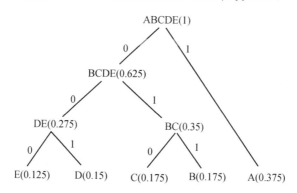

图 12.4　Huffman 编码过程举例

表 12.2　Huffman 算法举例

符号	次数(p_i)	$\log_2(1/p_i)$	编码	需位数
A	15(0.375)	1.4150	1	15
B	7(0.175)	2.5145	011	21
C	7(0.175)	2.5145	010	21
D	6(0.150)	2.7369	001	18
E	5(0.125)	3.0000	000	15
合计	40(1)	12.1809		90

平均码长公式为

$$L(S) = \sum_i p_i l_i, \tag{12.8}$$

因而计算得,平均码长为 90/40＝2.25,压缩比也为 120/90＝4/3≈1.333：1. 而按式(12.3),以二进制编码计算信息熵为 2.1966,低于 Huffman 编码的平均码长.这也客观印证了前文的熵编码理论.

3. LZW 编码

LZW 编码是一种基于字典的编码方法,即将变长的输入符号串映射成定长的码字,形成一本短语词典索引(串表),利用字符出现的频率冗余度及串模式高使用率冗余度达到压缩的目的.该算法只需一遍扫描,且具有自适应的特点,不需保存和传送串表.

LZW 压缩技术把数据流中复杂的数据用简单的代码来表示,并把代码和数据的对应关系建立一个转换表,又叫"字符串表".该转换表是在压缩或解压缩过程中动态生成的表,该表只在进行压缩或解压缩过程中需要,一旦压缩和解压缩结束,该表将不再起任何作用.

4. 算术编码

算术编码是由 Elias 于 1960 年提出雏形,Pasco 和 Rissanen 于 1976 年提出算法,Rissanen 和 Langdon 于 1979 年系统化并于 1981 年实现,最后 Rissanen 于 1984 年完善并发布的一种无损压缩算法.从信息论上讲是与 Huffman 编码一样的最优编码长的熵编码.其主要优点是,克服了 Huffman 编码必须为整数位,从而与实数的概率值相差大的问题.如在 Huffman 编码中,本来只需要 0,1 位就可以表示的符号,却必须用 1 位来表示,结果造成 10 倍的浪费.算术编码所采用的解决办法是,不用二进制代码来表示符号,而改用[0,1]中的一个宽度等于其出现概率的实数区间来表示一个符号,符号表中的所有符号刚好布满整个[0,1]区间(概率之和为 1,不重不漏).把输入符号串(数据流)映射成[0,1]区间中的一个实数值.

具体编码方法为:先将串中使用的符号表按原编码(如字符的 ASCII 编码、数字的二进制编码)从小到大的顺序排列成表,计算表中每种符号 S_i 出现的概率 p_i,再依次根据这些符号概率 p_i 大小来确定其在[0,1]期间中对应的小区间范围[x_i, y_i],即

$$x_i = \sum_{j=0}^{i-1} p_j, \quad y_i = x_i + p_i, \quad i = 1, \cdots, m, \qquad (12.9)$$

其中 $p_0 = 0$.显然,符号 S_i 所对应的小区间的宽度就是其概率 p_i(参见图 12.5).

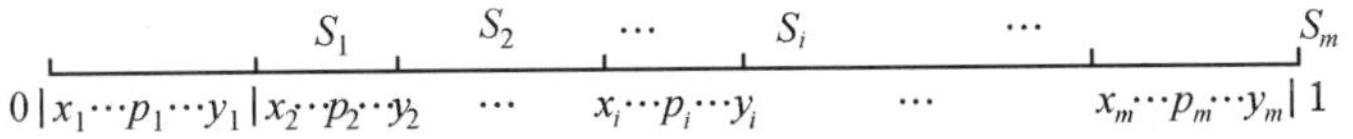

图 12.5　算术编码的字符概率区间

然后对输入符号串进行编码:设串中第 j 个符号 c_j 为符号表中的第 i 个符号 S_i,则可根据 S_i 在符号表中所对应区间的上下限(x_i 和 y_i)来计算编码区间 $I_j = [l_j, r_j)$,即

$$l_j = l_{j-1} + d_{j-1} x_i, \quad r_j = l_{j-1} + d_{j-1} y_i, \quad j = 1, \cdots, n, \qquad (12.10)$$

其中 $d_j = r_j - l_j$ 为区间 I_j 的宽度,$l_0 = 0, r_0 = 1, d_0 = 1$.显然,$l_j$ 增大时 d_j 与 r_j 减小.串的最后一个符号所对应区间的下限 l_n 就是该符号串的算术编码值.

12.3 率失真函数与有损压缩算法

除了无损压缩去除的冗余信息,有损压缩会造成图像在一定的失真下,也可以去除很多无用信息.在有失真信源中,用率失真函数的度量,达到用最小量的存储数据来保留尽可能多的有用信息的目的.

12.3.1 率失真函数

1. 率失真函数定义

Shannon 首先定义了信息率失真函数 $R(D)$,并论述了关于这个函数的基本定理.该定理指出:在允许一定失真度 D 的情况下,信源输出的信息传输率可压缩到 $R(D)$ 值.这就从理论上给出了信息传输率与允许失真之间的关系,奠定了信息率失真理论的基础.[2] 信息率失真理论是进行量化、数模转换、频带压缩和数据压缩的理论基础.

信源给定且又具体定义了失真函数以后,在满足一定失真的情况下,应使信源传输给收信者的信息传输率 R 尽可能地小,即在满足保真度准则下,寻找信源必须传输给收信者的信息率 R 的下限值,这个下限值与 D 有关.从接收端来看,就是在满足保真度准则下,寻找再现信源消息所必须获得的最低平均信息量;而接收端获得的平均信息量可用平均互信息 $I(U;V)$ 来表示,这就变成了在满足保真度准则的条件下,寻找平均互信息 $I(U;V)$ 的最小值,即

$$R(D) = \min_{P(v_j/u_i) \in B_D} \{I(U;V)\}. \tag{12.11}$$

$R(D)$ 信息率失真函数简称率失真函数,单位是奈特/信源符号或比特/信源符号.率失真函数给出了熵压缩编码可能达到的最小熵率与失真的关系,其逆函数称为失真率函数,表示一定信息速率下所可能达到的最小的平均失真.

2. 率失真函数性质

$R(D)$ 的定义域为

$$0 \leqslant D_{\min} \leqslant D \leqslant D_{\max},$$

其中 $D_{\min} = \sum_x p(x) \min_y d(x,y)$ 和 $D_{\max} = \min_y \sum_x p(x)d(x,y)$,允许失真度 D 的下限可以是零,即不允许任何失真的情况.

$R(D)$ 是关于平均失真度 D 的下凸函数,设 D_1, D_2 为任意两个平均失真,且 $0 \leqslant a \leqslant 1$,则有

$$R(aD_1 + (1-a)D_2) \leqslant aR(D_1) + (1-a)R(D_2). \tag{12.12}$$

$R(D)$ 是 $(D_{\min}, D_{\max})$ 区间上的连续和严格单调递减函数.由信息率失真函数的下凸性可知,$R(D)$ 在 $(D_{\min}, D_{\max})$ 上连续.又由 $R(D)$ 函数的非增性且不为

常数可知,$R(D)$是区间$(D_{\min},D_{\max})$上的严格单调递减函数.当算法为二进制编码时,率失真函数的单位为比特/信源符号.图 12.6 给出了率失真函数的连续及离散图形,图 12.7 给出了率失真函数的一般形状.

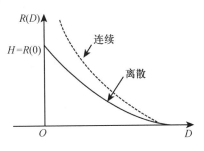

图 12.6　率失真函数连续、离散图　　　　图 12.7　率失真函数的一般形状

　　设 $R(D)$ 为一离散无记忆信源的信息率失真函数,并且有有限的失真测度 D.对于任意 $D\geqslant0,\varepsilon>0$,以及任意长的码长 k,一定存在一种信源编码 C,其码字个数为 $M\geqslant2^{k[R(D)+\varepsilon]}$ 使编码后码的平均失真度 $\overline{D}\leqslant D$.

　　只要码长 k 足够长,总可以找到一种信源编码,使编码后的信息传输率略大于(直至无限逼近)率失真函数 $R(D)$,而码的平均失真度不大于给定的允许失真度,即 $\overline{D}\leqslant D$.由于 $R(D)$ 为给定 D 前提下信源编码可能达到的下限,此即香农第三定理,它说明了达到此下限的最佳信源编码是存在的.

　　3. 率失真函数与熵的关系

　　在无损压缩编码中,其信源输出的信息量用熵来度量,而在有失真信源中,由于引入了失真测度 D,不能用熵来度量信源的信息量,而是用信息率失真函数 $R(D)$ 表示.通过上面讨论可以看出,$R(D)$ 是在最大限定失真条件下信源所必须传递的最小信息速率,是理论上可以实现的最佳值.而当 $D=0$ 时,就是不允许任何失真的情况,此时 $R(0)$ 则是无失真条件下的最小信息传输率,逼近信息源的熵 H(参见图 12.8).研究不同的压缩方法,就是为了率失真函数尽可能陡峭,即率失真函数的斜率尽可能小,同时在无失真时逼近熵.[3]

　　但事实上香农第三定理仍只是个存在性定理,至于最佳编码方法如何寻找,定理中并没有给出,需要通过实验给出,即针对某种压缩算法,测定不同失真度 D 的条件下对应的率失真函数取值,即平均码率/信源.如何计算符合实际信源的信息率失真函数 $R(D)$,如何寻找最佳编码方法才能达到信息压缩的极限值 $R(D)$,这是需要细致探讨的.因此在实际工程应用中,对于不同的编码方法,由于技术上的原因存在不同的实际信息传输速率 $R_1(D),R_2(D)$,它们与最佳理论值(即熵 H)尚存在一定的差别,而这种差别正好反映了不同方式的信源编码的性能优劣.而此时当 $D=0$ 要求满足无失真时,信息的平均码率大于信息源的熵,即 $R_1(0) > H$.

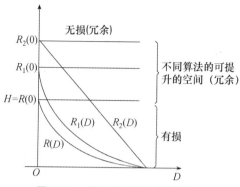

图 12.8　率失真函数与熵的关系

　　在要求无失真条件下,$R_1(0)$,$R_2(0)$ 与 H 之间的距离,即为改变算法在无损压缩时,相对于熵可以改进的空间.更好地消除这部分数据冗余是算法研究的主要目的与方向.而当码率小于 H 时,算法一定是有损的.

12.3.2　有损压缩技术

　　1. 预测编码

　　预测编码利用线性预测逐个对图像信息样本去相关,根据离散信号之间存在着一定关联性的特点,利用前面一个或多个信号预测下一个信号,然后对实际值和预测值的差(预测误差)进行编码,如果预测比较准确,误差就会很小.在同等精度要求的条件下,就可以用比较少的比特进行编码,达到压缩数据的目的.

　　在预测编码中,对于具有 M 种取值的符号序列,第 L 符号的熵满足

$$\log_2 M \geqslant H(x_L) \geqslant H(x_L | x_{L-1}) \geqslant H(x_L | x_{L-1}, x_{L-2}) \geqslant \cdots$$
$$\geqslant H(x_L | x_{L-1}, x_{L-2}, \cdots, x_1) > H_\infty. \tag{12.13}$$

　　预测编码的压缩能力是有限的.以差分脉冲编码调制(differential pulse code modulation,DPCM)为例,一般只能压缩到每样值 2-4bit.

　　2. 变换编码

　　20 世纪 70 年代后,科学家开始探索比预测编码效率更高的编码方法.直到 20 世纪 70 年代后期,离散余弦变换(DCT)的使用使变换编码压缩进入了实用阶段,而小波变换是继 DCT 之后科学家们找到的又一个可以实用的正交变换.一维 DCT 变换和二维 DCT 变换,变换后输出 DCT 变换系数,将幅度变成频率,即

$$F(u,v) = \frac{4C(u)C(v)}{n^2} \sum_{j=0}^{n-1} \sum_{k=0}^{n-1} f(j,k) \cos\left[\frac{(2j+1)u\pi}{2n}\right] \cos\left[\frac{(2k+1)v\pi}{2n}\right].$$

$$\tag{12.14}$$

　　变换编码是指先对信号进行某种函数变换,从一种信号(空间)变换到另一

种(空间),然后再对信号进行编码.如将时域信号变换到频域(因为声音和图像大部分信号都是低频信号,在频域中信号的能量较集中),再进行采样、编码,那么可以肯定能够压缩数据.变换本身并不进行数据压缩,它只把信号映射到另一个域,使信号在变换域里容易进行压缩,变换后的样值更独立和有序.

3. 基于模型的编码

基于模型的编码首先由瑞典 Forchheimer 等人于 1983 年提出.基于模型编码的基本思想是:在发送端,利用图像分析模块对输入图像提取紧凑和必要的描述信息,得到一些数据量不大的模型参数;在接收端,利用图像综合模块重建原图像,是对图像信息合成的过程,其基本原理如图 12.9 所示.

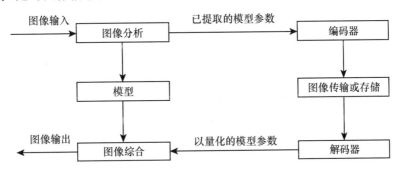

图 12.9 基于模型的图像编码基本原理框图

4. 分形编码

1988 年 1 月,美国佐治亚理工学院的 M. F. Barnsley 在 *BYTE* 提出了分形压缩方法.分形编码法(fractal coding)的目的是发掘自然物体(比如天空、云雾、森林等)在结构上的自相似形,这种自相似形是图像整体与局部相关性的表现.分形压缩正是利用了分形几何中的自相似的原理来实现的,首先对图像进行分块,然后再去寻找各块之间的相似形,这里相似形的描述主要是依靠仿射变换确定的.一旦找到了每块的仿射变换,就保存下这个仿射变换的系数,由于每块的数据量远大于仿射变换的系数,因而图像得以大幅度的压缩.

在分形编码中,进行图像分块之后,对每一个定义域块经过几何变换、同构变换和灰度变换后,就得到一个数量很大的定义域池.对值域块 R_i 的分形编码就是寻找最佳 ϕ_i, τ_i, G_i 以及在定义域池里找到最佳的定义域块 D_j,我们选择 MSE 来度量块之间的距离,使得下式最小:

$$E^2(R,D) = \sum_{i,j}^{N} [r_{i,j} - (s d_{i,j} + o)]^2, \qquad (12.15)$$

其中 $r_{i,j}$ 和 $d_{i,j}$ 分别为值域块 R 的像素值和经过前两种变换后的定义域块 $D''_j = \tau_i(D'_j) = \tau_i \phi_i(D_j)$ 的像素值.

12.3.3 JPEG 静态编码压缩标准及相关方法

JPEG 是在 ISO 领导之下制定的静态图像压缩标准,它利用了人的视觉系统的特性,将量化和无损压缩编码相结合来,去掉了视觉的冗余信息和数据本身的冗余信息.JPEG 压缩编码器算法框图如图 12.10 所示,译码(解压缩)的过程与压缩编码的过程正好相反.

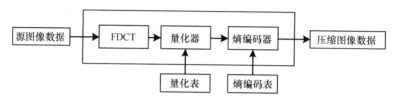

图 12.10 JPEG 压缩编码器结构框图

JPEG 的压缩编码可以分成三个主要步骤:(1)使用正向离散余弦变换(forward discrete cosine transform,FDCT)把空间域表示的图像变换成频率域表示的图像;(2)使用(对于人的视觉系统是最佳的)加权函数对 DCT 系数进行量化;(3)使用 Huffman 可变字长编码器对量化系数进行编码.

译码(解压缩)的过程与压缩编码过程正好相反.

另外,JPEG 算法与彩色空间无关,因此在 JPEG 算法中没有包含对颜色空间的变换.JPEG 算法处理的彩色图像是单独的颜色分量图像,因此它可以压缩来自不同彩色空间的数据,如 RGB,YC_bC_r 和 CMYK 等.

JPEG 压缩编码算法的主要计算步骤如下:

(1) FDCT.

JPEG 编码是对每个单独的颜色图像分量分别进行的,在进行 FDCT 之前,需要先将整个分量图像分成 8×8 像素的图像块(不足部分可以通过重复图像的最后一行/列来填充),这些图像块被作为二维 FDCT 的输入,参见图 12.11.

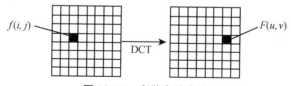

图 12.11 离散余弦变换

(2) 量化.

量化(quantization)是将(经过 FDCT 变换后的频率)系数映射到更小的取值范围.量化的目的是减小非"0"系数的幅度(从而减少所需的比特数)以及增加"0"系数的数目.量化是使图像质量下降的最主要原因.

对于 JPEG 的有损压缩算法,使用的是如图 12.12 所示的均匀标量量化器进行量化,量化步距是按照系数所在的位置和每种颜色分量的色调值来确定的.

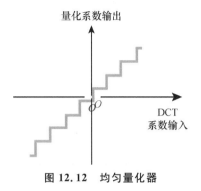

图 12.12　均匀量化器

（3）Z 字形编排.

量化后的二维系数要重新编排,并转换为一维系数,为了增加连续的"0"系数的个数,就是"0"的游程长度,JPEG 编码中采用的 Z 字形编排方法,如图 12.13 所示,其中 DC 为直流,AC 为交流.

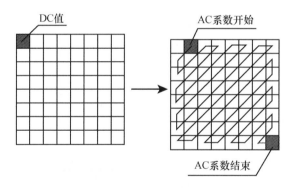

图 12.13　量化 DCT 系数的编排

DCT 系数的序号如表 12.3 所示,这样就把一个 8×8 的矩阵变成了一个 1×64 的矢量,频率较低的系数放在矢量的头部.

表 12.3　Z 字形编排的量化 DCT 系数之序号

0	1	5	6	14	15	27	28
2	4	7	13	16	26	29	42
3	8	12	17	25	30	41	43
9	11	18	24	31	40	44	53
10	19	23	32	39	45	52	54
20	22	33	38	46	51	55	60

（4）直流系数的编码.

8×8 图像块经过 DCT 变换之后得到的 DC 直流系数有两个特点，一是系数的数值比较大，二是相邻 8×8 图像块的 DC 系数值变化不大. 根据这些特点，JPEG 算法使用了 DPCM 技术，对相邻图像块之间的 DC 系数的差值 Δ 进行编码，即

$$\Delta = \mathrm{DC}(0, 0)_k - \mathrm{DC}(0, 0)_{k-1}. \tag{12.16}$$

（5）交流系数的编码.

量化 AC 系数的特点是 1×63 矢量中包含有许多"0"系数，并且许多"0"是连续的，因此使用非常简单和直观的游程长度编码（run-length encoding，RLE）对它们进行编码.

JPEG 使用了 1 个字节的高 4 位来表示连续"0"的个数，而使用它的低 4 位来表示编码下一个非"0"系数所需要的位数，跟在它后面的是量化 AC 系数的数值.

（6）熵编码.

使用熵编码还可以对 DPCM 编码后的直流 DC 系数和 RLE 编码后的交流 AC 系数作进一步的压缩.

在 JPEG 有损压缩算法中，可以使用 Huffman 或算术编码来减少熵，这里只介绍最常用的 Huffman 编码. 使用 Huffman 编码器的理由是可以使用很简单的查表（lookup table）方法进行快速的编码. 压缩数据符号时，Huffman 编码器对出现频度比较高的符号分配比较短的代码，而对出现频度较低的符号分配比较长的代码. 这种可变长度的 Huffman 码表可以事先进行定义（标准 H 表）.

（7）组成位数据流.

JPEG 编码的最后一个步骤是把各种标记代码和编码后的图像数据组成一帧一帧的数据，这样做的目的是为了便于传输、存储和译码器进行译码，这样组织的数据通常称为 JPEG 位数据流（JPEG bit stream）.

对于遥感图像人们可能只对其中一块区域感兴趣，JPEG 算法结合分形编码就可以实现此要求. 总之，如何更好地综合应用编码技术将是一个主要的研究内容.

航空和遥感图像里含有丰富的纹理，纹理是由纹理基元组成，这些基元与图像灰度或颜色有关，也反映了纹理基元之间的相互作用或相互依赖关系. 这种依赖关系不仅可以是随机的，也可以是结构的. 这种随机的依赖关系可以用条件概率模型表示.[4]

随机场模型就是一个很好的随机过程，它可以利用模型参数与纹理之间的联系，实现任一种随机纹理的模拟. 图像中纹理区域可以视为一个二维随机过程

的有限取样,这个随机过程可以由它的统计参数决定.纹理基元之间不同的依赖关系,反映出纹理基元的不同集聚,不同集聚的纹理对应着不同的统计参数.在数学上,随机场模型能够很好地表达这种纹理集聚,模型参数能够控制近邻相似像元集合的大小和方向.

12.4　图像随机场的空间对象有损压缩理论

遥感图像上含有丰富的纹理,属于随机性纹理,它的特征不能用纹理基元之间的配置规则来描述,而只能用一个随机模型来定义它,并由组统计特征加以特征化.目前人们认为,图像纹理仍然可以用两个要素来描述:一是图像纹理由纹理基元组成,这些基元与图像灰度或颜色有关;二是纹理基元之间的相互作用或相互依赖关系,这种依赖关系可以是随机的、函数的或结构的,这种随机的依赖关系可以用条件概率模型表示.[4]

12.4.1　马尔可夫(Markov)过程

Markov 随机场为存在空间局部相关性的集合体提供了一种简单的、有效的和一致的描述方式.由于图像中存在空间冗余,即局部区域的各个像素间有着很强的相似性和相关性,因此从概率统计的角度分析图像时,可以将图像视为一个 Markov 随机场.

Markov 随机过程基本理论核心就是无后效性,即当前的状态只与其前一个状态有关,而与更早的状态无关,这种模型结构在一定程度上反映了能量传递或事物发展的本质,也就导致了其在图像等各方面广泛的应用.Markov 过程的完整理论表述如下.

一个静态随即序列称为一阶 Markov 序列,序列中每个元素的条件概率只依赖它的前一个元素.一个 $N \times 1$ 的 Markov 序列的协方差矩阵具有下式所示的形式:

$$\boldsymbol{C} = \begin{bmatrix} 1 & \rho & \rho^2 & \cdots & \rho^{N-1} \\ \rho & 1 & \rho & \cdots & \rho^{N-2} \\ \rho^2 & \rho & 1 & \ddots & \vdots \\ \vdots & \vdots & \vdots & \ddots & \rho \\ \rho^{N-1} & \rho^{N-2} & \cdots & \rho & 1 \end{bmatrix}, \tag{12.17}$$

其中 $0 \leqslant \rho \leqslant 1$.这个协方差矩阵的特征值为

$$\lambda_k = \frac{1-\rho^2}{1-2\rho\cos(\omega_k)+\rho^2}, \tag{12.18}$$

它的特征向量为

$$\nu_{m,k} = \sqrt{\frac{2}{N+\lambda_k}} \sin\left[\omega_k \left(m - \frac{N-1}{2} \right) + (k+1)\frac{2}{\pi} \right], \qquad (12.19)$$

其中 $0 \leqslant m, k \leqslant N-1$，$\omega_k$ 是下面超越方程的根

$$\tan(N\omega) = -\frac{(1-\rho^2)\sin(\omega)}{\cos(\omega) - 2\rho + \rho^2\cos(\omega)}. \qquad (12.20)$$

因此,只要给出 ρ 的一个值,就可以计算出 K-L 变换(主成分变换)的基向量.

建立 Markov 模型的目的是估计图像的空间相关性.图像的 Markov 特性是指像素 x_n 的灰度值只与邻近像素有关,而与其他像素无关,即

$$p(x_n | x_l, l \neq n) = p(x_n | x_l, l \in N_n), \qquad (12.21)$$

其中 N_n 表示像素 x_n 的邻近像素. $p(x_n | x_l, l \in N_n)$ 表征的是图像空间某位置的像素 x_n 与其邻近像素的相关关系,即图像的局部统计特性.

下面介绍由状态转移概率定义的 Markov 模型.

当解码第 k 个比特面 X^k 时,把先前解码的比特面 $X^8, X^7, \cdots, X^{k+1}$ 和本次迭代过程中低密度奇偶校验码(low-density parity-check codes,LDPC)解码器对当前比特面 X^k 的判决结果重新组合成符号 $\{\hat{x}_n = x^8 x^7 \cdots x^{k+1} v_n\}$,将其看做是像素精度为 $8-k$ 个比特的灰度图像 $\hat{x}$. 在图像 $\hat{x}$ 上建立 Markov 模型,估计 Markov 模型的状态转移概率,然后采用前向-后向(forward-backward)过程来估计各像素点的条件概率.

原则上说,一个统计均匀的图像的统计特性可由一个 Markov 过程来表示.然而,几乎所有的实际图像信号都不是统计均匀的,其统计特性通常是空间非平稳的,即空间不同位置处各不相同.为了挖掘图像的空间统计特性,本方案将图像分割成不重叠的块,假设每块的统计特性是均匀的,可采用一个 Markov 过程描述.合理地选择块的大小 $B_h \times B_v$,即既保证各块的统计均匀性,又保证各块有足够多的像素用来估计 Markov 模型.

1. 一维 Markov 模型

各块的像素按图 12.14 所示的扫描为一维数据,即奇数行从左到右扫描,偶数行从右到左扫描,使得生成的一维数据的相邻两像素在图像的空间位置是相邻的,从而具有较强的相关性.采用一阶 Markov 链对各块的一维数据建模,这样,每个像素的灰度值仅与紧邻的两个像素有关,即

$$p(x_n | x_l, l \neq n) = p(x_n | x_{n-1}, x_{n+1}, x_n). \qquad (12.22)$$

根据从 LDPC 解码器传来的当前比特面的信息 g_n 和先前解码的比特面 $X^8, X^7, \cdots, X^{k+1}$,可得各像素的取值概率为

$$u_n(j) = \begin{cases} g_n(b), & j = x_n^8 x_n^7 \cdots x_n^{k+1} b, b \in \{0, 1\}, \\ 0, & \text{其他}. \end{cases} \qquad (12.23)$$

一阶 Markov 链定义为

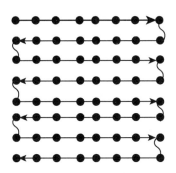

图 12.14 一维 Markov 模型块内像素的扫描顺序

$$\lambda = \{\boldsymbol{A}, \pi\}, \tag{12.24}$$

其中 π 为初始状态概率，$\boldsymbol{A} = (a_{ij})$ 为状态转移概率矩阵，从状态 i 到状态 j 的一步转移概率 $a_{ij} = p(x_n = j | x_{n-1} = i)$.

定义

$$\alpha_n(j) = p(x_n = j | \lambda, x_1, x_2, \cdots, x_{n-1}), \tag{12.25}$$

$$\beta_n(j) = p(x_n = j | \lambda, x_{n+1}, x_{n+2}, \cdots, x_N), \tag{12.26}$$

其中 $N = B_h \times B_v$ 为每块的像素个数. $\alpha_n(j)$ 表示前向数据 $x_1, x_2, \cdots, x_{n-1}$ 对像素 x_n 的影响，称为前向过程；$\beta_n(j)$ 表示后向数据 $x_{n+1}, x_{n+2}, \cdots, x_N$ 对 x_n 的影响，称为后向过程. 根据式(12.21)定义的 Markov 链的一阶记忆性，并利用 LDPC 解码信息对各状态进行调制，可把前向过程表示为一个递归过程，即

$$\alpha_1(j) = \pi_1(j) u_1(j), \tag{12.27}$$

$$\alpha_n(j) = \sum_i \alpha_{n-1}(i) a_{ij} u_n(j). \tag{12.28}$$

假设各块的一维数据是一个可逆的平稳的 Markov 过程，则后向过程也可以表示为一个递归过程，即

$$\beta_1(j) = \pi_2(j) u_N(j), \tag{12.29}$$

$$\beta_n(j) = \sum_i \beta_{n+1}(i) a_{ij} u_n(j), \tag{12.30}$$

其中 π_1, π_2 分别为前向、后向过程的初始状态概率.

2. 二维 Markov 模型

把各块看做是一个二维的一阶 Markov 过程，即各像素的灰度值只与其 4-邻域像素有关，即

$$p(x_{h,v} | x_{h',v'}, (h', v') \neq (h, v)) = p(x_{h,v} | x_{h-1,v}, x_{h,v-1}, x_{h+1,v}, x_{h,v+1}). \tag{12.31}$$

二维一阶 Markov 模型也可由式(12.24)定义，不过，状态转移概率矩阵 $\boldsymbol{A} = (a_{ijk})$ 是三维矩阵，其中，$a_{ijk} = p(x_{h,v} = k | x_{h-1,v} = i, x_{h,v-1} = j)$ 表示从上像素

值为 i、左像素值为 j 的状态到当前像素值为 k 的一步转移概率.

定义前向过程为

$$\alpha_{h,v}(j) = p(x_{h,v} = j \,|\, \lambda, X_{\mathrm{F}}), \tag{12.32}$$

后向过程为

$$\beta_{h,v}(j) = p(x_{h,v} = j \,|\, \lambda, X_{\mathrm{B}}), \tag{12.33}$$

式中

$$X_{\mathrm{F}} = \{x_{h',v'} \,|\, 1 \leqslant h' \leqslant h, 1 \leqslant v' \leqslant v, (h',v') \neq (h,v)\}, \tag{12.34}$$

$$X_{\mathrm{B}} = \{x_{h',v'} \,|\, h \leqslant h' \leqslant H, v \leqslant v' \leqslant W, (h',v') \neq (h,v)\}, \tag{12.35}$$

其中 H, W 是图像的高和宽. X_{F} 为像素 $x_{h,v}$ 的左上像素集合, X_{B} 为像素 $x_{h,v}$ 的右下像素集合, 如图 12.15 所示. 与一维 Markov 链类似, 二维 Markov 模型的前向过程也可以表示为一个递归过程, 即

$$\alpha_{1,1}(k) = \pi_1(k)u_{1,1}(k), \tag{12.36}$$

$$\alpha_{h,k}(k) = \sum_{i,j}\alpha_{h-1,v}(i)\alpha_{h,v-1}(j)a_{ijk}u_{h,v}(k). \tag{12.37}$$

同样, 后向过程可以表示为

$$\beta_{H,W}(k) = \pi_2(k)u_{H,w}(k), \tag{12.38}$$

$$\beta_{h,k}(k) = \sum_{i,j}\beta_{h+1,v}(i)\alpha_{h,v+1}(j)a_{ijk}u_{h,v}(k). \tag{12.39}$$

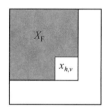 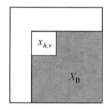

图 12.15　二维 Markov 模型的前向-后向过程

3. 图像局部统计特性估计

无论是一维 Markov 模型还是二维 Markov 模型, 前向过程和后向过程均表示概率, 所以必须归一化, 即

$$\alpha_n(j) = \frac{\alpha_n(j)}{\sum_j \alpha_n(j)}, \tag{12.40}$$

$$\beta_n(j) = \frac{\beta_n(j)}{\sum_j \beta_n(j)}. \tag{12.41}$$

对于二维 Markov 模型, 各块按从上到下、从左到右的扫描顺序转化为一维数据, 若 $x_{h,v}$ 为第 n 个像素, 则 $\alpha_n = \alpha_{h,v}$, $\beta_n = \beta_{h,v}$.

像素 x_n 的局部统计特性为

$$p(x_n = j \mid x_l, l \in N_n) = \frac{\alpha_n(j)\beta_n(j)}{\sum_i \alpha_n(j)\beta_n(j)},$$

这就是 Markov 节点传递给变量节点的信息.

4. 状态转移概率估计

状态转移概率反映了 Markov 模型的记忆特性, 表征了图像的空间相关性的强弱. 解码端对图像 X 的各块分别建立各自的 Markov 模型, 通过统计其 Markov 模型高维-直方图来估计相应的状态转移概率. 图 12.16 以一阶 Markov 链为例, 阐述状态转移概率的估计算法.

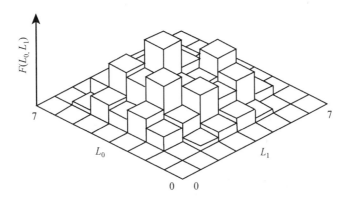

图 12.16 一阶 Markov 链对应的二维直方图

对一阶 Markov 链来说, 需统计二维直方图. 记 L_0 为像素 x_n 的灰度值, L_1 为像素 x_{n+1} 的灰度值 ($1 \leqslant n < N$), $F(i,j)$ 为 ($L_0 = i, L_1 = j$) 出现的频率, 称为图像的二维直方图, 如图 12.16 所示, 由此可得一阶 Markov 链的状态转移概率为

$$a_{ij} = \frac{F(i,j)}{\sum_i F(i,j)}. \tag{12.42}$$

类似地, 对于二维一阶 Markov 模型来说, 则需统计 3-D 直方图.

当解码 k 个比特面 X^k 时, X 的各像素 $\hat{x}_n = x^8 x^7 \cdots x^{k+1} v_n$ 由 $8-k$ 个比特组成, 由于 v_n 是 LDPC 解码某次迭代过程中的判决结果, 在正确解码之前, $\{v_n\} \neq \{x_n^k\}$, 所以根据 X 的值统计的直方图是真实信号 $\overline{X} = \{\hat{x}_n = x^8 x^7 \cdots x^{k+1} v_n\}$ 的直方图的有噪形式. 每块的像素的数量有限, 导致直方图的有效值稀疏地分散在空间各点上, 如果真实信号 X 中存在某个组合 ($L_0 = i, L_1 = j$), 而有噪的 $\hat{x}$ 中无此组合, 则估计的状态转移概率 $a_{ij} = 0$, 这将会对前向-后向过程的演绎造成很坏的影响, 进而影响图像局部统计特性的估计准确度. 为了降低有噪的稀疏直方图对估计状态转移概率的影响, 本方案采用 Parzen 窗对直方图进行平滑, 将有效点的值延伸到周围的零点.

记 $Z_S(L_0=i,L_1=j)$ 为二维直方图中的非零值,$z(L_0=i',L_1=j')$ 为直方图中的零点,则 Parzen 窗把 Z_S 的值扩展到 Z 点,值为

$$F(z)=\frac{1}{w^d}K\left(\frac{1}{w}(z-Z_S)\right), \tag{12.43}$$

其中 w 表示窗口大小,d 为直方图的维数,$K()$ 为核函数. 本方案采用标准多维高斯密度函数作为核函数,即

$$K(z)=\frac{1}{(2\pi)^{d/2}}\exp\left(-\frac{1}{2}z^{\mathrm{T}}z\right), \tag{12.44}$$

并选择优化的窗口大小为

$$w=\sigma\left[\frac{4}{L(2d+1)}\right]^{l/(d+4)}, \tag{12.45}$$

式中 L 为直方图的所有点的个数,σ^2 为直方图的方差.

解码端估计的状态转移概率依赖于 LDPC 解码器对当前比特面的判决结果,在当前比特面正确解码前,往往不能完全正确地反映真实信号的统计特性,因而,在每次迭代过程中,都应利用更新后的 LDPC 解码信息,重新估计状态转移概率. 随着 LDPC 解码信息的不断修正,Markov 模型可以获取越来越准确的状态转移概率,使得估计的各像素点的条件概率更接近原图像的空间相关性,从而加速 LDPC 解码的收敛.[5]

12.4.2　随机场模型与熵

离散单符号信源用信息熵来表示信源的平均不确定性,而图像在信息论中可看做是离散多符号的信源,为了表示其平均不确定性,我们引入熵率的概念,它表示信源输出的符号序列中,平均每个符号所携带的信息量.

随机变量序列中,对前 N 个随机变量的联合熵求平均,有

$$H_N(X)=\frac{1}{N}H(X_1X_2\cdots X_N), \tag{12.46}$$

$H_N(X)$ 称为平均符号熵. 如果当 N 趋于无穷时,上式极限存在,则 $\lim\limits_{N\to\infty}H_N(X)$ 称为熵率,或称为极限熵,记为

$$H_\infty=\lim_{N\to\infty}H_N(X). \tag{12.47}$$

信源处于某状态 E_i 时,发出一个信源符号所携带的平均量,即在状态 E_i 下发出一个符号的条件熵为

$$H(X|S=E_i)=-\sum_{k=1}^{q}P(X_k|E_i)\log P(X_k|E_i). \tag{12.48}$$

由式(12.47)可得 m 阶 Markov 信源的熵为

$$H_\infty=H(X_{m+1}|X_1X_2\cdots X_m), \tag{12.49}$$

表明 m 阶 Markov 信源的极限熵等于 m 阶条件熵.

假设 m 阶 Markov 信源符号集共有 q 个符号,则信源共有 q^m 个不同状态. 定义 $Q(E_i)$ 为各状态的极限概率,则时齐、各态遍历的 Markov 信源的熵为

$$H_\infty = \sum_{i=1}^{J} Q(E_i) H(X \mid E_i) = \sum_{i=1}^{J} \sum_{k=1}^{q} Q(E_i) P(X_k \mid E_i) \log P(X_k \mid E_i).$$

(12.50)

12.4.3 基于 K-L 变换的图像随机场压缩理论

使用 *Markov* 随机过程改进 *K-L* 变换编码是可能的. 大部分图像灰度值的分布都可以使用一阶 *Markov* 过程模拟,即每个像素值只与前一个像素有关,这种相关性大小相对固定. 如果知道了相关系数,就可以计算出原始数据(归一化后)的协方差矩阵,进而计算其特征值和特征向量,使得协方差矩阵的均方误差最小的最优正交变换即为 *K-L* 变换,对应的特征向量即为 *K-L* 变换的基向量,因此可进行相应的变换编码.[6]

K-L 变换是建立在统计特性基础上的一种变换,是针对一类广泛的随机图像提出来的,是遥感图像增强和信息提取中用得最多的线性变换,是对原波段图像进行波谱信息的线性投影变换. 它在尽可能不减少信息量的前提下,将原图像的高维多光谱空间的像元亮度值投影到新的低维空间,减少特征空间维数,达到数据压缩、提高信噪比、提取相关信息、降维处理和提取原图像特征信息的目的,并能有效地提取影像信息. *K-L* 变换的表达式为

$$\boldsymbol{Y} = \boldsymbol{A}(\boldsymbol{X} - \boldsymbol{m}_x).$$

(12.51)

该变换式可理解为,由中心化图像向量 $\boldsymbol{X} - \boldsymbol{m}_x$ 与变换矩阵 $\boldsymbol{A}$ 相乘即得到变换后的图像向量 $\boldsymbol{Y}$. $\boldsymbol{Y}$ 的组成方式与向量 $\boldsymbol{X}$ 相同. 当对图像施加了 K-L 变换以后,由变换结果而恢复的图像是将原图像在统计意义上的最佳逼近. 进一步研究表明,对于常用的马尔可夫过程数据模型,当相关系数 $r=1$ 时,K-L 变换退化为经典的 DCT 变换. K-L 变换的突出优点是相关性好,是 MSE 意义下的最佳变换,它在数据压缩技术中占有重要地位.

但是求解特征值和特征根并非易事,特别是在维数高时甚至可能求不出来,所以一般都是采用相关系数为 1 的 DCT 变换,而 K-L 变换在其中多起指导作用.

12.5 小 结

12.5.1 本章框架结构

图 12.17 是本章的总体结构的总结,对应的主要数理公式参见表 12.4.

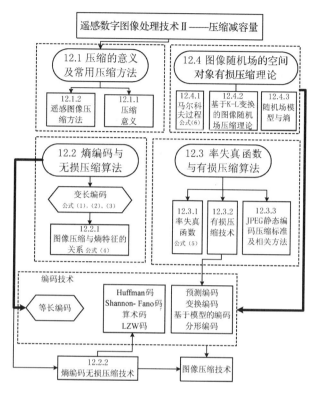

图 12.17　本章内容总结图

表 12.4　本章数理公式总结

公式(1)	$I(S_i) = \log_2 \dfrac{1}{p_i}$	式(12.4)	详见 12.2.1
公式(2)	$H(S) = \sum_i p_i \log_2 \dfrac{1}{p_i}$	式(12.3)	详见 12.2.1
公式(3)	$L(S) = \sum_i p_i \cdot l_i$	式(12.8)	详见 12.2.2
公式(4)	$R = E\{L_w(a_k)\} - H$	式(12.6)	详见 12.2.1
公式(5)	$R(D) = \min\limits_{P(v_j/u_i) \in B_D} \{I(U;V)\}$	式(12.11)	详见 12.3.2
公式(6)	$p(x_{h,v} \mid x_{h'v'}, (h',v') \neq (h,v)) = p(x_{h,v} \mid x_{h-1,v}, x_{h,v-1}, x_{h+1,v}, x_{h,v+1})$ 式(12.31)		详见 12.4.1

　　图像压缩的理论基础是信息论,信息论对于图像压缩的重要意义在于将图像信息进行了量化,并且证明在不产生失真的前提下,通过合理有效的编码算法,对于每一个信源符号所分配码字的平均码长可以任意接近于信源的熵.而在有失真的条件下,则用率失真函数表示一定信息速率下所可能达到的最小的平均失真.在此理论框架下,人们开发出了各种各样的图像压缩方法.[7]

12.5.2　无失真编码与有失真编码关系

将编码器看做信道,信源编码模型如图 12.18 所示.无失真编码对应于无损确定信道,有失真信源编码对应有噪信道.对于无失真信源编码,信道的输入符号与输出符号呈一一对应关系.

图 12.18　信源编码器示意图

在通信的一般情况下,收信者所获取的信息量,在数量上等于通信前后不确定性的消除(减少)量.

用互信息 $I(x_i;y_j)$ 表示收信者收到 y_j 后,从 y_j 中获取关于 x_i 的信息量.$I(x_i;y_j)$ 就是收信者收到 y_j 前后对 x_i 存在的不确定性的消除,它等于收到 y_j 前收信者对 x_i 存在的不确定性,减去收到 y_j 后收信者对 x_i 仍然存在的不确定性,即

$$I(x_i;y_j) = \log \frac{p(x_i|y_j)}{p(x_i)} = \log \frac{p(x_iy_j)}{p(x_i)p(y_j)} = \log \frac{p(y_j|x_i)}{p(y_j)}. \quad (12.52)$$

互信息 $I(x_i;y_j)$ 表示某一事件 y_j 所给出的关于另一事件 x_i 的信息,它随 x_i 和 y_j 的变化而变化.为了从整体上表示从一个随机变量 Y 所给出关于另一个随机变量 X 的信息量,定义互信息 $I(x_i;y_j)$ 在 XY 的联合概率空间中的统计平均值 $I(X;Y)$ 为随机变量 X 和 Y 间的平均互信息量,即

$$\begin{aligned}
I(X;Y) &= \sum_{i=1}^{n} \sum_{j=1}^{m} p(x_iy_j) I(x_i;y_j) \\
&= \sum_{i=1}^{n} \sum_{j=1}^{m} p(x_iy_j) \log \frac{p(x_i|y_j)}{p(x_i)} \\
&= \sum_{i=1}^{n} \sum_{j=1}^{m} p(x_iy_j) \log \frac{1}{p(x_i)} - \sum_{i=1}^{n} \sum_{j=1}^{m} p(x_iy_j) \log \frac{1}{p(x_i|y_j)} \\
&= H(X) - H(X/Y), \quad (12.53)
\end{aligned}$$

亦即

$$I(X;Y) = H(X) - H(X/Y). \quad (12.54)$$

因为 $H(X)$ 是 X 的熵或不确定度,而 $H(X/Y)$ 是当 Y 已知时 X 的不确定度,这意味着 Y 已知后所获得的关于 X 的信息是平均互信息量 $I(X;Y)$,也可将平均互信息量 $I(X;Y)$ 看成有扰离散信道上传输的平均信息量.而在有损编码率失真函数中,要求在满足保真度准则的条件下,寻找平均互信息 $I(X;Y)$ 的最

小值.

对于无损编码来说,Y 是由 X 确定的一一对应函数,那么 Y 已知时 X 的条件概率非 1 即 0,因为当 X 与 Y 有一一对应关系时:当 X 和 Y 满足该确定函数时,条件概率必为 1;而不满足确定函数时,条件概率比为零.也就是说,$I(X;Y)=H(X)$.可见互信息就是 X 的不确定度或熵,因此可看成无干扰离散信道,即无损的信道编码器.[8]

参考文献

[1] 张海燕,王东木,宋克欧,等.图像压缩技术[J].系统仿真学报,2002(14).

[2] 崔子冠,朱秀昌.基于结构相似的 H.264 主观率失真性能改进机制[J].电子与信息学报,2012(34).

[3] 徐伟业,王青云,冯月芹,等.等长熵编码中的渐进等分割性解析[J].中国科技信息,2012(24).

[4] 李玲玲,金泰松,李翠华.基于局部特征和隐条件随机场的场景分类方法[J].北京理工大学学报,2012(32).

[5] 刘春香,郭永飞,李宁,等.星上多通道遥感图像的实时合成压缩[J].光学精密工程,2013(21).

[6] 张旭东,卢国栋,冯键.图像编码基础和小波压缩技术——原理、算法和标准[M].北京:清华大学出版社,2004.

[7] 罗强.图像压缩编码方法[M].西安:西安电子科技大学出版社,2013.

[8] 万建伟,等.实用高光谱遥感图像压缩[M].北京:国防工业出版社,2012.

第十三章　遥感数字图像处理技术Ⅲ
——模式识别(图像分割)

章前引导　图像中信息的识别是遥感数字图像处理的最重要目的.为了提取图像中的有用信息,需要对图像进行模式识别处理.模式识别一般分为三大步骤:特征"寻找""提取"和"归类",即图像分割、特征提取与判断分类.图像分割将在本章阐述,是遥感应用的手段;特征提取与判断分类将在下一章阐述,是遥感应用的目的.

模式识别的中心任务就是找出某"类"事物的本质属性,即在一定的度量和观测的基础上把待识别的模式划分到各自模式类中.

在给定一幅含有多个物体的数字图像的条件下,模式识别过程由三个主要阶段组成,如图 13.1 所示.第一个阶段称为图像分割或物体分离阶段.第二个阶

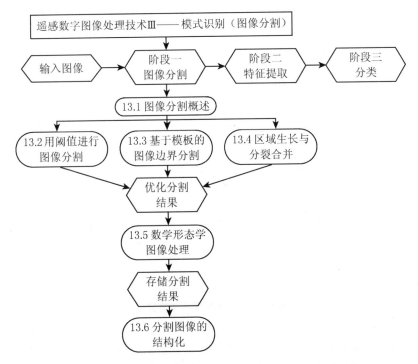

图 13.1　模式识别三阶段与本章(阶段一)逻辑框架关系图

段称为特征提取阶段,提取 n 维特征向量 $\boldsymbol{X}_i = (x_{i1}, x_{i2}, \cdots, x_{id})^{\mathrm{T}}$ 其中 $i = 1,$ $2, \cdots, N$. 第三个阶段是分类.

本章主要讲述了模式识别的第一阶段:图像分割(或称为物体分离阶段). 在该阶段中检测出各个物体,并把它们的图像和其余景物分离. 模式识别的其余内容将在下一章节讲解.

图像分割手段具体包括:图像分割概述(第 13.1 节),介绍图像分割的整体逻辑结构;用阈值进行图像分割(第 13.2 节),寻找合适阈值将图像中像元分到合适的类别中去;基于模板的图像边界分割(第 13.3 节),利用边界性质检测边缘完成分割;区域生长与分裂合并(第 13.4 节),利用对象的异质性通过迭代进行分裂或者合并来实施分割;数学形态学图像处理(第 13.5 节),对分割后的二值图像进行优化处理;分割图像的结构化(第 13.6 节),设计分割图像存储的数据结构.

13.1　图像分割概述

图 13.2 展示了图像分割的具体关系和本章主要讲的内容. 图像分割就是把图像分成若干个特定的、具有独特性质的区域并提出感兴趣目标的技术和过程. 它是由图像处理到图像分析的关键步骤. 现有的图像分割方法主要分为以下几类:基于阈值的分割方法、基于边缘的分割方法、基于区域的分割方法以及基于特定理论的分割方法等.

1998 年以来,研究人员不断改进原有的图像分割方法并把数学形态学等新的方法融入图像分割,提出了不少新的分割方法. 图像分割后提取出的目标可以用于图像语义识别和图像搜索等领域. 分割结果如何结构化存储也是本章讨论的内容之一.

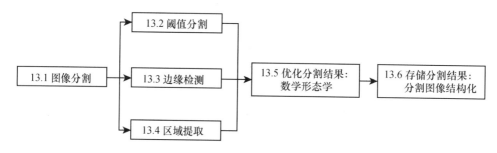

图 13.2　本章各节关系流程图

图像分割是将数字图像划分成互不相交且不重叠区域的过程.[1] 图像分割的基本任务是基于相似性参数将不同元素进行聚合或基于相邻区域的不同而进

行划分. 设 R 代表整个图像区域, 将图像分割看成是一个将区域 R 分割成 n 个非空子区域 $R_1, R_2, \cdots, R_n$ 的过程, 并且这个子区域满足下列条件:

(1) $\bigcup\limits_{i=1}^{n} R_i = R$;

(2) R_i 是连通的区域, $i = 1, 2, 3 \cdots, n$;

(3) 对所有的 i 及 $j, i \neq j$ 而言, $R_i \bigcap R_j = \varnothing$;

(4) 对所有的 $i = 1, 2, 3 \cdots, n$ 而言, $P(R_i)$ 为真;

(5) 对 $i \neq j$ 而言, $P(R_i \bigcup R_j)$ 为假;

这里 $\varnothing$ 表示空集, $P(R_i)$ 是在集合 R_i 中的点上的均匀性测试准则.

条件(1)代表分割必须彻底;条件(2)要求同一区域中的点必须相互连通;条件(3)表示区域间不会发生相互重叠;条件(4)给出的是经分割的同一区域中的像素所必须满足的性质;条件(5)表示的是在测试准则 P 的意义上讲, 区域 R_i 和 R_j 是不同的.

13.2 用阈值进行图像分割

阈值法(灰度门限技术)是一种区域分割技术, 分割物体与背景有较强对比的景物时特别有用. 它具有简捷实用、计算量少等特点, 而且总能用封闭连通的边界定义不交叠的区域.

13.2.1 基本思想

使用阈值的基本思想是利用图像的灰度特征来选择一个(或多个)最佳灰度阈值, 并将图像中每个像素的灰度值与阈值相比较, 最后将对应的像素根据比较结果分到合适的类别中去. 若把 $M \times N$ 的二维图像 X 在像素 (i, j) 处的灰度值记为 $f(i, j)$, 设 T 为该图像的一个灰度阈值, 则用阈值 T 分割目标与背景的分割原则为:

目标部分 $\qquad O = \{ f(i, j) \leqslant T \mid (i, j) \in X \}$,

背景部分 $\qquad B = \{ f(i, j) > T \mid (i, j) \in X \}$.

阈值法分为全局阈值法(整个图像使用一个阈值)和局部阈值法(图像中的不同区域使用不同的阈值).

1. 全局阈值法

如果背景的灰度值在整个图像中可合理地视为恒定, 而且所有物体与背景几乎具有相同的灰度值之差, 则使用一个固定的阈值一般会有较好的效果.

2. 局部阈值法

在许多情况下, 背景的灰度值并不是常数, 物体和背景的对比度在图像中也有变化,此时把灰度阈值设成一个随位置缓慢变化的函数值是适宜的.

13.2.2　点状物体的分析

在许多重要的情况下,需要寻找大致形状为圆形的物体.以下方法限定于圆形物体.在限定圆形物体的条件下可以得到其他情况下无法得到的最佳阈值选择.

1. 定义

假定图像中某点有最大的灰度值,如果采用极坐标表示,则图像轮廓可以表示为图 13.3,对应所有取值为:如果 $r_2 > r_1$,那么

$$B_p(r_1, \theta) \geqslant B_p(r_2, \theta). \tag{13.1}$$

如果公式中不允许取等号,那么称该点是一个单调的点.这就意味着从该点沿着任意方向出发的直线,其灰度值是严格递减的.对单调点来说,平坦的峰顶是存在的,峰是唯一的.

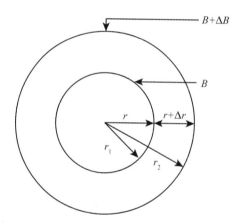

图 13.3　对同心圆点进行阈值处理

一个重要的特殊情况是所有单调点的外缘是两个圆.我们把这种特例叫做同心圆点(concentric circular spot,CCS).这种特例很好地近似了望远镜所拍摄的无噪声星体图像、显微图像中某些细胞图像,以及其他重要类型图像.

对于 CCS 来说,函数和 θ 值无关,称之为点轮廓函数(spot profile function,SPF),这条曲线对阈值的选择很有用.例如,我们可以确定转折点并选择灰度阈值使边界定义为具有最大斜率值的点,这与人眼观察具有平滑边缘的图像时所确定的边界很相似,并且它在平滑化以及附加噪声时都有相当的稳定性.

如果我们对单调点以灰度阈值 T 进行二值化,我们就定义了一个具有一定面积和周长的物体.当 T 在灰度阈值范围内变化时,我们就定义了阈值面积函数和周长函数.对任意点状物体来说,这两个函数都是唯一的.对单调点来说,二

者都是连续的,并且其中任意一个都足以完全地定义一个 CCS. 作为一个定义,如果两个点具有相同的周长函数,那么两个点是 p-等价(p-equivalent)的,如果它们有相同的直方图,它们为 H-等价(H-equivalent). H-等价的点具有相同的阈值面积函数.

2. 直方图和轮廓

假定一幅 CCS 图像为轮廓函数. 现在我们寻找一个用轮廓函数依次描述点直方图的表达式. 假定我们用灰度阈值和对行阈值化,这就定义了两个半径分别为 r_1 和 r_2 的圆形轮廓线,如图 13.3 所示. 这两个圆间的轮廓面积为

$$\Delta A = \pi r^2 - \pi (r + \Delta r)^2 \approx -2\pi r \Delta r, \tag{13.2}$$

其中近似是在假定 Δr 很小与忽略二次项时得到的. 因此

$$\frac{\Delta A}{\Delta r} \approx -2\pi r. \tag{13.3}$$

那么根据定义,图像的直方图为

$$H_B(D) \approx \lim_{\Delta D \to 0} \frac{\Delta A}{\Delta D}, \tag{13.4}$$

我们可以用 Δr 去除分子和分母,并把式(13.3)代入分子,得到

$$H_B(D) \approx \lim_{\Delta D \to 0} \frac{\Delta A}{\Delta D} = \lim_{\Delta D \to 0} \frac{\Delta A / \Delta r}{\Delta D / \Delta r} = \frac{-2\pi r}{\mathrm{d}/\mathrm{d} r B_p(r)}. \tag{13.5}$$

注意式(13.4)最右边的等式是根据 Δr 和 ΔD 都趋近于 0 时,分母项也就是轮廓函数的导数这一事实而得到的. 由于是单调点的图像,所以随 r 单调的函数,其逆函数存在,即

$$r(D) = B_p^{-1}(D). \tag{13.6}$$

这样一来,我们可以使直方图成为所期望的灰度值的函数. 需要指出的是由于轮廓函数随 r 单调减少,所以可以去掉分子中的负号,从而使直方图成为所期望的正值.

3. 由面积函数导出的轮廓函数

现在,我们寻找一个用直方图来描述 CCS 轮廓的表达式. 用灰度阈值 T 对一个 CCS 进行阈值处理得到的圆形物体的半径是

$$R(T) = \left[\frac{1}{\pi} A(T) \right]^{\frac{1}{2}} = \left[\frac{1}{\pi} \int_T^\infty H_B(D) \mathrm{d} D \right]^{\frac{1}{2}}. \tag{13.7}$$

对一个单调点来说,直方图在灰度级最大值和最小值间非零,这就意味着函数 $A(T)$ 单调增加,$R(T)$ 因而也单调增加. 上式的逆函数存在,且它就是轮廓函数.

4. 由周长函数导出的轮廓函数

用灰度阈值 T 对 CCS 阈值化产生一个圆形物体,其半径为

$$R(T) = \frac{1}{2\pi} P(T), \tag{13.8}$$

其中 $P(T)$ 是周长函数. 使用与前面相同的方法可以得出, 轮廓函数仅仅是上式的逆函数.

13.2.3　平均边界梯度

对于非常不圆的点状物体来说, 在研究灰度值时可能无法应用 H-等价或 p-等价 CCS. 对于任意形状的物体, 可以将围绕边的平均梯度作为一个定义边界的阈值灰度级函数. 假设一个非圆形的单调点物体的灰度级与轮廓垂直, 所以它位于点 α 的梯度向量的方向上. 外部边界上的梯度向量的幅值是

$$|\nabla B| = \lim_{\Delta D \to 0} \frac{\Delta D}{\Delta r}. \tag{13.9}$$

由于只对围绕边界的平均梯度感兴趣, 可以仅沿外部的边界取平均值. 如果 Δr 与周长相比很小, 则两个边界间面积近似为

$$\Delta A = p(D)\overline{\Delta r}, \tag{13.10}$$

其中 $\overline{\Delta r}$ 是从外部边界到内部边界的垂直距离的平均值, $p(D)$ 是周长函数. 为了得到围绕边界的平均梯度, 只需代入式 (13.5), 得到

$$\overline{|\nabla B|} = \lim_{\Delta D \to 0} \frac{\Delta D}{\Delta A} p(D) = \frac{p(D)}{H(D)}, \tag{13.11}$$

这表明平均边界梯度等于周长函数和直方图的比值.

13.2.4　最佳阈值的选择方法

除非图像中的物体有陡峭的边沿, 否则灰度阈值的取值对所抽取物体的边界定位和整体尺寸有很大的影响. 由于这个原因, 我们需要一个最佳的或者至少是具有异质性的方法来确定阈值.

1. 基于灰度直方图的阈值选择方法

(1) 一般直方图技术.

一般认为灰度直方图的每个峰值代表一个目标区域, 而谷值则是从一个目标区域到另一个目标区域的过渡点, 直方图阈值分割就是尽量对这些峰所代表的目标区域进行分割 (参见图 13.4).

利用灰度阈值 T 对物体面积进行计算的定义是

$$A = \int_T^\infty H(D)\mathrm{d}D. \tag{13.12}$$

显然, 如果阈值对应于直方图的谷, 阈值从 T 增加到 $T+\Delta T$ 只会引起面积略微减少, 因此通过把阈值设在直方图的谷, 可以使阈值选择中的小偏差对面积测量的影响降到最低.

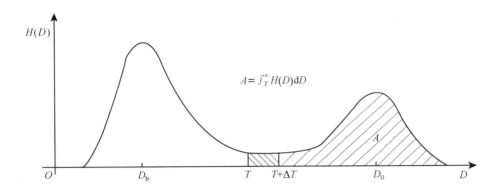

图 13.4 双峰直方图

（2）分水岭算法.

与自适应二值化有关的一个算法是分水岭算法,图 13.5 说明了这种方法的工作机理.假定图中的物体灰度值较低,而背景的灰度值较高.该图显示了沿一条扫描线的灰度分布,该线穿过两个靠得很近的物体.

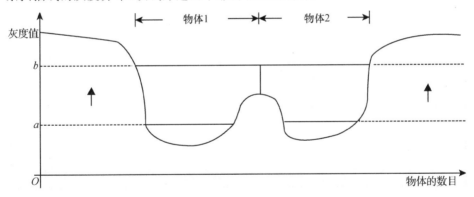

图 13.5 分水岭算法示意图

图像最初是在一个低灰度值(a 处)上开始二值化.该灰度值把图像分割成正确数目的物体,但它们的边界偏向物体内部.随后阈值逐渐增加,每一次增加一个灰度级.物体的边界将随着阈值增加而扩展.当边界互相接触且这些物体并没有合并时,此时(b 处)即为最佳阈值.

2. 基于图像差异的阈值选取方法

较好的分割方法能使分割出的目标与背景之间的差距很大,即目标与背景之间具有很高的对比度.基于这种思想,产生了许多根据图像的差距度量来选取阈值的方法.大津(Otsu)方法是其中较为成功的一种,又称为最大类别方差法.该方法先假设阈值为 t,然后将具有 L 级灰度的图像 X 划分为两类：$C_0 \in [0, t]$,

$C_1 \in [t+1, L-1]$. 最佳阈值 t^* 应使类间（C_0 与 C_1 之间）方差 σ^2 最大，即

$$t^* = \arg \max_{0 \leqslant t \leqslant L-1} (\sigma_b^2). \tag{13.13}$$

Otsu 法是基于分割出的目标与背景之间的差距应最大的思想来确定阈值的. 类似地，还可以用如下表达式来确定最佳阈值，设分割出的目标与原图像之间的差距为 $d_{OA}(t)$，背景与原图像之间的差距为 $d_{BA}(t)$，则使二者之和最大的阈值 t^* 为最佳阈值，即满足表达式

$$t^* = \arg \max_{0 \leqslant t \leqslant L-1} [d_{OA}(t) + d_{BA}(t)]; \tag{13.14}$$

也可以是使二者之积最大的阈值 t^* 为最佳阈值，即满足表达式

$$t^* = \arg \max_{0 \leqslant t \leqslant L-1} [d_{OA}(t) \cdot d_{BA}(t)]. \tag{13.15}$$

3. 基于图像模糊测度的阈值选取方法

模糊阈值法是通过计算图像的某种模糊测度来选取分割阈值的方法. 依照模糊集合理论，一个 $M \times N$ 且具有 L 级灰度的二维图像 X 可表示为

$$\boldsymbol{X} = \bigcup_{i=1}^{M} \bigcup_{j=1}^{N} \frac{P_{ij}}{X_{ij}}, \tag{13.16}$$

其中 $P_{ij}/X_{ij} (0 \leqslant P_{ij} \leqslant 1)$ 表示图像像素 (i,j) 具有性质 P 的程度. 性质 P 是将图像从空间域转换到模糊性质域的一个映射函数，即模糊隶属度函数.

模糊阈值法通常采用标准 G 函数作为映射函数，其定义为

$$p_{ij} = G_{x_{ij}} \begin{cases} 0, & 0 \leqslant x_{ij} \leqslant t - \Delta t, \\ 2[(x_{ij} - t + \Delta t)/2\Delta t]^2, & t - \Delta t \leqslant x_{ij} \leqslant t, \\ 1 - 2[(x_{ij} - t + \Delta t)/2\Delta t]^2, & t \leqslant x_{ij} \leqslant t + \Delta t, \\ 1, & t + \Delta t \leqslant x_{ij} \leqslant L-1. \end{cases}$$

$$\tag{13.17}$$

在确定了映射函数并完成待处理图像到模糊矩阵的映射后，第二步是在模糊空间通过计算模糊率或模糊熵来反映图像 X 的模糊性度量. 模糊率和模糊熵的定义如下：

（1）模糊率为

$$\gamma(x) = \frac{2}{MN} \sum_{i=0}^{M} \sum_{j=1}^{N} \min\{p_{ij}, 1 - p_{ij}\}, \tag{13.18}$$

（2）模糊熵为

$$E(x) = \frac{1}{MN \ln 2} \sum_{i=1}^{M} \sum_{j=1}^{N} S_n(p_{ij}), \tag{13.19}$$

其中 Shannon 函数

$$S_n(p_{ij}) = -p_{ij} \ln p_{ij} - (1 - p_{ij}) \ln(1 - p_{ij}). \tag{13.20}$$

由模糊率和模糊熵的性质可知，图像的目标和背景分割良好时，应具有较小

的模糊率或模糊熵(本文采用计算模糊率 $\gamma(x)$ 来选取阈值).

由于映射函数的取值由窗宽 $c=2\Delta t$ 及参数 t 决定. 所以, 一旦选定窗宽 c, 模糊率 $\gamma(x)$ 的大小就只与参数 t 有关. 当参数 t 变化时, $\gamma(x)$ 也随之变化. 使 $\gamma(x)$ 取极小值的 t^* 就是待分割图像的最佳阈值, 即

$$t^* = \arg \min_{0 \leqslant t \leqslant L-1} \gamma_t(X). \tag{13.21}$$

13.3 基于模板的图像边界分割

先前的阈值分割方法是通过将图像划分为内部点集和外部点集来实现分割. 与此相反, 边界方法是利用边界的性质检测出边缘, 再将此边缘进行连接从而实现分割.

13.3.1 边缘检测

边缘是指图像局部灰度变化最显著的部分, 边缘主要存在于目标与目标、目标与背景、区域与区域(包括不同色彩)之间. 基于边缘的性质, 如图 13.6 所示, 边缘为灰度陡变的部分.

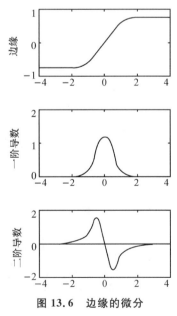

图 13.6 边缘的微分

在这些边缘点处, 其一阶导数为邻域中最大或最小, 二阶导数为零值. 因而边缘检测的方法可以划分为两类: 基于查找的一类(一阶导数)和基于零穿越的一类(二阶导数).[2]

1. 梯度

给定一个标量函数 $f(x,y)$ 和一个 x 轴方向的单位向量为 $\boldsymbol{i}$,y 轴方向的单位向量为 $\boldsymbol{j}$ 的坐标系统,则梯度是向量函数

$$\nabla f(x,y) = \boldsymbol{i}\frac{\partial f(x,y)}{\partial x} + \boldsymbol{j}\frac{\partial f(x,y)}{\partial y}$$

或

$$\boldsymbol{G}(x,y) = \begin{bmatrix} G_x G_y \end{bmatrix}^{\mathrm{T}} = \begin{bmatrix} \dfrac{\partial f}{\partial x} & \dfrac{\partial f}{\partial y} \end{bmatrix}^{\mathrm{T}}. \tag{13.22}$$

其中 ∇ 表示向量梯度算子.向量 $\nabla f(x,y)$ 指向最大斜率的方向,其幅度(长度)等于斜率的大小,梯度幅度由下式给出:

$$|\nabla f(x,y)| = \sqrt{\left(\frac{\partial f}{\partial x}\right)^2 + \left(\frac{\partial f}{\partial y}\right)^2}. \tag{13.23}$$

因为平方根的计算比较费时,式(13.23)可近似为如下形式:

$$|\nabla f(x,y)| \approx \max\big[\,|f(x,y)-f(x+1,y)|\,,\,|f(x,y)-f(x,y+1)|\,\big]. \tag{13.24}$$

人们常常使用 2×2 阶差分模板来求 x 和 y 的偏导数,即

$$\boldsymbol{G}_x = \begin{bmatrix} 1 & -1 \\ 1 & -1 \end{bmatrix}, \quad \boldsymbol{G}_y = \begin{bmatrix} -1 & -1 \\ 1 & 1 \end{bmatrix}. \tag{13.25}$$

梯度幅度在边缘处很高,而在均匀的区域内部,梯度幅度值很低.

2. 边界跟踪

从一幅梯度幅值图像着手进行处理,选择灰度级最高的点(即在原始图像中梯度值最高的点)作为边界跟踪过程的起始点.如果有几个点都具有最高灰度级,我们可以任选一个.

接着,搜索以边界起始点为中心的 3×3 邻域(参见图 13.7),找出具有最大灰度级的领域点作为第 2 个边界点.如果有两个领域点具有相同的最大灰度级,就任选一个.连续迭代,直至再次找到起始点结束.

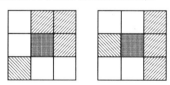

■当前边界点　▨上一个边界点　▧下一个边界点的候选

图 13.7　边界跟踪

3. 梯度图像二值化

如果用适当的阈值对一幅梯度图像进行二值化,将发现物体和背景内部的点低于阈值而大多数边缘点高于它(参见图 13.8).Kirsch 的分割法利用了这种现象,这是分水岭算法在梯度图像中的应用.

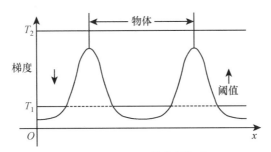

图 13.8　Krisch 的分割算法

4. 边缘检测算子

边缘检测算子检查每个像素的邻域并对灰度变化率进行量化,通常也包括方向的确定.有若干种方法可以使用,其中大多使用基于方向导数掩模求卷积的方法.[3]

(1) Roberts 边缘检测算子.

Roberts 边缘检测算子是一种利用局部差分算子寻找边缘的算子.它由下式给出:

$$g(x,y) = \{[\sqrt{f(x,y)} - \sqrt{f(x+1,y+1)}]^2 + [\sqrt{f(x+1,y)} - \sqrt{f(x,y+1)}]^2\}^{1/2},$$
(13.26)

其中 $f(x,y)$ 是具有整数像素坐标的输入图像.为了方便计算,取近似如下:

$$g(x,y) \approx |f(x,y) - f(x+1,y+1)| + |f(x+1,y) - f(x,y+1)|,$$
(13.27)

即 $G(x,y) = |\boldsymbol{G}_x| + |\boldsymbol{G}_y|$,其中 $\boldsymbol{G}_x$ 和 $\boldsymbol{G}_y$ 由下面的模板计算:

$$\boldsymbol{G}_x = \begin{bmatrix} 0 & -1 \\ 1 & 0 \end{bmatrix}, \quad \boldsymbol{G}_y = \begin{bmatrix} 1 & 0 \\ 0 & -1 \end{bmatrix}.$$
(13.28)

(2) Sobel 边缘检测算子.

Sobel 算子利用像素邻近区域的梯度值来计算 1 个像素的梯度,其中根据与所计算像素的距离远近大致设定了一定的权值,例如对该像素点而言其相邻的上下左右像素权值为 2,斜方向上为 1.具体由下式给出:

$$G(x,y) = \sqrt{\boldsymbol{G}_x^2 + \boldsymbol{G}_y^2},$$
(13.29)

$$g(x) \approx |f(x+1,y+1) - f(x-1,y+1)| + 2|f(x+1,y) - f(x-1,y)|$$
$$+ |f(x+1,y-1) - f(x-1,y-1)|,$$

$$g(y) \approx |f(x-1,y-1) - f(x-1,y+1)| + 2|f(x,y-1) - f(x,y+1)|$$
$$+ |f(x+1,y-1) - f(x+1,y+1)|,$$
(13.30)

$$g(x,y) \approx \max[g(x),g(y)].$$
(13.31)

Sobel 算子是 3×3 算子模板,式(13.21)的 2 个卷积核 $\boldsymbol{G}_x$ 和 $\boldsymbol{G}_y$ 形成Sobel 算子.2 个卷积的最大值作为该点的输出值:

$$\boldsymbol{G}_x = \begin{bmatrix} -1 & 0 & 1 \\ -2 & 0 & 2 \\ -1 & 0 & 1 \end{bmatrix}, \quad \boldsymbol{G}_y = \begin{bmatrix} -1 & -2 & -1 \\ 0 & 0 & 0 \\ 1 & 2 & 1 \end{bmatrix}. \tag{13.32}$$

（3）Prewitt 边缘检测算子.

Prewitt 算子与 Sobel 算子思路一样,只是利用邻近区域的梯度值来计算 1 个像素的梯度时,所设定的权重不一样. Prewitt 算子设定该像素周围的 8 个邻域空间的像素权重均为 1.具体由下式给出:

$$G(x,y) = \sqrt{\boldsymbol{G}_x^2 + \boldsymbol{G}_y^2}, \tag{13.33}$$

$$\begin{aligned} g(x) &\approx | f(x-1,y+1) - f(x+1,y+1) | + | f(x-1,y) - f(x+1,y) | \\ &\quad + | f(x-1,y-1) - f(x+1,y-1) |, \end{aligned}$$

$$\begin{aligned} g(y) &\approx | f(x-1,y-1) - f(x-1,y+1) | + | f(x,y-1) - f(x,y+1) | \\ &\quad + | f(x+1,y-1) - f(x+1,y+1) |, \end{aligned} \tag{13.34}$$

$$g(x,y) \approx \max[g(x), g(y)]. \tag{13.35}$$

Prewitt 算子是 3×3 算子模板,式(13.25)的 2 个卷积核 $\boldsymbol{G}_x$ 和 $\boldsymbol{G}_y$ 形成 Prewitt 算子.2 个卷积的最大值作为该点的输出值,

$$\boldsymbol{G}_x = \begin{bmatrix} 1 & 0 & -1 \\ 1 & 0 & -1 \\ 1 & 0 & -1 \end{bmatrix}, \quad \boldsymbol{G}_y = \begin{bmatrix} -1 & -1 & -1 \\ 0 & 0 & 0 \\ 1 & 1 & 1 \end{bmatrix}. \tag{13.36}$$

（4）基尔希(Kirsch)边缘检测算子.

下面所示的 8 个卷积核组成了 Kirsch 边缘算子:

$$\boldsymbol{G}_1 = \begin{bmatrix} 5 & 5 & 5 \\ -3 & 0 & -3 \\ -3 & -3 & -3 \end{bmatrix}, \quad \boldsymbol{G}_2 = \begin{bmatrix} -3 & 5 & 5 \\ -3 & 0 & 5 \\ -3 & -3 & -3 \end{bmatrix}, \quad \boldsymbol{G}_3 = \begin{bmatrix} -3 & -3 & 5 \\ -3 & 0 & 5 \\ -3 & -3 & 5 \end{bmatrix},$$

$$\boldsymbol{G}_4 = \begin{bmatrix} -3 & -3 & -3 \\ -3 & 0 & 5 \\ -3 & 5 & 5 \end{bmatrix}, \quad \boldsymbol{G}_5 = \begin{bmatrix} -3 & -3 & -3 \\ -3 & 0 & -3 \\ 5 & 5 & 5 \end{bmatrix}, \quad \boldsymbol{G}_6 = \begin{bmatrix} -3 & -3 & -3 \\ 5 & 0 & -3 \\ 5 & 5 & -3 \end{bmatrix},$$

$$\boldsymbol{G}_7 = \begin{bmatrix} 5 & -3 & -3 \\ 5 & 0 & -3 \\ 5 & -3 & -3 \end{bmatrix}, \quad \boldsymbol{G}_8 = \begin{bmatrix} 5 & 5 & -3 \\ 5 & 0 & -3 \\ -3 & -3 & -3 \end{bmatrix}.$$

$$\tag{13.37}$$

图像中的每个点都用 8 个掩膜进行卷积,每个掩膜对某个特定边缘方向作出最大响应.所有 8 个方向中的最大值作为边缘幅度图像的输出.

（5）拉普拉斯边缘检测算子.

拉普拉斯算子定义为

$$\nabla^2 f(x,y) = \frac{\partial^2 f(x,y)}{\partial x^2} + \frac{\partial^2 f(x,y)}{\partial y^2}. \qquad (13.38)$$

为了适合数字图像处理,通常将其简化为

$$\nabla^2 f(x,y) = |4f(x,y) - f(x+1,y) - f(x-1,y) - f(x,y+1) - f(x,y-1)|,$$

或

$$\nabla^2 f(x,y) = |8f(x,y) - f(x+1,y) - f(x-1,y) - f(x,y+1) - f(x,y-1)$$
$$- f(x-1,y-1) - f(x-1,y+1) - f(x+1,y-1) - f(x+1,y+1)|.$$
$$(13.39)$$

如果只考虑目标像素的 4-连通像素(即上下左右),则形成卷积核 G_x;若考虑目标像素的 8-连通像素,则形成卷积核 G_y:

$$G_x = \begin{bmatrix} 0 & -1 & 0 \\ -1 & 4 & -1 \\ 0 & -1 & 0 \end{bmatrix}, \quad G_y = \begin{bmatrix} -1 & -1 & -1 \\ -1 & 8 & -1 \\ -1 & -1 & -1 \end{bmatrix}. \qquad (13.40)$$

经拉普拉斯滤波过的图像具有零平均灰度.

如果一个无噪声图像具有陡峭的边缘,可用拉普拉斯算子将它们找出来. 但是由于噪声的存在,在运用拉普拉斯算子之前需要先进行低通滤波. 通常选用高斯低通滤波器,由卷积的结合律可以将拉普拉斯算子和高斯脉冲响应组合成一个单一的高斯-拉普拉斯(Laplacian of Gaussian, LOG) 核

$$f(x,y) = \frac{1}{2\pi\sigma^2} \exp\left(-\frac{x^2+y^2}{2\sigma^2}\right). \qquad (13.41)$$

令 $r^2 = x^2 + y^2$,则

$$\frac{\partial^2}{\partial x^2} f(x,y) = \frac{1}{2\pi\sigma^2}\left(-\frac{1}{\sigma^2} + \frac{x^2}{\sigma^4}\right)\exp\left(-\frac{r^2}{2\sigma^2}\right) = -\frac{1}{\pi\sigma^4}\left(\frac{1}{2} - \frac{x^2}{2\sigma^2}\right)\exp\left(-\frac{r^2}{2\sigma^2}\right),$$
$$(13.42)$$

同理可得

$$\frac{\partial^2}{\partial y^2} f(x,y) = -\frac{1}{\pi\sigma^4}\left(\frac{1}{2} - \frac{y^2}{2\sigma^2}\right)\exp\left(-\frac{r^2}{2\sigma^2}\right). \qquad (13.43)$$

则

$$\nabla^2 f(x,y) = \nabla^2\left[\frac{1}{2\pi\sigma^2}\exp\left(-\frac{x^2+y^2}{2\sigma^2}\right)\right]$$
$$= -\frac{1}{\pi\sigma^4}\left(1 - \frac{x^2+y^2}{2\sigma^2}\right)\exp\left(-\frac{x^2+y^2}{2\sigma^2}\right), \qquad (13.44)$$

即

$$-\nabla^2 f(x,y) = \frac{1}{\pi\sigma^4}\left(1 - \frac{x^2+y^2}{2\sigma^2}\right)\exp\left(-\frac{x^2+y^2}{2\sigma^2}\right). \qquad (13.45)$$

这个脉冲响应对 x 和 y 是可分离的,因此可以有效地加以实现,如图 13.9

所示.参数 σ 控制该中心峰的宽度,因此也控制了平滑的程度.

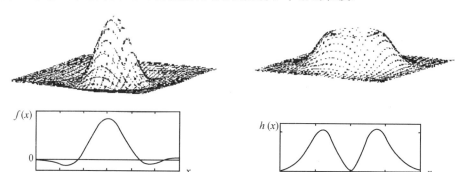

(a)脉冲响应　　　　　　　　　　　　　　(b)传递函数

图 13.9　高斯-拉普拉斯卷积

高斯-拉普拉斯卷积核为

$$\boldsymbol{h} = \begin{bmatrix} -1 & -2 & -2 & -2 & -1 \\ -2 & 0 & 4 & 0 & -2 \\ -2 & 4 & 12 & 4 & -2 \\ -2 & 0 & 4 & 0 & -2 \\ -1 & -2 & -2 & -2 & -1 \end{bmatrix}. \tag{13.46}$$

5. 模板的原则与物理本质

卷积的过程就是相当于把信号分解为无穷多的脉冲信号,然后进行冲激响应的叠加.如果只有一个脉冲,图像形状不变,数值为此值与原图像的乘积.线性系统可以看做是一列脉冲按时间延迟顺序经过后,获得结果的叠加.

如果一幅图像一直做卷积运算,那么图像尺寸会怎么变化?灰度值又会怎么变化呢?

一幅图像经过多次卷积运算后,图像的大小范围会一直变大,像元的灰度值变化取决于卷积模板内各数值之和.如果模板内各数值之和大于 1,那么对一幅图像进行多次卷积后,图像的数值会以高斯分布的形式逐渐变大;而当模板内各数值之和小于 1 时,图像的数值会逐渐变小趋于平均;当且仅当模板内各数值之和等于 1 时,图像无论经过多少次卷积后,能量(数值)均保持不变.当模板内各数值之和等于 1 时,则用该模板对一幅图像进行多次卷积后,卷积的结果使得能量总体保持不变.这样对于边缘提取的模板而言,就能够在保证总能量不变的前提下,起到增强边缘信息而非抑制边缘信息的作用.

一般情况下,因为我们做卷积的次数有限,图像范围、能量与原图像相比较变化较少,故在一定条件下模板前的系数可以忽略.但是我们应当明白,如果进行多次卷积,模板内各数值之间的关系是不可忽略的.

13.3.2 边缘连接

一幅边缘图通常用边缘点勾画出各个物体的轮廓,但很少能形成图像分割所需要的闭合且连通的边界.边缘点连接就是一个将邻近的边缘点连接起来从而产生一条闭合的连通边界的过程.这个过程填补了因为噪声和阴影的影响所产生的间隙.[4]

1. 启发式搜索

假定一幅边缘图像的某条边界上有一个像间隙的缺口,建立一个可以在任意连接两端点(称为 A,B)的路径上进行计算的边缘质量函数.这个函数可以包括各点边缘强度的平均值,也可以减去反映它们在方向角上的差值的某个度量.

首先要对 A 的邻域点进行评估,衡量哪一个可作为走向 B 第一步的候选,以能使 A 点到该点的边缘质量函数最大为原则,然后该点成为下一次迭代的起点.当最后连接到 B 时,将新建路径的边缘质量函数与一个阈值比较.如果新建的边缘不满足阈值条件,则被舍弃.

2. 曲线拟合

如果边缘点很稀疏,那么可能需要用分段线性或高阶样条曲线来拟合这些点,从而形成一条适用于抽取物体的边界.这里介绍一种称为迭代端点拟合的分段线性方法.

假定有一组散布在两个特定边缘点 A 和 B 之间的边缘点,希望从中选取一个子集作为从 A 到 B 的一条分段线性路径上的结点集.首先从 A 到 B 引一条直线,接着计算其他的每个边缘点到该直线的垂直距离,其中最远的点成为所求路径上的另一个结点,这样一来这条路径有 2 个分支.对路径上的每条新分支重复这个过程,直到剩下的边缘点与其最近的分支的距离都不大于某固定距离时结束.对所有围绕物体的点对 (A,B) 施行此过程会产生边界的一个多边形近似.

3. 霍夫(Hough)变换

直线 $y=mx+b$ 可用极坐标表示为

$$\rho = x\cos(\theta) + y\sin(\theta), \tag{13.47}$$

其中 ρ 和 θ 定义了一个从原点到线上最近点的向量,如下图 13.10 所示.这个向量与该直线垂直.

考虑一个以参数 ρ,θ 定义的一个二维空间.xy 平面的任一直线对应了该空间的一个点.因此,xy 平面的任一直线的 Hough 变换是 ρ,θ 空间中的一个点.

现在考虑 xy 平面的一个特定的点 (x_1,y_1).过该点的直线可以有很多,每一条都对应了 ρ,θ 空间中的一个点.然而这些点,必须满足以 x_1 和 y_1 作为常量时的式 (13.47).因此在参数空间中一条与 xy 平面中所有这些直线对应的点的轨迹是一

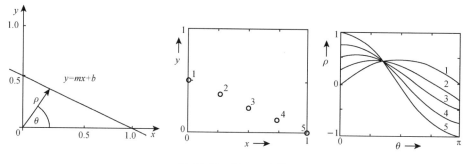

图 13.10　Hough 变换

条正弦型曲线,而 xy 平面上的任一点对应了 ρ,θ 空间的一条正弦曲线.

如果有一组位于由参数 ρ_0 和 θ_0 决定的直线上的边缘点,则每个边缘点对应了 ρ,θ 空间的一条正弦型曲线.所有这些曲线必交于点 (ρ_0,θ_0),因为这是它们共享的一条直线的参数.

为了找出这些点所构成的直线段,可以建立一个在 ρ,θ 空间的二维直方图.每个边缘点 (x_i,y_i) 将给所有与该点的 Hough 变换(正弦曲线)对应的 ρ,θ 空间直方图方格的一个增量.当对所有边缘点施行完这种操作后,包含 (ρ_0,θ_0) 的方格将具有局部最大值.然后对 ρ,θ 间的直方图进行局部最大值搜索,以获得边界线段的参数.

4. 边界曲率分析

一条曲线上某点处的曲率定义为该点沿曲线方向的切线角度的变化.一个物体的边界的曲率在凸起处取正值,而在凹陷处取负值.

例如,图 13.11 所示的边界曲率图显示了两个分别对应于凹陷处的负尖峰.如果该物体应该是凸的,那么这就表明了一个错误分割.在 a 和 b 之间引一条割线可以隔开两个物体.因此,边界曲率函数就可用来协助进行自动检测并纠正分割错误.

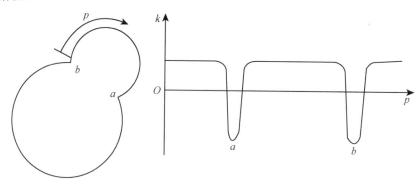

图 13.11　边界曲率函数

13.4　区域生长与分裂合并

13.4.1　分割思想

区域生长和分裂合并法是两种典型的串行区域技术,其分割过程的后续处理步骤要根据前面步骤的结果而确定.

区域生长的基本思想是将具有相似特性的像素集合起来构成一个区域.首先为每个需要分割的区域确定一个种子像素作为生长起点,然后按一定的生长准则把它周围与其特性相同或相似的像素合并到种子像素所在的区域中.把这些新像素作为种子继续生长,直到没有满足条件的像素可被包括,这时生长停止,一个区域就形成了.

分裂合并法的基本思想是从整幅图像开始通过不断分裂合并得到各个区域.

13.4.2　基于异质性最小准则的区域生长合并算法

区域生长合并的基本思想是将有相似性质的像素集合起来构成区域,基于异质性最小准则的区域生长合并算法主要考虑了光谱和形状.[5]

为达到异质性最小的目的,分割前确定影响异质性的两种因子:光谱因子与形状因子.任何一个影像对象的异质性值 f 都由光谱因子权重 w_{color}、形状因子权重 w_{shape}、光谱异质性值 h_{color}、形状异质性值 h_{shape} 计算得到.形状因子由紧凑度 $h_{compact}$ 和光滑度 h_{smooth} 两部分组成,取决于组成对象的像元数目,对象周长与包含该对象的最小矩形周长.

本节采用 Baatz 和 Schape 提出的光谱异质性度量准则和形状异质性度量准则作为异质性度量准则来进行区域生长合并.异质性值 f 具体的计算过程如下[6]:

$$f = w_{color}h_{color} + w_{shape}h_{shape}, \tag{13.48}$$

其中 $w_{color} \in [0,1]$, $w_{shape} \in [0,1]$, $w_{color} + w_{shape} = 1$.

对象的光谱异质性值用式(13.49)来计算,即

$$h_{color} = \sum_c w_c [n_{merge}\sigma_c^{merge} - (n_{obj1}\sigma_c^{obj1} + n_{obj2}\sigma_c^{obj2})], \tag{13.49}$$

其中 n_{merge} 表示合并后对象中包含的像素个数,n_{obj1},n_{obj2} 分别表示合并前对象 1 和对象 2 中的像素个数;σ_c 表示对象在第 c 层数据中的标准差,上标的 merge,obj1,obj2 分别指合并后对象、对象 1 和对象 2;w_c 表示第 c 层数据所占的权重,范围在 0~1 之间.

形状异质性值 h_{shape} 由对象的光滑度和紧凑度组成,描述的是合并前后对象形状的改变,用式(13.50)表示,即

$$h_{\text{shape}} = w_{\text{compact}} h_{\text{compact}} + w_{\text{smooth}} h_{\text{smooth}}, \tag{13.50}$$

$$h_{\text{compact}} = n_{\text{merge}} \frac{l_{\text{merge}}}{\sqrt{n_{\text{merge}}}} - \left(n_{\text{obj1}} \frac{l_{\text{obj1}}}{\sqrt{n_{\text{obj1}}}} + n_{\text{obj2}} \frac{l_{\text{obj2}}}{\sqrt{n_{\text{obj2}}}} \right), \tag{13.51}$$

$$h_{\text{smooth}} = n_{\text{merge}} \frac{l_{\text{merge}}}{b_{\text{merge}}} - \left(n_{\text{obj1}} \frac{l_{\text{obj1}}}{b_{\text{obj1}}} + n_{\text{obj2}} \frac{l_{\text{obj2}}}{b_{\text{obj2}}} \right), \tag{13.52}$$

其中 $h_{\text{compact}}, h_{\text{smooth}}$ 分别表示对象的紧凑度和光滑度, 具体表达式见式(13.51),
(13.52); $w_{\text{compact}}, w_{\text{smooth}}$ 分别是紧凑度和光滑度所占的权重, 范围在 $0 \sim 1$ 之间, 且
$w_{\text{compact}} + w_{\text{smooth}} = 1$; 式中 l 表示对象的周长, n 表示对象包含的像素个数, b 表示包
含该对象的最小矩形的周长. 对象的光滑异质性值即为对象的周长与包含该对象
的最小矩形的周长之比; 对象的紧凑度异质性值为对象的周长与该对象所含像素
的平方根之比.

13.4.3 多尺度分割思想

多尺度分割是一种图像分割的思想, 按照实际需要可以选取不同的尺度来
进行分割. 多尺度分割的具体步骤如图 13.12 所示.

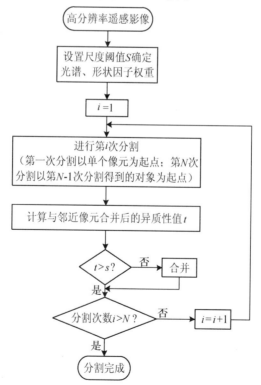

图 13.12 多尺度分割流程图

13.5 数学形态学图像处理

13.5.1 基本概念

利用数学形态学的思想可以对分割后的图像(二值化图像)做进一步处理,使得分割效果更加理想化.数学形态学的基本思想是把图像看做一个集合,而图像上各种待提取的对象构成了图像的子集,然后用具有一定形状和大小的结构元素(图 13.13)作探针,来探测图像中物体目标的结构及拓扑关系.[7]

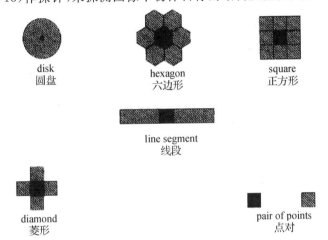

disk
圆盘

hexagon
六边形

square
正方形

line segment
线段

diamond
菱形

pair of points
点对

图 13.13 几种常用结构元素

数学形态学是由一组形态学的代数运算子组成的,它的基本运算有 4 个:膨胀(或扩张)、腐蚀(或侵蚀)、开运算和闭运算.

13.5.2 腐蚀和膨胀

数学形态学的运算是以腐蚀(erosion)和膨胀(dilation)这两种运算为基础的.根据定义,边界点是位于物体内部但至少有一个邻点位于物体外部的像素.

1. 腐蚀

集合 X 被结构元素 B 腐蚀表示为 $\varepsilon_B(X)$,是指当 B 被 X 包含时,B 的原点所在点 x 的集合 B_x,也包含于 X,如图 13.14 所示,具体表示为

$$\varepsilon_B(X) = \{x \,|\, B_x \subseteq X\}. \tag{13.53}$$

2. 膨胀

集合 X 被结构单元 B 膨胀,可表示为 $\delta_B(X)$,是指当 B 击中 X 时,B 的原点所在点 x 的集合 B_x 与 X 的交集不是空集的集合,如图 13.15 所示,具体表

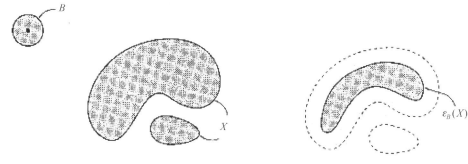

图 13.14 结构元素 B 对集合 X 的腐蚀

示为

$$\delta_B(X) = \{x \mid B_x \cap X \neq \varnothing\}. \tag{13.54}$$

简单膨胀是将与某物体接触的所有背景点合并到该物体中的过程.

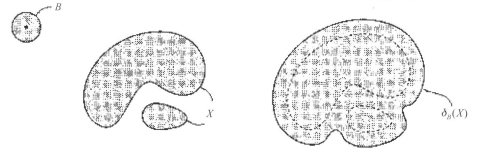

图 13.15 结构元素 B 对集合 X 的膨胀

13.5.3 开运算和闭运算

1. 开运算

开运算 $\gamma_B(f)$ 定义为先用结构元素 B 对图像进行腐蚀运算,然后用对称的结构元素 $-B$ 对腐蚀得到的图像进行膨胀运算(参见图 13.16),即

$$\gamma_B(f) = \delta_B[\varepsilon_B(f)]. \tag{13.55}$$

当结构元素 B 被集合 X 包含时,整个 B 都被保留(注意与腐蚀的差别).

图 13.16 结构元素 B 对集合 X 作开运算

2. 闭运算

灰值图像的闭运算 $\phi_B(f)$ 定义为先用结构元素 B 对图像进行膨胀运算,然后用对称的结构元素 $-B$ 对膨胀得到的图像进行腐蚀运算(参见图 13.17),即

$$\phi_B(f) = \varepsilon_B[\delta_B(f)]. \tag{13.56}$$

如果结构元素 B 被 X 的补集所包含,那么 B 就属于闭运算结果的补集.

通常,当有噪声的图像用阈值二值化时,所得到的边界往往是很不平滑的,物体区域具有一些错判的孔,背景区域上则散布着一些小的噪声物体.连续的开和闭运算可以显著地改善这种情况.有时连续几次腐蚀迭代之后,加上相同次数的膨胀,才可以产生所期望的效果.

图 13.17 结构元素 B 对集合 X 作闭运算

13.6 分割图像的结构化

通常,每个物体在被检测时都应该标以一个编号.这个物体编号可用来识别和跟踪景物中的物体.在这一节,将讨论三种对分割图像进行结构化即存储分割图像的方法.

13.6.1 物体隶属关系图

存储分割信息的一种方法是另外生成一幅与原图大小相同的图像.在这幅图像中逐个像素地用物体隶属关系进行编码.例如,图像中所有属于 27 号物体的像素在隶属关系图中将具有第 27 级灰度值.[8]

13.6.2 边界链码

存储图像分割信息的一个更紧凑的形式是边界链码.只存储边界,不存内部点.

链码是从在物体边界上任意选取的某个起始点 (x, y) 开始的.这个起始点有 8 个邻接点,其中至少有一个是边界点.边界链码规定了从当前边界点走到下一个边界点这一步骤必须采用的方向.

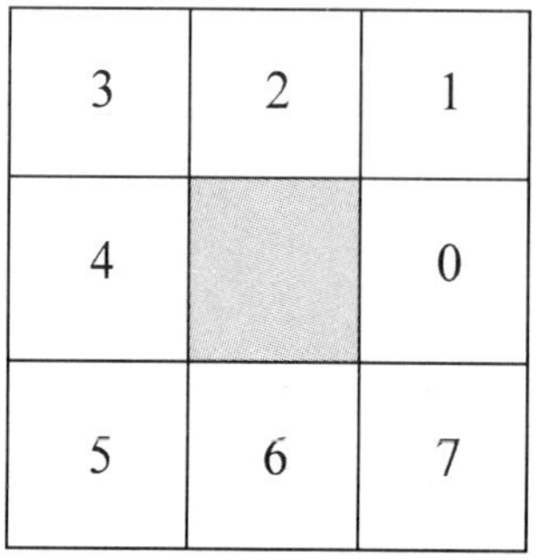

3	2	1
4		0
5	6	7

图 13.18　边界方向码

由于有 8 种可能的方向,因此可以将它们从 0 到 7 编号.图 13.18 显示了一种可用的 8 个方向的编码方案.因此边界链码包含了起始点的坐标,以及用来确定围绕边界路径走向的编码序列.[9]

13.6.3　线段编码

线段编码是用来存储被抽取物体的一种逐行处理技术.图 13.19 示出了一个例子,假设想用灰度级阈值 T 来分割一幅图像.[10]

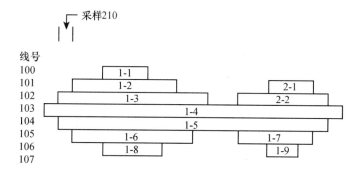

图 13.19　物体的线段

图 13.20 显示了一种将物体段信息组织起来存储在磁盘上的方法.每次定位一个新物体,程序就生成一个新的物体文件.这个文件以一个包含物体编号和物体中段数目的标志开始,其中后一条目必须持续修改直到物体的分割完成为止.

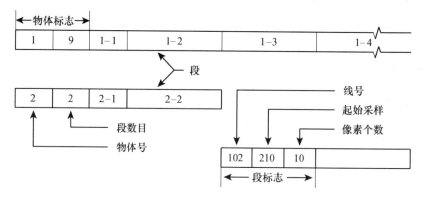

图 13.20　物体段文件

13.7　小　　结

图 13.21 为本章内容总结图,对应的主要数理公式如表 13.1 所示.

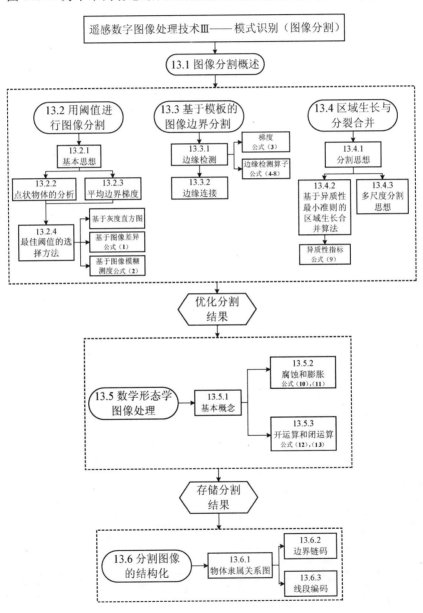

图 13.21　本章内容总结图

表 13.1　本章数理公式总结

公式(1)	$t^* = \arg \max\limits_{0 \leqslant t \leqslant L-1} (\sigma_B^2)$	式(13.13)	详见 13.2.4
公式(2)	$t^* = \arg \min\limits_{0 \leqslant t \leqslant L-1} \gamma_t(X)$	式(13.21)	详见 13.2.4
公式(3)	$\nabla f(x,y) = \boldsymbol{i} \dfrac{\partial f(x,y)}{\partial x} + \boldsymbol{j} \dfrac{\partial f(x,y)}{\partial y}$	式(13.22)	详见 13.3.1
公式(4)	$\boldsymbol{G}_x = \begin{bmatrix} 0 & -1 \\ 1 & 0 \end{bmatrix}, \quad \boldsymbol{G}_y = \begin{bmatrix} 1 & 0 \\ 0 & -1 \end{bmatrix}$	式(13.28)	详见 13.3.1
公式(5)	$\boldsymbol{G}_x = \begin{bmatrix} -1 & 0 & 1 \\ -2 & 0 & 2 \\ -1 & 0 & 1 \end{bmatrix}, \quad \boldsymbol{G}_y = \begin{bmatrix} -1 & -2 & -1 \\ 0 & 0 & 0 \\ 1 & 2 & 1 \end{bmatrix}$	式(13.32)	详见 13.3.1
公式(6)	$\boldsymbol{G}_x = \begin{bmatrix} 1 & 0 & -1 \\ 1 & 0 & -1 \\ 1 & 0 & -1 \end{bmatrix}, \quad \boldsymbol{G}_y = \begin{bmatrix} -1 & -1 & -1 \\ 0 & 0 & 0 \\ 1 & 1 & 1 \end{bmatrix}$	式(13.36)	详见 13.3.1
公式(7)	$\boldsymbol{G}_1 = \begin{bmatrix} 5 & 5 & 5 \\ -3 & 0 & -3 \\ -3 & -3 & -3 \end{bmatrix}, \quad \boldsymbol{G}_2 = \begin{bmatrix} -3 & 5 & 5 \\ -3 & 0 & 5 \\ -3 & -3 & -3 \end{bmatrix},$ $\boldsymbol{G}_3 = \begin{bmatrix} -3 & -3 & 5 \\ -3 & 0 & 5 \\ -3 & -3 & 5 \end{bmatrix}, \quad \boldsymbol{G}_4 = \begin{bmatrix} -3 & -3 & -3 \\ -3 & 0 & 5 \\ -3 & 5 & 5 \end{bmatrix},$ $\boldsymbol{G}_5 = \begin{bmatrix} -3 & -3 & -3 \\ -3 & 0 & -3 \\ 5 & 5 & 5 \end{bmatrix}, \quad \boldsymbol{G}_6 = \begin{bmatrix} -3 & -3 & -3 \\ 5 & 0 & -3 \\ 5 & 5 & -3 \end{bmatrix},$ $\boldsymbol{G}_7 = \begin{bmatrix} 5 & -3 & -3 \\ 5 & 0 & -3 \\ 5 & -3 & -3 \end{bmatrix}, \quad \boldsymbol{G}_8 = \begin{bmatrix} 5 & 5 & -3 \\ 5 & 0 & -3 \\ -3 & -3 & -3 \end{bmatrix}.$ 式(13.37)		详见 13.3.1
公式(8)	$\boldsymbol{G}_x = \begin{bmatrix} 0 & -1 & 0 \\ -1 & 4 & -1 \\ 0 & -1 & 0 \end{bmatrix}, \quad \boldsymbol{G}_y = \begin{bmatrix} -1 & -1 & -1 \\ -1 & 8 & -1 \\ -1 & -1 & -1 \end{bmatrix}$ 式(13.40)		详见 13.3.1
公式(9)	$f = w_{\text{color}} h_{\text{color}} + w_{\text{shape}} h_{\text{shape}}$	式(13.48)	详见 13.4.2
公式(10)	$\varepsilon_B(X) = \{ x \,|\, B_x \subseteq X \}$	式(13.53)	详见 13.5.2
公式(11)	$\delta_B(X) = \{ x \,|\, B_x \cap X \neq \varnothing \}$	式(13.54)	详见 13.5.2
公式(12)	$\gamma_B(f) = \delta_B[\varepsilon_B(f)]$	式(13.55)	详见 13.5.3
公式(13)	$\phi_B(f) = \varepsilon_B[\delta_B(f)]$	式(13.56)	详见 13.5.3

参考文献

[1] Rosenfield A. Connectivity in digital pictures[J]. Journal of the ACM, 1970(17).

［2］Marr D，Hildreth E. Theory of edge detection［J］. Proc. R. Soc. London，Series B，1980(207).

［3］Panda D P，Rosenfeld A. Image segmentation by pixel classification in (gray level，edge value) space［J］. IEEE Transaction on Computers，1978(C-27).

［4］Freeman H. Boundary encoding and processing［M］//Lipkin B S，Rosenfeld A. Picture processing and psyhopictorics，Academic Press，New York，1970.

［5］Serra J. Image analysis and mathematical morphology［M］. Academic Press，New York，1982.

［6］Weszka J. A survey of threshold selection techniques［J］. Computer Graphics and Image Processing，1978.

［7］Dacis L S. A survey of edge detection techniques［J］. CGIP，1975(4).

［8］Wall R J，Klinger A，Cattleman K R. Analysis of image histograms［M］. Joint Conf. on Pattern Recognition (IEEE Pub. 74CH-0885-4C)，341-344，Copenhagen. August，1974.

［9］Necatia R. Locating object boundary in textured environments［J］. IEEE Transaction on Computers，1976(C-25).

［10］Zucker S. Region growing：childhood and adolescence［J］. Computer Graphics and Image Processing，1976(5).

第十四章　遥感数字图像处理技术Ⅲ
——模式识别(特征提取及分类)

章前引导　图像信息提取是遥感数字图像处理的最重要目的.为了提取图像中的有用信息,需要对图像进行模式识别处理.模式识别一般分为三大步骤:特征"寻找"、"提取"和"归类",即图像分割、特征提取与判断分类.图像分割已在第十三章中阐述,是遥感应用的手段;特征提取与分类将在本章阐述,是遥感应用的目的,也是决定分类性能的最终要素.

　　上一章主要讲述了模式识别中的图像分割或物体分离,在本章中将讨论如何对图像中的物体进行特征提取测量,以及如何利用统计决策理论对这些物体进行分类.本章内容具体包括:特征提取及分类概述(第14.1节),介绍四种模式识别的方法;遥感图像的特征测量(第14.2节),采用人工方法定量化地测量遥感图像中目标的特征;曲线与表面拟合(第14.3节),在特征测量的基础上采用计算机方法公式化地对目标特征进行拟合;遥感图像目标的分类识别(第14.4节),将特征空间划分以实现目标分类识别;错误率的估计(第14.5节),以检验目标分类结果的可信度.由此,实现了遥感应用的根本目标——目标对象的识别.图14.1为本章各节的逻辑框图.

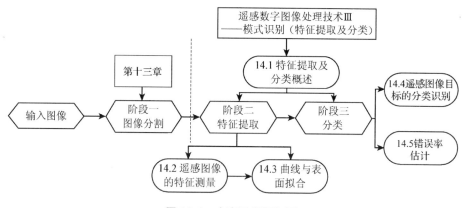

图 14.1　本章逻辑框架图

　　模式识别的第一个阶段称为图像分割或物体分离,已在第十三章中介绍;第二个阶段称为特征提取,在该阶段中对物体进行度量;第三个阶段是分类决策及决策正确与否的估计,它仅仅是一种决策,确定每个物体应该归属的类别.

14.1　特征提取及分类概述

通常有四种基本的模式识别方法:统计模式识别、结构模式识别、模糊模式识别、神经网络模式识别[1],本节分别对这四种模式识别方法进行了介绍,本章所采用的模式识别方法是基于统计模式识别的.

14.1.1　模式识别方法

1. 统计模式识别

统计模式识别(statistic pattern recognition)的基本原理是:有相似性的样本在模式空间中互相接近,并形成"集团",即"物以类聚".[2]其分析方法是根据模式所测得的特征向量 $\boldsymbol{x}_i = (x_{i1}, x_{i2}, \cdots, x_{id})^{\mathrm{T}}$($i=1,2,\cdots,N$,T 表示转置,$N$ 为样本点数,d 为样本特征数),将一个给定的模式归入 c 个类别 $\omega_1, \omega_2, \cdots, \omega_c$ 中,然后根据模式之间的距离函数来判别分类.

2. 结构模式识别

在一些图像识别的问题中,识别的目的不仅要把图像指定到一个特定类别(即分类),而且还要描述图像的形态.这时就用语言结构法来识别图像.

3. 模糊模式识别

1965 年,Zadeh 提出了他著名的模糊集理论,从此创建了一个新的学科——模糊数学.模糊集理论是对传统集合理论的一种推广,对于模糊集来说,每一个元素都是以一定的程度属于某个集合,也可以同时以不同的程度属于几个集合.上述内容应用到模式识别领域从而形成模糊模式识别.

4. 神经网络模式识别

神经网络模式识别方法的一个重要特点就是它能够较有效地解决很多非线性问题,但神经网络中有很多重要的问题尚没有从理论上得到解决[3],因此实际应用中仍有许多因素需要凭经验确定,比如如何选择网络节点数、初始权值和学习步长等.此外还有局部极小点问题、过学习与欠学习问题等也在很多神经网络方法中普遍存在的.经过研究发现,统计学习理论为研究模式识别和神经网络问题提供了一个更完善的理论框架.[4,5]

14.1.2　遥感数字图像的特征提取与分类估计

特征提取主要有两种方式,一种是选择能有效表征物体特征的量(具体将在 14.2 节中阐述);另一种是利用曲线或表面拟合直接模拟物体[6](具体将在 14.3 节中阐述).

分类估计(14.4节)中我们将具体讲述统计决策法的贝叶斯(Bayes)估计法和最大似然法,其他的统计决策方法思想与此两种方法相似,就不再赘述;我们将在14.5节中具体阐述比例估计.

14.2 遥感图像的特征测量

本节主要对采用人工方法定量化地测量遥感图像中目标的特征进行了介绍,着重讲解了物体测量的问题.通过这些测量给出待识别物体的特征向量,将物体分解为无数个小三角形,为下节曲线与表面拟合打下基础,此外本节还介绍了面积、周长、形状分析、纹理这几种常用的反映物体尺寸的特征.

14.2.1 图像中目标的面积和周长

面积和周长可以很容易地在由已分割的图像中抽取物体的过程中计算出来.

1. 边界定义

在给出一个计算物体面积和周长的算法之前,必须明确关于物体边界的定义,确认是在测量同一个多边形的周长和面积.[7]必须要解决的问题是:边界像素是全部还是部分地包含在物体中.换句话说,物体的实际边界是穿过了边界像素的中心还是围绕着它们的外边缘.

2. 像素计数面积

最简单的(未校准的)面积计算方法是统计边界内部(也包括边界上)的像素数目.与这个定义相对应,周长就是围绕所有这些像素的外边界的长度.通常,测量这个距离时包含了许多90°的转弯,从而夸大了周长值.

3. 多边形的周长

一个让人更满意的测量物体周长的方法是将物体边界定义为以各边界像素中心为顶点的多边形.于是,相应的周长就是一系列横竖向($\Delta P = 1$)和对角线方向($\Delta p = \sqrt{2}$)的间距之和.[8]这个和可以在用行程编码抽取物体时累加或建立链码表示时对边界进行一趟跟踪的过程中累加.一个物体的周长可表示为

$$p = N_{even} + \sqrt{2} N_{odd}, \tag{14.1}$$

其中N_{even}和N_{odd}分别是边界链码中约定走偶步与走奇步的数目.周长也可以简单地从物体分块文件中通过计算边界上相邻像素的中心距离之和得到.相应的周长等于多边形各边长之和,如果该多边形的所有边界点都用作顶点,周长将成为前面所得出的所有横竖向和对角线方向测量值之和.

4. 多边形的面积

按像素中心的定义,多边形的面积等于所有像素点的个数减去边界像素点

数目的一半加 1,即

$$A = N_O - [N_B/2 + 1], \tag{14.2}$$

其中 N_O 和 N_B 分别是物体的像素(包括边界像素数目)和边界上像素数目. 在通常情况下,边界像素的一半在物体内而另一半在物体外,而且绕一个封闭曲线一周,由于物体总的说来是凸的,相当于一半像素的附加面积是落在物体外的. 换句话说,可以通过减去周长的一半来近似地修正这种由像素点个数导出的面积.

有一种简化计算的方法,可在对多边形的一次遍历中计算出其面积和周长,即一个多边形的面积等于由各定点与内部任意一点的连线所组成的全部三角形的面积之和,如图 14.2 所示. 为不失一般性,我们可以令该点为图像坐标系的原点.

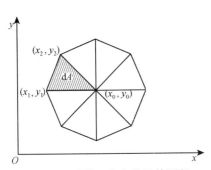

图 14.2 计算一个多边形的面积

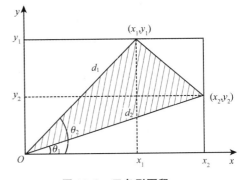

图 14.3 三角形面积

如图 14.3 所示,三角形的面积为

$$dA = x_2 y_1 - \frac{1}{2} x_1 y_1 - \frac{1}{2} x_2 y_2 - \frac{1}{2}(x_2 - x_1)(y_1 - y_2), \tag{14.3}$$

展开整理得

$$dA = \frac{1}{2}(x_2 y_1 - x_1 y_2), \tag{14.4}$$

则整个多边形的面积为

$$A = \frac{1}{2} \sum_{i=1}^{N} (x_{i+1} y_i - x_i y_{i+1}),$$

$$dA = \frac{1}{2} \sin(\theta_2 - \theta_1) d_1 d_2$$

$$= \frac{1}{2}(\sin\theta_2 \cos\theta_1 - \cos\theta_2 \sin\theta_1) d_1 d_2 = \frac{1}{2}\left(\frac{y_1}{d_1}\frac{x_2}{d_2} - \frac{x_1}{d_1}\frac{y_2}{d_2}\right) d_1 d_2$$

$$= \frac{1}{2}(y_1 x_2 - y_2 x_1) = \frac{1}{2} \sum_{i=1}^{N} (x_{i+1} y_i - x_i y_{i+1}),$$

$$\tag{14.5}$$

其中 N 是边界点的数目.

需注意的是,如果原点位于物体之外,任意一个特定的三角形都包含了一些不在多边形内的面积.还应注意一个特定三角形的面积可以为正或负,它的符号是由遍历边界的方向来决定的,当对边界做了一次完整的遍历后,落在物体之外的面积都已被减去.利用格林(Green)定理可以构造一个更简单的,并且有同样结果的方法,这个由积分计算得到的结论表明: xy 平面中的一个闭合曲面包围的面积由其轮廓积分给定,即

$$A = \frac{1}{2}\oint (x\mathrm{d}y - y\mathrm{d}x),\tag{14.6}$$

其中的积分沿着该闭合曲线进行,这正好是格林位置积分的表达式.将其离散化,式(14.6)变为

$$A = \frac{1}{2}\sum_{i=1}^{N}\left[x_i(y_{i+1} - y_i) - y_i(x_{i+1} - x_i)\right].\tag{14.7}$$

14.2.2　图像中目标的形状分析

通常,可以通过一类物体的形状将它们从其他物体中区分出来.形状特征可以独立使用或与尺寸测量值结合使用.[9] 在这一节,要讨论一些常用的形状参数.

1. 矩形度

反映一个物体矩形度的参数是矩形拟合因子:
$$R = A_\mathrm{O}/A_\mathrm{R}\tag{14.8}$$
其中, A_O 是该物体的面积,而 A_R 是其最小外接矩形(minimum enclosing rectangle, MER)的面积. R 反映了一个物体对其 MER 的充满程度.对于矩形物体 R 取得最大值 1.0,对于圆形物体 R 取值为 $\pi/4$,对于纤细、弯曲的物体 R 取值变小.矩形拟合因子的值限定于0~1.

2. 长宽比

长宽比等于 MER 的宽 W 与长 L 的比值,即
$$A = W/L.\tag{14.9}$$
这个特征可以把较纤细的物体与方形或圆形物体区分开.

3. 圆形度

有一组形状特征被称为圆形度指标,因为它们在对圆形形状计算时取最小值.它们的幅度值反映了被测量边界的复杂程度.最常用的圆形度指标是
$$C = P^2/A,\tag{14.10}$$
也就是周长 P 的平方与面积 A 的比.这个特征对圆形形状取最小值 4π.越复杂的形状取值越大.圆形度指标 C 与边界复杂性概念有着粗略的联系.

　　第二个相关的圆形度指标是边界能量.假定一个物体的周长为 P,用变量 p 表示从边界上某一起点环绕边界的距离.在任一点,边界都有一个瞬时曲率半径 $r(p)$.这是在该点与边界相切的圆的半径(参见图 14.4).在该点的曲率函数是

$$K(p) = 1/r(p). \tag{14.11}$$

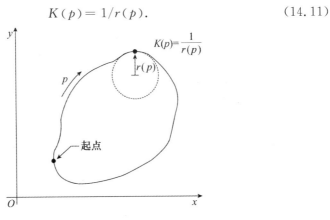

图 14.4　曲率半径

函数 $K(p)$ 是周期为 P 的周期函数.可以用下式计算单位边界长度的平均能量:

$$E = \frac{1}{P} \int_0^p |K(p)|^2 \mathrm{d}p. \tag{14.12}$$

对于一个固定的面积值,圆形具有最小边界能量

$$E_0 = \left(\frac{2\pi}{P}\right)^2 = \left(\frac{1}{R}\right)^2, \tag{14.13}$$

这里 R 是该圆的半径.曲率可以很容易地由链码算出,因而边界能量也可方便计算.边界能量比式(14.10)中的圆形度指标更符合人在感觉上对边界复杂性的评价.

　　第三个圆形度指标利用了从边界上的点到物体内部某点的平均距离.这个距离是

$$\bar{d} = \frac{1}{N} \sum_{i=1}^{N} x_i, \tag{14.14}$$

其中 x_i 是从一个具有 N 个点的物体中的第 i 个点到与其最近的边界点的距离.相应的形状度量为

$$g = \frac{A}{\bar{d}^2} = \frac{N^3}{\left(\sum_{i=1}^{N} x_i\right)}. \tag{14.15}$$

式(14.15)的分母中的和是经距离变换后的图像的综合光密度(integrated

optical density,IOD).经距离变换后的图像中某像素的灰度级反映了该像素与其最近边界的距离.图 14.5 显示了一个二值图像及其距离变换的结果.

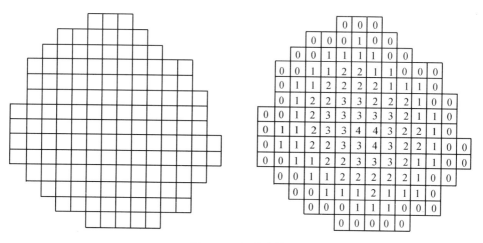

图 14.5　距离变换

对于圆和规则的多边形,式(14.10)与式(14.15)给出同样的值.但对于更复杂的形体,式(14.15)的分辨能力更强.

4.不变矩

(1)背景.

函数的矩(moment)在概率理论中经常使用.几个从矩导出的期望值同样适用于形状分析.

定义具有两个变元的有界函数 $f(x,y)$ 的矩集为

$$M_{jk} = \int_{-\infty}^{\infty} \int_{-\infty}^{\infty} x^i y^k f(x,y) \mathrm{d}x \mathrm{d}y, \tag{14.16}$$

这里 j 和 k 可取所有的非负整数值.概率密度函数(probability density function,PDF)的矩在概率论中广泛使用.

由于 j 和 k 可取所有的非负整数值,它们产生一个矩的无限集.而且,这个集合完全可以确定函数 $f(x,y)$ 本身.换句话说,集合 $|M_{jk}|$ 对于函数 $f(x,y)$ 是唯一的,也只有 $f(x,y)$ 才具有该特定的矩集.

为了描述形状,假设 $f(x,y)$ 在物体内取值 1 而在其他位置取值均为 0.这种剪影函数只反映了物体的形状而忽略了其内部的灰度级细节.每个特定的形状具有一个特定的轮廓和一个特定的矩集.

参数 $j+k$ 称为矩的阶.零阶矩只有一个:

$$M_{00} = \int_{-\infty}^{\infty} \int_{-\infty}^{\infty} f(x,y) \mathrm{d}x \mathrm{d}y. \tag{14.17}$$

显然,它是该物体的面积.1 阶矩有两个,高阶矩则更多.用 M_{00} 除所有的 1 阶矩和高阶矩可以使它们与物体的大小无关.

(2) 中心距.

一个物体的重心坐标是

$$\bar{x} = \frac{M_{10}}{M_{00}}, \quad \bar{y} = \frac{M_{01}}{M_{00}}. \tag{14.18}$$

所谓的中心矩是以重心作为原点进行计算:

$$u_{jk} = \int_{-\infty}^{\infty} \int_{-\infty}^{\infty} (x - \bar{x})^j (y - \bar{y})^k f(x, y) \mathrm{d}x \mathrm{d}y, \tag{14.19}$$

因此中心矩具有位置无关性.

(3) 主轴.

定义二阶中心矩为 $\mu_2(x)$,则 k 阶中心矩为 $\mu_k(x)$,使 $\mu_k(x)$ 变得最小的旋转角 θ 可以由下式得出:

$$\tan 2\theta = \frac{2\mu_{11}}{\mu_{20} - \mu_{02}}, \tag{14.20}$$

将 x, y 轴旋转 θ 角得坐标轴 (x', y') 称之为该物体的主轴.式(14.17)中在 θ 为 90°时的不确定性可以通过指定

$$\mu_{20} < \mu_{02}, \ \mu_{30} > 0 \tag{14.21}$$

得到解决.如果物体在计算矩之前旋转 θ 角,或相对于 x', y' 轴计算矩,那么矩具有旋转不变性.

相对于主轴计算并用面积规范化的中心矩,在物体放大、平移、旋转时保持不变.只有三阶或更高阶的矩经过这样的规范化后不能保持不变性.这些矩的幅值反映了物体的形状并能够用于模式识别.[10]不变矩及其组合已经用于印刷体字符的识别和染色体分析中.

14.2.3　图像中目标的纹理

纹理(texture)在遥感中的定义是一种反映区域中像素灰度级的空间分布的属性.

纹理特征是一个从物体的图像中计算出来的值,它对物体内部灰度级变化的特征进行了量化.[11]通常,纹理特征与物体的位置、走向、尺寸和形状有关,但与平均灰度级(亮度)无关.

简单的灰度级变化统计指标包括标准偏差、方差、倾斜度和峰度.这些可以像计算模块特征一样被作为物体的灰度级直方图的矩来计算,得出

$$I = \sum_{i=1}^{N} \frac{H_i - M/N}{\sqrt{\dfrac{H_i(1 - H_i/M) + M(1 - 1/N)}{N}}}, \tag{14.22}$$

其中 M 是物体内部的像素个数, N 是灰度尺度内灰度级的个数, I 是灰度直方图的矩, H_i 是第 i 阶灰度级的像素个数.

上述 I 是基于统计得到的, 此外对于一个给定的图像, 二维傅里叶变换显然能够获得其全部的纹理信息. 因此, 如同从物体本身导出纹理特征一样, 从频谱导出也是很有用的, 这种基于频谱得到的纹理特征也就是频谱纹理特征.

14.3 曲线与表面拟合

本节在特征测量的基础上采用计算机方法公式化地对目标特征进行拟合. 图像分析中, 在特征测量的基础上常对一个数据点使用多项式或高斯函数等进行一维函数拟合, 对一幅图像使用二维多项式或高斯函数等进行二维表面拟合. 拟合可以用来消除噪声, 可以确定描述物体的各个参数值(如位置、尺寸、形状、幅度等), 从而可用做测量函数[12]. 本节介绍了五种拟合方法.

14.3.1 最小均方误差拟合

给定一个子集 (x_i, y_i), 常用的拟合技术是找出函数 $f(x)$, 使其均方误差最小. 这可以通过下式给出:

$$\text{MSE} = \frac{1}{N} \sum_{i=1}^{N} [y_i - f(x_i)]^2. \qquad (14.23)$$

其中数据点 (x_i, y_i) 共有 N 个.

例如, 若 $f(x)$ 是抛物线, 那么它的表示式为

$$f(x) = c_0 + c_1 x + c_2 x^2, \qquad (14.24)$$

曲线拟合过程用来确定系数 c_0, c_1, c_2 的最佳取值. 也就是说, 希望确定这些系数的值, 以使该抛物线到给定点的误差在均方误差的意义下最小.

14.3.2 一维抛物线拟合

运用矩阵代数对前述问题求解是很方便的. 首先构造包含给定 x 值的矩阵 $\boldsymbol{B}$, 包含 y 值的 $\boldsymbol{Y}$ 和包含待定系数的矩阵 $\boldsymbol{C}$, 即

$$\boldsymbol{Y} = \begin{bmatrix} y_1 \\ y_2 \\ \vdots \\ y_N \end{bmatrix}, \quad \boldsymbol{B} = \begin{bmatrix} 1 & x_1 & x_1^2 \\ 1 & x_2 & x_2^2 \\ \vdots & \vdots & \vdots \\ 1 & x_N & x_N^2 \end{bmatrix}, \quad \boldsymbol{C} = \begin{bmatrix} c_0 \\ c_1 \\ c_2 \end{bmatrix}. \qquad (14.25)$$

现在, 表示每一个数据点差的列向量可以写做

$$\boldsymbol{E} = \boldsymbol{Y} - \boldsymbol{BC}, \qquad (14.26)$$

其中,矩阵积 $\boldsymbol{BC}$ 是由式(14.24)算出的 $y=f(x)$ 值的列向量.

式(14.23)中的均方误差可以由下式给定:

$$\text{MSE} = \frac{1}{N}\boldsymbol{E}^{\mathrm{T}}\boldsymbol{E}. \tag{14.27}$$

将式(14.26)代入式(14.27),对 $\boldsymbol{C}$ 中的元素进行微分,并令导数为零,可得出解决方案:

$$\boldsymbol{C} = \left[\boldsymbol{B}^{\mathrm{T}}\boldsymbol{B}\right]^{-1}\left[\boldsymbol{B}^{\mathrm{T}}\boldsymbol{Y}\right], \tag{14.28}$$

这是使均方差极小的系数向量.方阵 $\left[\boldsymbol{B}^{\mathrm{T}}\boldsymbol{B}\right]^{-1}\boldsymbol{B}^{\mathrm{T}}$ 称为 $\boldsymbol{B}$ 的伪逆矩阵,这种方案称为伪逆法.

如果点的个数和系数个数相等,$\boldsymbol{B}$ 是一个方阵.倘若它是非奇异的,则可以直接求逆.在这种情况下,式(14.28)可以简化为

$$\boldsymbol{C} = \boldsymbol{B}^{-1}\boldsymbol{Y}. \tag{14.29}$$

这样,我们面临的问题就是对包含多个未知量的线性方程组求解.

下面以对五个数据点拟合一条抛物线为例.已知数值如下:

$$\boldsymbol{X} = \begin{bmatrix} 0.9 \\ 2.2 \\ 3 \\ 4 \\ 5 \end{bmatrix}, \quad \boldsymbol{Y} = \begin{bmatrix} 1.8 \\ 3 \\ 2.5 \\ 3 \\ 2 \end{bmatrix}, \quad \boldsymbol{B} = \begin{bmatrix} 1 & 0.9 & 0.81 \\ 1 & 2.2 & 4.84 \\ 1 & 3 & 9 \\ 1 & 4 & 16 \\ 1 & 5 & 25 \end{bmatrix}, \tag{14.30}$$

图 14.6 则显示了该组点和由这种方法决定的最佳拟合抛物线.该计算过程为

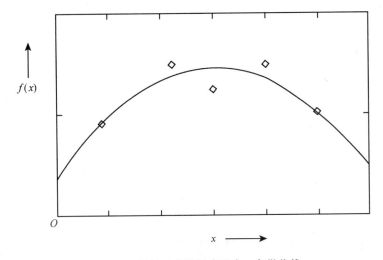

图 14.6 通过五个数据点拟合一条抛物线

$$\boldsymbol{B}^{\mathrm{T}}\boldsymbol{B} = \begin{bmatrix} 5 & 15 & 56 \\ 15 & 56 & 227 \\ 56 & 227 & 986 \end{bmatrix}, \quad \boldsymbol{B}^{\mathrm{T}}\boldsymbol{Y} = \begin{bmatrix} 12.3 \\ 37.7 \\ 136.5 \end{bmatrix}, \quad \boldsymbol{C} = \begin{bmatrix} 0.747 \\ 1.415 \\ -0.230 \end{bmatrix}.$$

$$(14.31)$$

将计算值和观察值做比较,并观察误差向量,则

$$\boldsymbol{Y} = \begin{bmatrix} 1.8 \\ 3 \\ 2.5 \\ 3 \\ 2 \end{bmatrix}, \quad \boldsymbol{BC} = \begin{bmatrix} 1.83 \\ 2.75 \\ 2.92 \\ 2.73 \\ 2.07 \end{bmatrix}, \quad \boldsymbol{E} = \begin{bmatrix} -0.03 \\ +0.25 \\ -0.42 \\ +0.27 \\ -0.07 \end{bmatrix}. \qquad (14.32)$$

如果假设这是一个自动聚焦的应用,需要确定抛物线的顶点位置. 令式(14.24)的导数为零可以得到

$$x_{\max} = \frac{-c_2}{2c_3} = 3.076, \quad f(x_{\max}) = 2.923. \qquad (14.33)$$

如果这些点碰巧是沿着同一条扫描线的灰度级,那么 x_i 之间是等间隔的,但通常对点的排列并没有任何限制. 它们可以是任何分散的点组. 唯一的限制是 $f(x)$ 是 x 的一个函数,因此对任意 x 取值必须唯一. 也就是说,$f(x)$ 不能为了拟合这些数据而往回折返.

式(14.28)右边的第一个因子是一个矩阵的逆,它可能带来计算上的麻烦. 然而不管在拟合中用到多少个点,这个矩阵是 3 边的. 因此,计算的复杂度不会过于繁琐.

14.3.3 二维三阶拟合

可将上述技术推广到高于二阶的多项式拟合技术,以及推广到二维函数.

目前有一种有效的背景矫正技术,它可通过对一些背景点进行二项式拟合得到,这些背景点是根据低灰度值原则选择的,从图像中减去所得出的函数就可实现将背景矫平的目的.

下面用一个拟合二元三阶函数的例子来说明这个方法. 该函数共有 10 项:

$$f(x,y) = c_0 + c_1 x + c_2 y + c_3 xy + c_4 x^2$$
$$+ c_5 y^2 + c_6 x^2 y + c_7 xy^2 + c_8 x^3 + c_9 y^3. \qquad (14.34)$$

矩阵 $\boldsymbol{B}$ 用一个 N 阶矩阵表示为

$$\boldsymbol{B} = \begin{bmatrix} 1 & x_1 & y_1 & x_1 y_1 & x_1^2 & y_1^2 & x_1^2 y_1 & x_1 y_1^2 & x_1^3 & y_1^3 \\ \vdots & \vdots & \vdots & \vdots & \vdots & \vdots & \vdots & \vdots & \vdots & \vdots \end{bmatrix}. \qquad (14.35)$$

因此,式(14.30)中就需要有一个 10 维平方矩阵式逆. 图 14.7 显示了一个用二维三阶拟合进行背景相减的例子.

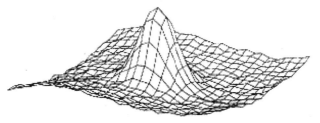

(a) 背景包含噪声和阴影的点的图像

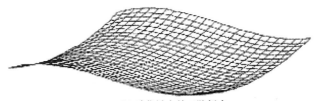

(b) 对背景点的三阶拟合

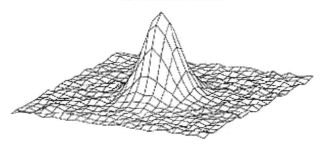

(c) 经过背景相减的图像

图 14.7　对一幅图像的背景进行二维三阶拟合

14.3.4　二维高斯拟合

可以通过对图像进行二维高斯曲面拟合,从而实现对这幅图中的圆形或椭圆形物体进行度量.[13] 一个二维高斯函数是

$$z_i = A\exp\left[-\frac{(x_i - x_0)^2}{2\sigma_x^2} - \frac{(y_i - y_0)^2}{2\sigma_y^2}\right], \tag{14.36}$$

其中 A 是幅值,(x_0, y_0) 是二维高斯函数的中心位置,σ_x 和 σ_y 分别是 x 轴和 y 轴两个方向上的标准差.

如果对等式两边取对数、展开平方项并加以整理,可以得到一个 x 和 y 的二次项. 如果两边同乘以 z_i,就得到

$$z_i\ln z_i = \left(\ln A - \frac{x_0^2}{2\sigma_x^2} - \frac{y_0^2}{2\sigma_y^2}\right)z_i + \frac{x_0}{\sigma_x^2}(x_i z_i) + \frac{y_0}{\sigma_y^2}(y_i z_i) - \frac{1}{2\sigma_x^2}(x_i^2 z_i) - \frac{1}{2\sigma_y^2}(y_i^2 z_i).$$

$$\tag{14.37}$$

它写成矩阵形式,即

$$Q = CB,\tag{14.38}$$

其中 Q 是一个 N 维向量,其元素为

$$q_i = z_i \ln z_i;\tag{14.39}$$

C 是一个完全由高斯参数复合的五元向量:

$$C^{\mathrm{T}} = \left[\ln A - \frac{x_0^2}{2\sigma_x^2} - \frac{y_0^2}{2\sigma_x^2} \quad \frac{x_0}{\sigma_x^2} \quad \frac{y_0}{\sigma_y^2} \quad -\frac{1}{2\sigma_x^2} \quad -\frac{1}{2\sigma_y^2}\right];\tag{14.40}$$

B 是一个 N 阶矩阵,其第 i 行为

$$[b_i] = [z_i \quad z_i x_i \quad z_i y_i \quad z_i x_i^2 \quad z_i y_i^2].\tag{14.41}$$

矩阵 C 按前所述式(14.28)计算,从中可以得到高斯参数如下:

$$\sigma_x^2 = -\frac{1}{2c_4}, \quad \sigma_y^2 = -\frac{1}{2c_5},\tag{14.42}$$

$$x_0 = c_2\sigma_x^2, \quad y_0 = c_3\sigma_y^2,\tag{14.43}$$

$$A = \exp\left[c_1 + \frac{x_0}{2\sigma_x^2} + \frac{y_0}{2\sigma_y^2}\right],\tag{14.44}$$

其中只有一个五维平方矩阵的矩阵必须求逆,与拟合所用的点数 N 无关.

图 14.8(a)显示了用这种方法对一个噪声峰值进行高斯拟合的示例. 原始图像是一个计算得到的高斯曲面,附加了随机噪声. 表 14.1 对产生图像的参数和拟合后的参数进行了比较.

表 14.1　实际的和拟合的高斯参数对照表

	A	x_0	y_0	σ_x	σ_y
实际	10	4	4	2	2
拟合	10.17	4.04	4.06	2.00	2.06

由于噪声的存在,原始的高斯图像没有精确的重建. 然而这些参数估计值,都是对原参数相当不错的估计. 图 14.8(b)是对无噪声形式的一个很精确的复制,其均方根(root mean square,RMS)或标准(standard)误差是峰值的 6%.

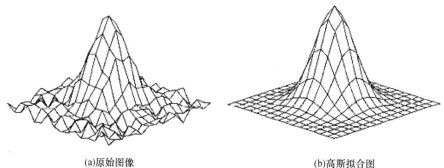

(a)原始图像　　　　　　　　　　　　(b)高斯拟合图

图 14.8　对一个噪声峰值进行二维高斯拟合

14.3.5　椭圆拟合

在许多类型的图像中,人们所关注的物体是圆形,或至少是椭圆形.因此,根据一组边界点去拟合一个具有任意大小、形状和走向的椭圆是很有价值的.

二次曲线的一般方程为

$$ax^2 + bxy + cy^2 + dx + ey + f = 0, \tag{14.45}$$

它可以代表一个椭圆,如果满足

$$b^2 - 4ac < 0. \tag{14.46}$$

一个椭圆由 5 个参数确定:中心的 x 轴和 y 轴坐标,长半轴和短半轴的长度,主轴和水平轴的夹角.可以通过将 5 个点的坐标代入方程(14.45)求出 5 个方程联立的方程组的解来拟合一个椭圆.并在计算一系列通过 5 个点的椭圆的基础上,取其参数平均值(或取中值),从而获得一个最佳拟合.

可以令 $a=1$ 来规整化方程(14.45),进而得出均方误差和为

$$\varepsilon^2 = \sum_i (x_i^2 + bx_iy_i + cy_i^2 + dx_i + ey_i + f)^2. \tag{14.47}$$

如果在方程(14.47)中分别对系数 b,c,d,e 和 f 取偏导,并令其为 0,可得到 5 个由 x_i 和 y_i 的平方项以及它们乘积所组成的方程,进而可同时解出这些系数.这个过程可以利用前面所述的 5 维平方矩阵的逆来完成.

14.4　遥感图像目标的分类识别

本节讲述将特征空间划分以实现目标分类识别,分类识别是遥感图像应用的最终目的.图像分类的任务就是通过对各类地物波谱特征的分析选择特征参数,将特征空间划分为不相重叠的子空间,进而把影像内诸像元划分到各子空间去,以实现分类.[14]本节介绍了两种分类方法:统计决策法和句法结构法,其中前者介绍的比较详细,后者简略.

14.4.1　统计决策法

本章主要讲述两种统计决策法:一种是贝叶斯估计法;另一种是在遥感分类很常用的分类方法——最大似然法.

1. 贝叶斯估计法

用 $P(h)$ 表示在没有训练数据前假设 h 拥有的初始概率.$P(h)$ 被称为 h 的先验概率.先验概率反映了关于 h 是一正确假设的机会的背景知识,如果没有这一先验知识,可以简单地将每一候选假设赋予相同的先验概率.

类似地,$P(D)$表示训练数据 D 的先验概率,$P(D|h)$表示假设 h 成立时 D 的概率.机器学习中,我们关心的是 $P(h|D)$,即给定 D 时 h 成立的概率,称为 h 的后验概率.

假设每一个对象有 n 个度量.由于不是一个单特征值,因此组成了一个特征向量 $\boldsymbol{F}=[x_1, x_2, \cdots, x_n]^{\mathrm{T}}$,而每一个被测的对象对应于 n 维特征空间中的一个点.并且还假设对象的类别也不仅是两个,而是 m 个.在这样的条件下,贝叶斯定理给出的第 i 类隶属度的后验概率为

$$p(C_i \mid x_1, x_2, \cdots, x_n) = \frac{p(x_1, x_2, \cdots, x_n \mid C_i) p(C_i)}{\sum\limits_{i=1}^{m} p(x_1, x_2, \cdots, x_n \mid C_i) p(C_i)}, \quad (14.48)$$

其中条件 $\boldsymbol{F}=[x_1, x_2, \cdots, x_n]^{\mathrm{T}}$ 变为 n 维向量.

假设已有样本集 D,先验概率能先求得,样本类别之间相互独立,则贝叶斯公式变为

$$P(\bar{\omega}_i \mid x, D) = \frac{p(x \mid \bar{\omega}_i, D) P(\bar{\omega}_j \mid D)}{\sum\limits_{j=1}^{c} p(x \mid \bar{\omega}_j, D) P(\bar{\omega}_j \mid D)}, \quad (14.49)$$

把联合概率密度 $p(x, \theta \mid D)$ 进行积分,得到

$$p(x \mid D) = \int p(x, \theta \mid D) \mathrm{d}\theta. \quad (14.50)$$

此公式将二维分布转化为两个独立的一维分布,且样本集 D 和测试样本 x 的选取是独立的,是贝叶斯估计中最核心的公式.[15]

贝叶斯决策就是在不完全情报下,对部分未知的状态用主观概率估计,然后用贝叶斯公式对发生概率进行修正,最后再利用期望值和修正概率做出最优决策.

贝叶斯估计法的使用如下:当样本服从高斯正态分布且单变量时,唯一未知数为均值 μ,假定其服从 $p(\mu) \sim N(\mu_0, \sigma_0^2)$,$\mu_0$ 代表了我们对 μ 的最好的先验估计,σ_0^2 代表了我们对这个估计的不确定程度,关于均值 μ 的先验知识都包含在先验概率密度函数 $p(\mu)$ 中,在选定一个 μ 之后,利用贝叶斯公式

$$p(\mu \mid D) = \frac{p(D \mid \mu) p(\mu)}{\int p(D \mid \mu) p(\mu) \mathrm{d}\mu} = \alpha \prod_{k=1}^{n} p(x_k \mid \mu) p(u), \quad (14.51)$$

其中 a 是一个只依赖于样本集 D 的归一化系数.可以求得

$$\mu_n = \left(\frac{n\sigma_0^2}{n\sigma_0^2 + \sigma_0^2}\right)\hat{\mu}_n + \frac{\sigma^2}{n\sigma_0^2 + \sigma^2}\mu_0, \quad (14.52)$$

$$\sigma_n^2 = \frac{\sigma_0^2 \sigma^2}{n\sigma_0^2 + \sigma^2}, \quad (14.53)$$

式中 μ_n 是观察了 n 个样本后对 μ 真实值的最好估计，σ_n^2 反映了对估计的不确定程度，$\hat{\mu}_n = \dfrac{1}{n} \sum\limits_{k=1}^{n} x$ 是样本均值.

　　σ_n^2 是 n 的单调递减函数，即每增加一个样本，我们对 μ 的估计的不确定程度就减少. 当 n 增加时，$p(\mu \mid D)$ 的波形变得越来越尖，并且在 $n \to \infty$ 时趋近于狄拉克函数.[16]这一现象也被称为贝叶斯学习过程，如图 14.9 所示.

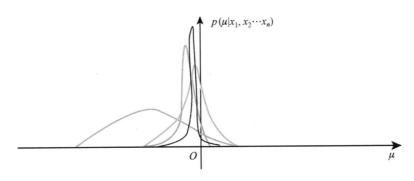

$$p(\mu \mid x_1, x_2 \cdots x_n)$$

图 14.9　贝叶斯学习过程

2. 最大似然法

在遥感图像数据的分类中，人们最常用的是最大似然法.

　　一般地，若总体 X 具有概率密度 $p(x; \theta_1, \theta_2, \cdots, \theta_k)$，其中 $\theta_1, \theta_2, \cdots, \theta_k$ 为未知参数，又设 $(x_1, x_2, \cdots, x_n)$ 是样本的一组观察值，那么样本 $(X_1, X_2, \cdots, X_n)$ 落在点 $(x_1, x_2, \cdots, x_n)$ 的邻域内的概率为 $\prod\limits_{i=1}^{n} p(x_i; \theta_1, \theta_2, \cdots, \theta_k) \mathrm{d}x_i$，它是 $\theta_1, \theta_2, \cdots, \theta_k$ 的函数. 最大似然估计的直观想法是：既然在一次试验中得到了观察值 $(x_1, x_2, \cdots, x_n)$，那么我们认为样本落入该观察值 $(x_1, x_2, \cdots, x_n)$ 的邻域内这一事件应具有最大的可能性，所以应选取使这一概率达到最大的参数值作为参数真值的估计.[17] 记

$$L(x_1, x_2, \cdots, x_n; \theta_1, \theta_2, \cdots, \theta_k) = L(x; \theta) = \prod_{i=1}^{n} p(x_i; \theta_1, \theta_2, \cdots, \theta_k)$$

$$(14.54)$$

为似然函数.

　　对于固定的 $(x_1, x_2, \cdots, x_n)$，记 $\theta = (\theta_1, \theta_2, \cdots, \theta_n)$，选取 $\hat{\theta} = (\hat{\theta}_1, \hat{\theta}_2, \cdots, \hat{\theta}_k)$，使得 $L(x; \hat{\theta}) = \max\limits_{\theta} L(x; \theta)$，则称 $\hat{\theta}$ 为 θ 的一个最大似然估计值.

若总体 X 是离散型的,则似然函数为

$$L(x;\theta) = \prod_{i=1}^{n} P(X = x_i; \theta_1, \theta_2, \cdots, \theta_k),\qquad (14.55)$$

其中 $P(X = x_i; \theta_1, \theta_2, \cdots, \theta_k)(i = 1, 2, \cdots)$ 为总体 X 的概率分布.

求 θ 的最大似然估计就是求似然函数 $L(x;\theta)$ 的最大值点的问题. 若 $L(x;\theta)$ 对 $\theta_i(i = 1, 2, \cdots, k)$ 的偏导数存在,由微积分理论可知,最大似然估计 $\hat{\theta}$ 应满足方程组

$$\frac{\partial L}{\partial \theta_i} = 0, \quad i = 1, 2, \cdots, k.\qquad (14.56)$$

式(14.56)称为似然方程组. 由于在许多情况下,求 $\ln L(x;\theta)$ 的最大值点比较简单,而且 $\ln x$ 是 x 的严格增函数,因此在 $\ln L(x;\theta)$ 对 $\theta_i(i = 1, 2, \cdots, k)$ 的偏导数存在的情况下,$\hat{\theta}$ 可由式(14.57)求出

$$\frac{\partial \ln L}{\partial \theta_i} = 0, \quad i = 1, 2, \cdots, k.\qquad (14.57)$$

式(14.57)称为对数似然方程组. 解这一方程组,若 $\ln L(x;\theta)$ 的驻点唯一,又能验证它是一个极大值点,则它必是 $\ln L(x;\theta)$ 的最大值点,即为所求的最大似然估计. 但若驻点不唯一,则需进一步判断哪一个为最大值点. 还需指出的是,若 $L(x;\theta)$ 对 $\theta_i(i = 1, 2, \cdots, k)$ 的偏导数不存在,则我们无法得到方程组,这时必须根据最大似然估计的定义直接求 $L(x;\theta)$ 的最大值点.

遥感中最大似然分类处理流程如图 14.10 所示.

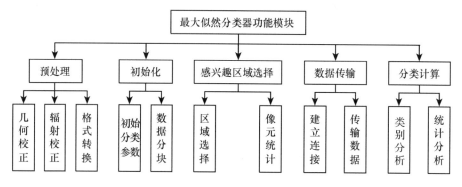

图 14.10　最大似然分类处理流程

14.4.2　句法结构法

由于传统的遥感图像分类方法是根据遥感图像数据的统计特征与训练样本数据之间的统计关系来进行分类,但由于地物类型分布方式本身的复杂性等原因造成了传统分类方法不理想.近年来利用句法结构法来进行图像分类取得了不错的效果,如采用了神经网络、模糊数学、粒子群优化算法、决策树、支持向量机和人工智能的方法等.

14.5　错误率估计

错误率估计是检验目标分类结果的可信度.在许多应用环境中,除了分类和统计每一类对象数目之外,还需要估计一个或多个比例,即每一类对象在总对象集中的比例,来检验分类是否合理.

假定整个对象中有 K 类对象.这样我们可以得到一个向量 $\boldsymbol{P}$,它的每一个分量为 $p_i = \boldsymbol{P}\{$随机选出的对象属于 i 类$\}$,其中 $i=1,2,\cdots,K$.分类器错误率可以用一个混淆矩阵 $\boldsymbol{C}$ 来表示,它的分量为 $c_{i,j} = \boldsymbol{P}\{i$ 类对象被划分为 j 类$\}$,其中 $j=1,2,\cdots,k$.混淆矩阵是一个分类器概率阵列.

我们令 $\boldsymbol{q}$ 为分类器的分类器概率向量,它的分量为 $q_j = \boldsymbol{P}\{$随机选出的对象属于 j 类$\}$.它可以由下式计算得到:

$$q_j = \sum_{i=1}^{k} p_i C_{ij} \quad \text{或} \quad \boldsymbol{q} = \boldsymbol{C}^{\mathrm{T}} \boldsymbol{P}. \tag{14.58}$$

如果分类器对 N 个对象进行分类,其中 n_j 个被分入第 j 类,则最大似然估计法给出了 $\boldsymbol{q}$ 的估计值为 $\hat{\boldsymbol{q}}$,其分量为

$$\hat{q} = \frac{n_j}{N}. \tag{14.59}$$

14.6　小　　结

图 14.11 是本章内容总结,本章主要的数理公式列于表 14.2.

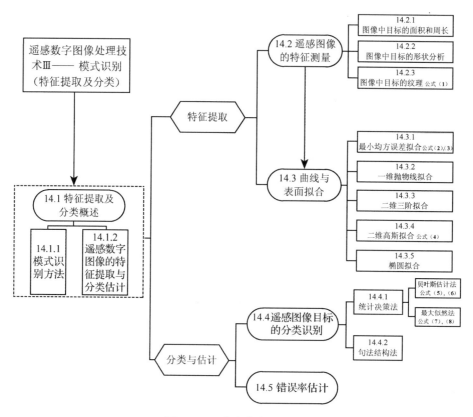

图 14.11　本章内容总结图

表 14.2　本章数理公式总结

公式(1)	$I = \sum\limits_{i=1}^{N} \dfrac{H_i - M/N}{\sqrt{\dfrac{H_i(1 - H_i/M) + M(1 - 1/N)}{N}}}$	式(14.22)	详见 14.2.3
公式(2)	$MSE = \dfrac{1}{N} \sum\limits_{i=1}^{N} \left[y_i - f(x_i) \right]^2$	式(14.23)	详见 14.3.1
公式(3)	$f(x) = c_0 + c_1 x + c_2 x^2$	式(14.24)	详见 14.3.1
公式(4)	$z_i = A\exp\left[-\dfrac{(x_i - x_0)^2}{2\sigma_x^2} - \dfrac{(y_i - y_0)^2}{2\sigma_y^2} \right]$	式(14.36)	详见 14.3.4
公式(5)	$p(\mu \mid D) = \dfrac{p(D \mid \mu) p(\mu)}{\int p(D \mid \mu) p(\mu)\,\mathrm{d}\mu} = \alpha \prod\limits_{k=1}^{n} p(x_k \mid \mu) p(u)$	式(14.51)	详见 14.4.1

续表

公式(6)	$\mu_n = \left(\dfrac{n\sigma_0^2}{n\sigma_0^2 + \sigma_0^2}\right)\hat{\mu}_n + \dfrac{\sigma^2}{n\sigma_0^2 + \sigma^2}\mu_0$	式(14.52)	详见 14.4.1
公式(7)	$L(x_1, x_2, \cdots, x_n; \theta_1, \theta_2, \cdots, \theta_k) = L(x;\theta) = \displaystyle\prod_{i=1}^{n} p(x_i; \theta_1, \theta_2, \cdots, \theta_k)$ 式(14.54)	详见 14.4.1
公式(8)	$L(x;\hat{\theta}) = \max_{\theta} L(x;\theta)$	详见 14.4.1

参考文献

[1] Alt F L. Digital pattern recognition by moments[J]. JACM, 1962(9).

[2] Cybenko G. Approximation by superpositions of a sigmoidal function[J]. Mathematics of Control, Signals, and Systems, 1989(2).

[3] Hornik K M, Stichcombe M, White H. Multilayer feedforward networks are universal approximators[J]. Neural Networks, 1989(2).

[4] Davis L S, Clearman M, Aggarwal J K. An empirical evaluation of generalized cooccurence matrices[J]. IEEE Transaction, 1981(PAMI-2).

[5] Hu M K. Digital pattern recognition by moment invariants[J]. Information Theory, IRE Transaction, 1962.

[6] Levi G, Montanari U A. Gray-weighted skeleton[J]. Information and Control, 1970(17).

[7] Young I T. Further considerations of sample size and feature size[J]. IEEE Transactions, 1978(24).

[8] Young I T, Walker J E, Bowie J E. An analysis technique for biological shape[J]. Information and Control, 1974(25).

[9] Kothari S C, Oh H. Neural networks for pattern recognition[J]. Advances in Computers, Vol 37. Elsevier Ltd. , 1993.

[10] Danielson P E. A new shape factor[J]. Computer Graphics and Image Processing, 1978(7).

[11] Li H. Spectral analysis of signals [Book Review][J]. Signal Processing Magazine IEEE, 2007, 24(1).

[12] Richards J A. Remote sensing digital image analysis[M]// Remote sensing digital image analysis. Springer-Verlag, 1986.

[13] Sà J P M D. Pattern recognition : concepts, methods and applications [M]. Springer, 2001.

[14] Castleman K R, White B S. The tradeoff of cell classifier error rates[J]. Cytometry, 1980(1).

[15] Castillo E, Gutiérrez J M, Hadi A S. Learning bayesian networks[M]// Learning

Bayesian networks. Prentice Hall，2004.

[16] Theodoridis S，Koutroumbas K. Pattern recognition [M]// Pattern Recognition. 4th Edition. Academic Press，2008.

[17] Wu W-Y，Wang M-J J. Elliptical object detection by using its geometric properties[J]. Pattern Recognition，1993(26).

第十五章　遥感数字图像处理技术Ⅳ
——彩色变换与三维重建

章前引导　在对遥感图像进行恰当的处理并提取出有用信息之后,如何对信息进行合适地表达以使图像更适合于人眼的观看,或使图像更接近于真实世界呢? 这就需要对图像处理结果进行恰当的色彩变换与三维重建.

本章内容具体包括:彩色变换与矢量空间表达(第 15.1 节),介绍符合人眼视觉滤波特征的遥感图像彩色合成和彩色融合显示;三维图像重建的数据基础——二维图像(序列)(第 15.2 节),讲述光学传递函数和卷积方法在小尺度、近距离光学切片处理和三维重建中的相关技术应用;三维图像重建的成像基础——断层扫描技术(第 15.3 节),介绍傅里叶逆变换在中尺度、中距离的三维层析与重建中的应用方法;三维图像重建的参数基础——立体测量技术(第 15.4 节),以激光扫描为例讲述空间变换与直线方程在大尺度、长距离三维成像立体像对中的参量特征.

由此,实现了遥感图像彩色和三维再现的系统显示技术,本章各节的逻辑关系如图 15.1 所示.

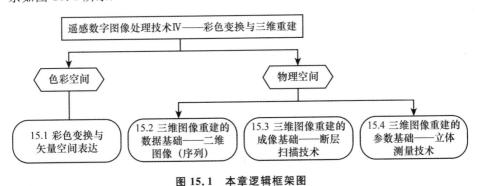

图 15.1　本章逻辑框架图

15.1　彩色变换与矢量空间表达

通过彩色变换与矢量空间表达,以使遥感图像彩色合成和彩色融合显示符合人眼视觉滤波特征.本节将介绍遥感图像彩色变换的变换域范围、数学本质以及作用方法.

15.1.1　彩色视觉

人眼能将光信号转化为神经脉冲的不同感光化学特性,在光照条件较好时,视网膜上的锥状细胞根据获得的感光化学特征将电磁波谱的可见光分为三个波段:红、绿、蓝.人类视觉系统中的三类不同锥状细胞对红、绿、蓝三种颜色敏感.图15.2表示人类感光细胞的敏感曲线.

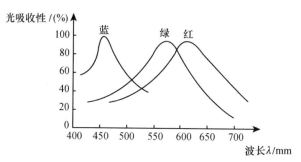

图 15.2　人类感光细胞的敏感曲线

三原色(红、绿、蓝色)以等比混合后可产生白色.任何颜色都可以由红绿蓝三原色混合得到. T. Young 在 1802 年提出了三色原理,其基本内容是:$C = aC_1 \times bC_2 \times cC_3$,其中 C_1, C_2, C_3 为三原色,a, b, c 为三种原色的权值(三原色的比例或浓度),C 为所合成的颜色,可为任意颜色.该理论一般叫做三原色原理或三基色原理.

颜色是外界光作用于人的视觉器官而产生的主观感觉,任何一种彩色视觉都可以依据三个特性进行度量:色度、强度和饱和度.目前广泛采用的颜色空间模型有 3 类:RGB,HIS,HLS.

1. RGB 颜色模型

RGB(红色 red、绿色 green、蓝色 blue)模型是三维直角坐标颜色系统中的一个彩色立方体.R,G,B 是彩色空间的 3 条坐标轴,每个坐标轴都量化为 0~255,0 对应于最暗(黑),255 对应于最亮,以原点为起点三坐标轴的三个角对应三原色:红(255,0,0)、绿(0,255,0)、蓝(0,0,255).黑色(0,0,0)位于坐标系原点,白色(255,255,255)位于坐标原点的对角,落在对角线上的三基色亮度相等,构成灰色线.

2. HIS 颜色模型

HIS(色度 hue、强度 intensity、饱和度 saturation)颜色模型以人眼的视觉特征为基础,用颜色的色度、亮度和饱和度来表示颜色(参见图15.3). HIS 模型建立在柱坐标系中,其中心轴为 RGB 空间中的直线 $R=G=B=1$. HIS 系统中可显示的颜色为包含在 RGB 锥体内的颜色,光强度大(靠近白色)和光强度小(靠近黑色)的颜色的饱和度取值范围都很小.环绕垂直轴圆周 H 表示色度,以角度表示,$0°\leqslant H\leqslant 360°$,以 $0°$ 为红色,$120°$ 为绿色,$240°$ 为蓝色.

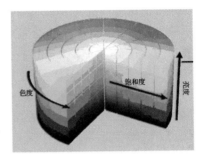

图 15.3　HIS 颜色模型

3. HLS 颜色模型

HLS(色度 hue、亮度 lightness、饱和度 saturation)模型表示的颜色空间是一个双六棱锥体,用颜色的色度 H、亮度 L 和饱和度 S 来表示颜色,如图 15.4 所示.色度 H 环绕垂直轴的圆周,色度用红色为起点的角度表示,沿逆时针方向环绕,颜色按照红、黄、绿、青、蓝、品红的顺序出现.垂直轴代表亮度 L,黑色为 0,白色为 1.从垂直轴向外沿水平面的发散半径代表饱和度 S,轴心处为 0,最大饱和度为 1.

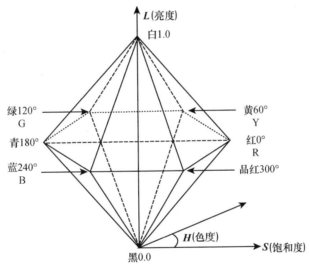

图 15.4　HLS 颜色模型

HLS 模型特性包括:

(1) **HLS** 是 HIS 模型的一个规范变换;

(2) $S=1,L=0.5$ 的 **HLS** 对应于 HIS 定义基平面;

(3) 三维向量空间满足叉乘右手螺旋定义:

$$\mathbf{HLS} = k_1\,\mathbf{H}\times\mathbf{L}\times\mathbf{S} = k_2\,\mathbf{S}\times\mathbf{H}\times\mathbf{L} = k_3\,\mathbf{L}\times\mathbf{S}\times\mathbf{H}; \tag{15.1}$$

(4) 不同 L 切面代表了该亮度切面下 $\mathbf{H},\mathbf{S}$ 的最大合理配置.

15.1.2 彩色空间变换

通常图像处理都在 RGB 空间中, 图像的显示结果往往是色彩单调、不饱满, 显示效果差, 调整 RGB 三个分量中的任一个都影响其他分量, 所以需要一个相互独立的彩色空间. HIS 空间中, 亮度、色度和饱和度相关性很低, 可认为相互独立, 使得我们能够对 HIS 空间中三个变量单独进行处理, 更重要的是三个成分的分离使我们能够对饱和度直接进行动态范围的扩展, 从而降低各个波段亮度值间的相关性, 从根本上改善图像的质量, 另外也可以为特殊目的分别或按不同程度同时改变亮度、色度和饱和度. 为了利用 RGB 系统和 HIS 系统各自在显示与定量计算方面的优势, 需要建立它们之间的转换关系.

1. RGB 到 HIS 的转化

建立直角坐标系 (x, y, z), 旋转 RGB 立方体, 使对角线与 z 轴重合, 使其 R 轴在 xz 平面内; 然后把 xy 平面中定义的极坐标转化为圆柱形坐标系, 就可以实现从 RGB 空间到 HIS 空间的模型转换, 这种转换又称为 RGB 变换 (参见图 15.5).

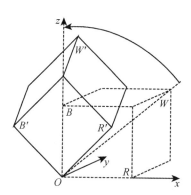

图 15.5 RGB 立方体的旋转

这里给出旋转矩阵

$$\begin{bmatrix} x \\ y \\ z \end{bmatrix} = \begin{bmatrix} \dfrac{2}{\sqrt{6}} & -\dfrac{1}{\sqrt{6}} & -\dfrac{1}{\sqrt{6}} \\ 0 & \dfrac{1}{\sqrt{2}} & -\dfrac{1}{\sqrt{2}} \\ \dfrac{1}{\sqrt{3}} & \dfrac{1}{\sqrt{3}} & \dfrac{1}{\sqrt{3}} \end{bmatrix} \begin{bmatrix} R \\ G \\ B \end{bmatrix}, \tag{15.2}$$

还需要在直角坐标 xy 平面中定义极坐标 (H, S) 转化为 HIS 的圆柱形坐标系:

$$S = \sqrt{x^2 + y^2}, \quad \begin{bmatrix} x \\ y \end{bmatrix} = \begin{bmatrix} \cos H \\ \sin H \end{bmatrix} S, \quad H = \arctan\left(\frac{y}{x}\right), \quad (15.3)$$

其中 $H \in (0, 2\pi), I = z.$

但这样定义饱和度 S 有两个问题：① 饱和度 S 和强度 I 不独立，与 HIS 模型的要求不符；② 完全饱和的颜色落在 xy 平面上的一个六边形上，而不是在圆上。这可以通过除以对应不同色度 H 的饱和度 S 最大值使饱和度 S 归一化。推导出的归一化后饱和度 S_N 公式为

$$S_N = \frac{S}{S_{max}} = 1 - \frac{\sqrt{3}}{I}\min(R, G, B). \quad (15.4)$$

这样完全饱和的颜色就落在 xy 平面内的一个单位圆上了，且

$$H = \begin{cases} \arctan\left(\dfrac{y}{x}\right), & G \geqslant B, \\ 2\pi - \arctan\left(\dfrac{y}{x}\right), & G \leqslant B. \end{cases} \quad (15.5)$$

2. HIS 到 RGB 的转换

从 HIS 空间到 RGB 空间的模型转换称为 HIS 变换。与 RGB 变换同理，进行逆变换，旋转矩阵如下：

$$\begin{bmatrix} R \\ G \\ B \end{bmatrix} = \begin{bmatrix} \frac{1}{\sqrt{3}} & 0 & \frac{2}{\sqrt{6}} \\ \frac{1}{\sqrt{3}} & \frac{1}{\sqrt{2}} & -\frac{1}{\sqrt{6}} \\ \frac{1}{\sqrt{3}} & -\frac{1}{\sqrt{2}} & -\frac{1}{\sqrt{6}} \end{bmatrix} \begin{bmatrix} I \\ S\sin H \\ S\cos H \end{bmatrix}, \quad (15.6)$$

HIS 变换取决于转换的点落在色环哪个扇区。HIS 转换有几种形式，但从彩色图像处理的角度看，只要色度 H 是一个角度，饱和度与灰度独立，选择哪种形式不会影响处理结果。下面为其中一种形式：

当 $0° \leqslant H < 120°$ 时，

$$R = \frac{I}{\sqrt{3}}\left[1 + \frac{S\cos H}{\cos(60° - H)}\right], \quad B = \frac{I}{\sqrt{3}}(1 - S), \quad G = \sqrt{3}I - R - B; \quad (15.7)$$

当 $120° \leqslant H < 240°$ 时，

$$G = \frac{I}{\sqrt{3}}\left[1 + \frac{S\cos(H - 120°)}{\cos(180° - H)}\right], \quad R = \frac{I}{\sqrt{3}}(1 - S), \quad B = \sqrt{3}I - R - G; \quad (15.8)$$

当 $240° \leqslant H < 360°$ 时，

$$B = \frac{I}{\sqrt{3}}\left[1 + \frac{S\cos(H - 240°)}{\cos(300° - H)}\right], \quad G = \frac{I}{\sqrt{3}}(1 - S), \quad R = \sqrt{3}I - G - B. \quad (15.9)$$

15.1.3 遥感多光谱图像彩色特征及物理本质

多光谱图像的所有颜色都是对某波段波长有选择地反射而对其他波段波长吸收的结果. 多光谱彩色图像合成可分为真彩色合成、模拟真彩色合成、假彩色合成、伪彩色合成等四种方法. 其中, 伪彩色合成是将单波段灰度图像转变为彩色图像的方法, 真彩色和假彩色合成是彩色合成方法, 模拟真彩色合成是通过模拟产生近似真彩色的彩色合成方法. 这些合成又被称为彩色增强.

真彩色合成即彩色合成中选择波段的波长与红、绿、蓝的波长相同或近似, 并为所选波段分别赋予红、绿、蓝三色, 得到的图像的颜色与真彩色近似, 这种合成方式称为真彩色合成. 模拟真彩色合成即通过数学方法, 根据地物光谱特征由已有波段像元值近似模拟出缺失的红、绿或蓝波段图像, 再进行真彩色合成, 这种合成方式称为模拟真彩色合成.

假彩色合成即对于多波段遥感图像, 选择其中的任意三个波段, 分别赋予红、绿、蓝三种原色, 彩色合成中所选波段的波长与红绿蓝的波长不同, 这种合成方法称为假彩色合成, 也称为假彩色增强.

伪彩色密度分割把单波段灰度图像中不同灰度级按特定的函数关系变换成彩色, 主要通过密度分割方法来实现. 伪彩色密度分割为分割的每一层亮度值范围赋予不同的颜色, 再进行彩色图像显示. 理论上可以将单波段影像灰度分为256级, 并赋予256种颜色, 分级的数目可根据需要而定.

15.1.4 彩色变换在遥感中的应用

1. 彩色平衡

彩色平衡首先需要进行彩色检查, 即检查所有的灰色物体是否显示为灰色, 其次是检查高饱和度 S 的颜色是否有正常的色度 H. 如果图像有明显的黑色或白色背景, 这就会在直方图上产生显著的峰, 如果在各个直方图中峰处在三基色不同的灰度级上, 表明色彩不平衡.

彩色平衡的方法是对每一个单独的 RGB 图像使用线性灰度变换. 一般只需变换分量图像中的两个来匹配第三个. 常用的灰度变换函数的设计步骤是: (1) 选择图像中相对均匀的浅灰和深灰色区域; (2) 计算这两块区域的所有三个分量图像的平均灰度值; (3) 对其中的两个分量图像使用线性对比度伸缩使其与第三幅匹配. 如果在所有三个分量图像中这两个区域有相同的灰度级, 我们就完成了彩色平衡. 图 15.6 和 15.7 是彩色平衡前后对比图.

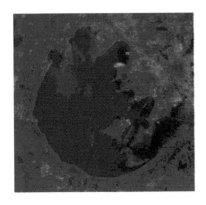

图 15.6　原始影像标准假彩色合成

图 15.7　彩色平衡后影像

（RGB 均采用均衡变换）

2. 饱和度和彩色增强

图像饱和度不足时,图像不鲜艳,不容易区分图像中的细节.因此需要进行饱和度 S 增强和色度 H 变换.

(1) 饱和度 S 增强.首先将遥感图像从 RGB 彩色空间变换到 HIS 彩色空间,然后对饱和度成分 S 拉伸增强,再转换到 RGB 彩色空间显示,这样可以提高图像的饱和度.

(2) 色度 H 变换.在 HIS 彩色空间中,色度是一个角度,因此色度变换有两种方法:

① 对遥感图像每一个像素的色度成分 H 加(减)一个相同度数,若度数较小,图像的颜色将变得相对冷色调(暖色调);若度数较大,图像的颜色将发生剧烈的变化.

② 对遥感图像中色度成分 H 进行色度拉伸,即对每个像素的色度成分 H 乘以一个大于 1 的数,则遥感图像上的相应光谱范围内颜色的差别将扩大.

具体请参见图 15.8~15.11.

图 15.8　原始影像(RGB)

图 15.9　HIS 变换后 HIS 彩色合成影像

图 15.10　饱和度增强后影像　　　　　图 15.11　色度变换后影像

3. 伪彩色

伪彩色主要通过密度分割的方法将每个灰度级(位于颜色柱体的中轴上)匹配到彩色空间中的一点,将图像映为一幅彩色图像.首先统计获得影像的灰度直方图,然后对影像的灰度根据需要划分灰度级,并选择合适的颜色赋予不同的灰度级.图 15.12 和图 15.13 的原始影像为 2009 年 10 月太湖地区的热红外影像可以看到经过伪彩色处理后水体可以很容易地提取出来.

图 15.12　单波段热红外灰度影像　　　图 15.13　伪彩色密度分割后影像

4. 利用 HIS 变换的图像融合

不同的传感器获得的影像具有不同的特点,利用彩色变换(HIS 变换与 RGB 变换)进行图像融合可以使不同的数据优势互补,既能保持图像丰富的光谱信息,又能提高图像的空间或时间分辨率,大大增强了图像的实用性.利用彩色变换(HIS 变换与 RGB 变换)进行图像融合的方法一般分为四步:(1) 配准;(2) HIS 变换;(3) 替换亮度分量 I;(4) RGB 变换. 图 15.14～15.16 示例中原始影像为 2009 年 10 月太湖地区的热红外影像,可以看到经过图像融合后,图像的分辨率和辨识度都有所提高.

图 15.14   热红外   图 15.15   高分辨率   图 15.16   彩色变换
伪彩色影像   全色波段影像   融合后的影像

通过彩色变换与矢量空间表达,可使遥感图像彩色合成和彩色融合显示符合人眼视觉滤波特征.本节介绍了遥感图像彩色变换的变换域范围、数学本质以及作用方法,其中伪彩色和利用 HIS 变换的图像融合是彩色变换使遥感图像更适合于人眼观看的常用手段.

15.2   三维图像重建的数据基础
——二维图像(序列)

本节主要讲述光学传递函数和卷积方法在小尺度、近距离光学切片处理和三维重建中的相关技术应用,介绍处理上述问题的数学本质及使用方法.可以认为二维数字图像是由双变量的灰度值函数组成的,从而可以最直接地推广到三维,进而使我们能处理灰度值是三个空间变量的函数的图像,但是在三维情况下对数据处理有更高的要求.本节将提出光学切片的三维模型,在此基础上,对厚的样本成像进行研究,并实现从序列二维图像到三维图像的重建.

15.2.1   光学切片

光学显微镜是组织学和微解剖学的一个常用工具,生理学切片在显微尺度内是三维的.但是这给用传统的光学显微镜进行分析提出了问题:首先,只有那些在聚焦平面或其附近的结构才是可见的;其次,刚好位于焦平面外一点的结构虽可见,但变得模糊了,而且那些远离焦平面的结构虽不可见,但它们对记录下来的图像有影响.

这种三维的效应可以通过多重切片来克服,也就是将样本切为一系列的薄片,然后分别研究每一部分,以了解样本的三维结构.我们可以通过将焦平面设置于光轴上的不同位置,对样本进行数字化,然后处理每一层图像,以削弱或去除邻近平面上的结构引起的散焦信息.

15.2.2　厚的样本成像

图 15.17 描绘了对厚度为 T 的样本进行成像的显微镜光学系统. 系统的三维坐标系的原点位于样本的底部, z 轴与显微镜的光轴重合. 像距 d_i 固定, 焦平面位于 $z = z'$ 处, 即距物镜下面 d_f 处. 像平面有其自己的坐标系 (x', y'), 其原点在 z 轴上.

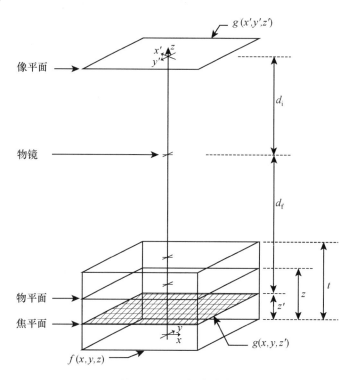

图 15.17　厚样本成像

根据透镜的成像方程, 物镜的焦距 f 决定了物镜到焦平面的距离 d_f, 即

$$\frac{1}{d_i} + \frac{1}{d_f} = \frac{1}{f}. \tag{15.10}$$

于是, 这又决定了物镜的放大倍数

$$M = \frac{d_i}{d_f}. \tag{15.11}$$

为了进一步分析, 可以用函数 $f(x, y, z)$ 来描述强度 (亮度或光学密度) 分布. 用 $g(x', y', z')$ 来表示当焦平面位于 z' 时的成像结果. 首先, 我们定义一个从图像平面反投回焦平面的理想投影. 从 $g(x', y', z')$ 投影到 $g(x, y, z')$ 形式抵消了图像系统引入的幅度变化和投影成像时 180° 的旋转, 因此, 样本实体内的

(x,y,z)点映射到焦平面上的(x,y,z')点.最后,希望建立图像(x,y,z')与样本函数$f(x,y,z)$间的联系,一种简化是样本除了在$z=z_1$处的物体平面上,在其他各处强度均为0,即

$$f(x,y,z) = f_1(x,y)\delta(z-z_1). \tag{15.12}$$

这对应于焦平面外z_1-z'处物体的二维成像过程.因为散焦的透镜仍是一个线性系统,所以有如下卷积关系:

$$g_1(x,y,z') = f(x,y,z_1) * h(x,y,z_1-z'), \tag{15.13}$$

其中$h(x,y,z_1-z')$是光学系统的脉冲响应函数PSF,散焦量为z_1-z'.

可以将三维样本用一叠物体平面的模型表示,物体平面间沿z轴方向有微小间隔Δz,即

$$\sum_{i=1}^{N} f(x,y,i\Delta z)\Delta z, \quad N = \frac{T}{\Delta z}. \tag{15.14}$$

这一叠物体平面在焦平面z'处得到的图像是单个平面图像之和,即

$$g(x,y,z') = \sum_{i=1}^{N} f(x,y,i\Delta z) * h(x,y,z'-i\Delta z)\Delta z. \tag{15.15}$$

如果令$z=i\Delta z$,并且令$\Delta z \to 0$,则求和变为积分,上式变为

$$g(x,y,z') = \int_0^T f(x,y,z) * h(x,y,z'-z)\mathrm{d}z. \tag{15.16}$$

如果令在视野范围外的$f(x,y,z)$的值为0,将二维卷积展开,则可得

$$g(x,y,z') = \int_{-\infty}^{\infty} \int_{-\infty}^{\infty} \int_{-\infty}^{\infty} f(x',y',z') * h(x-x',y-y',z'-z)\mathrm{d}x'\mathrm{d}y'\mathrm{d}z. \tag{15.17}$$

因此,有厚度的样本用显微镜成像就包含了一个样本函数与点扩散函数的三维卷积.

本节主要讲述了光学传递函数和卷积方法在小尺度、近距离光学切片处理和三维重建中的相关技术应用,其数学本质是利用成像结果和光学系统的脉冲响应函数进行解卷积,这是本书前面介绍的卷积理论和光学系统理论在物理空间的实际应用.

15.3 三维图像重建的成像基础——断层扫描技术

本节主要讲述傅里叶逆变换在中尺度、中距离的三维层析与重建中的应用方法,重点从断层扫描技术的图像获取与重建出发,介绍断层扫描成像的数学本质和遥感应用实例.

15.3.1 原理

对于断层扫描技术来说,其三维重建的步骤如图 15.18 所示,其主要思想是

将一系列二维截面图像通过相关的步骤重建为立体的三维图像.[1]这里主要介绍断层扫描图像的获取与表面重建.

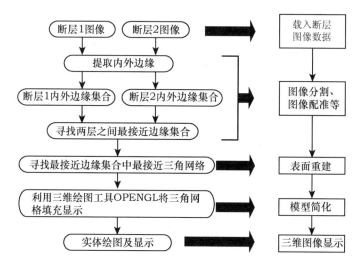

图 15.18 断层扫描三维重建的流程

断层扫描技术中图像获取原理如图 15.19(a)所示.一个平面分布的 X 光线穿过了物体,所穿过的射线线段用一个线阵的 X 射线检测器计量.这就生成了如图 15.19(b)所示的透过强度函数[2].

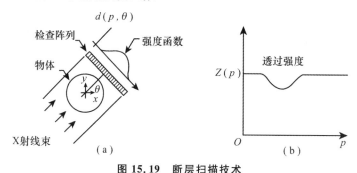

图 15.19 断层扫描技术

所得到的一维强度函数集可以用来计算处于射线照射平面内的物体界面的二维图像;经过多次重复就产生了一组截面图像,将其堆积起来就形成了物体的三维图像.[3]

这一过程可用拉东(Radon)变换进行解析方式描述:

$$d_r(p,\theta) = \int_{-\infty}^{\infty} \int_{-\infty}^{\infty} d(x,y)\delta\left[x\cos(\theta) + y\sin(\theta) - s\right]\mathrm{d}x\mathrm{d}y, \quad (15.18)$$

其中 $d(x,y)$ 是 z 高度平面上物体的密度分布,射线方向与 y 轴形成了一个夹

角 θ(图 15.19). 对于任意的 p 和 θ, $d_r(p,\theta)$ 的值是与原点距离为 p 处, 沿与 y 轴夹角为 θ 方向的射线上密度的总量. $d_r(p,\theta)$ 是 $d(x,y)$ 到与 x 轴夹角为 θ 的直线的一维投影.

15.3.2 图像重建

在投影时丢失了沿射线方向的分辨力, 重建则利用多个投影恢复了图像的二维分辨力. Radon 变换提出了一个由投影重建图像的概念, 长久以来人们也一直致力于寻求一种最优的数学算式来实现它. 经典的图像重建算法有傅里叶变换重建算法和滤波反投影法. 下面将从最为经典的平行束 CT 图像重构入手介绍傅里叶变换重建算法.

1. 中心切片定理

断层成像的理论基础是中心切片定理, 有时又称为投影切片定理或者傅里叶中心切片定理. 中心切片定理是指: 一个三维(或二维)物体的二维(或一维)投影的傅里叶变换精确地等于物体的傅里叶变换的中心截面(或中心直线). 那么, 当投影旋转时, 其傅里叶变换的中心截面(或中心直线)随之旋转, 因而图像重建的过程可描述为, 首先把不同角度下的各个投影变换组合构成物体完整的傅里叶变换, 然后通过傅里叶反变换重建物体.

当探测器围绕物体旋转 180° 时, 物体的二维傅里叶变换所对应于探测器方向的中心片段就能覆盖整个傅里叶空间, 也就是说, 探测器围绕物体旋转 180° 就能测到完整的傅里叶变换函数. 当这些线覆盖了整个傅里叶空间后, 原本图像就可由二维傅里叶反变换获得.

2. 傅里叶变换图像重建技术数学推导

三维图像重构技术输入的是一系列投影图, 输出的是重建图. 设 $f(x,y)$ 为二维图像, 其傅里叶变换为

$$F(u,v) = \int_{-\infty}^{+\infty} \int_{-\infty}^{+\infty} f(x,y) e^{-j2\pi(ux+vy)} \, dx dy. \tag{15.19}$$

$f(x,y)$ 在 x 轴上的投影为

$$g_y(x) = \int_{-\infty}^{+\infty} f(x,y) \, dy. \tag{15.20}$$

对其进行傅里叶变换, 得

$$G_y(u) = \int_{-\infty}^{+\infty} g_y(x) e^{-j2\pi ux} \, dx = \int_{-\infty}^{+\infty} \int_{-\infty}^{+\infty} f(x,y) e^{-j2\pi ux} \, dx dy = F(u,0). \tag{15.21}$$

由式(15.21)可知, 二维图像 $f(x,y)$ 在 x 轴上投影的傅里叶变换等于 $f(x,y)$ 的二维傅里叶变换 $F(u,v)$ 在直线 $v=0$ 时的值 $F(u,0)$, 即

$$G_y(u) = F(u,0)\big|_{v=0} = G(R,\theta)\big|_{\theta=0}. \tag{15.22}$$

　　如图 15.20 所示,变换角度 θ 就可以得到另外一个方向的图像投影值,此时,投影在与 x 轴夹角 θ 的 s 方向.新投影轴坐标系和原坐标系间的关系为

$$\begin{bmatrix} s \\ t \end{bmatrix} = \begin{bmatrix} \cos\theta & \sin\theta \\ -\sin\theta & \cos\theta \end{bmatrix} \begin{bmatrix} x \\ y \end{bmatrix}. \tag{15.23}$$

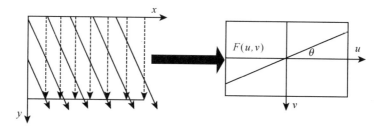

图 15.20　变换角度新投影

把图像 $f(x,y)$ 向 s 轴投影,可得

$$g(s,\theta) = \int_{(s,\theta)} f(x,y)\mathrm{d}t, \tag{15.24}$$

此时积分路径(参见图 15.21)为与 t 平行的直线 t_1,即

$$t_1 = x\cos\theta + y\sin\theta. \tag{15.25}$$

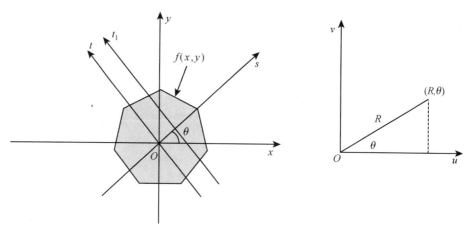

图 15.21　投影积分路径

此投影的一维傅里叶变换为

$$G(R,\theta) = \int_{-\infty}^{+\infty} g(s,\theta)\mathrm{e}^{-\mathrm{j}2\pi Rs}ds = \int_{-\infty}^{+\infty}\int_{-\infty}^{+\infty} f(x,y)\mathrm{e}^{-\mathrm{j}2\pi R(x\cos\theta + y\sin\theta)}\,\mathrm{d}x\mathrm{d}y, \tag{15.26}$$

$$\begin{cases} u = R\cos\theta, \\ v = R\sin\theta, \end{cases}$$

则有

$$G(R,\theta) = F(u,v). \tag{15.27}$$

图像某方向投影的傅里叶变换,等于该图像对应的角度所切割的中心截面的二维傅里叶变换.

由上可知,要重建图像,只需对投影的傅里叶变换 $G(R,\theta)$ 施加反变换:

$$f(x,y) = \int_{-\infty}^{+\infty}\int_{-\infty}^{+\infty} F(u,v)\mathrm{e}^{\mathrm{j}2\pi(ux+vy)}\,\mathrm{d}u\mathrm{d}v. \tag{15.28}$$

要准确地重建原图像,必须向足够多的射线行投影.再将一组图像堆积起来就形成了三维图像.

以上就是断层扫描进行的三维图像重建的传统理论基础.从上面的一系列公式推导中,我们最终的确可以确定出目标物各个点的三维信息 $d(x,y,z)$,来构建三维模型.在实际的数字图像三维重建中,我们大致采用以下的方法:图像的预处理、图像的插值、图像的分割、图像的配准、表面重建、模型简化、图像的显示.参考文献[5]与[6]对图像预处理与图像配准做了研究.

断层扫描技术的图像获取和图像重建的数学本质——Radon 变换和滤波反投影都是建立在傅里叶变换和傅里叶逆变换的基础上,因此断层扫描技术是本书前面所介绍的傅里叶变换在物理空间成像技术中的实际应用.

15.4　三维图像重建的参数基础——立体测量技术

本节主要介绍三维图像重建的参数基础——立体测量技术的数学本质和在遥感中的应用,以激光扫描为例讲述空间变换与直线方程在大尺度、长距离三维成像立体像对中的参量特征.

15.4.1　立体测量技术的原理

目前,立体测量包括传统的立体投影术和新型的基于激光扫描的三维重建.它们都是通过在两个不同的视点(站点)获取数据,再进行数据的配准和融合,从而完成整个物体的描绘.

立体投影术直接模拟人类双眼处理景物的方式,从两个视点观察同一个景物,即由不同位置的两台或一台摄像机经过移动或旋转拍摄同一幅场景,通过三角测量的原理计算空间点在两幅图像像素间的视差来恢复目标物体的深度信息,最后通过得到的深度信息来恢复出物体的表面形状.[7]

基于激光扫描数据的三维重建的一般流程,包括以下四个部分[8]:数据获取、数据配准、模型的构建以及纹理映射.如果再往下细分的话,数据获取之后还应该有较好的预处理,数据配准之后还要有一个较好的数据融合的过程.其中,为了得到一个模型的完整的三维数据,往往需要从不同的视点去扫描该模型,故会进行数据配准和融合.

由此,我们可以分析出,作为传统的立体测量三维重建,立体投影术所完成重建的过程会比基于激光雷达扫描的重建过程复杂一些,多出了标定、匹配及深度计算的过程.

15.4.2　观测方程

1. 距离方程

假设坐标为(X_0,Y_0,Z_0)的点 P,被放置在摄像机前方,并分别成像于两个摄像机平面上,那么利用 zx 和 yz 平面中的相似三角形,则可以从图 15.22 看到从点 P 穿过透镜中心的直线与 $Z=-f$(图像)平面相交于

$$X_l=-X_0\frac{f}{Z_0}, \quad Y_l=-Y_0\frac{f}{Z_0}. \tag{15.29}$$

同样,从 P 穿过右侧摄像机的中心直线将与图像平面相交于

$$X_r=-(X_0+d)\frac{f}{Z_0}-d, \quad Y_r=-Y_0\frac{f}{Z_0}. \tag{15.30}$$

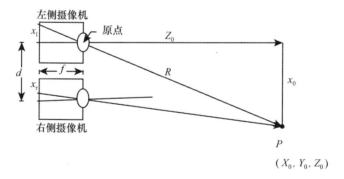

图 15.22　立体成像

在每个成像面上设置一个二维坐标系,为了方便起见将这两个坐标系位置处旋转 $180°$,这样就抵消了成像过程中固有的旋转,因此

$$x_l=-X_l, \quad y_l=\ \ Y_l, \quad x_r=-X_r-d, \quad y_r=-Y_r. \tag{15.31}$$

这样一来该点在其图像中的坐标为

$$x_l=X_0\frac{f}{Z_0}, \quad y_l=Y_0\frac{f}{Z_0} \tag{15.32}$$

和

$$x_{\mathrm{r}} = (X_0 + d)\frac{f}{Z_0}, \quad y_{\mathrm{r}} = Y_0\frac{f}{Z_0}, \tag{15.33}$$

注意：两图中心的 y 坐标相同.

重新整理方程(15.32)和(15.33)，可得

$$X_0 = x_1\frac{Z_0}{f} = x_{\mathrm{r}}\frac{Z_0}{f} - d. \tag{15.34}$$

从中解出 Z_0，得到法向深度方程为

$$Z_0 = \frac{fd}{x_{\mathrm{r}} - x_1}. \tag{15.35}$$

同样在三维空间中，利用相似三角形，我们有

$$\frac{R}{Z_0} = \frac{\sqrt{f^2 + x_1^2 + y_1^2}}{f}. \tag{15.36}$$

对其加以整理并用方程(15.35)代替 Z_0，得

$$R = \frac{d\sqrt{f^2 + x_1^2 + y_1^2}}{x_{\mathrm{r}} - x_1}, \tag{15.37}$$

它就是实际深度的方程. 这给出了从原点到点 P 的总长度. 对于窄视野(望远镜)光学系统，$X_0, Y_0 \leqslant Z_0$ 并且 x_1 和 y_1 相对于 f 都很小. 因而方程(15.37)可以用方程(15.35)来近似.

2. 深度计算

立体投影深度可按以下方式计算：如图 15.22 所示，首先，对于左侧摄像机得到的图中的每个像素，判断右侧摄像机得到的图中的哪个像素对应于物体上的同一点. 对于一个图的平行对准系统，可以按行对行的方式来完成计算，因为物体上的任一点都映射到图像相同的垂直位置上，因而在同一扫描线上. 接着计算 $x_{\mathrm{r}} - x_1$ 生成一个偏移图，其中的灰度按适当的比例代表像素偏移. 然后，用方程(15.35)通过偏移图像计算每个像素的 Z_0，生成一个法向距离图. 最后计算物体上每一点的 x, y 坐标

$$x = x_1\frac{Z_0}{f}, \quad y = y_1\frac{Z_0}{f}. \tag{15.38}$$

上述过程使我们能够计算物体上每个点的 x, y, z 坐标值，这些点各自对应摄像机中的一个像素. 使用方程(15.37)以 x 和 y 为函数计算 R，则生成了一幅实际深度图. 由此成功地测绘了三维物体的可见表面.

在上面的理论中，人们可以通过计算出所研究目标的三维坐标来实现三维重建的. 但是，目前数字图像作为主体，图像成了离散的格网图，并且图像的三维重建还涉及物体所处的空间坐标系等，因此也就应运而生了一套更加实用的重建步骤来应用计算机更简单地完成计算.

15.4.3 三维重建

1. 立体投影术的三维重建

(1) 原理.

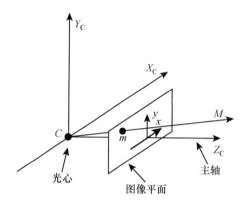

图 15.23 相机内部模型

立体投影术的 5 大步骤为图像获取、相机标定、图像预处理、立体匹配、空间重建等,其中相机标定、立体匹配和后处理为重要处理部分,下面将一一介绍.

首先是图像获取和相机标定. 相机标定是为了确定摄像机的相机参数、相机模型和相机定标中的坐标系.[9] 如图 15.23,即为相机标定的原理与过程.

① 像平面坐标 (x, y)(相片坐标)与像素坐标 (u, v) 之间的关系为

$$
\begin{bmatrix} u \\ v \\ 1 \end{bmatrix} = \begin{bmatrix} \dfrac{1}{\mathrm{d}x} & r' & u_0 \\ 0 & \dfrac{1}{\mathrm{d}y} & v_0 \\ 0 & 0 & 1 \end{bmatrix} \begin{bmatrix} x \\ y \\ 1 \end{bmatrix},
\tag{15.39}
$$

其中 u_0, v_0 为相片内方位元素,r' 为倾斜因子.

② 摄影坐标 (X_c, Y_c, Z_c) 与像平面坐标 (x, y) 之间的关系为

$$
Z_c \begin{bmatrix} x \\ y \\ 1 \end{bmatrix} = \begin{bmatrix} f & 0 & 0 & 0 \\ 0 & f & 0 & 0 \\ 0 & 0 & 1 & 0 \end{bmatrix} \begin{bmatrix} X_c \\ Y_c \\ Z_c \\ 1 \end{bmatrix},
\tag{15.40}
$$

其中 f 为相机焦距 .

③ 摄影坐标 (X_c, Y_c, Z_c) 与大地坐标 (X_w, Y_w, Z_w) 之间的关系为

$$
\begin{bmatrix} X_c \\ Y_c \\ Z_c \\ 1 \end{bmatrix} = \begin{bmatrix} R & t \\ 0 & 1 \end{bmatrix} \begin{bmatrix} X_w \\ Y_w \\ Z_w \\ 1 \end{bmatrix},
\tag{15.41}
$$

其中 R 为旋转量,t 为平移量.

④ 通过以上推导,合并得到相片坐标 (x, y):

$$Z_c \begin{bmatrix} u \\ v \\ 1 \end{bmatrix} = \begin{bmatrix} \dfrac{1}{\mathrm{d}x} & r' & u_0 \\ 0 & \dfrac{1}{\mathrm{d}y} & v_0 \\ 0 & 0 & 1 \end{bmatrix} \begin{bmatrix} f & 0 & 0 & 0 \\ 0 & f & 0 & 0 \\ 0 & 0 & 1 & 0 \end{bmatrix} \begin{bmatrix} R & t \\ 0 & 1 \end{bmatrix} \begin{bmatrix} X_w \\ Y_w \\ Z_w \\ 1 \end{bmatrix}$$

$$= \begin{bmatrix} f_u & r & u_0 \\ 0 & f_v & v_0 \\ 0 & 0 & 1 \end{bmatrix} [R \quad t] \begin{bmatrix} X_w \\ Y_w \\ Z_w \\ 1 \end{bmatrix} = \boldsymbol{K}[R \quad t]M = \boldsymbol{P}M, \quad (15.42)$$

其中 $f_u = f/\mathrm{d}x$，$f_v = f/\mathrm{d}y$，$r = r'f$，K 为相机内参数矩阵，$P = \boldsymbol{K}[R \quad t]$ 为相机投影矩阵，M 为大地坐标. 最后得到图像坐标 $(u, v, 1)$ 和大地坐标 (X_w, Y_w, Z_w) 相互关系.[10,11]

接下来的图像预处理大致分为三个步骤，如图 15.24 所示.

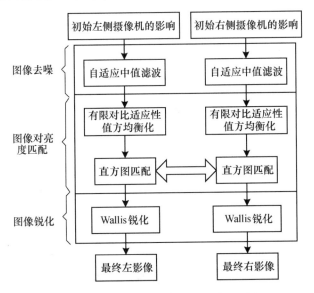

图 15.24　立体图像对四步法预处理流程

立体匹配的本质就是：给定一幅图像中的一点，寻找另一幅图像中的对应点，使得这两点为空间同一物体点的投影.[12]立体匹配有三个基本的步骤：第一步从立体图像对中的一幅图像上选择与实际物理结构相应的图像特征；第二步在另一幅图像中确定出同一物理结构的对应图像特征；第三步确定这两个特征之间的相对位置. 其中的第二步是实现匹配的关键.

目前国内外特征点匹配研究领域的热点与难点是尺度不变特征转换（scale invariant feature transform，SIFT）算法，其匹配能力较强，可以处理两幅图像间发生平移、旋转、仿射变换情况下的匹配问题,甚至在某种程度上对任意角度拍摄的图像也具备较为稳定的特征匹配能力.[13]

最后再介绍一下空间点重建算法.若空间任一点 P 在两个相机 C_1 与 C_2 上的图像点 p_1 与 p_2 已经从两个图像中分别检测出来,即已知 p_1 与 p_2 为空间同一点 P 的对应点;而且假定 C_1 与 C_2 相机已经标定,它们的投影矩阵分别为 M_1 与 M_2. 于是有

$$Z_{C_1}\begin{bmatrix}u_1\\v_1\\1\end{bmatrix}=M_1\begin{bmatrix}X\\Y\\Z\\1\end{bmatrix}=\begin{bmatrix}m_{11}^1&m_{12}^1&m_{13}^1&m_{14}^1\\m_{21}^1&m_{22}^1&m_{23}^1&m_{24}^1\\m_{31}^1&m_{32}^1&m_{33}^1&m_{34}^1\end{bmatrix}\begin{bmatrix}X\\Y\\Z\\1\end{bmatrix},\tag{15.43}$$

$$Z_{C_2}\begin{bmatrix}u_2\\v_2\\1\end{bmatrix}=M_2\begin{bmatrix}X\\Y\\Z\\1\end{bmatrix}=\begin{bmatrix}m_{11}^2&m_{12}^2&m_{13}^2&m_{14}^2\\m_{21}^2&m_{22}^2&m_{23}^2&m_{24}^2\\m_{31}^2&m_{32}^2&m_{33}^2&m_{34}^2\end{bmatrix}\begin{bmatrix}X\\Y\\Z\\1\end{bmatrix},\tag{15.44}$$

其中 $(u_1,v_1,1)$ 与 $(u_2,v_2,1)$ 分别为 p_1 与 p_2 点在各自图像中的图像齐次坐标; $(X,Y,Z,1)$ 为 P 点在世界坐标系下的齐次坐标; $m_{ij}^k(k=1,2;i=1,2,3;j=1,2,\cdots,4)$ 分别为 M_k 的第 i 行 j 列元素. 按照相机的线性模型公式,可在上式中消去 Z_{C_1} 和 Z_{C_2},得到关于 X,Y,Z 的四个线性方程:

$$\begin{cases}(u_1m_{31}^1-m_{11}^1)X+(u_1m_{32}^1-m_{12}^1)Y+(u_1m_{33}^1-m_{13}^1)Z=m_{14}^1-u_1m_{34}^1,\\(v_1m_{31}^1-m_{21}^1)X+(v_1m_{32}^1-m_{22}^1)Y+(v_1m_{33}^1-m_{23}^1)Z=m_{24}^1-v_1m_{34}^1,\end{cases}\tag{15.45}$$

$$\begin{cases}(u_2m_{31}^2-m_{11}^2)X+(u_2m_{32}^2-m_{12}^2)Y+(u_2m_{33}^2-m_{13}^2)Z=m_{14}^2-u_2m_{34}^2,\\(v_2m_{31}^2-m_{21}^2)X+(v_2m_{32}^2-m_{22}^2)Y+(v_2m_{33}^2-m_{23}^2)Z=m_{24}^2-v_2m_{34}^2.\end{cases}\tag{15.46}$$

式(15.45)和(15.46)的几何意义是过 O_1p_1 和 O_2p_2 的直线. 由于空间点 $P(X,Y,Z)$ 是 O_1p_1 和 O_2p_2 是的交点,它必然同时满足上面两个方程. 因此,可以将上面两个方程联立求出空间点 P 的坐 (X,Y,Z) 标.[14,15]但在实际应用中,由于数据总是有噪声的,通常利用最小二乘法求出空间点的三维坐标,将这些点进行曲面拟合即可得到空间三维图形.

(2) 实例分析.

首先是图像采集,图 15.25 为实验采集的像对图像.

图 15.25 实验采集的像对图像

  其次是相机标定与图像预处理技术.包括相机的镜头畸变校正和滤波处理,以便后续处理消除镜头误差噪声干扰.[16]经过预处理后的图像如图 15.26 所示.接下来是 SIFT 匹配.经过匹配后得到的结果如图 15.27 所示.

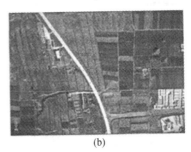

(a)   (b)

图 15.26 经过预处理后的图像对

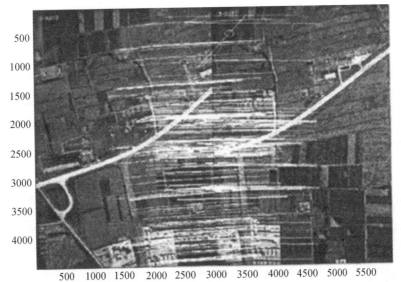

图 15.27 SIFT 匹配后的图像对

经过匹配后,我们得到左右图像的对应点,其与实际物体上的点存在着一定的对应关系.由前面章节的叙述可知,通过完成预处理和匹配得到空间点三维坐标后,就可以利用这些数据对物体进行三维重建了.[17]这里给出一个 SIFT 匹配后三维重建坤宁宫的实例,利用坤宁宫图像的数据集(图 15.28)进行 SIFT 匹配后重建坤宁宫的三维图像(图 15.29).

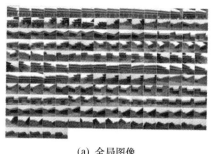

(a) 全局图像　　　　　　　　　　　　　(b) 局部图像

图 15.28　坤宁宫图像数据集

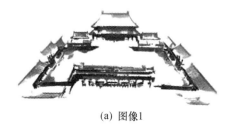

(a) 图像1　　　　　　　　　　　　　(b) 图像2

图 15.29　坤宁宫三维重建结果

2. 激光扫描技术三维重建

在三维扫描中常用的测量设备有两种:一是激光三维扫描仪;二是工业 CT 等断层扫描设备.一般来说用于大范围的场景采用激光扫描法,而对用于一些较小物体如文物、化石等则采用断层扫描的方法来处理.

(1)原理.

一般在扫描仪内部,都有一个激光发射装置和激光探测装置,两个步进电机控制激光光束在水平方向和垂直方向的移动.扫描仪发射一束激光,该光束遇到障碍物则发生反射,扫描仪中的激光探测器探测到反射光,则完成一个扫描点的测量(参见图 15.30).通过测出激光发射与接收之间的时间差(time of flight, TOF),计算出激光传播的距离,即球面坐标中的 $r(i,j)$;然后根据激光发射时的角度状态,计算出激光光束与 X 轴的夹角 α_i,激光光束与 Z 轴的夹角 β_j.球面坐

标系$(r(i,j),\alpha_i,\beta_i)$通过

$$\begin{cases} x(i,j) = r(i,j)\cos\beta_j\cos\alpha_i, \\ y(i,j) = r(i,j)\cos\beta_j\sin\alpha_i, \\ z(i,j) = r(i,j)\sin\beta_j \end{cases} \tag{15.47}$$

可转化为三维直角坐标系$(x(i,j),y(i,j),z(i,j))$[18].重复上述过程就可以得到当前视点下物体表面全部点的三维点坐标.

　　这样由扫描仪获取的二维距离图像,就可以转化为实物在计算机中的三维立体图像,这种图像完全由许许多多个扫描点所组成,每个点的亮度和该点的激光反射率有关.这种距离图像又被形象地称为点云.

　　如图 15.30 所示,原始的激光扫描数据的格式为规则的矩阵形式,类似于位图,是一行行一列列地存储在计算机里.[19]只是激光扫描数据存储的是当前扫描点的几何信息,即局部坐标值(X,Y,Z)和该点的反射率(reflectivity)值R.由于这种数据每点都带有坐标值,因此这种数据也被称为深度数据或距离图像.

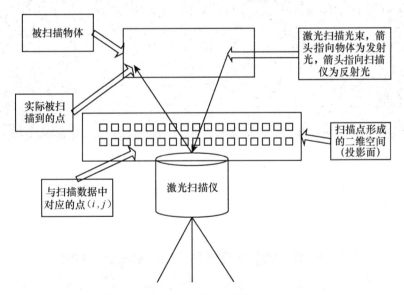

图 15.30　激光扫描仪扫描过程示意图

（2）实例分析.

该实验对一幢大楼的正面进行三维纹理重构.

① 载入激光扫描的点云数据,如图 15.31 所示.

图 15.31　点云数据的载入及显示

② 进行预处理和坐标变换后,生成正面的不规则三角形网格(triangulated irregular network,TIN)图,如图 15.32 所示.

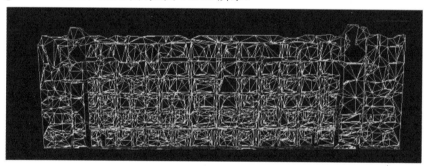

图 15.32　正面 TIN 图

③ 为了视觉效果,可以采用具有金属光泽的光渲染表面,并利用相机所拍摄的真实场景图来进行纹理映射,完成最后的三维重建,如图 15.33 所示.

图 15.33　贴图后的三维建筑图

立体测量技术以激光扫描为例进行讲述,其核心在于深度的获取,而深度获取的数学本质便是空间变换与直线方程.为使遥感图像更接近于真实世界为目的,15.2~15.4 这三节从物理空间的三个尺度介绍了不同的三维图像处理方法及数学本质.综上所述,本章介绍了实现遥感图像彩色和三维再现的系统显示技术.

15.5　小　结

关于遥感图像彩色变换与三维重建技术的原理,本章尽量采用简洁的语言表达清楚.前一部分涉及图像的色彩空间,后半部分涉及图像的物理空间.对于色彩空间的描述,最主要的是掌握色彩空间的变换以满足实际应用的需求.物理空间涉及三维图像重建,主要分为角度层析与平面层析两种,二者各有优势与不足.而近来新兴的激光三维扫描技术,其本质上也是角度层析的一种特例.关于三维重建技术,则是近些年来的发展热点,已经有大量的研究用以解决相关方面的瓶颈问题.图 15.34 为本章内容总结,表 15.1 为本章数理公式.

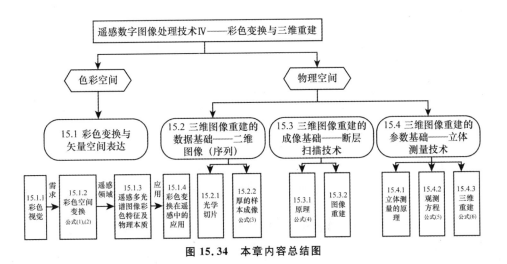

图 15.34　本章内容总结图

表 15.1　本章数理公式

| 公式(1) | $\begin{bmatrix} x \\ y \\ z \end{bmatrix} = \begin{bmatrix} \dfrac{2}{\sqrt{6}} & -\dfrac{1}{\sqrt{6}} & -\dfrac{1}{\sqrt{6}} \\ 0 & \dfrac{1}{\sqrt{2}} & -\dfrac{1}{\sqrt{2}} \\ \dfrac{1}{\sqrt{3}} & \dfrac{1}{\sqrt{3}} & \dfrac{1}{\sqrt{3}} \end{bmatrix} \begin{bmatrix} R \\ G \\ B \end{bmatrix}$ | 式(15.2) | 详见 15.1.2 |

续表

公式(2)	$\begin{bmatrix} R \\ G \\ B \end{bmatrix} = \begin{bmatrix} \dfrac{1}{\sqrt{3}} & 0 & \dfrac{2}{\sqrt{6}} \\ \dfrac{1}{\sqrt{3}} & \dfrac{1}{\sqrt{2}} & -\dfrac{1}{\sqrt{6}} \\ \dfrac{1}{\sqrt{3}} & -\dfrac{1}{\sqrt{2}} & -\dfrac{1}{\sqrt{6}} \end{bmatrix} \begin{bmatrix} I \\ S\sin H \\ S\cos H \end{bmatrix}$ 　式(15.6)	详见 15.1.2
公式(3)	$g(x,y,z') = \int_{-\infty}^{\infty}\int_{-\infty}^{\infty}\int_{-\infty}^{\infty} f(x',y',z') *$ $h(x-x',y-y',z'-z)\mathrm{d}x'\mathrm{d}y'\mathrm{d}z$ 　式(15.17)	详见 15.2.2
公式(4)	$d_r(p,\theta) = \int_{-\infty}^{\infty}\int_{-\infty}^{\infty} d(x,y)\delta\left[x\cos(\theta)+y\sin(\theta)-s\right]\mathrm{d}x\mathrm{d}y$ 　式(15.18)	详见 15.3.1
公式(5)	$R = \dfrac{d\sqrt{f^2+x_l^2+y_l^2}}{x_r-x_l}$ 　式(15.37)	详见 15.4.2
公式(6)	$\begin{cases} x(i,j) = r(i,j)\cos\beta_j\cos\alpha_i, \\ y(i,j) = r(i,j)\cos\beta_j\sin\alpha_i, \\ z(i,j) = r(i,j)\sin\beta_j \end{cases}$ 　式(15.47)	详见 15.4.3

参考文献

[1] 苏雨涛,李彦生,韩景芸.CT 数据三维重建及可视化技术的研究[J].机械设计与制造,2009(1).

[2] 冈萨雷斯.数字图像处理[M].第二版.阮秋琦,阮宇智,译.北京：电子工业出版社,2007.

[3] Jain A K. Fundamentals of Digital Image Processing[M]. PrenticeHall, Englewood Cliffs, NJ, 1989.

[4] 张飞,姜军周,陈世江.岩石 CT 断层序列图像裂纹三维重建的实现[J].金属矿山,2009 (4).

[5] 曾筝,董芳华.用 MATLAB 实现 CT 断层图像的三维重建[J].CT 理论与应用研究,2004 (13).

[6] 唐泽圣.三维数据场可视化[M].北京：清华大学出版社,1999.

[7] 党乐.基于双目立体视觉的三维重建方法研究[D].西安：长安大学,2005.

[8] 何文峰.大型场景三维重建中的深度图像配准[D].北京：北京大学,2004.

[9] 赵小松,张宏伟,张国雄,等.摄像机标定技术的研究[J].机械工程学报,2002(38).

[10] Abdel-Aziz Y I, Karara H M. Direct linear transformation from comparator coordinates into object space coordinates in close-range photogrammetry[C]. Proceedings Symposium on Close-Range Photogrammetry, 1971.

[11] Zhang Z. A flexible new technique for camera calibration[J]. Pattern Analysis and Ma-

chine Intelligence，IEEE Transactions，2000(22).

[12] 徐奕,周军,周源华.立体视觉匹配技术[J].计算机工程与应用,2003(39).

[13] 赵辉.基于点特征的图像配准算法研究[D].山东：山东大学,2006.

[14] Koenderink J J. The structure of images[J]. Biological Cybernetics,1984.

[15] Lindeberg T. Scale-Space for discrete signals[J]. IEEE Trans. PAMI,1980(20).

[16] 陈裕.基于 SIFT 算法的无人机遥感图像配准[D].湖南：中南大学,2009.

[17] 周瑛,周尚波.面向大尺度三维重建的多核并行 SIFT 算法[J].沈阳工业大学学报,2014 (36).

[18] 潘建刚.基于激光扫描数据的三维重建关键技术研究[D].北京：首都师范大学,2005.

[19] Han J W.数据挖掘概念与技术[M].北京：机械工业出版社,2001.

第十六章　遥感数字图像处理的应用举例

章前引导　在掌握了遥感数字图像处理的系统理论和主要方法的基础上，本章举例介绍了遥感数字图像处理的四个典型应用，以加强和深化对遥感数字图像处理本质方法的理解.

　　本章具体内容有：例一中的遥感数据的向量基表达(第16.1节)，展现了遥感影像在像元水平上的分析和变换能力；例二中的遥感影像的几何校正(第16.2节)，以灰度直方图理论、点运算、代数运算和几何运算进行遥感影像的整体处理；例三中的遥感影像的阈值分割技术(第16.3节)，体现了灰度直方图理论和模糊测度理论在遥感影像整体处理上的应用；例四中的遥感影像的最小噪声分离(minimum noise fraction，MNF)变换(第16.4节)，以展现率失真-熵理论和主成分分析方法的一体应用.

　　以上四个方面的应用并不是随机选取的，而是根据数据图像本质特征来逐层选取的.从数字图像的核心理论——基函数、基图像、基向量入手，应用灰度直方图理论、模糊测度理论、率失真-熵理论，在数学本质上对图像进行分析.本章各节的逻辑关系如图 16.1 所示，其应用的理论基础如表 16.1 所示.

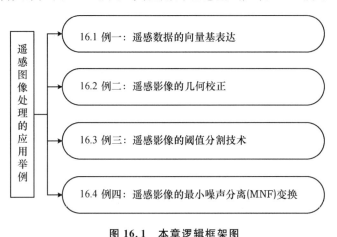

图 16.1　本章逻辑框架图

表 16.1 四种应用理论基础

遥感图像应用	示例	涉及内容	数学本质
数据向量基表达	哈尔变换	离散图像变换(线性变换系统)	基函数
几何校正	几何校正算法	几何运算	直方图
模式识别:阈值分割	阈值实现图像拼接	模式识别	直方图-模糊测度
MNF 变换	海波(Hyperion)数据去噪	有损处理	率失真-熵

16.1 例一:遥感数据的向量基表达

基函数、基图像、基向量理论是数字图像的核心理论,图像信息表示方法是图像处理技术研究的核心内容,图像信息的描述能力很大程度上就取决于基函数的选择.在基于生成模型的图像信息表示方法中,通过采用一组基函数的线性叠加来模拟图像的产生过程,将原始图像变换为基函数空间的投影系数表示,来揭示图像的内在结构,从而更有效地进行图像识别、降噪与压缩.因此,以遥感数据的向量基表达为例,可以了解基函数、基图像、基向量理论及其重要意义.

车辆监控系统的数据可视化服务就是一个典型应用实例,时空数据的在线发布、地图在线操作服务、地物查询功能以及地图测算功能等已经实现(参见图16.2),还包括动态目标的实时跟踪与监控、轮询显示、路径预置或轨迹回放等功能.

图 16.2 动态目标地图服务可视化实例

图像数据组织与存储的理论方法是研究图像表征机制的基础.正常的图片存储与组织,是以连续形式进行的普通存储.但针对高频更新的动态目标数据,数据量将非常大.而通过文件的离散图像表征(参见图 16.3),能够将一幅图像以一种更紧凑的数据格式进行编码,同时不丢失或仅丢失一小部分.一幅图像的"表示"是定义这幅图像的一个特定的体现方式(或一种特定的数据格式),如用一个矩阵或一个向量来表示.

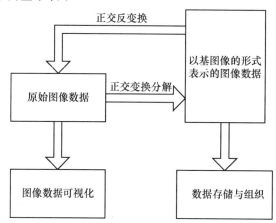

图 16.3　图像离散表征的原理图

定义一个将 $N \times N$ 的矩阵 $\mathbf{F}$ 变换成为另一个 $N \times N$ 的矩阵 $\mathbf{G}$ 的线性变换为

$$G_{m,n} = \sum_{i=0}^{N-1} \sum_{k=0}^{N-1} F_{i,k} \mathcal{T}(i,k,m,n). \qquad (16.1)$$

如下矩阵所示,$\mathcal{T}(i,k,m,n)$ 是变换的核函数,可看做是 $N^2 \times N^2$ 的块矩阵,每行有 N 个块,共有 N 行,每个块又均为 $N \times N$ 的矩阵.块由 m,n 索引,子块内的元素由 i,k 索引,即

$$
\begin{array}{c}
 \quad n=1 \quad n=2 \quad n=N \\
\begin{array}{c}
m=1 \\
m=2 \\
\vdots \\
m=M
\end{array}
\left[
\begin{array}{cccc}
[\quad] & [\quad] & \cdots & [\quad] \\
[\quad] & [\quad] & \cdots & [\quad] \\
\vdots & \vdots & \ddots & \vdots \\
[\quad] & [\quad] & \cdots & [\quad]
\end{array}
\right].
\end{array}
$$

如果 $\mathcal{T}(i,k,m,n)$ 能够内分解为行向量函数和列向量函数的乘积,即如果有

$$\mathcal{T}(i,k,m,n) = T_r(i,m) T_c(k,n), \qquad (16.2)$$

则这个变换可被称为可分离的.

二维反变换可以看做是通过将一组被适当加权的基图像求和而重构原图像.变换矩阵 $\mathbf{G}$ 中的每个元素就是其对应的基图像在求和时所乘的系数.

一幅基图像可以通过对只含有一个非零元素(令其值为 1)的系数矩阵进行反变换而产生.共有 N^2 个这样的矩阵,产生 N^2 幅基本图像,设其中一个稀疏矩阵为

$$G^{p,q} = \{\delta_{i-p,j-q}\}, \tag{16.3}$$

其中 i 和 j 分别是行和列的下标，p 和 q 是标明非零元素位置的整数，则式 (16.1) 的反变换为

$$F_{m,n} = \sum_{i=0}^{N-1} T(i,m) \left[\sum_{k=0}^{N-1} \delta_{i-p,k-q} T(k,n) \right] = T(p,m)T(q,n). \tag{16.4}$$

这样，对于一个可分离的酉变换，每幅基本图像就是变换矩阵某两行的外积（矢量积）. 类似于一维的信号，基图像集可被认为是分解原图像所得的单位集分量，它们同时也是组成原图像的基本结构单元. 正变换通过确定系数来实现分解，反变换通过将图像加权求和来实现重构.[1]

以哈尔变换为例，它利用哈尔函数作为基函数的对称，可分离酉变换. 哈尔函数的定义为

$$h_0(x) = \frac{1}{\sqrt{N}}, h_k(x) = \frac{1}{\sqrt{N}} \begin{cases} 2^{p/2}, & \dfrac{q-1}{2^p} < x \leqslant \dfrac{q-\frac{1}{2}}{2^p}, \\[3mm] -2^{p/2}, & \dfrac{q-\frac{1}{2}}{2^p} < x \leqslant \dfrac{q}{2^p}, \\[3mm] 0, & \text{其他}, \end{cases} \tag{16.5}$$

其中 $0 \leqslant k \leqslant N-1$，$K=2^p+q-1$，$p$ 和 q 取整数，$q-1 < 2^p$. 由此可得哈尔变换的基向量，即核心矩阵的各行：

$$\boldsymbol{H}_r = \frac{1}{\sqrt{8}} \begin{bmatrix} 1 & 1 & 1 & 1 & 1 & 1 & 1 & 1 \\ 1 & 1 & 1 & 1 & -1 & -1 & -1 & -1 \\ \sqrt{2} & \sqrt{2} & -\sqrt{2} & -\sqrt{2} & 0 & 0 & 0 & 0 \\ 0 & 0 & 0 & 0 & \sqrt{2} & \sqrt{2} & -\sqrt{2} & -\sqrt{2} \\ 2 & -2 & 0 & 0 & 0 & 0 & 0 & 0 \\ 0 & 0 & 2 & -2 & 0 & 0 & 0 & 0 \\ 0 & 0 & 0 & 0 & 2 & -2 & 0 & 0 \\ 0 & 0 & 0 & 0 & 0 & 0 & 2 & -2 \end{bmatrix}. \tag{16.6}$$

进而，我们可以得到哈尔变换（$N=8$）的所有基图像，如图 16.4 所示. 基图像是核矩阵的行向量，即由基函数之间做外积得到的.

因而在对图像数据进行表示时，需要做的是确定此类数据所对应的基向量. 以基函数、基向量和基图像为核心的最小的简约的表征离散图像的变换手段，不仅能够实现数据的无损还原，更能较好地实现数据压缩存储，为动态目标时空数据的压缩存储管理与高效可视化打下良好的理论基础.

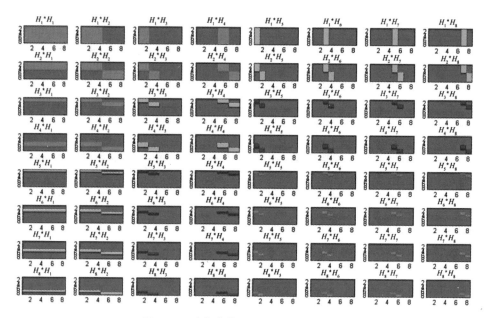

图 16.4 哈尔变换($N=8$)的所有基图像

16.2 例二：遥感影像的几何校正

遥感影像几何校正是指以灰度直方图理论、点运算、代数运算和几何运算对遥感影像进行整体处理. 几何校正是遥感信息处理中一个十分重要的环节,它直接关系到信息提取的精度与实用程度. 从物理上看,图像畸变就是像素点被错误放置,即本该属于某点的像素值却在他处. 因此,通过图像灰度直方图运算进行的几何校正,可以纠正图像畸变,提高图像的可用性.

16.2.1 几何畸变的原因

遥感图像的变形误差总体上可分为内部误差和外部误差两类. 内部误差主要是由传感器自身的性能、结构等因素造成;外部误差是由传感器以外的各因素造成的,如地球曲率、地形起伏、地球旋转等因素所引起的变形误差等.[2]

1. 传感器的成像几何形态的影响

传感器一般的成像几何形态有中心投影、全景投影、斜距投影以及平行投影等几种不同类型. 其中,全景和斜距投影所产生的图像变形规律可以通过与正射投影的图像相比较获得. 图 16.5 示出了地面方格网成像后的变形状况,这种畸变又称全景畸变,其中 f 为焦距,H 为相机高度,S 为透镜. 斜距投影变形的成像变形规律如图 16.6 所示,侧视雷达属斜距投影.

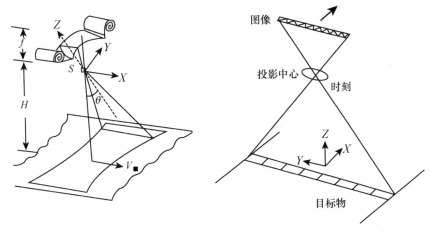

图 16.5　全景畸变

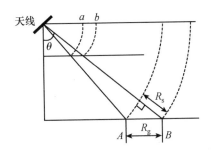

图 16.6　侧视雷达成像变形规律图

2. 传感器外方位元素变化引起的畸变

传感器外方位元素变化是指决定遥感平台姿态的 6 个自由度：三轴方向 (X, Y, Z) 及姿态角 (ϕ, ω, κ). 图 16.7 以多光谱扫描图像为例说明这 6 个自由度变化对地面一个方格网图像成像带来的畸变的表现形式.

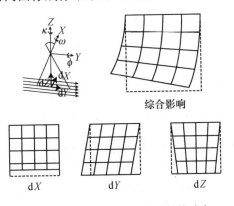

图 16.7　外方位元素变化引起的畸变

3. 地球自转的影响

如图 16.8 所示,地球自转对于瞬时光学成像遥感方式没有影响,但对扫描成像则造成图像平行错动,即

$$\Delta V_e = t_e v_\phi. \tag{16.7}$$

4. 地球曲率的影响

地球曲率的影响可以通过图 16.9 来说明,即地形起伏产生的误差原理与航空相片像点位移相同.

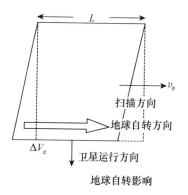

图 16.8　地球自转影响

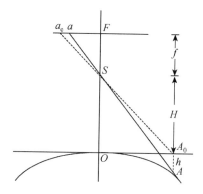

图 16.9　地球曲率影响示意图

16.2.2　几何校正的相关理论

1. 中心投影的构像方程

像点 a 与物点 A 之间的空间坐标关系可表示为中心投影成像的共线方程

$$\begin{cases} x - x_0 = -f \dfrac{a_1(X - X_s) + b_1(Y - Y_s) + c_1(Z - Z_s)}{a_3(X - X_s) + b_3(Y - Y_s) + c_3(Z - Z_s)}, \\ y - y_0 = -f \dfrac{a_2(X - X_s) + b_2(Y - Y_s) + c_2(Z - Z_s)}{a_3(X - X_s) + b_3(Y - Y_s) + c_3(Z - Z_s)}, \end{cases} \tag{16.8}$$

式中 x, y 是以像主点为原点的像点坐标,x_0, y_0 是像点坐标偏离真值的误差;f 为相片主距,X, Y, Z 是相应地面点的坐标,X_s, Y_s, Z_s 是摄影中心的坐标值,a_i, $b_i, c_i (i=1,2,3)$ 是 3 个外方位角元素 ϕ, ω, κ 求得的方向余弦值为

$$\begin{cases} a_1 = \cos\phi\cos\kappa - \sin\phi\sin\omega\sin\kappa, \quad b_1 = \cos\omega\sin\kappa, \\ c_1 = \sin\phi\cos\kappa + \cos\phi\sin\omega\sin\kappa, \\ a_2 = -\cos\phi\sin\kappa - \sin\phi\sin\omega\cos\kappa, \quad b_2 = \cos\omega\cos\kappa, \\ c_2 = -\sin\phi\sin\kappa + \cos\phi\sin\omega\cos\kappa, \\ a_3 = \sin\phi\cos\omega, \quad b_3 = -\sin\omega, \quad c_3 = \cos\phi\cos\omega. \end{cases} \tag{16.9}$$

该式不仅表示了无人机遥感影像的构像关系,同时也指明了影像几何变形主要来源于与传感器本身相关的内部变形误差和传感器以外因素引入的外部变形误差,这也是几何纠正的理论依据.[3]

2. 航空遥感影像的内、外方位元素

为了由像点反求物点,必须知道摄影时投影中心、相片与地面三者之间的相关位置,而确定它们之间相关位置的参数称为相片的方位元素.相片的方位元素分为内方位元素和外方位元素两部分.

在实际摄影时,摄影机主光轴不可能铅垂,相片也不可能水平,此时可以认为相片摄影时的姿态是由理想姿态绕空间三个轴向依次旋转三个角值后得到的.相片由理想姿态到实际摄影时的姿态依次旋转的三个角值,也就是相片的三个外方位角元素(参见图 16.10).

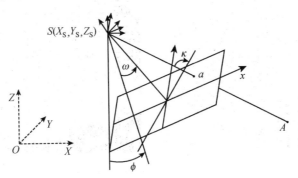

图 16.10　航摄影像外方位元素示意图

3. 几何校正的步骤

遥感影像的几何纠正,目前有两种基本手段:一种建立在常规的光学模拟原理和光学机械设备的基础上,称为常规方法几何纠正,或称为模拟几何纠正;另一种建立在数字处理原理和电子计算机基础上,称为数字方法几何纠正或称为数字微分纠正,它是一种点元素纠正.数字纠正的基本单元是像素,像素是一块面积极小的影像,可以看成是像点,在航摄相片上可以用 $g(x,y)$ 表示,其中 (x,y) 表示像素中心的平面坐标,g 为像素的灰度值.

数字纠正的作业过程如下:

(1) 建立相片的数字影像,即获取航摄相片上每个像素的灰度值;

(2) 解析地建立像点与图点的坐标对应;

(3) 灰度值的摄影测量内插,即灰度值的重采样;

(4) 数字正射影像的输出.

数字纠正又分为间接法数字纠正和直接法数字纠正.

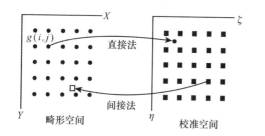

图 16.11 展示了以原始相片的像素 $g(i,j)$（即左图格网的每一个小格）为纠正单元的数字纠正.

选取一幅未校正的遥感影像，通过多项式校正方法，对其进行几何校正，如图 16.12 所示. 在几何校正的过程中，我们可以了解到其变化的本质——图像的整体运算或者是像素按一定几何规则进行的重排列.

图 16.11 数字校正示意图

(a) 原图像

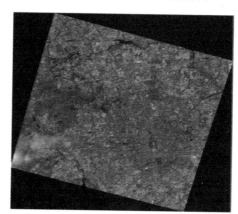

(b) 校正后图像

图 16.12 高分卫星校正前后图像

图像几何校正前后，直方图的变化情况如图 16.13 和 16.14 所示.

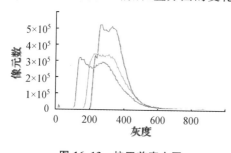

图 16.13 校正前直方图

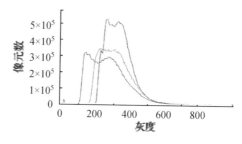

图 16.14 校正后直方图（去除零值）

图像校正前后直方图变化并不大，基本保持一致. 其原理为在几何校正过程并没有改变原图像的像元值，只是将原图像的像元值按照一定的变换规则重新进行了排列. 重采样过程中最邻近法、双线性内插法、三次立方卷积这三种方法相比较而言，最邻近法校正后图像直方图与原图像直方图最为接近，而双线性内插法和三次立方卷积都在一定程度上对像元值进行了均衡化,使得图像变得更平滑,这也导致校正后图像直方图与原图像直方图有一点变化(直方图变得更加平滑).

16.2.3 几何校正的关键算法

由于数据参数保密等原因在实际应用中通常基于地面控制点对遥感影像进行几何精校正.常用的算法有:一般多项式、共线方程模型、有理函数模型、直接线性变换模型、自校验直接线性变换模型、扩展性直接线性变换模型、严密投影仿射变换模型等.

1. 一般多项式校正算法

在以下算法中,(x,y)为像点的像平面坐标;(X,Y,Z)为相应地面点的地面坐标.

一般多项式几何精校正算法的具体表达式为

$$\begin{cases} x = \sum_{i=0}^{m}\sum_{j=0}^{n} a_{ij}X_iY_j, \\ y = \sum_{i=0}^{m}\sum_{j=0}^{n} b_{ij}X_iY_j. \end{cases} \tag{16.10}$$

2. 共线方程算法为

$$x - x_0 = -f\frac{a_1(X-X_s)+b_1(Y-Y_s)+c_1(Z-Z_s)}{a_3(X-X_s)+b_3(Y-Y_s)+c_3(Z-Z_s)},$$
$$y - y_0 = -f\frac{a_2(X-X_s)+b_2(Y-Y_s)+c_2(Z-Z_s)}{a_3(X-X_s)+b_3(Y-Y_s)+c_3(Z-Z_s)}, \tag{16.11}$$

式中 $a_1,a_2,a_3,b_1,b_2,b_3,c_1,c_2,c_3$ 为旋转矩阵 R 的元素;x_0,y_0,f 为内方位元素.这些都是未知数,其中旋转矩阵

$$\boldsymbol{R} = \begin{bmatrix} a_1 & a_2 & a_3 \\ b_1 & b_2 & b_3 \\ c_1 & c_2 & c_3 \end{bmatrix} \tag{16.12}$$

为正交矩阵,满足 $\boldsymbol{RR}^{\mathrm{T}}=\boldsymbol{R}^{\mathrm{T}}\boldsymbol{R}=\boldsymbol{E}$.由此可导出下列条件:

$$\begin{cases} a_1^2 + a_2^2 + a_3^2 = 1, \\ b_1^2 + b_2^2 + b_3^2 = 1, \\ c_1^2 + c_2^2 + c_3^2 = 1, \\ a_1a_2 + b_1b_2 + c_1c_2 = 0, \\ a_1a_3 + b_1b_3 + c_1c_3 = 0, \\ a_2a_3 + b_2b_3 + c_2c_3 = 0. \end{cases} \tag{16.13}$$

因此,R 阵中仅有 3 个独立的参数,其余 6 个参数可从上面条件推得.将旋转矩阵中 9 个方向余弦作为待求参数,和其他未知参数一起求解.可将式(16.11)化

成误差方程式,得

$$V = BX - L,$$ (16.14)

式中

$$V = \begin{bmatrix} v_x \\ v_y \end{bmatrix}, \quad L = \begin{bmatrix} l_x \\ l_y \end{bmatrix} = \begin{bmatrix} x - \Delta_x \\ y - \Delta_y \end{bmatrix},$$ (16.15)

$$B = \begin{bmatrix} b_{11} & b_{12} & b_{13} & b_{14} & b_{15} & b_{16} & b_{17} & b_{18} & b_{19} & b_{1a} & b_{1b} & b_{1c} & b_{1d} & b_{1e} & b_{1f} \\ b_{21} & b_{22} & b_{23} & b_{24} & b_{25} & b_{26} & b_{27} & b_{28} & b_{29} & b_{2a} & b_{2b} & b_{2c} & b_{2d} & b_{2e} & b_{2f} \end{bmatrix},$$ (16.16)

$$X^{\mathrm{T}} = \begin{bmatrix} dX_s & dY_s & dZ_s & da_1 & da_2 & da_3 & db_1 & db_2 & db_3 & dc_1 & dc_2 & dc_3 & dx_0 & dy_0 & df \end{bmatrix}.$$ (16.17)

因此式(16.11)变为

$$x - x_0 = -f \frac{\overline{X}}{\overline{Z}}, \quad y - y_0 = -f \frac{\overline{Y}}{\overline{Z}}.$$ (16.18)

由正交条件可以得到下列条件方程:

$$AX + W = 0,$$ (16.19)

其中 X 的含义同上, A 为条件方程系数矩阵, W 为条件方程常数项矩阵. 按附有条件的间接平差法解算式,就可以得到 X. 若将条件方程化成伪观测方程,则伪观测方程为

$$V' = AX + W,$$ (16.20)

其中 X,A 和 W 的含义同上. 若给定适当的权重,就可以按常规的间接平差法解算. 也可以直接获得摄影的内方位元素和外方位元素.

3. 有理函数算法

有理函数模型是用有理函数逼近二维像平面和三维物空间的对应关系. 有理函数正解形式表示为

$$\begin{cases} r_n = \dfrac{p_1(X_n, Y_n, Z_n)}{p_2(X_n, Y_n, Z_n)}, \\ c_n = \dfrac{p_3(X_n, Y_n, Z_n)}{p_4(X_n, Y_n, Z_n)}. \end{cases}$$ (16.21)

4. 直接线性变换模型的表达式为

$$\begin{cases} x = \dfrac{L_1 X + L_2 Y + L_3 Z + L_4}{L_9 X + L_{10} Y + L_{11} Z + 1}, \\ y = \dfrac{L_5 X + L_6 Y + L_7 Z + L_8}{L_9 X + L_{10} Y + L_{11} Z + 1}. \end{cases}$$ (16.22)

5. 自校验直接线性变换算法可表示为

$$\begin{cases} x = \dfrac{L_1 X + L_2 Y + L_3 Z + L_4}{L_9 X + L_{10} Y + L_{11} Z + 1}, \\ y = \dfrac{L_5 X + L_6 Y + L_7 Z + L_8}{L_9 X + L_{10} Y + L_{11} Z + 1} + L_{12} xy. \end{cases}$$ (16.23)

6. 扩展性直接线性变换算法的表达式为

$$\begin{cases} x = \dfrac{L_1 X + L_2 Y + L_3 Z + L_4}{L_9 X + L_{10} Y + L_{11} Z + 1} + L_{12} x^2, \\ y = \dfrac{L_5 X + L_6 Y + L_7 Z + L_8}{L_9 X + L_{10} Y + L_{11} Z + 1} + L_{13} xy. \end{cases} \tag{16.24}$$

7. 严密投影仿射变换算法

$$\begin{cases} \dfrac{f - \dfrac{Z}{m\cos\alpha}}{f - (x - x_0)\tan\alpha}(x - x_0) = a_0 + a_1 X + a_2 Y + z_3 Z, \\ y - y_0 = b_0 + b_1 X + b_2 Y + b_3 Z. \end{cases} \tag{16.25}$$

16.2.4 几何校正算法的比较分析

几何校正的不同算法比较见表 16.2.

表 16.2 不同算法效能比较算法

	适用传感器	对轨道和传感器参量要求	算法复杂性（影像像素个数为 N）	必需的控制点数目	准确度及其性能
一般二次多项式	通用	无	（10 次加法＋16 次乘法）×N	6	解算简单,适合于平坦地区
一般三次多项式	通用	无	（18 次加法＋40 次乘法）×N	10	准确度较高,解算复杂,计算量大,适用于平坦地区
二次有理函数	通用	无	（30 次加法＋53 次乘法）×N	16	准确度高,解算复杂,过多的参量可能导致解的不稳定性,准确度与控制点分布及地形密切相关
三次有理函数	通用	无	（57 次加法＋134 次乘法）×N	30	准确度高,解算复杂,参量过多可能导致解得不稳定,准确度与控制点分布及地形密切相关
共线方程模型	星载线阵 CCD	飞行高度、焦距,一般都已知	（20 次加法＋14 次乘法）×(N)	6	准确度较高,考虑了光学成像的几何关系,但定向参量的强相关性导致了解的不稳定
直接线性变换模型	星载线阵 CCD	无	（9 次加法＋11 次乘法）×N	6	准确度较高,解算简单、求解稳定,适合于未公开传感器信息的高分辨率光学影像处理
自校验直接线性变换	星载线阵 CCD	无	（10 次加法＋11 次乘法）×N	6	准确度高,解算简单,求解稳定,考虑外方位元素随时间变化的特点,适合多种商业遥感光学卫星影像的几何精校正

	适用传感器	对轨道和传感器参量要求	算法复杂性（影像像素个数为 N）	必须的控制点数目	准确度及其性能
扩展的直接线性变换模型	星载线阵 CCD	无	（11 次加法＋13 次乘法）×N	7	准确度高,解算简单,求解稳定,适合于未公开传感器信息的高分辨率光学影像处理
投影仿射变换模型	星载线阵 CCD	飞行高度、焦距一般都已知	（11 次加法＋20 次乘法）×N	5	准确度高,解算简单、求解稳定,考虑了线阵 CCD 成像几何,无需传感器的信息,是一种综合性能佳的校正模型

16.3　例三：遥感影像的阈值分割技术

遥感影像的阈值分割技术体现了灰度直方图理论和模糊测度理论在遥感影像整体处理上的应用.阈值分割利用图像中要提取的目标物与其背景在灰度特性上的差异,把图像视为具有不同灰度级的两类区域(目标和背景)的组合,选取一个合适的阈值,以确定图像中每个像素点应该属于目标区域还是背景区域,从而产生对应的二值图像.

16.3.1　阈值分割方法的研究目的

图像拼接是把针对同一场景的相互有部分重叠的一系列图片合成一张大的宽视角的图像.拼接后的图像要求最大限度地与原始图像接近,失真尽可能小,没有明显的缝合线.图像拼接技术在宇宙空间探测、海底勘测、医学、气象、地质勘测、军事、视频压缩和传输,物体的 3D 重建,军事侦察等都有广泛的应用.主要表现为全景图和超宽视角图像的合成和碎片图像的组合和虚拟现实等.

在实际的航飞影像上,存在很多这样的图像,它们的直方图中背景亮度与目标亮度之间有明显的差异,即图像的直方图具有双峰的特征.

如图 16.15 和图 16.16 所示,对直方图具有明显双峰特征的图像来说,采用阈值分割法进行二值化处理来提取图像的特征,然后在此基础上进行模式匹配会具有很好的效果.阈值分割法的速度最快,可以满足无人机航空遥感影像快视图实时拼接的要求,所以接下来我们将采用阈值分割算法中的自适应阈值分割算法对图像进行分割.

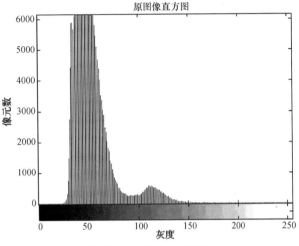

图 16.15　示例图片　　　　　　　图 16.16　图像的直方图

16.3.2　自适应阈值分割算法

1979 年,Otsu 提出了一种常用的分割法——自适应阈值分割法[4],它建立在一幅图像的灰度直方图之上,即图像的灰度级分布特征之上,该方法概述如下.

假设用一个二维矩阵将一幅灰度图像描述为 $F_{P\times Q}=[f(x,y)]_{PQ}$,其中 PQ 是图像的大小,$f(x,y)$ 是像素 (x,y) 的灰度值,且 $f(x,y)\subset\{0,1,2,\cdots,L-1\}$,$L$ 为图像的灰度级总数.在图像中灰度级 i 出现的次数为 n_i,则灰度级 i 出现的概率为

$$p_i=\frac{n_i}{PQ},\quad p_i\geqslant 0,\quad \sum_{i=0}^{L-1}p_i=1. \tag{16.26}$$

若以灰度级 t 为阈值把全部像素分成两类:S_1(背景类)包含了 $i\leqslant t$ 的像素,S_2(前景类)包含了 $i>t$ 的像素.S_1 和 S_2 两类出现的总机率分别为

$$P_1=\sum_{i=0}^{t}p_i,\quad P_2=\sum_{i=t+1}^{L-1}p_i,P_1+P_2=1. \tag{16.27}$$

S_1 和 S_2 两类的类内中心分别为

$$\omega_1=\sum_{i=0}^{t}ip_i/P_1, \tag{16.28}$$

$$\omega_2=\sum_{i=t+1}^{L-1}ip_i/P_2, \tag{16.29}$$

且有

$$P_1\omega_1+P_2\omega_2=\omega_0=\sum_{i=0}^{L-1}ip_i. \tag{16.30}$$

由此给出背景类和前景类的类间方差为

$$\sigma^2=P_1(\omega_1-\omega_0)^2+P_2(\omega_2-\omega_0)^2=P_1P_2(\omega_2-\omega_1)^2. \tag{16.31}$$

图 16.17　拼接结果图

显然，P_1，P_2，ω_1，ω_2，σ^2 都是灰度级阈值 t 的函数.

　　为了达到最佳的图像分割效果，就必须确保最好的分类效果，才能选择出最优的图像分割阈值，Otsu 把两类的类间方差作为阈值识别函数，认为最优的阈值 t^* 应该是使 σ^2 最大的灰度值. 于是有最优阈值判别式

$$\sigma^2(t^*) = \max \sigma^2(t). \qquad (16.32)$$

使用自适应的阈值分割算法最终得到的分割结果图为图 16.17.

　　从结果图中可以直观地看出，采用自适应阈值分割算法获得的匹配结果并不理想，存在较大的错拼现象，其主要原因在于选取的阈值判别函数相对简单，因此在前面算法的基础上，改进其阈值识别函数，可以取得了较好的分割效果.[5,6]

16.3.3　改进的自适应阈值分割算法

　　在自适应阈值方法基础上，只考虑前景类和背景类之间的方差是不够的，这忽略了每一类中像素包含的分类信息. 为了更全面地反映分类的好坏以实现更准确的分割，人们重新定义了两类距离，引入了类的分散度，进而改进了阈值识别函数.

　　如前所述，式(16.28)~(16.32)给出了背景类 S_1 和前景类 S_2 的类内中心，为了有效描述两个类之间的距离，定义两类距离为

$$D = |\omega_1 - \omega_2|. \qquad (16.33)$$

D 在一定程度上能体现 S_1 和 S_2 的分类效果，D 越大表示两个类的类间距离越大，S_1 和 S_2 分得越开. 另外，背景类 S_1 和前景类 S_2 中内聚性的好坏也是直接反映分类是否有效的一个重要标志，又定义 S_1 和 S_2 中每一个像素到类中心的距离为类的分散度，即

$$d_1 = \sum_{i=0}^{t} |i - \omega_1| \frac{p_i}{P_1}, \quad d_2 = \sum_{i=t+1}^{L-1} |i - \omega_2| \frac{p_i}{P_2}. \qquad (16.34)$$

显然，每个类的分散度越小，表示其内聚性越好，分类效果越好.

　　综合考虑以上两方面的因素，要保证分类效果好，就必须同时确保 D 最大且 d_1，d_2 最小，这样每一类的内聚性最好，而且两类的类间距离又最大，分类最成功，此时图像中的前景和背景将被最大限度地分开，达到最佳的图像分割效果. 因此，定义背景和前景分割的阈值识别函数为

$$H(t) = \frac{P_1 P_2 D}{P_1 d_1 + P_2 d_2}. \qquad (16.35)$$

可见，当 H 最大时将达到最好的分类效果，则最优阈值判别式为

$$H(t^*) = H_{\max}(t). \tag{16.36}$$

若一幅图像的某一个灰度级 t^* 能使 $H(t^*) = H_{\max}(t)$,则 t^* 为最优的图像分割阈值,它可将图像 $F_{PQ} = [f(x,y)]_{PQ}$ 分成背景类 S_1 和前景类 S_2,则有

$$S_1 \bigcup S_2 = F_{PQ} \quad \text{且} \quad S_1 \bigcap S_2 = \phi. \tag{16.37}$$

基于以上改进的自适应阈值选择方法,不同的图像都有不同的矩阵表示,其具有的每一灰度级都对应一个阈值识别函数值 H,从中总能找到 $H_{\max}$,确定出最优的阈值 t^* 对图像进行分割,建立自适应阈值图像分割方法如图 16.18 所示.

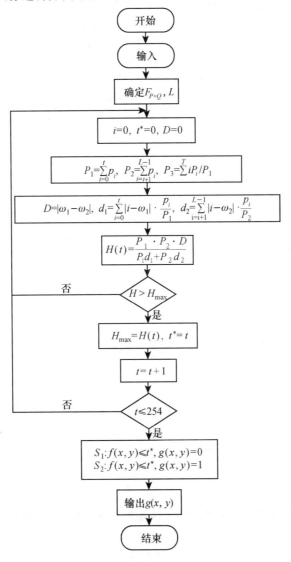

图 16.18 改进自适应算法流程图

　　采用改进的自适应阈值分割算法得到的拼接结果如图 16.19 所示.从拼接结果图中可以直观地看到,采用改进的自适应阈值分割算法取得了令人满意的效果.

图 16.19　拼接结果图

16.4　例四:遥感影像的最小噪声分离变换

　　NMF 变换是有损处理的代表方法,展现了率失真-熵理论和主成分分析方法的一体应用.率失真理论是用信息论的基本观点和方法研究数据压缩问题的理论,其基本问题可以归结为,对于一个给定的信源分布与失真度量,在特定的码率下能达到的最小期望失真;或者为了满足一定的失真限制,最小描述码率可以是多少.熵编码即编码过程中按熵原理不丢失任何信息的无损压缩编码.信息熵为信源的平均信息量(不确定性的度量).一种常用的有损压缩数据方法是主成分分析(principal component analysis,PCA),其为将多个变量通过线性变换来选出较少个数重要变量的一种多元统计分析方法.[7]

16.4.1　基本原理

　　MNF 变换假设遥感影像由信号和噪声组成,即光谱特征矢量 $\boldsymbol{Z}(x)$ 由真实信号矢量 $\boldsymbol{S}(x)$ 和噪声矢量 $\boldsymbol{N}(x)$ 线性组合而成

$$\boldsymbol{Z}(x) = \boldsymbol{S}(x) + \boldsymbol{N}(x), \tag{16.38}$$

因此

$$\mathrm{Cov}(\boldsymbol{Z}(x)) = \Sigma_S + \Sigma_N. \tag{16.39}$$

　　对于信噪以乘积形式的组合,先对等式两端求对数,转化成加法形式组合.MNF 变换矩阵形式为 $\boldsymbol{Y}(x) = \boldsymbol{A}^{\mathrm{T}}\boldsymbol{Z}(x)$.根据主成分变换的原理,在变换前必须知道信号协方差 Σ_S、噪声协方差 Σ_N 和光谱特征矢量协方差 Σ 中的任意两个,然后通过线性运算得到另一个.MNF 方法的中心思想是利用遥感影像中,邻域像

素间的信号存在极大的相关性而噪声在邻域间的相关性很小的特点,从而通过邻域像素间的协方差运算获得噪声的协方差.

16.4.2　MNF 噪声估算法

在 MNF 依据的主成分变换中,所选择的变换矩阵 T 表现出递增的空间相关性——即主成分数越靠后,其变换矩阵的相关性越大.由于经过主成分变换后,靠后的主成分主要包含噪声信息,这从一定的程度上说明噪声间的空间相关性小,空间关系上的噪声协方差值较大.

对于变换后第 i 个主成分 $Y_i(x) = a_i^T Z(x)$,其空间相关性可以用相邻像元间相关系数表示

$$\text{Corr}(Y_i(x), Y_i(x+V)) = \text{Corr}(a_i^T Z(x), a_i^T Z(x+V)). \quad (16.40)$$

该相关系数和 i 以前的变换后分量 $Y_k(x)(k<i)$ 正交,并且相较于 Y_k 是个小量.

在图像处理过程中参与计算的数据通常是数字矩阵,MAF 变换通常可以用数据的协方差矩阵和邻域间的微分法表达.MAF 变换是最大/最小自相关因子(MAF)变换,它考虑了遥感图像的空间特征,不仅对图像的协方差矩阵进行估计,且计算原始数据和偏移数据的差异协方差矩阵.当用矩阵表达时,可以发现 a_i 是矩阵 $\Sigma_\Delta \Sigma^{-1}$ 的特征向量,其中 $\Sigma_\Delta = \text{Cov}(Z(x), Z(x+\Delta))$,$\Sigma$ 为光谱图像的协方差矩阵.同时由于在主成分变换中 a_i 同时又是矩阵 $\Sigma_N \Sigma^{-1}$ 的特征向量,因此,$\Sigma_\Delta \Sigma^{-1}$ 和 $\Sigma_N \Sigma^{-1}$ 实际有相同表现形式,所以 Σ_Δ 实际是噪声的另一种测度,它几乎不包含强自相关的信号.[8]

怎样用 Σ_Δ 表达噪声的协方差矩阵 Σ_N 呢? Seitzer 等提出了一个简单比协方差模型(simple proportional covariance model)来解决这个问题.这个模型假设信号和噪声是不相关的,且

$$\text{Cov}(S(x), S(x+\Delta)) = b_\Delta \Sigma_S,$$
$$\text{Cov}(N(x), N(x+\Delta)) = c_\Delta \Sigma_N. \quad (16.41)$$

当邻域间的相关性被考虑时,式(16.41)中的 b_Δ 和 c_Δ 是常数,并且 b_Δ 大于 c_Δ.对于该简比协方差模型而言,可以得到的最重要的结论是对于任何波段信号(和噪声)邻域间的相关系数是相同的,即 $b_\Delta(c_\Delta)$.在此模型下可以推导出

$$\frac{1}{2}\Sigma_\Delta = (1-b_\Delta)\Sigma + (b_\Delta - c_\Delta)\Sigma_N. \quad (16.42)$$

如果信号具有高的空间相关性,$\text{Cov}(S(x), S(x+\Delta))$ 将会和 Σ_S 的值非常接近,即 $b_\Delta \approx 1$,同样对于椒盐噪声 $\text{Cov}(N(x), N(x+\Delta))$ 将趋于 0,即 $c_\Delta \approx 0$,在这种条件下 $\Sigma_N \approx \Sigma_\Delta/2$.在一般条件下,有:

(1) $\Sigma_\Delta \Sigma^{-1}$ 的特征向量和 $\Sigma_N \Sigma^{-1}$ 的特征向量相关,并且这一特征与 c_Δ 和 b_Δ 取值不相关.此外,变换后的主成分中的噪声比也和 c_Δ 与 b_Δ 不相关;

(2) $\Sigma_\Delta \Sigma^{-1}$ 的特征向量 λ_i 和 $\Sigma_N \Sigma^{-1}$ 的特征向量 μ_i 存在

$$\boldsymbol{\mu}_i = \frac{\lambda_i/2 - (1 - b_\Delta)}{b_\Delta - c_\Delta} \tag{16.43}$$

的相关关系；

(3) 由于 $0 \leqslant \dfrac{\lambda_i}{2b_\Delta} \leqslant 1$，所以有

$$c_\Delta \leqslant 1 - \lambda_i/2 \leqslant b_\Delta, \tag{16.44}$$

式(16.44)对于所有的波段均成立. 因此根据邻域相关矩阵的特征值我们可以用最大特征值确定 c_Δ 的上限(下限为 0)以及根据最小特征值确定 b_Δ 的下限(上限为 1). 因此可以用 λ_i 对 b_Δ 和 c_Δ 进行估值，从而确定噪声的特征值和特征向量.

获得噪声协方差矩阵以及光谱协方差矩阵的特征向量后，将特征值从大到小排列可以确定光谱影像到新主成分的变换，变换后通过选取前几个波段的影像进行逆变换获得滤除噪声(增强)后的影像.

16.4.3　条带的去除

本实验数据使用的是 Hyperion 数据，Hyperion 在 VNIR 波段有较多的波段数目(70 个)，并具有较高的光谱分辨率(10 nm)，在对植被特征的监测方面具有优势，同时考虑到其在 680~710 nm 波长范围内有足够高的光谱分辨率(3 个波段)，故 Hyperion 数据在定量遥感中应用非常广泛.

Hyperion 图像上在平行于 CCD 阵列方向上存在条纹，如图 16.20(a)，可见

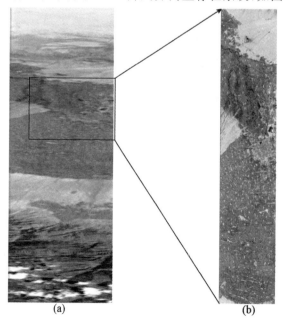

(a)　　　　　　　　　　　　(b)

图 16.20　实验使用的 Hyperion 图像

图像上存在条纹,在使用 Hyperion 数据之前要做去条纹处理. 采用 MNF 变换的方法去条纹. 其原理是认为 Hyperion 每个波段图像的方差和协方差是相等的,波段间存在很大的相关性,利用 MNF 变换可以较好地去除条纹. 图 16.20(b)为条纹去除之后一个波段的部分图像,可以看到条纹去除效果显著. 图 16.21 示出了条纹去除前后之对比效果.

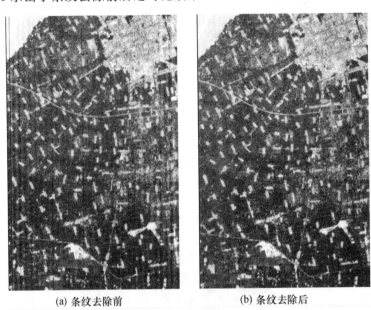

(a) 条纹去除前   (b) 条纹去除后

图 16.21 条纹去除前后的对比

16.4.4 Smile 效应

所有的 Hyperion 产品都存在 Smile 效应,Smile 效应是指在垂直飞行方向上,像元的波长从中心位置向两边偏移. 影像的 Smile 效应可以通过 MNF 变换进行检测,影像经过 MNF 变换后,如果在第一或第二波段上有明显的亮度梯度则说明该影像存在 Smile 效应. 对可见光-近红外(visible to near infrared, VNIR)和短波红外(short wave infrared,SWIR)波段分别进行 MNF 变换后,发现在 VNIR 波段 MNF 变换后的第一波段上存在明显的亮度梯度,而 SWIR则没有,如图 16.22 所示. 而去条纹的操作能够很好地消除 Smile 效应的影像,图 16.23 是经过去条纹处理后的 VNIR 波段 MNF 变换后的第一波段,图上没有明显的亮度梯度,可见 Smile 效应得到了较好的去除.

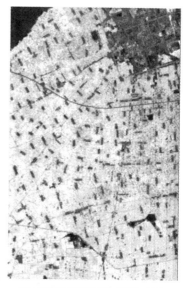

(a) VNIR波段MNF变换后的第一波段　　　　　(b) SWIR波段MNF变换后的第一波段

图 16.22　Smile 效应检测

图 16.23　条纹去除后 VNIR 波段 MNF 变换后的第一波段

16.5　小　　结

关于遥感图像处理的应用,这里主要详细介绍了四种,即遥感图像的向量基表达、遥感图像的几何校正、遥感图像的阈值分割技术、MNF 变换.一般而言,在实际的遥感图像的应用中,我们主要将遥感图像的处理分为遥感图像的预处理、遥感图像的应用等技术.上述几种遥感图像处理的应用中,如向量基表达、几何校正可以归为遥感图像的预处理过程;而阈值分割、MNF 可以归纳为遥感图像的应用技术.但它们都依据着遥感数字图像处理的理论支撑.它们的主体依据如图 16.24 所示.表 16.3 为本章数理公式.

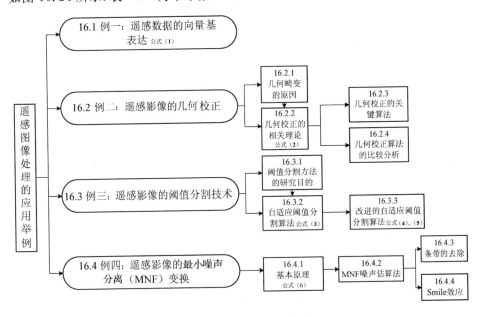

图 16.24　本章内容总结图

表 16.3　本章数理公式

公式(1)	$G_{m,n} = \sum\limits_{i=0}^{N-1} \sum\limits_{k=0}^{N-1} F_{i,k} \mathscr{T}(i,k,m,n)$	式(16.1)	详见 16.1
公式(2)	$x - x_0 = -f\dfrac{a_1(X-X_s)+b_1(Y-Y_s)+c_1(Z-Z_s)}{a_3(X-X_s)+b_3(Y-Y_s)+c_3(Z-Z_s)},$ $y - y_0 = -f\dfrac{a_2(X-X_s)+b_2(Y-Y_s)+c_2(Z-Z_s)}{a_3(X-X_s)+b_3(Y-Y_s)+c_3(Z-Z_s)}.$	式(16.8)	详见 16.2.2
公式(3)	$p_i = \dfrac{n_i}{P \times Q}$	式(16.26)	详见 16.3.2

公式(4)	$D=\mid\omega_1-\omega_2\mid$	式(16.33)	详见 16.3.3
公式(5)	$d_1=\sum\limits_{i=0}^{t}\mid i-\omega_1\mid\cdot\dfrac{p_i}{P_1}$ $d_2=\sum\limits_{i=t+1}^{L-1}\mid i-\omega_2\mid\cdot\dfrac{p_i}{P_2}$	式(16.34)	详见 16.3.3
公式(6)	$\mathrm{Cov}(\boldsymbol{Z}(x))=\Sigma_S+\Sigma_N$	式(16.39)	详见 16.4.1

参考文献

[1] 杨子胥. 内积关系与正交变换、对称变换、反对称变换[J]. 数学通报,1993(1).

[2] 王学平. 遥感图像几何校正原理及效果分析[J]. 计算机应用与软件,2008(25).

[3] 赵亮. MonoSLAM:参数化、光束法平差与子图融合模型理论[D]. 北京大学,2012.

[4] 肖超云,朱伟兴. 基于 Otsu 准则及图像熵的阈值分割算法[J]. 计算机工程,2007(33).

[5] Ning J, Zhang L, Zhang D, et al. Interactive image segmentation by maximal similarity based region merging[J]. Pattern Recognition, 2010, 43(2).

[6] Weszka J S. A survey of threshold selection techniques[J]. Computer Graphics & Image Processing, 1978.

[7] 顾海燕,李海涛,杨景辉. 基于最小噪声分离变换的遥感影像融合方法[J]. 国土资源遥感,2007(2).

[8] Nielsen A. Kernel maximum autocorrelation factor and minimum noise fraction transformations[J]. IEEE Transactions on Image Processing a Publication of the IEEE Signal Processing Society, 2011, 20(3).

后　　记

从事遥感方面的研究和教学工作二十余年来,笔者深切感受到遥感作为空间信息科学与技术的源头,是一个多学科交叉、理论体系亟待完善的学科.而数学、物理学以其严谨的逻辑推理演绎和量纲分析为其学科理论体系的创建发展提供了最基础的工具,也是唯一手段.1951 年,已故的美国国家科学院院士 Eric Temple Bell 在其经典著作《数学:科学的王后与仆人》(*Mathematics: Queen and Servant of Science*)中指出数学既是科学的王后,也是其他学科的仆人.进一步地,物理学为不同学科中研究对象的本质规律提供了最严谨和简明的阐述,促使不同学科借助数学化的表达建立起完善的理论体系.因此,数学化表达、物理化分析是遥感空间信息科学与技术学科理论体系创建的必由之路,这也是笔者在教学和科研中一直向同事和同学强调的思维方法.

遥感数字图像处理在空间信息图像分析和应用中占据着重要位置.遥感获取的空间信息首先或绝大部分都是通过遥感图像展现的,因此采用合适的方法来处理获取的遥感图像以最大限度地获取有用的信息是遥感空间信息科技工作者必须掌握的一种定量化方法.由此"遥感数字图像处理"一直是遥感空间信息相关专业高等教育的一门必修课,而揭示遥感图像处理方法的数学物理本质则是推动遥感空间信息学科理论体系发展的有效手段.目前,市面上的遥感数字图像处理方面的教材不下几十种,然而这些教材大多数都是方法的介绍,很难触及遥感数字图像处理的数学物理本质,这就导致了很多遥感科技工作者只掌握具体的操作和工具,不理解遥感图像处理的数学物理原理.笔者从事"高级遥感数字图像处理"研究生必修课程的教学工作多年,一直在教学过程中尝试引导学生从数学抽象和物理量纲的角度系统化理解遥感图像处理的本质,也积累了较全面的经验和素材.因此,在激烈竞争中有幸获得北京市研究生精品教材基金项目资助.此后五年,笔者整理了多年的教学手稿,在借鉴前人的基础上带领五届研究生就针对性问题进行深化研究破解,五易其稿,完成了这本《高级遥感数字图像处理数学物理教程》.本书的最大特色是在讲解遥感图像处理方法的同时,揭示遥感图像处理方法的数学物理本质,以及各种看起来没有关联的处理方法、过程的数学关联、物理量纲转换本质,以促进遥感空间信息学科理论体系的发展.

本书在编撰过程中得到长达 19 年 23 届次(其中含 4 届研究生课程班)研究

生的全力支持,他们很多人都为本书的成稿做出了宝贵的贡献,尤其是从不知到知之到最后对数学物理关联的本质把握方面,为本书的每一章节理论、甚至每个细节之间的关联理论都做出了至少验证性的贡献,在此向他们表示真挚的感谢!

本教程中数学公式的完善与技术内容上数学物理关联的提炼主要由笔者完成,从 1997 年到 2015 年先后有 23 届次的研究生参与,在每个具体理论和技术问题的研究、细化以及遥感技术和数学之间的关联验证方面,几乎每个细节都经历了 5 名以上学生的锤炼、细化,重要部分如基函数、基向量、基图像理论则经历了近 20 名学生的反复提炼并认可.赵红颖(第二作者)为笔者的博士后并留校任教,刘绥华(第三作者)和王明志(第四作者)是笔者的博士研究生,现已毕业,他们在博士期间对此投入了很多的精力.他们都为此书做出了系统性、关联性的贡献,其中赵红颖主要执笔第二和十六章,刘绥华主要执笔第三、七和十一章,王明志主要执笔第四和十四章,其余章节主要为笔者执笔完成.

限于笔者的知识结构水平,书中难免有错误之处,恳请广大读者批评指正.科学永无止境,遥感数字图像处理的理论技术体系只有在实践摸索中形成并不断完善.笔者期待遥感界和空间信息领域的专家、学者、青年学生以评判、修正的眼光来阅读参考本书,若能完善本书的不足,为定量化遥感图像处理分析提供一个把握前沿的舞台,笔者将倍感欣慰.而进一步地,如果本书能成为遥感空间信息领域数字图像处理的第一本详尽、准确的数学物理手册,则是笔者二十余年遥感空间信息研究以及 19 年 23 届次约 400 名师生呕心沥血教学研讨所期盼的出发点和终极目标.

笔者特别感谢北京大学出版社出精品、出填补国家空白领域书籍的指导思想,感谢出版社理科编辑部陈小红主任对本书历时五年多反复修改的持续支持、帮助和宽容,特别感谢王剑飞编辑五年来耐心细致、呕心沥血的编辑工作,使本书终成正果.最后还要特别感谢北京协同创新研究院(BICI),书中部分成果是在其全面支持下而产生的;尤其是第三章所述航空航天极坐标技术方法,经其进行产品化产业化开发,从源端孵化的系统软件产品产业化优势效果证明了笔者所提遥感成像坐标基准理论的原创生命力.最后在北京大学出版社大力支持和编辑的悉心帮助下,本书实现了彩色出版印刷.

晏 磊
2015 年 12 月于北大博雅塔下的遥感楼

致　谢

　　在此,谨向 19 届约 400 名北大优秀学子们(已记录的 333 名博士、硕士研究生和未记录的 60 余名人员)表示深深的谢意,没有你们陪伴我的 19 个春秋,不可能诞生这本《高级遥感数字图像处理数学物理教程》.你们每一部分的深入研讨,镌刻了这部教程的数学物理内涵.你们的名字与这部教程一并载入我感恩的记忆中.1997—1998 级上课研讨的研究生、3 届在职研究生班和访问学者(如赵康年、郭锁利、肖晓红等)、进修生共约 60 余名人员,因为时间久远没有记录下清单,你们的奉献也永远铭记在我的内心.

　　1999 级(14 人)　张文江、苏元锋、王成远、周贵云、马廷、刘玉玲、景涛、虞盛超、史文勇、窦静、毛雷、王昊、林家元、王肖群

　　2000 级(26 人)　常磊、杜永明、葛强、黄颖端、刘海涛、王奋勤、吴欢、夏晖(课代表)、杨德海、杨凯欣、赵建伟、赵伟、朱高龙、朱黎江、刘述、王凌云、张进德、赵群、张焕杰、陈敬柱、张福浩、王连喜、杜森、赵虎、孙道虎、钟斌

　　2001 级(20 人)　刘雪萍、陈思锦、李滨、李吉芝、刘瑞宏、马磊、毛婷婷、沙志友、王红岩(课代表)、魏立力、肖晓柏、徐斌恩、严明、张雪松、郑小松、朱龙文、夏建勋、甘宇亮、樊智勇、桂智明

　　2001 在职硕士班(15 人)　吴小英、侯同袍、姜莉莉、李滨、林鹏、刘艺兵、潘锦华、苏占胜、许玉胜、余丽琼、张普斌、周可法(课代表)、周荣军、徐俊科、严虹

　　2002 级(33 人)　李宏、苗李莉、柯樱海、张云海、卜泉洲、何华伟、李喆、李滨、郑小松、李新坡、王道军、吴宁、沙志友、李海涛、周波、吴建新、李峰、王顺义、李鑫、杜龙江、胡冰、张华、易永红、王站立、周强、王开存(课代表)、梁继永、汪冬冬、毛婷婷、董平、闻辉、吕书强、郑江华

　　2003 级(9 人)　程涛、邓岿、高亮、胡红涛、李小凡、刘贻华、罗立、欧建宏、杨文白(课代表)

　　2004 级(16 人)　何丽娜、瞿毅臻、龙玄耀、斯林、孟宪伟、何维、朱洋波、张婷、李军、杨光勇、张兆永(课代表)、陈萍、高亮、陶迎春、姜文亮、高鹏骐

2005 级（21 人）　丁杰、罗毅、尹丹、毛姝洁、邵伟超、段磊、李颖、韩超峰、金鑫、郭建聪、赵世湖、宫宝昌、项涵宇、林沂、郝石磊、黄铮、马德锋（课代表）、江淼、杨亮、秦凯、高铎

2006 级（19 人）　李淑坤、金慧然、陶欣、卢宾宾、潘征、于清德、沈添天、胡加艳、欧兴旺、宋姝婧、林陈斌、吴太夏、勾志阳、魏然、相云、伊丕源、苏毛第、韩小刚、贾建瑛（课代表）

2007 级（13 人）　陈嘉（课代表）、褚天行、李博、李颖、赵亮、宁新稳、沈阳、汤安宁、唐洪钊、吴代晖、余海阔、张婷、杨光勇

2008 级（19 人）　李大鹏、崔要奎、董芳、李松霖、梁存任、鲁云飞、宋本钦（课代表）、孙权、王祎婷、邬锐、徐海卿、闫彬彦、尹中义、孙华波、马燕、崔喜爱、陈梅荪、王合顺、陈伟

2009 级（22 人）　武鼎、姜莎莎、程鹏、买莹、盖颖颖、张西雅、王金梁、刘绥华、许玉彬、孙晓、周晓、段依妮、王旭阳、李军、耿嘉洲、张俊东、黄岚岚、苏怀洪、景欣、柴蕾蕾、赵杰鹏（课代表）、李静

2010 级（20 人）　孙岩标、云烨、高胜、包慧漪、蔡彩、丁连军、范诗玥、冯洋、焦龙、廖春华（课代表）、刘相锋、刘媛、罗梦佳、马玉忠、田媛、王露、王雪艳、杨泽民、万家欢、王明志

2011 级（17 人）　蔡亚平、陈高星、邓巧华、李怀瑜、廖嫣然、刘婧、刘思洁、刘羽、罗博仁、王慧玲、熊思婷（课代表）、章晓洁、朱瀚、吴文欢、徐宏、肖汉、郭玉龙

2012 级（14 人）　蔡玉珍（课代表）、曹艳丰、褚福林、郭超、何汉贤、胡俊霄、李新、刘慧丽、吕扬、王璐、王雪、辛甜甜、张海真、杨彬

2013 级（19 人）　潘述铃（课代表）、杨鹏、杨振宇、都骏、黄俊松、陈艳、范锐彦、焦健楠、刘飒、刘甜甜、孟晋杰、彭学峰、饶俊峰、申琳、魏云鹏、于泓峰、张倍通、张鑫龙、谭翔

2014 级（19 人）　班博颢、王媛（课代表）、王心逸、史忠奎、陈瑞、周浩然、柴宝惠、陈继伟、贺丽琴、黄江辉、姜璐璐、李举材、田绍鸿、王欢欢、王雪琪、叶威惠、赵鹏、郑鸿云、邹贵祥

2015 级（17 人）　赵帅阳、孙熠、孟祥爽、万杰、王泽众（课代表）、高仁强、韩凯莉、金续、柯子博、刘典、刘君茹、刘茂林、马文婷、田定方、晏艺真、张萌丹、郑淼